U0369633

ANXIOUS

Using the Brain to Understand and Treat Fear and Anxiety

重新认识焦虑

从 新 情 绪 科 学
到 焦 虑 治 疗
新 方 法

焦虑

[美] **约瑟夫·勒杜**
Joseph LeDoux   著   张晶   刘睿哲   译

机械工业出版社
CHINA MACHINE PRESS

图书在版编目（CIP）数据

重新认识焦虑：从新情绪科学到焦虑治疗新方法 /（美）约瑟夫·勒杜（Joseph LeDoux）著；张晶，刘睿哲译 . -- 北京：机械工业出版社，2021.1（2024.6 重印）
书名原文：Anxious: Using the Brain to Understand and Treat Fear and Anxiety
ISBN 978-7-111-67024-7

I.①重… II.①约… ②张… ③刘… III.①焦虑 - 心理调节 - 通俗读物 IV.① B842.6-49

中国版本图书馆 CIP 数据核字（2020）第 261156 号

北京市版权局著作权合同登记　图字：01-2020-4941 号。

Joseph LeDoux. Anxious: Using the Brain to Understand and Treat Fear and Anxiety.

Copyright © 2015 by Joseph LeDoux.

Simplified Chinese Translation Copyright © 2021 by China Machine Press.

Simplified Chinese translation rights arranged with Joseph LeDoux through Brockman Inc. This edition is authorized for sale in the Chinese mainland (excluding Hong Kong SAR, Macao SAR and Taiwan).

No part of this book may be reproduced or transmitted in any form or by any means, electronic or mechanical, including photocopying, recording or any information storage and retrieval system, without permission, in writing, from the publisher.

All rights reserved.

本书中文简体字版由 Joseph LeDoux 通过 Brockman Inc. 授权机械工业出版社在中国大陆地区（不包括香港、澳门特别行政区及台湾地区）独家出版发行。未经出版者书面许可，不得以任何方式抄袭、复制或节录本书中的任何部分。

重新认识焦虑：从新情绪科学到焦虑治疗新方法

出版发行：机械工业出版社（北京市西城区百万庄大街 22 号　邮政编码：100037）			
责任编辑：薛敏敏		责任校对：李秋荣	
印　　刷：北京建宏印刷有限公司		版　　次：2024 年 6 月第 1 版第 3 次印刷	
开　　本：170mm×230mm　1/16		印　　张：24.25	
书　　号：ISBN 978-7-111-67024-7		定　　价：99.00 元	

客服电话：（010）88361066　88379833　68326294

版权所有·侵权必究
封底无防伪标均为盗版

前 言

当我完成我的上一本专著《突触自我》（*Synaptic Self*，已于 2002 年出版）时，我并不确定我是否想再写一本面向大众读者的书。我原本以为能够对专业领域产生影响的方法，就是在我的专业领域——行为与认知神经科学领域撰写教科书。我的代理人约翰·布罗克曼（John Brockman）和卡廷卡·玛森（Katinka Matson）极力劝我不要如此。我在 Viking 的编辑瑞克·科特（Rick Kot）也告诫我过于看重出版教科书一定会后悔的。在这件事情上挣扎近十年后，我最终不得不承认他们是正确的。我发现教科书过于严肃，而本书需要形象、生动、有创新，这也是那些与我们存在竞争的书在追求的。本书的每一章都接受了大量来自各个大学和学院的教师以及来自全国各地的大学生的审阅。在此之后，我发觉我和书稿内容几乎失去了"联系"，我总结了一下，发现自己只不过是在封面上出现了一下名字，失去了对内容真正的掌控。

几年前我跑去找瑞克，当时他正在看我们的朋友罗珊·卡什（Rosanne Cash）的书。瑞克是罗珊·卡什的专著《作曲》（*Composed*）的编辑。他冲我撇嘴一笑："教科书写得怎么样了？我一直在等着你放弃它然后和我另合作一本。"我很感激他仍然乐意同我合作。我不太确定地说："在埃里克·雷曼（Eric Rayman）的帮助下，我已经不写教科书了，我准备了一个新的提案给卡廷卡。"

《重新认识焦虑》就是这个新提案的成果。瑞克很喜欢这一想法，于是有了今天的这本书。

《重新认识焦虑》不同于我的其他著作。《情绪大脑》和《突触自我》可以看作围绕一个主题串联了一系列论文的书，而《重新认识焦虑》的每一章都基于前面的章节并从新视角看待情绪，尤其是恐惧和焦虑。尽管本书名为《重新认识焦虑》，但实际上恐惧和焦虑是复杂交织在一起的，我们既需要理解二者的区别，也需要理解它们的联系。

下面是本书要解决的关键点。情绪科学，尤其是关于恐惧和焦虑的科学，已处于僵局之中。能否解决这一问题，取决于我们如何讨论情绪与大脑的关系。例如，研究人员用"恐惧"这样的词来描述使处在危险中的大鼠木僵的大脑机制，同时也用这些词描述人们的情绪体验，尤其是当人们认为自己的身体或心理将会受到严重伤害时。一般来讲，人们认为大脑中的恐惧回路负责恐惧感。当该回路被激活时，无论大鼠还是人类，都会产生恐惧感，同时伴随着恐惧反应（比如木僵、面部表情、生理变化）。人们常说恐惧感在威胁事件和这些反应之间起调节作用，因为这些回路普遍存在于哺乳动物之中，也包括人类，所以我们能够通过测量大鼠的木僵来研究人类的恐惧。关键回路与杏仁核密切相关，它通常被描述为大脑中负责恐惧的结构。

事实上，我刚才的描述大部分是错误的。因为我的工作和成果是造成这些误解的部分原因，所以我感到有责任在事情进一步偏离轨道之前把它理清楚。本书的主要目的之一是提供一个理解恐惧和焦虑的新视角，即更准确地区分基于动物被试的研究成果和基于人类被试的研究成果，以及弄清楚人类大脑中的恐惧究竟具有何种意义。

别误会我，我并非认为我们必须研究人类自身的、与情绪有关的大脑机制。我们已经从动物研究中学到了很多东西，还可以继续学习，而且事实上我们也只能够从动物研究中学习，但是我们确实需要一个严格的概念框架，以理解哪些基于动物的研究发现对理解人类大脑是有意义的，哪些没有意义。我提出这样一个框架来表达我的观点，我认为这个框架为我们理解恐惧和焦虑提供了新视角，也有助于我们理解与这些状态有关的其他疾病。

我在本书中提的建议会涉及描述某些现象的词语，但我的本意并非字面意思。词语有大量的引申含义。例如，一些通过测量大鼠的木僵行为来研究大鼠的恐惧的研究者认为，他们关注的并不是常人所理解的恐惧。他们认为自己研究的是非主观的生理状态，这才是他们认为的恐惧。虽然这种对恐惧的科学的再定义使恐惧成为一个更容易被研究的问题，但是这种定义有三个缺点。第一，使用非传统的方法来描述把威胁与反应联系起来的生理状态，容易使研究者把恐惧当成一种有意识的感觉。第二，即使研究者认同这种定义，每个人也会认为他们实际上研究的是恐惧感。第三，我们确实需要理解恐惧感，忽视它不是解决问题的方法。

作为科学家，我们有义务准确地描述我们的研究，尤其当我们的成果正被用来界定人类的问题（如恐惧和焦虑障碍）以及发展治疗方法时。因为产生恐惧和焦虑意识（恐惧感和焦虑感）的脑回路不同于控制防御反应（如木僵）的回路，并且它们受不同因素影响，所以需要对它们区别理解。当然，控制防御反应的脑回路存在交叉，但这并不意味着它们相同。

正是因为没有做出这些区分，所以那些试图研究出新药物以治疗动物的恐惧和焦虑的研究并未取得好的成果。这些研究在行为反应层面评估药物疗效，却预期药物能使人类有更少的恐惧感或焦虑感。我们早已知道，治疗在影响人们对威胁的感受方式和行为生理反应上存在不一致。

需要指出的关键证据之一是，用阈下情绪启动的方式给人们呈现恐惧图片，人们意识不到这些刺激也没有意识到恐惧感，但是他们的杏仁核被恐惧激活了，身体也出现了反应（如出汗、心率或瞳孔大小的变化），这提示我们对恐惧的检测和反应是独立于有意识的知觉的。如果我们不需要意识体验来控制恐惧反应，那么在推断大鼠通过意识状态来对恐惧做出反应时，我们应该谨慎些。我并非说大鼠或其他动物缺少意识，我说的是，我们不应该简单地假设，如果动物面临恐惧时会和我们做出同样的反应，那么动物就有与我们相同的恐惧感。针对动物意识的科学研究想弄明白这一问题并不容易。

上文暗含的意思是恐惧和焦虑是一种意识层面的感受，我们需要理解意识是什么，从而进一步理解恐惧和焦虑。本书的多个章节将会从神经科学、心理学和哲学层面（至少从我的角度看）着重介绍当前的研究者是如何理解意识的。本书内容包括有争议的动物意识研究，正如我刚提到的那样，这是非常难以科学地研究清楚的。我对如何使用更科学的方法研究这一课题提出了规范和建议。

我对意识的关注可以追溯到我关于裂脑人的毕业论文。论文由我的导师迈克尔·加扎尼加（Michael Gazzaniga）指导，在纽约州立大学石溪分校完成。我们的结论是，意识的重要作用之一是让我们理解我们复杂的大脑。我们的大脑常常无意识地完成加工，我们的意识随后会解释我们体验到了什么。在这个意义上，意识是一种自我叙说的构架，基于我们直接意识到的零碎的信息、感觉和记忆，也基于可观测的或可监控的无意识加工的结果。正如当今有些人认为的那样，情绪是认知或心理的建构。

最后，我将讨论与治疗相关的问题。我提出的关键观点与流行观点相反，我认为消退的过程并非暴露疗法的主要过程。消退是有效的，但暴露疗法实际上包含了更多的机制，这些机制与消退互相干扰。我挑战的另一个观点是回避对焦虑的个体来讲是一件坏事，我认为主动回避可能是有用的。这些与其他一些推进心理治疗的观点都直接源于动物研究。关键是要知道哪些是我们能够从动物研究中学习的，哪些是不能的，不能将这两者混为一谈。

我把本书献给我实验室的研究生、博士后和技术人员，正是他们的诸多付出才使我取得了这些成就，他们值得获得同样的赞扬，甚至更多。下面是按字母顺序排列的名单：

Prin Amorapanth、John Apergis-Schoute、Annemieke Apergis-

Schoute、Jorge Armony、Elizabeth Bauer、Hugh Tad Blair、Fabio Bordi、Nesha Burghardt、David Bush、Christopher Cain、Vincent Campese、Fernando Canadas-Perez、Diana Cardona-Mena、William Chang、June-Seek Choi、Piera Cicchetti、M. Christine Clugnet、Keith Corodimas、Kiriana Cowansage、Catarina Cunha、Jacek Debiec、Lorenzo Diaz-Mataix、Neot Doron、Valerie Doyere、Sevil Durvaci、Jeffrey Erlich、Claudia Farb、Ann Fink、Rosemary Gonzaga、Yiran Gu、Nikita Gupta、Hiroki Hamanaka、Mian Hou、Koichi Isogawa、Jiro Iwata、Joshua Johansen、O. Luke Johnson、JoAnna Klein、Kevin LaBar、Raphael Lamprecht、Enrique Lanuza、Gabriel Lazaro-Munoz、Stephanie Lazzaro、XingFang Li、Tamas Madarasz、Raquel Martinez、Kate Melia、Marta Moita、Marie Monfils、Maria Morgan、Justin Moscarello、Jeff Muller, Karim Nader、Paco Olucha、Linnaea Ostroff、Elizabeth Phelps、Russell Philips、Joseph Pick、Gregory Quirk、Franchesa Ramirez、J. Christopher Repa、Sarina Rodrigues、Michael Rogan、Liz Romanski、Svetlana Rosis、Akira Sakaguchi、Glenn Schafe、Hillary Schiff、Daniela Schiller、Robert Sears、Torfi Sigurdsson、Francisco Sotres-Bayon、Peter Sparks、Ruth Stornetta、G. Elizabeth Stutzmann、Gregory Sullivan、Marc Weisskopf、Mattis Wigestrand、Ann Wilensky、Walter Woodson、Andrew Xagoraris。伊丽莎白·菲尔普斯（Elizabeth Phelps）也在其中，她和她的团队是我长期以来的合作伙伴。伊丽莎白·菲尔普斯的研究团队将我们在啮齿动物上的研究应用于人类被试，并证实我们的研究结果适用于人类。

　　我借鉴了现代词"焦虑"的古老词根。这要感谢我的儿子米洛·勒杜（Milo LeDoux），他在牛津大学学习了古典文学，现就读于弗吉尼亚大学法学院。我还要感谢彼得·梅内克（Peter Meineck），他是纽约大学古典文学的副教授，也是亚桂拉剧院的建造者。波士顿大学的认知治疗师斯特凡·霍夫曼（Stefan

Hofmann）为我提供了认知疗法的重要文献，这有助于我更好地理解认知疗法及其与消退的关系。艾萨克·加拉泽 - 利维（Isaac Galatzer-Levy）是我在纽约大学朗格尼医学中心精神病学系的同事，他阅读了本书的多个章节并给出了有帮助的评论。

我也要感谢我的插画作者罗伯特·李（Robert Lee），他对我各种不完整的、逻辑混乱的草稿极为耐心。

特别要感谢威廉·常（William Chang），他是我的长期助理，有丰富的写作经验。如果没有他，完成本书将是一个更加艰巨的、难以完成的任务。

自 1986 年开始，我一直受到美国国家精神卫生研究所的资助，本书讨论的许多研究都是在它的支持下才得以完成的。最近，我也得到了美国国家药物滥用研究所的支持。在此之前，我还得到了美国国家自然科学基金的支持。我也非常感谢罗伯特·坎特（Robert Kanter）和詹妮弗·布鲁（Jennifer Brour）的支持。

1989 年，我加入了纽约大学艺术与科学学院，成为神经科学中心和心理学系的成员。近年来，我在纽约大学朗格尼医学中心的精神病学专业和儿童、青少年精神病学专业也有研究职位。无论是对我还是对我的研究来说，纽约大学都是最忠诚和慷慨的朋友。

1997 年，在纽约大学和纽约州的合作中，我被任命为情绪大脑研究所所长。这是一个多层面的合作，纽约大学以及内森·克莱恩精神病学研究所的多个实验室都参与其中。在纽约大学和纽约州对本项目的支持下，我们希望能够推进人们对恐惧和焦虑的理解。本书中的一些研究就是在这一背景下产生的。

布罗克曼公司的约翰·布罗克曼、卡廷卡·玛森和其他所有的代理人都非常优秀。我特别感谢他们所有人多年来为我所做的一切。这一切从《情绪大脑》这本书开始。

我要毫不吝啬地称赞 Viking 的瑞克·科特，他也是《突触自我》的编辑。

我期待更多书出版，尽管它们还潜在我大脑隐秘角落的突触里。在我写作本书的最后阶段，瑞克的助理迭戈·恩涅斯（Diego Núñez）也给了我大量帮助。

我要对我聪明美丽的妻子南希·普林森托（Nancy Princenthal）表达我的爱和感谢。南希和我都准备在 2015 年春天 / 夏天出版重要的书。尽管她在写作已故艺术家艾格尼丝·马丁（Agnes Martin）传记的过程中要面对艰巨的挑战，但是当我有需要时，她就会变成一个好朋友、好伙伴、好评论家和好编辑。

Anxious

目 录

第 1 章

焦虑与恐惧的复杂网络

畏惧承受痛苦之人，已在承受他所畏惧的。

——米歇尔·德·蒙田（Michel de Montaigne）[1]

当我恐惧它的时候，它已经来了，但已不那么令人恐惧……

知死之必至，比知道死亡就在身边更难。

——艾米莉·迪金森（Emily Dickinson）[2]

　　焦虑是生活中很正常的一部分——总有些事让我们担忧、恐惧、烦恼或为之感到压力，但我们的焦虑程度并不相同。有些人就像"杞人忧天"一样会担忧一切，但也有人"稳如泰山"，面对所有事情都能镇定自若。

　　我母亲就是一个很容易担忧的人。尽管她并没有非常焦虑，但她总是心事重重并且烦躁不安，有时还会抱怨晚上睡不着。不过，她这样是有理由的——我父亲是一个无忧无虑，或者可以说或多或少有些不负责的人，他属于那种能忘怀白天的一切、沾枕即睡的人。如果我母亲不操心，他们的生意——一家夫妻店——肯定不会生意兴隆。母亲张罗操办所有的事情，不管是在工作中还是在家里。她很慈爱、和蔼，有时会因想把每天所有的事情都完美解决而备感压力。我自己的性格大概是处于父母之间的。当我感觉日常琐事带来的压力将我推向焦虑与担忧时，我就会将我的性格向我父亲那头调整一点以求得平衡。但这只是一个暂时的措施，因为我会极快地回到自己本来的焦虑程度。

这不足为奇。一个人在正常情况下的焦虑程度是一种相当稳定的人格特质，[3]也是气质的一个重要组成部分。[4]随着时间的推移，让我们为之焦虑的事件也总在变化，但我们总能回归平静，就好像人类天生就有一种能保护自身不受焦虑伤害的机制。

是什么使我们拥有自己独特的焦虑水平？从某种程度上来讲，这是因为我们每个人对这个世界的体验和反应不同。焦虑是非常主观的：一件对某个人来讲十分值得紧张的事情，对另一个人来说可能根本不值一提。想要不那么焦虑并不简单。那些具有焦虑特质的人会比不那么焦虑的人把更多的事情看作有压力的；对更容易焦虑的人来说，他们经历的事情很少会被他们归为"小事一桩"。

用"我们每个人都是不同的"来解释这一现象是对问题的回避——究竟是什么使得我们在心理上各异？这一问题的答案是我们每个人都有一个独一无二的大脑。正如我在《突触自我》[5]这本书里解释过的，虽然人类的大脑在总体的结构和功能上来讲是相似的，但在更精细的微观连接上，它们是不同的，正是这些不同使得我们成为独特的人。这些差异同时源于父母给我们的独特的基因组合以及我们在生活中所经历过的一切。先天因素和后天因素是塑造我们的一对搭档，而这种合作关系就体现在我们每个人的大脑里。

焦虑：古老却崭新[6]

英文单词"anxiety"（焦虑）及其在欧洲各语言中的同义词（比如法语中的"angoisse"、意大利语中的"angoscia"、西班牙语中的"angustia"、德语中的"Angst"以及丹麦语中的"angst"）都来自拉丁语中的"anxietas"，而这个词又来源于古希腊语中的"angh"。[7]虽然"angh"有时候被希腊人用作"负担沉重的"或者"令人苦恼的"的意思（如"anguished"），但它最初是被用在关于躯体的感受方面的，如"闷""狭窄感"或者"不舒服"。就比如，"angina"（心绞痛）这个词——一种由心脏疾病引起的胸口疼痛的身体状况——就源于"angh"。[8]

自古以来的文学、宗教著作以及艺术作品表明，人们对我们今日称之为焦虑的精神状态其实早有认识，即使那时候人们并没有为其贴上"angh"或者类似的典型标签。[9]例如，著名的希腊雕像《拉奥孔和他的儿子们》（见图1-1），拉奥孔和他的儿子们由于试图暴露特洛伊木马的计划而遭众神惩罚被群蛇缠绕噬咬，在他们的脸上就出现了焦虑（痛苦、担心和/或惧怕）。[10]希腊战神阿瑞斯有两个儿子，福波斯（恐惧之神）和得摩斯（惧怕之神）。他们陪阿瑞斯投入战斗，四处传播与他们名字相同的情绪。[11]在《新约全书》中，读者被告知"你无法通过担忧延长你的生命"。作为哲学家和神学家的托马斯·阿奎那（Thomas Aquinas）在13世纪时注解道："当一个人惧怕因他的罪而要面对的惩罚，并且不再爱着他

图1-1 拉奥孔和他的儿子们

已失去的与上帝的友谊时，他的恐惧源自傲慢，而非谦逊。"[12]确实，在基督徒的世界里，焦虑总是与罪和救赎有关。[13]比如，在19世纪时，索伦·克尔凯郭尔（Søren Kierkegaard），一个当时还鲜为人知的丹麦神学家和哲学家，以为焦虑是人类存在的关键，是一种我们对于自由选择的惧怕感。克尔凯郭尔说，焦虑开始于亚当在夏娃的苹果和上帝之间挣扎之时，并被保持下来成为人类每一个决定中都存在的因素。[14]

尽管"焦虑"一词经历了这样一段漫长的历史，但最开始"焦虑"并没有被人们看作一种麻烦的、令人担忧的心理状态或者精神病的来源之一。直到20世纪早期，这一状况才发生改变。这一转变开始于西格蒙德·弗洛伊德（Sigmund Freud），他将焦虑作为他关于精神病的精神分析理论的中心。[15]早期的精神病理学家，如埃米尔·克雷佩林（Emil Kraepelin），[16]对焦虑也有一些观点，但最后是弗洛伊德将病理性焦虑的概念详尽地介绍给了大众。[17]

根据弗洛伊德的观点，焦虑是大部分（如果不能说全部）精神疾病的根源，[18]并且也是理解人类心理最核心的部分："毫无疑问，焦虑是……一个谜语，它的谜底必将为我们人类精神的存在带来一束光芒。"[19]他把焦虑看作一种自然的、有用的状态，但这也是困扰人们日常生活的精神问题的一个共同特征。从那以后，焦虑便被看作以担心、惧怕、痛苦和忧虑为特征的心理状态。

弗洛伊德认为，焦虑是一种"被感觉到的事物"，也是一种特殊的"不愉快的特征"。[20]跟希腊人一样，弗洛伊德特别强调要把"angst"（焦虑）和"furcht"（恐惧）区分开。他说焦虑只与焦虑状态本身有关，与引发焦虑的客体无关；恐惧则将人的注意力准确地引向客体。[21]更确切地说，弗洛伊德强调，焦虑描述了一种对危险的预期或为此危险进行的准备，同时因此而恐惧的状态，即使这种伤害的实际来源可能是未知的；然而，恐惧有一个确切的、让人们惧怕的客体。[22]弗洛伊德也对原始焦虑和信号焦虑进行了区分：原始焦虑有直接的目标（本质上是恐惧），而信号焦虑是没有目标的，并且信号焦虑包含因未来可能发生的伤害而感受到的更为泛化或更加不确定的感觉（本质上是焦虑）。

在弗洛伊德的观点中，那些没有被意识到的充满压力的想法和记忆（多数与童年有关），常使人感到冲动，进而催生了焦虑。通过压抑这一防御机制，这些冲动被隐藏在潜意识中。当压抑失败的时候，这些麻烦的冲动就会进入意识当中，从而引发神经质焦虑。于是冲动就需要被再次压抑，或者通过神经质的"表演"来"满足"这种需求，进而疏解焦虑。弗洛伊德精神分析方法的目的，就是将焦虑性神经症，或者说焦虑性神经症的缘由带到意识层面当中，并消除它那秘密的、破坏性的力量。

存在主义哲学家，如马丁·海德格尔（Martin Heidegger）[23]和让-保罗·萨特（Jean-Paul Sartre）[24]，为精神生活，尤其是焦虑，提供了一种不同的观点，他们认为应以意识为中心。[25]例如，萨特不同意弗洛伊德强调心理的病理性以及潜意识的观点。他有一句著名的言论，"*l'existence précède l'essence*"（存在先于本质），意思是我们通过自己所做的有意识的决定创造了我们自己。

存在主义者将焦虑看作人性不可或缺的一部分，而不是一种病态。在这一观点上，他们主要受克尔凯郭尔的著作影响。在1844年（弗洛伊德出生前）出版的《焦虑的概念》中，克尔凯郭尔对恐惧（有明确的目标，类似于弗洛伊德的"furcht"，或者说原始焦虑）以及焦虑（一种未聚焦的、没有目标的、面向未来的恐惧，类似于弗洛伊德的"angst"和信号焦虑，但是对病理学的强调要弱得多，同时更关注意识）进行了区分。[26]由于焦虑并未聚焦于特定的目标，因此克尔凯郭尔认为：焦虑（惧怕）是由"虚无"引起的，这是一种绝望，它源自我们认识到自己的存在并非基于这个世界，而是由我们的选择所定义的。我们通过做选择来防止重回虚无。[27]克尔凯郭尔是在存在主义者接受了他的观点之后才出名的，弗洛伊德在发展精神分析理论时显然还不知道他的著作。[28]

克尔凯郭尔认为，对于成功的生活来说，体验焦虑是必需的，因为没有焦虑人们就不会前进。正如他所说，"被焦虑教育的人也正面临着机会"，[29]那些适应能力强的人会迎着焦虑前行。[30]他强调的焦虑对成功的重要性最终也被实验证明，即认知与完成生活中各种任务时的焦虑存在着倒U形的关系：不够焦虑，人就没有动力，但过于焦虑，也会导致不好的结果。[31]正如焦虑研究的领军人物戴维·巴洛（David Barlow）所指出的，没有焦虑，"运动员、艺人、高管、手工业者、学生，这些人的表现都会变差，创造力会减弱，甚至农作物也得不到种植。在树荫下消磨我们的生命将使我们实现那曾在快节奏的社会中长久追寻的田园牧歌般的生活状态，而这对人类来说简直与核战争一样致命"。[32]

弗洛伊德和存在主义者阵营都给出了治疗焦虑的方法，但他们有不同的目的。弗洛伊德的精神分析学力图使人们摆脱过去的经历所带来的存在于潜意识中的精神冲突，他把心理医生看作通过一层层的挖掘来展现过去的考古学家。存在主义的疗法把焦虑和其他内部冲突的来源看作人类生活的一种状态，而这种状态最好通过让我们在前行时有选择自己行为的自由来应对。现今主流的精神病学是生物导向的，从这个意义上讲，它更符合弗洛伊德的观点——焦虑可以变成一种病态的状态，需要用治疗手段来治愈我们混乱的大脑。今天，当代生物精神病学在认识到弗洛伊德重大贡献的同时，[33]也确实脱离了他的精神分析理论。[34]

弗洛伊德和萨特的高知名度使"焦虑"一词成为"二战"[35]后的美国的文化代名词（见图1-2）。1947年，诗人W. H. 奥登（W. H. Auden）发表了一首长诗，名为《焦虑的时代》。[36]虽然这首诗本身十分复杂且难以理解，据说没多少人读过，[37]但它的标题确实产生了巨大的影响。作曲家伦纳德·伯恩斯坦（Leonard Bernstein）几乎是立刻就根据这首诗的标题创作了一曲交响乐。[38]自那以后，"焦虑的时代"这一短语就被用来描述当代世界的一切危险事物，[39]并且出现在无数书名中——那些书的主题千变万化，诸如科学、母性、"圣弗朗西斯转变的愿景"以及"令人兴奋的性"。1956年，杂志《疯狂》在其封面上刊登了一个叫阿尔弗雷德·E. 纽曼（Alfred E. Neuman）的卡通人物和他的座右铭"什么？我会担心？"，以此来赞美焦虑。在电影业中，弗洛伊德关于焦虑的观点也是阿尔弗雷德·希区柯克（Alfred Hitchcock）常用的一个题材，其观点在《爱德华大夫》（1945）、《欲海惊魂》（1950）、《迷魂记》（1958）中都有明确的描绘。在20世纪60年代，伍迪·艾伦（Woody Allen）把焦虑作为他标志性的小毛病，这也是他的电影幽默的核心。梅尔·布鲁克斯（Mel Brooks）利用焦虑的文化魅力，在《恐高症》（1977）中讽刺了希区柯克的《迷魂记》以及它的弗洛伊德主题。滚石乐队1966年的大热曲目《妈妈的小帮手》是一首关于英国的家庭主妇们靠着安定（一种当时医生常开的抗焦虑药物）来度过一天的歌。用药物控制焦虑在杰奎琳·苏珊（Jacqueline Susann）的《玩偶谷》一书中也起关键作用，由这本书改编的电影也同样有名（"玩偶"是苏珊给书中被角色滥用的药丸起的昵称）。在艾伦·J.帕库拉（Alan J. Pakula）的电影《重新开始》（1979）中，主角在布卢明代尔百货公司中惊恐发作，当他的弟弟求其他顾客给他一片安定时，在场的每一个人都掏出了药瓶。[40] 精神分析学家罗洛·梅（Rollo May）早期曾在精神病学领域

图 1-2　20 世纪中叶流行文化中的焦虑

（顺时针方向，从左上角开始）W. H. 奥登 1947 年的诗《焦虑的时代》（*THE AGE OF ANXIETY*）；伦纳德·伯恩斯坦 1947～1949 年创作的交响乐《焦虑的时代》（*THE AGE OF ANXIETY*）；杂志《疯狂》（MAD）1956 年的封面，介绍了阿尔弗雷德·E. 纽曼标志性的句子"什么？我会担心？"；1967 年的电影《玩偶谷》（*Valley of the Dolls*）、1977 年的电影《恐高症》（*HIGH ANXIETY*）以及 1958 年的电影《迷魂记》（*VERTIGO*）的广告；（中间）滚石乐队 1966 年的大热音乐《妈妈的小帮手》（*MOTHER'S LITTLE HELPER*）。

使弗洛伊德和克尔凯郭尔的观点得以融合，[41] 他在 1977 年声明道："焦虑已经明确地从专业办公室的昏暗中走出，进入了市场的光明当中。"[42] 只是简单地在谷歌搜索中输入"anxiety"一词，就能得到超过 4200 万条结果。

从恐惧到焦虑，再到恐惧

如今，科学家和心理健康专家有关恐惧和焦虑的观点在很大程度上都受弗洛伊德和克尔凯郭尔的影响，这两个人都把恐惧和焦虑看作虽令人不快但完全正常的感受。正如我们所见，恐惧的焦点是已至或迫近的特定的外部威胁，而对于焦虑，典型的威胁是不那么明确的，并且也不那么好预测——它更为内部化，它更多时候只是针对你的预期而不是事实，同时也可能只是针对发生概率极低的、一种想象中的可能。[43] 表 1-1 和表 1-2 总结了恐惧和焦虑之间常见的异同。

表 1-1　恐惧和焦虑的相同点

危险或令人不适的存在或是对其的预期
令人紧张的忧虑和不安
唤醒度增强
负性情绪
伴随着躯体感觉

资料来源：Table 1.1 in Rachman（2004）.

表 1-2　恐惧和焦虑的不同点

	恐惧	焦虑
威胁是存在的并且可以确认的	是	否
由明确的线索唤起	是	否
与威胁的联系是合理的	是	否
通常是片段式的（有明确的开始和结束）	是	否
整体来讲是突发事件	是	否
整体来讲是持续的警觉	否	是

资料来源：Table 1.2 in Rachman（2004）and Table 1.2 in Zeidner and Matthews（2011）.

一个针对英语的简单分析显示，单词"恐惧"和"焦虑"可以形容一系列情绪（见图 1-3），其中的一些我们已经见到过：恐惧、惊慌、恐怖、焦虑、痛苦、惧怕、担忧。实际上，有超过 36 个英文单词是"恐惧"和"焦虑"的同义词、变体或各个方面[44]（部分见图 1-4）。

图 1-3　有关恐惧和焦虑的单词

这些单词之所以存在，是因为它们解释了使用这些单词的人的生活中的重要事物，就好比因纽特人有很多与雪相关的词。看起来恐惧和焦虑对我们意义重大。的确，奥登那个时代之后的每一代人都宣称他们与焦虑有特殊的关系，并且坚称他们比以前的人更加焦虑。[45]

我们要怎么处理这些措辞的语义上的复杂性？这种复杂性在我们理解恐惧和焦虑的内在机制时会导致用语不准确，我们如何处理这种影响呢？一些情绪研究专家把这些措辞看作对不同程度恐惧的强度的衡量标准：最底端是关心（concerned）、紧张（nervous）、战战兢兢（jittery）、忧虑（apprehensive）、担忧（worried），中间是临危（threatened）、害怕（scared）、受惊（frightened），最顶端是惊慌（panicked）和极度惊恐（terrified）。[46] 另一种方法保留了把恐惧和焦虑作为两种厌恶体验的中心地位的观点，并且明确了这两种厌恶体验中都有哪些确定成员。受惊、惊慌、害怕和极度惊恐被看作具有客观原因以及迫近的结果的状态，故而它们被归为恐惧这类厌恶体验；痛苦、担忧、惧怕、紧张、关心、惊慌和不安则被看作焦虑的变体，因为它们的根源或者说原因更加不确定，并且结果也更加不确定。

图1-4　一些恐惧和焦虑的主题

资料来源：From Makari [2012].

　　即使是这么简单的解决办法，也暗示着对恐惧和焦虑的研究的混乱。这些措辞有时被用来定义体验的类别（大的分类），但更经常被用来明确指代某种具体的体验，在这种情况下，"恐惧"被看作所有这些可能的词语中唯一一个仅指恐惧体验的。类似地，"焦虑"也是焦虑体验范围内的一个特指词。不过，我们还不清楚在何种程度上，这些类别中的例子可以被看作对恐惧或焦虑真正准确的陈述，或者理想陈述的微妙变体，甚至同义词。尽管存在这些混乱，我们还是有一些指导性原则来帮我们区分这两大类：当威胁是现有的或者即将到来的时候，恐惧状态就会出现；当威胁是可能但不确定的时候，我们会迎来焦虑状态。

定义恐惧和焦虑

通常，我们能根据威胁的特性将恐惧和焦虑从概念上区分开，但是在日常生活中，恐惧和焦虑的状态并非完全独立的。在不焦虑的情况下感受到恐惧或许是不可能的———旦你开始恐惧某事物，你就会开始担忧迫近的危险将带来什么后果。比如，看见有个焦躁不安的家伙在你身边挥舞手枪会给你带来恐惧，但这很快就会被担忧（或者说焦虑）取代——你会为这家伙要做什么着急起来。正如本章题记中蒙田的那句名言所说的："畏惧承受痛苦之人，已在承受他所畏惧的。"

类似地，当你焦虑的时候，你察觉到了一个与焦虑有关的、潜在的威胁性刺激，也许在平时，遇到这一刺激并不会引起你的恐惧，但是在当前情景下会。例如，你在徒步旅行的时候遇到一条蛇，即使它是无害的，也可能会唤醒你的焦虑并使你警觉起来。而当你继续前行，看见地上的一根细长弯曲的黑色树枝（正常情况下，徒步旅行的你会忽视这一事物）时，你可能瞬间就倾向于把它看作一条蛇，并被诱发恐惧感。同样地，如果你生活在一个恐怖袭击警报频发的地区，良性刺激也会被你看作可能的威胁。在纽约，当警报等级上升时，地铁空座位底下的小纸袋都可能引来大量关注。

最后，我们需要问的是：既然恐惧和焦虑都是对危险的预判性回应，且两者有紧密的联系，那么我们是否能真正区分它们？我认为是可以的，并且是必须可以的。正如我在之后的章节中将提到的，某客体和现有的威胁引发（恐惧）状态，和或许会在未来发生的不确定事件引发（焦虑）状态，这两种情况下的脑机制是有些许不同的。本身很危险或当前出现的、能靠谱地预示危险临近的刺激都会带来恐惧。焦虑也可能存在，但如果最初的状态是由某特定刺激引起的，这种最初的状态就一定是恐惧。如果这一有争议的状态包含对并不存在且可能永远不会出现的事物的担忧，这个状态就是焦虑。恐惧跟焦虑一样也可以包含预期，但是这两种预期的特性不同：在恐惧状态中，预期关注的是现有的威胁是否以及何时会造成伤害，而在焦虑状态中，预期关注的是现在并不存在且可能不会出现的威胁所带来的结果的不确定性。

正如我之后将讲到的，恐惧和焦虑都与自我有关。体验恐惧意味着你知道自已正处于危险的处境之中，而体验焦虑是指你担忧未来的威胁是否会伤害自己。与自我的关系是恐惧和焦虑这两种情绪以及其他人类情绪的定义性特征。

病态的焦虑和恐惧

虽然恐惧和焦虑都是非常正常的体验，但当它们强度过大、频率过高或持续时间过长时，它们也会变得适应不良，从而给承受者带来过多的痛苦以至于毁掉他们的日常生活。[47] 此时，焦虑障碍就出现了。[48] 出于一些历史因素（我马上会解释），适应不良的恐惧和焦虑通常被归在"焦虑障碍"的标签下。表 1-3 对比了常态和病态的恐惧和焦虑。

在美国，焦虑障碍的构成是由美国精神医学学会的《精神疾病诊断与统计手册》（DSM）规定的。[49] 世界卫生组织也有自己的诊断体系。这两者大部分是一致的。[50] 后来 DSM 发布了第五版（DSM-5），但若想理解其对焦虑障碍的分类，还是研究前几版比较有用。[51]

表 1-3　常态的恐惧和焦虑 vs. 病态的恐惧和焦虑

常态焦虑	焦虑障碍
为付账、找工作或其他重要的生活事件担忧	持续且无根据的担忧，造成了明显的痛苦并影响了日常生活
在令人不适或尴尬的社会情境中的窘迫或自我意识	因害怕被评判、窘迫或屈辱而回避社交情境
在大型考试、商务演示、舞台表演或其他重大事件前感到紧张或流汗	看似十分突然的惊恐发作，以及因担心再次发作而忧心忡忡
为实际存在的危险事物、场所或情境担忧	对具有很小或零威胁的事物、场所或情境不合理的担忧及回避
确认自己是健康的并生活在一个安全、无危险的环境中	无法控制的重复行为，如过度清洁、检查、触碰以及筹划
创伤性事件之后紧跟着的焦虑、悲伤或入睡困难	因几个月前或几年前发生的创伤性事件反复做噩梦、闪回或者情绪麻木

资料来源：http://www.adaa.org/understanding-anxiety.

　　DSM 的分类系统是在 20 世纪中叶提出的，最初以精神分析的观点为主，这导致它对精神障碍的分类不是精神病就是神经症。通常认为，精神病症状包含思维障碍（包括妄想和 / 或幻觉、脱离现实），并且患者通常缺乏正常的社会交往能力。神经症患者会承受痛苦（有时候是使人虚弱的痛苦），但不会有显著的思维扭曲或脱离现实。大多数神经症的症状跟恐惧和焦虑有关，包括焦虑性神经症（过度的担忧、惧怕）、恐惧症（不合理的恐惧）、强迫症（重复思维）和战争神经症（士兵们的精神问题，源自压力、枯竭感以及特定的战争体验）。

　　随着 1980 年 DSM-III 的出版，基于精神病学家唐纳德·克莱因（Donald klein）的研究发现，焦虑性神经症被划分为两种单独的状态。[52] 克莱因一直在研究一种名为丙米嗪的新型实验药物，希望能借此降低因精神分裂症住院的患者的焦虑水平以有助于治疗。尽管患者称他们的焦虑水平并没有改变，但是工作人员发现，使用这种药物后，患者向护士诉说生理痛苦（呼吸困难、心跳加速、头晕）和心理痛苦（因为感觉自己快死了而十分恐惧）的频率明显降低了。这种强烈恐惧的发作（或者如他们所说的，惊恐发作）在数周的治疗之后有所减少。相反，苯二氮卓类药物（如安定）能够减轻慢性焦虑却不能缓解惊恐发作。以上发现引导克莱因将焦虑障碍分为两个大类：广泛性焦虑障碍（GAD）和惊恐障碍。虽然弗洛伊德预料到了这一区别（他在讨论中把焦虑看作一种有时会具有与惊恐发作相似的精神症状的普通状态），但他并没有对焦虑性神经症的不同亚类进行区分。

　　让我们更细致地看一看这两种状况。GAD（担忧、神经质、忧虑、惧怕）是大多数非专业人士在使用"焦虑"一词时内心所想的。GAD 患者会有长时间的、不可控的、过度的对于生活状况（包括家庭、工作、财政、健康、浪漫和其他情况）的担忧及紧张感，并且达到了影响正常生活的程度。[53] 相对来说，惊恐障碍的特点是短时且强烈的发作，在发作过程中患者会有窒息感或经历心脏病发作——记住，相较于 GAD 中会有的担忧和惧怕的精神状态，英文单词"anxiety"的希腊语词根"angh"更多是指躯体的感受。[54]

　　1994 年出版的 DSM-IV 将其他一些神经症（特殊恐惧症、强迫症、战争神经症）和 GAD 及惊恐障碍进行了整合。两大类恐惧症被包括进来：特定恐惧症（个体会因遇到特定的物体（如蛇或蜘蛛）或物理环境（如高地势或狭小且封闭的空间）而感到焦虑）和社交恐惧症（因出席像聚会这样的社交活动或需要公开讲话的场合而焦虑）。强迫障碍（OCD）也被归为焦虑障碍，这一病症的症状包括侵入意识的重复思维（如对细菌的担心）及与之相伴的为了减轻痛苦感受的重复行为（如过度洗手）。创伤后应激障碍（PTSD）也被划分为焦虑障碍的一种，在这种病症中，关于过去的想法和记忆，尤其是与会威胁生活的事件相关的内容，会导致患者有分离感，出现睡眠问题，对相关线索的刺激有高敏感性。虽然历史上士兵们一直在忍受战争经历带来的心理痛苦，但直到越南战争后，PTSD 才被看作一种特殊的病症。PTSD 这一术语替代了早期的那些命名，比如战争神经症、怀乡病、[55]炮弹休克、战争疲劳症以及战斗应激反应。PTSD 的诊断并不局限于战场，它包括对任何类型的严重创伤性经历的反应，如车祸或其他事故、强奸、酷刑折磨或其他形式的躯体虐待。

　　随着 2014 年 DSM-5 的出版，我们迎来了一些改变。除了把版本编号从罗马数字改为阿拉伯数字外，DSM-5 还移除了 DSM-IV 中焦虑障碍领域的两种障碍，并将它们归为独立的分类：PTSD 变为创伤和应激相关障碍的一部分，OCD 则成为强迫及相关障碍的一部分。

　　"焦虑障碍"这一术语最初出现是为了描述焦虑的两种状态（GAD 和惊恐障碍），其他病症加入后这一术语被沿用了下来。"焦虑障碍"这一标签明显漠视了其中所含的大多数病症都含有恐惧这一事实（例如，在特殊恐惧症和社交恐惧症中对于特定物体或情景的恐惧，在恐惧症中由心悸或呼吸短促等躯体感受引起的恐惧），因此，我更愿意把这些情况描述为"恐惧和焦虑障碍"——以适应不良的恐惧和 / 或焦虑为主的病症。出于这种考虑，我放弃了 DSM-5 的分类并将 PTSD 也纳入了对恐惧和焦虑的讨论中，因为它包括适应不良的恐惧（对与创伤相关的线索的恐惧）。[56]部分与这些恐惧和焦虑障碍相关并得到了认可的典型特征如图 1-5 所示。

　　总的来说，恐惧和焦虑障碍是美国所有精神病类问题中最为普遍的，它影响了 20% 的人，这是抑郁症和双相障碍（一种心境障碍）的 2 倍还多，是精神分裂症的 20 倍。[57] 据估算，每年在恐惧和焦虑障碍上的财政支出超过 400 亿美元。[58] 这些病症对劳动力也有显著影响。比如，澳大利亚的一项研究发现，焦虑和情感障碍会导致每年出现 2000 万的工作减值日——大多数患者会缺勤。[59]

图1-5　恐惧／焦虑障碍的主要症状

　　恐惧和焦虑障碍的实际情况远比 20% 的患病率所带来的问题更为严重。对威胁信息的加工出现问题与适应不良的恐惧和焦虑是其他许多精神疾病的原因。GAD 和抑郁症经常同时出现，恐惧和焦虑可能是精神分裂症、边缘性人格障碍、自闭症以及进食和成瘾障碍的成因之一。此外，虽然没有一个正式的对于病症的精神病学诊断，但很多个体受到了无法控制的恐惧或焦虑的伤害。这些问题也给那些因癌症、心脏病以及其他慢性躯体疾病等病症而健康受损的人带来了麻烦。很多人即使心理和身体的其他方面都很健康，也会不时遭受过度恐惧和焦虑发作带来的痛苦。故而更好地理解这些病症的本质及其相关脑机制，会让所有人受惠。

　　是什么决定了一个人是否容易遭受恐惧或焦虑障碍的折磨呢？比如，为什么只有相对较小的一部分人群在遭受创伤后会患 PTSD ？[60]戴维·巴洛认为有三个因素会使人们更容易患上这些障碍[61]（见图 1-6）。第一是遗传或人脑中的其他生物学因素。据估算，焦虑遗传的可能性在 30% ～ 40%，远低于其他病症。[62]但当测量特定的焦虑特质，比如在涉及不确定性的情景中羞怯和离群的倾向时，遗传的可能性就会上升。遗传对焦虑和其他精神障碍的影响十分复杂，其中包含多种基因之间的交互作用。环境影响以及遗传与环境因素的交互作用对造成个体之间脑组织的差异也十分重要。第二是一般心理因素，如个体会把情景感知为不可预测且不可控的倾向。巴洛列出的第三个因素是特定的学习经历。如果一个小孩在生病时得到了过度的关注，他可能会继续做出"生病行为"以吸引注意和同情。类似地，如果一个小孩观察到家长或其他成年人使用这种策略，他也可能会使用它们。如果个体在早期的生活环境中，曾经历过不确定性情景带来的不可控的负性后果，那么他在以后的生活中也会倾向于体验到更少的控制感。值得注意的是，心理过程和学习经历本质上是生物学的，因为它们是大脑的产物并同样受遗传和遗传 - 环境的交互作用，即所谓的表观遗传学的影响。

　　社会科学家艾伦·霍维兹（Allan Horwitz）和杰洛米·菲维德（Jerome Wakefield）提议在讨论精神问题时应该谨慎使用"障碍"（disorder）一词。在他们的《所有我们应该恐惧的》[63]和《我的悲伤不是病》[64]这两本书里，他们指出"障碍"意味着躯体的某部分没有按照它应该的那样去工作。他们认为，在那些有焦虑问题的人群中，大脑通常就是在做它应该做的——只不过是在错的环境下。陌生人、蛇、高度所诱发的恐惧和焦虑，能很好地帮助我们的祖先规避危险，但在现代世界中的恐惧和焦虑会给我们带来痛苦。霍维兹和维菲德尤其关心正在上升的恐惧和焦虑障碍诊断率，以及对正常工作的大脑（从进化心理学的角度）进行药物治疗的数量的惊人增长。他们承认病理性的恐惧和焦虑是存在的，也描述了区分常态和病态的恐惧和焦虑的标准。不管人们怎么看他们对障碍的定义的修正，他们的书都确实很重要，因为书中提出了对精神病的诊断和治疗这个重要的社会问题。

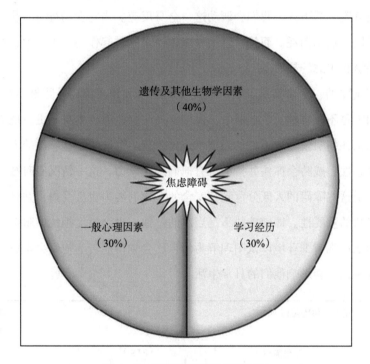

图1-6 病理性焦虑的易感因素

资料来源：Based on Barlow [2003].

威胁的中心性

本书名叫《重新认识焦虑》，它探讨了焦虑和其他相关状态（包括担忧、关心、惧怕、不安、忧虑、紧张）如何而来。恐惧和焦虑之间紧密的联系决定了两者需要放在一起理解，连接它们的决定性因素就是对威胁性信息的觉察和反应的脑机制。

威胁，不管是当前的还是预期的，真实的还是想象的，人们都会对其做出反应。正如许多人提到的，对威胁的觉察为战斗或逃跑提供了准备。[65] 我们都熟悉"战斗或逃跑反应"——当我们遭遇当前的或预期的威胁时产生的紧急防御反应，并且当我们处于压力中时这一防御反应会更容易出现（见第 3 章）。为了帮助自己在遭遇危险时活下来，我们会调动这一全身反应。当它在运行时，我们的意识资源被恐惧或焦虑消耗。而且，恐惧和焦虑经常同时起作用。可以说，对威胁的加工是恐惧和焦虑的核心。

特别重要的一个事实是，在不同类型的恐惧和焦虑障碍（见图 1-7）中，对威胁的加工是不一样的。[66] 本书中，我较少关注这些障碍本身，更多地关注威胁信息的加工如何引发适应不良的恐惧和焦虑障碍。[67] 遭受这些障碍的人对威胁有过高的敏感性，威胁会抓住并持续占有他们的注意力，这一情况有时被叫作过度警觉。遭受这些障碍的人区分危险和安全的事物的能力也会受损，并且会高估感知到的威胁的重要性。即使威胁不是当前的，他们也会过度担忧威胁会出现，并且会持续地审视周围环境以试图理解为何自己会觉得痛苦。他们会走极端以逃离或回避威胁，这会影响他们的日常生活。

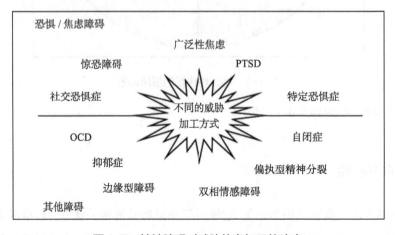

图 1-7　精神障碍对威胁信息加工的改变

阐明观点

这里假定，对恐惧和焦虑的理解就意味着对情绪的理解。所以，在进一步探讨之前，我想先用恐惧情绪作为例子来阐明我对这一主题的观点。在很多方面，我关于情绪的核心观点自20世纪80年代以来就没有变过。[68] 但是最近我对情绪的讨论开始有了些许不同，目的是加强对这一复杂的心理功能及其与脑机制的联系的概念化。[69]

传统上，情绪理论聚焦于有意识的感受。[70] 例如，在19世纪后期，美国心理学之父威廉·詹姆斯（William James）提出，恐惧是当我们发现自己正对危险做出反应时产生的有意识的感受；他认为，恐惧感是对防御危险时独特的躯体信号的知觉。[71] 不是所有的理论家都认同詹姆斯所说的，但是大多理论家都同意感受即情绪这一说法。正如前面提到的，弗洛伊德说焦虑是"被感觉到的东西"，并且指出"无疑，我们感觉到的是情绪的本质"。[72] 最近，荷兰心理学家尼科·弗里达（Nico Frijda）断言，本质上，情绪是"特征体验"。丽莎·巴瑞特（Lisa Barrett）、詹姆斯·罗素（James Russell）、安德鲁·奥托尼（Andrew Ortony）、杰拉尔德·克罗尔（Gerald Clore）以及其他一些人，都强调情绪是心理建构的有意识的体验。[73] 克罗尔特别指出："情绪从来都不是无意识的。"[74]

不过，其他理论家发现有意识的体验并不重要，或者甚至可以说它不利于我们对情绪的理解。比如在20世纪早期，行为主义者强烈认为无法观测的意识在心理学中无立锥之地，他们坚持研究的焦点应该是行为。[75] 这带来了一种观念，即恐惧是刺激和反应之间的联系，而非一种具体的感受。[76] 之后，当行为心理学家转向生理学并试图理解刺激和反应在人脑里是如何联结时，恐惧又变成中枢动机状态——脑部针对危险刺激组织反应的生理状态。但是就像行为主义者一样，这些生理学理论家大部分也避开了有意识的体验——中枢状态是刺激与反应之间的生理中介，而非主观的感受状态。[77] 虽然这一途径提供了一种能够在动物和人之中同样地研究恐惧等情绪的方法，但这是通过无视恐惧是一种感受实现的，而大多数人把恐惧看作一种感受。

即使是那些强调情绪即意识体验的人，有时候也会认同体验只是情绪的一个方面或组成部分。例如，瑞士心理学家克劳斯·谢勒（Klaus Scherer）认为情绪是包含认知评价、表达反应、生理变化和有意识的感受的过程。[78] 以这种观点来看，当我们把某情景评价为危险的，针对它表露出特定的行为反应、生理上有所唤醒并感受到恐惧时，恐惧就出现了。在我看来，就逻辑而言，这一方法有些冗杂，因为它既把恐惧看作整体的过程，又把它看作人们在害怕时体验到的特殊感受，恐惧（体验）成了恐惧（过程）的一个组成部分。

另一种理论认为，情绪是大脑固有的，并且会在有诱发刺激存在时被释放出来。[79] 这一观点被那些坚持基本情绪理论的人支持。以这种观点来看，固有的行为反应、生理反应以及有意识的感受都来自一个恐惧中心或网络。就像我后面会说的，虽然威胁确实激发了固有的行为和生理模式，但恐惧感不是固有的，这一观点也与情绪的心理建构理论相一致。

在我看来，恐惧、焦虑以及其他情绪就是人们一直认为的那样——有意识的感受。通常，当我们僵在原地或者在危险出现开始逃跑时，我们会感受到害怕。这包括了对威胁的觉察产生的不同结果——一个是有意识的体验，而另一个包含了更多无意识的基础加工过程。我认为，不能成功地将恐惧和焦虑的意识体验与更基础的无意识过程区分开会导致很多混乱。更基础的过程有助于情绪感受的形成，但它们已经进化了，它们不是为了制造有意识的感受，而是为了帮助生物体存活和繁荣兴旺。为了避免混淆，更基础的无意识过程不应该被标记为"情绪的"。

在我看来，恐惧感出现在我们意识到自己的大脑已经无意识地探查到危险的时候。[80] 这是怎么发生的呢？这始于在大脑的感觉系统加工下，一个外部刺激被无意识地断定为威胁的时候。然后威胁觉察回路的输出使大脑的唤醒水平提高，行为反应的表达增多，并促使身体发生生理变化。身体的行为和生理反应的信号被送回到大脑，在那里它们会变成针对危险的无意识反应的一部分（对这些无意识反应的感觉部分可以被"感觉到"，就像景象和声音）。接下来，大脑活动会被威胁和努力应对威胁预警的努力独占。人们会对威胁更加警惕——环境会被扫描，以查出我们为何会以这种方式被唤醒，而与所有其他动机（进食、饮水、性、金钱、自我满足等）相关的大脑活动均被抑制。如果借助记忆，环境监控指出出现的是"已知的"威胁，那么注意就会集中在这些刺激上，我们会有意识地认为这些刺激就是我们产生这种唤醒状态的原因。记忆同样也让我们知道，"恐惧"是我们给这种体验起的名字（在童年，我们建立了一套模板，不同的情绪标签对应不同的体验模板）。当所有因素或者组成部分在意识中得以整合时，某种情绪，特别是有意识的恐惧感，就产生了。发生这一过程前提是，大脑仍有认知资源来创造意识体验，并且能够从个体幸福的角度解释该体验。大脑和身体的反应是我们的行为的动力，这些行为使我们能够存活下去，恐惧感并不参与该过程，但这并不意味着恐惧感仅仅是副产品。一旦恐惧感出现，它就能激活有意识的大脑资源，以促使我们去寻求生存与发展。

我并非唯一一个支持情绪是"基于认知评估的意识感受的"这一观点的研究者。[81] 最近出现的情绪是"心理建构的"[82]的观点或许是与我的观点最接近的基于认知的情绪理论。

本书将详细阐述一个重要的观点：那些促使人们寻求帮助的、令人厌烦的恐惧感和焦虑感，与针对这些感受的研究过程和解释方式是分离的，包括对如何寻找新的治疗方法以减轻这些感受的研究。意识不再是科学的一个禁忌话题，并且近些年这一领域有了长足发展。我和其他人引领的在动物和人身上进行的恐惧与焦虑障碍的研究，通常聚焦于大脑是如何探查威胁并对威胁做出反应的——在无意识中运行的过程。这一工作与理解有意识的恐惧和焦虑很是相关，我们需要在合适的环境中去理解它。尽管有惯例在，但即使是人类，对威胁的反应也并不完全意味着有意识的感觉发生了，同样地，在动物身上也是如此。

这本书的主要目的是提供一个框架以便我们能更好地理解研究、治疗和有意识的感受这三者之间的关系。为了做到这一点，我们需要注意什么时候应该提到意识，什么时候不应该，因为不论是忽视意识还是过分强调其作用，我们都将无法理解恐惧和焦虑。

展望

在本章中，我们从大脑对威胁信息的加工的角度建立了恐惧和焦虑的复杂网络。下一章将概述我是怎样在长达30年的科学理解情绪大脑的努力中逐步形成我现在的观点的。随后的几章涉及动物界中的防御以及使动物（包括人类在内）得以觉察威胁并做出防御性反应的脑机制。之后我会回答"我们从动物那里继承了什么"这个问题。与现在流行的大众观点及许多科学家持有的观点相反，我并不认为我们从动物那里继承了恐惧或焦虑等情绪，相反，我认为我们继承的是觉察威胁并对其做出反应的机制。当我们的大脑中有威胁加工机制时，有意识的恐惧感和焦虑感才是可能的，否则威胁加工机制只能激发行为，而不一定会引发恐惧感和焦虑感。具有意识的生物体可以体验到恐惧感，其他生物体则无法拥有这种体验。因此，如果我们想理解恐惧和焦虑的感受，我们就需要理解意识。之后的几章会讲这个主题。其中一章介绍的是意识的物理基础，另一章讨论的是记忆与意识，还有一章解释的是当威胁加工的无意识结果被有意识地体验到时，有意识的恐惧感和焦虑感是如何出现的。最后三章展示的是脑机制的研究将如何帮助人们更好地应对这些麻烦的感受并提供新方法。

正如弗洛伊德所说，焦虑和它的伙伴恐惧就像谜语一样，探寻它们的谜底能使我们了解大脑和思维工作的多个方面。心理学和神经科学的许多话题，从动物防御行为的基础机制到人类的决策，从自动的无意识加工到有意识的体验，从知觉、记忆到情绪感受都将被谈到。一些话题会涉及复杂的脑机制，但是在其他话题的讨论中，我们关注的大部分原理都是易于理解的。

第2章

重新看待情绪大脑

> 一方面，神经科学家使用"恐惧"一词来解释两个事件之间的联系，例如，大鼠再次看到曾与电击关联的闪光时会身体僵硬。另一方面，精神病学家、心理学家和大众常常使用"恐惧"来命名不喜欢驾驶的人在高架桥上开车时或者人们遇见大蜘蛛时的意识体验。这两种用法意味着存在多种恐惧状态，每种状态都有自己的遗传机制、动机、生理模式和行为模式。
>
> ——杰罗姆·凯根（Jerome Kagan）[1]

在研究了我前面提到的"情绪大脑"30多年以后，我认为需要重新看待这一术语。[2]上面的杰罗姆·凯根的话与我的想法一致，但他的话还不足以说明我的想法。凯根提示存在两种不同的由恐惧刺激诱发的恐惧状态，它们的背后有不同的大脑系统，一个系统与有意识的感受有关，另一个系统与行为和生理反应有关。我认为我们应该严格限制用情绪词语（如恐惧）来描述意识体验，例如害怕的感觉。"恐惧"一词不应该被用来描述探查到威胁性刺激和控制这些刺激引发的行为生理反应的大脑系统。前面说的后一种系统无意识地操纵着人类，尽管这一系统有助于形成恐惧感，但是它们并非产生恐惧的机制。这一章将解释为什么我认为应着重将在意识之外探查和应对威胁的机制与产生有意识的恐惧感的机制进行区分，这将有助于我们理解恐惧及与之相伴的焦虑。

起点

20 世纪 80 年代早期，我开始了对情绪大脑的研究，当时边缘系统理论的观点很流行。[3]这类观点认为我们的爬行动物祖先是被反射和本能控制的。随着哺乳动物的出现，新的大脑系统（边缘系统）进化出产生感觉的功能，这在适应的角度上提高了新的脊椎动物出现的可能性。随后，在哺乳动物的进化过程中，新皮层出现，这为形成能够思考和控制情绪的思考型大脑提供了可能。边缘系统这一概念激发了很多研究，其目的在于使我们更好地理解情绪大脑。如果边缘系统以外的一些脑区被发现与情绪相关，这并非与边缘系统理论相对立，而是因为脑区的划分标准发生了变化。最终，边缘系统理论失去了与大脑进化理论的连接，而后者是其基础。[4]（不幸的是，边缘系统理论在大众讨论与科学讨论中继续被大量使用，尽管它的进化基础早已被质疑。）

我认为需要使用一种不同的方法来检验情绪是如何被大脑加工的。这种方法在一开始只进行最微小的假设。我所使用的方法遵从大脑加工信息的流程，即从加工刺激的感觉系统到控制反应的肌肉，而这一路径上的某一点可能就隐藏着探查刺激并激发相应反应的机制。当然边缘系统可能也在其中，但重点是要使用一种客观的方法来研究这一路径，而非在研究完成之前就假定知道答案。

我知道"信息流"这一概念是在纽约州立大学石溪分校跟随迈克尔·加扎尼加读博士时。[5]当时我们对为控制癫痫而被切断左右大脑联系的人进行研究。对于普通人来说，一侧大脑的信息会被自动而迅速地传递给对侧大脑，从而使两侧大脑在日常生活中持续地协同工作。[6]然而，对于裂脑患者来说，信息仅仅保留在传入的一侧大脑中（见图 2-1）。例如，你给裂脑患者的右脑呈现一个画着苹果的图片，他无法说出"苹果"这个词，因为言语能力是由左脑负责的。将左手（与右脑连接）伸入装有多个物品的袋子中时，裂脑患者能够摸出苹果并轻松取出，而右手（与左脑连接）就无法完成任务，因为其左脑没有接收到图片刺激。在该研究中，图片信息以点对点的方式在大脑中流动，从而构建我们的视觉、记忆、思维和感知，控制我们的行为。

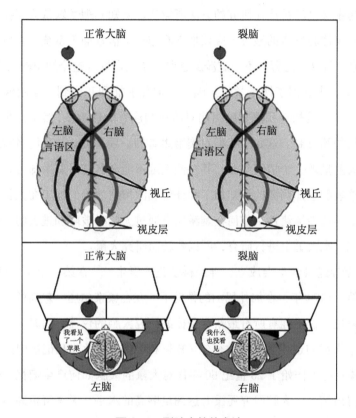

图 2-1　裂脑中的信息流

在人类的大脑中，呈现在中点左侧的视觉刺激会被传输到右脑，空间右侧的刺激则会被传输到左脑。两侧大脑半球的连接（这里没有显示）使得被一侧大脑半球"看见"的刺激也能被另一侧"看见"。通过这样的连接，每一侧的大脑半球均可构建一个完整的知觉空间，使呈现在左侧视野的、被导向右脑的视觉刺激，可以被控制言语的左脑加工。对于裂脑患者，因为他们两侧大脑半球之间的连接被切断了（一种对癫痫的手术治疗手段），所以在空间左侧呈现一个苹果，这一刺激被导向右脑，它就会一直停留在右脑，患者无法口头描述这一刺激，因为其左脑无法收到感觉信息。

在心理学思潮的变化中，从信息流的角度理解脑功能已经成为必然。几十年来，行为主义者占据着心理学的主导地位。他们在解释行为时，避开了所有对内心、意识和其他不可观测的内在因素（无论是心理层面还是大脑层面）的讨论。[7]他们认为，科学心理学必须基于可观察的事件——刺激和反应。到了20世纪70年代，行为主义已经被认知研究的方法所取代。认知心理学家认为，我们不应把大脑看作意识体验发生的地方，应该把它看作一个信息加工系统，它将刺激和反应联系起来，且这一过程并不一定涉及意识。[8]裂脑研究与这个知识框架完美匹配。

1978年，我拿到了博士学位。随后，加扎尼加和我搬到了曼哈顿，在康奈尔医学院工作。最初，我探索脑损伤对语言和注意的影响。[9]然而，我真正感兴趣的是情绪的脑机制。这始于我们对裂脑患者的一项研究。[10]我们当时给裂脑患者的右侧大脑呈现一个情绪刺激，其左侧大脑不能命名这一刺激却可以划分情绪的效价，这表明感知刺激的认知加工和评价刺激情绪效价的加工在大脑中是分离的。我想要弄清楚情绪性是如何在刺激信息通过大脑时被附加进去的。因为这一设想无法在人类大脑上进行研究，所以我转而研究大鼠。

1969年神经科学学会成立，神经科学正式诞生。[11]在第一个十年结束之时，它已经成熟。1979年，在加扎尼加的帮助下，我在康奈尔唐·赖斯的生物学实验室获得了职位。这里拥有所有最新、最棒的研究大脑的仪器。当时，这一新领域中的每一个人都知道埃里克·坎德尔（Eric Kandel）在学习和记忆中的开创性研究。[12]坎德尔的工作始于20世纪60年代对大鼠的大脑如何产生记忆的研究，不过他很快得出结论：大脑研究还没有达到足够高的水平，无法解析高级动物对复杂问题的加工（如记忆）。他随后重新设计了研究，希望利用当时的研究工具取得研究进展。具体地说，他选择使用一种简单的生物（海蛞蝓，即海兔，一种无脊椎动物），并关注其几种简单的学习方式。随后，他确定了行为过程中从感觉信息到运动输出的神经回路，并且分离出了在学习过程中被改变的细胞和突触，以及使这种改变成为可能的细胞和突触的分子构造。通过这一"什么、何处、为何"的策略，坎德尔革新了学习与记忆的研究，并获得了2000年的诺贝尔奖。

这里我们简单聊一聊坎德尔的行为学框架。实验室中存在两种研究学习的基本方法：经典条件反射和工具性条件反射。众所周知，20世纪早期，伊万·巴甫洛夫（Ivan Pavlov）发现在把声音与食物联结后，狗单单听到声音就能够产生唾液。[13] 经典（或巴甫洛夫）条件反射使新异刺激诱发了与生俱来的反射。相应地，工具性条件反射于 19 世纪晚期由爱德华·桑代克（Edward Thorndike）开创。他认为一个新的行为被学习是因为该行为使个体成功地获得了积极的结果或避免了负性结果。[14] 一个经典的例子是大鼠学会通过按压杠杆获得食物。之所以称它为工具性条件反射（亦称之为操作性条件反射），是因为大鼠是通过工具操作才获得行为结果的。[15] 当坎德尔开始他的研究时，大多数关于大脑学习和记忆的研究使用的是工具性条件反射，因为与巴甫洛夫的经典条件反射相比，工具性条件反射被认为与人类复杂行为更相关。[16] 但是，坎德尔认识到研究哺乳动物工具性条件反射的神经机制无法取得长足进展，而使用巴甫洛夫条件反射让神经系统不太复杂的生物体进行简单学习可以获得更多研究进展。[17] 可能正是这一领悟促成了他开创性的工作。表 2-1 是巴甫洛夫条件反射和工具性条件反射的比较。

表 2-1 巴甫洛夫条件反射和操作性条件反射的比较

巴甫洛夫（经典）条件反射	工具性（操作性）条件反射
由巴甫洛夫发现	由桑代克和斯金纳发现
在特定刺激（条件刺激，CS）出现时，呈现强化的非条件刺激（US）	在特定反应（条件反应，CR）被执行时，呈现强化的非条件刺激（US）
建立起 CS 和 US 之间的联系	建立起 CR 和 US 之间的联系
之后，CS 引起先天的、在动机上与 US 相关的条件反射	之后，因为 CR 在之前导致了强化的 US，所以当类似的动机条件出现时，习得性 CR 就会出现

资料来源：Based on Gluck et al, 2007.

当我开始在赖斯的实验室研究情绪时，距离坎德尔开始他的研究已经有十多年了。神经科学领域已进展颇大。当时我们已经可以绘制不同脑区神经元之间连接的网络图，记录神经元的细胞反应，破坏神经活动，测量大脑中与学习有关的分子（不仅仅是无脊椎动物的大脑，也包括哺乳动物和其他脊椎动物）。鉴于坎德尔的成功，研究者开始使用巴甫洛夫条件反射探索复杂动物大脑中的记忆。[18]

　　一些研究者早已开始用巴甫洛夫条件反射来研究哺乳动物的情绪行为，特别是防御或恐惧行为。[19]我尤其关注罗伯特和卡罗琳·布兰查德（Caroline Blanchard）、罗伯特·博尔斯（Robert Bolles）和他的学生马克·布顿（Mark Bouton）以及迈克尔·范塞洛（Michale Fanselow）使用巴甫洛夫恐惧条件反射对大鼠进行的研究。[20]这些研究表明，当一个中性无害的刺激（如一个音调）与一个轻微的电击配对时，这个中性刺激就会引发木僵。无论是在测试后几分钟、几天还是几周以后，这种效应都存在（见图2-2）。木僵是一种先天的防御反应，与其更为人所熟知的搭档"战斗或逃跑反应"一样重要[21]（事实上，在下一章中，"战斗或逃跑反应"现今更多被描述为木僵–战斗–逃跑）。这一中性音调也可以使血压升高、心律和呼吸加快、释放更多的肾上腺素和皮质醇激素，[22]为需要能量的防御行为提供生理支持。

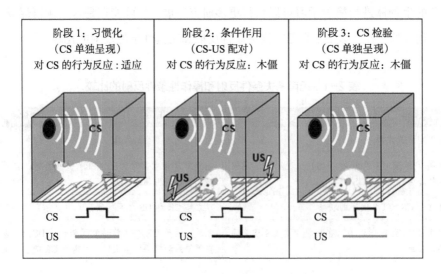

图2-2　恐惧条件反射：程序

　　恐惧条件反射是巴甫洛夫条件反射的变式。这种条件反射将无害的条件刺激（CS，通常是一个音调）和令人厌恶的非条件刺激（US，最经典的是足底电击）配为一对。我的实验室将这一程序大量应用于大鼠，它也可以被应用于很多其他动物，包括人类。在进行经典研究的第一天，大鼠会被单独暴露于CS中（习惯化）；第二天会呈现一个或多个CS-US配对（条件作用）；一天或几天后，通过单独呈现CS来检验条件反射（CS检验）。就像后面将要描述的，为了更好地区分引起恐惧感觉的过程与对危险的探测和反应的基础过程，我们用"威胁条件反射"一词代替"恐惧条件反射"。

与行为有关的"先天"一词的含义及其价值在过去的岁月里一直饱受争议。[23]现在已经被广泛认可的一个观点是，个体经历影响基因程序的表达方式。这一观点使得先天与习得边界模糊。一些人避免使用"先天"这个词，但另一些人认为有必要使用该词，因为在一个物种中，一些行为显然比其他行为更依赖于持续表达的特征，习得这类行为的机会也是极少的。恐惧引发的木僵就是这样一个例子。

恐惧条件反射是联想学习的一个例子。联想学习就是大脑对事件之间的关系形成记忆。用心理学习理论来讲，上述例子中的音调是条件刺激（CS），电击是非条件刺激（US），条件作用后由 CS 引发的反应是条件反应（CR）。在恐惧条件反射中，大脑以此方式学习 CS 和 US 之间的关系。在条件作用之后，CS 变为危险临近的警示信号。当 CS 出现时，CS-US 恐惧条件反射被触发，这是因为控制木僵和其他恐惧 CR 的 CS-US 联结被激活了。尽管木僵被认为是一种条件反射，但是这种反射并非习得的。被条件化的是被 CS 引起反应的能力。

尽管已有大量巧妙的行为研究对巴甫洛夫恐惧条件反射进行探索，但还没有人系统地用它来研究恐惧机制是如何在脑中运作的。[24]这一领域的大多数研究还在使用复杂的工具性条件反射任务（尤其是那些要求动物学会在某种程度上可以被称为随意反应的行为来避免电击的任务）。[25]我认为既然赖斯实验室里所有的工具都是可得的，那我就可以采用坎德尔的策略，结合巴甫洛夫条件反射过程，来追踪信息的流动是如何使得无意义刺激在条件反射形成后能引起哺乳动物（大鼠）的恐惧反应的。据我判断，这应该是有可能的，因为所有大鼠表现出的反应都一样，并且这些反应都是由一个特定刺激引起的，而这一刺激完全由我这个实验者所控制。结果就是，我或许能够追踪从条件刺激的感觉系统到条件反应的运动系统的刺激加工过程。这也正是我最开始在康奈尔和 1989 年去纽约大学成立了自己的实验室后采用的方法。[26]在短短的几年中，我的实验室还有同行的实验室采用巴甫洛夫恐惧条件反射做的工作都非常成功，我们完成了工具性回避条件反射没有做到的任务——确定了组成脑部恐惧系统的各脑区以及它们之间的连接。

恐惧系统

我对恐惧条件反射的神经基础进行研究的起点，是测定听觉 CS 引起木僵和血压反应需要听觉系统的哪一部分。之后，使用解剖连接追踪技术，我确定了关键的听觉加工区域的可能输出目标。追踪研究显示，杏仁核是输出目标之一。损伤这一区域或切断其与听觉系统的连接后，恐惧条件反射也随之消失了。在杏仁核内，我们也发现了接收听觉 CS 输入的区域（外侧杏仁核，LA），这一区域与另一个区域（中央杏仁核，CeA）相连接，而该区域会向分别控制木僵和血压条件反射的下游目标发送输出信息。再进一步，我们得以定位了 LA 输入区域中同时接收听觉 CS 和电击 US 的细胞。这是一个特别重要的发现，因为细胞层面上的 CS 和 US 的整合被认为是发生恐惧条件作用所必需的。在确定了过程中包含的回路和细胞的变化之后，我们转向了 LA 的分子机制，这些分子机制是条件性恐惧的学习和表达的基础，而其中很多都与坎德尔及其他人在无脊椎动物身上发现的一样。[27] 在做这项工作的过程中，我很幸运，因为多年来有一群很棒的人和我一起，我也要把这本书献给他们。[28] 他们不仅在实验技能和职业道德方面做出了贡献，而且还提供了智力支持。

几位关系密切的同行的实验室也为这一领域的研究做出了重要贡献。最开始，我和布鲁斯·卡普（Bruce Kapp）还有迈克尔·戴维斯（Michael Davis）是这一游戏的主要玩家。[29] 但很快，之前研究行为层面的恐惧条件反射[30] 的迈克尔·范塞洛，也转而研究有关脑机制的问题。[31] 每个人的学生中都有人最终成立自己的实验室，[32] 其他学生则加入了这一令人兴奋的新领域的工作。[33] 恐惧条件反射已成为神经科学研究中最受欢迎的领域之一，并且给脑与行为联系方面的研究带来了长足发展。

图 2-3 是这些工作的集合所展现的以杏仁核为核心的恐惧条件反射回路的简单版和复杂版。[34] 这一回路更详尽的版本会在之后的章节里出现。自该研究后，杏仁核被看作大脑恐惧系统中的关键成分。[35]

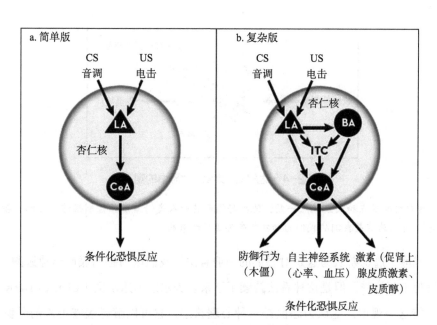

图2-3 恐惧条件反射：回路

  a. 简单版。恐惧（威胁）条件反射的获得和表达的基础回路，包含条件刺激（CS）和非条件刺激（US）向外侧杏仁核（LA）的感觉传送。在 LA 中，CS-US 联结会被习得并储存。LA 会与中央杏仁核（CeA）进行信息交流，CeA 又与控制条件化恐惧反应的区域相连。b. 复杂版。LA 和 CeA 与杏仁核的其他区域直接相连，比如基底核（BA）和闰细胞（ITC）。然后 CeA 与分别控制木僵、自主神经系统（ANS）和激素条件反射的下游目标相连。更多细节将会在第 4 章和第 11 章中进行描述。

恐惧：威胁性刺激和恐惧反应之间的状态

  前面提到的"基于杏仁核的回路是恐惧系统的一部分"的观点已经被广泛接纳，但是恐惧系统究竟是干什么的，成了一个棘手的问题。

  这一问题最明显的答案是恐惧系统是一个制造恐惧感的系统：威胁激活了大脑中的恐惧系统，其结果就是恐惧感的产生。恐惧感驱动了防御反应及与之相伴的生理上的变化（见图2-4）。因此，防御反应通常被看作人或动物感受到恐惧的信号。

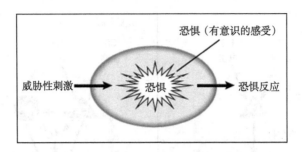

图 2-4 达尔文（大众）对恐惧的观点

达尔文的观点和大众观点一致，他把恐惧和其他人类情绪看作控制情绪反应的"精神状态"，并认为这是我们从我们的动物祖先那里继承来的。

威廉·詹姆斯认为这是对恐惧的一般看法：我们因为害怕熊而迅速逃跑。[36]尽管他不愿接受，但是这种看法持续了下来。查尔斯·达尔文（Charles Darwin）就支持这一观点，他认为恐惧是一种心理状态，它可以解释表露出来的恐惧行为。[37]这也是大众对恐惧的看法，当记者描述大脑的恐惧系统时，他们大多也采用这一观点。一些科学家也认为，这一包含杏仁核的先天回路负责恐惧感的产生。[38]不过这并非唯一的观点。

对恐惧条件反射的研究在 20 世纪四五十年代迅速发展，这得益于 O. 赫伯特·莫弗勒（O. Herbert Mowrer）提出的具有较大影响力的理论，他认为恐惧条件反射是人们产生恐惧障碍、焦虑障碍的原因。[39]关注恐惧条件反射的研究者认为恐惧是威胁和防御反应的中介，[40]而非达尔文和大众认为的那样，是一种心理状态。在行为主义的影响下，大多数研究者选择不去关注意识状态和有意识的感受。[41]相反，他们认为恐惧是一种中枢状态，确切地说是一种防御动机状态，[42]是一个假想的大脑回路中的生理反应[43]（见图 2-5）。早期关注中枢状态的研究者大多并非生理学家，心理状态也还只是一个被称为中介变量或假想结构的概念，[44]并非真实的大脑机制。然而，当持有这一传统观点的研究者开始研究大脑时，他们却用和中枢状态相关的术语来描述自己发现的回路。自此，杏仁核作为恐惧这一中枢状态的神经基础进入了大众的视线。[45]

中枢状态是威胁和恐惧反应的中介，这与达尔文提出的感受具有相似的功能。

但是，与达尔文的观点不同，中枢状态的构成并不需要连接刺激与反应的有意识的感受。有关可被意识到的情绪的问题尚未被触及。迈克尔·范塞洛是研究动物恐惧这一状态的领军人物，他说过："我们的任务是以科学的方式重新定义动机这一概念，那些新的概念应该替换大众的不正确的观点。我不知道主观体验该如何帮助我们完成这一任务。"[46]范塞洛的导师罗伯特·博尔斯认为，"提到人类的体验……并非为了增加概念的有效性，而是因为它是一种真实的行为现象……人类体验带来的附加意义，必须一直被保持在附加状态"。[47]另一位著名的恐惧行为条件反射研究者罗伯特·瑞斯克拉（Robert Rescorla）认为"关注主观体验（即自己的内在体验，不需要其他观察提供证据）并没有多大用处"，[48]因为许多中枢状态的支持者把主观体验（意识）排除在因果链条之外，他们认为中枢状态实际上是一种无意识的状态。并非所有的研究者都持这一观点。达尔文等学者认为恐惧的中枢状态是充满恐惧的、能让个体做出防御行为的主观体验。连那些刻意不使用"主观体验"一词的人也经常将恐惧的中枢状态写成或者说成恐惧感。他们把受惊吓的大鼠描述成"害怕的""受惊吓的""被吓呆了""焦虑的"，诸如此类。天真的读者或听众怎么会知道他们说的恐惧并不是真的恐惧呢？

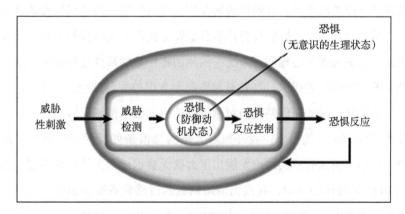

图2-5 恐惧的中枢状态理论

接受行为主义传统训练的心理学家将恐惧视为一种控制恐惧反应的生理状态（而不是主观感受——心理状态）。将"恐惧"称为生理状态往往会导致对恐惧真正含义的混淆，因为即使是那些把"恐惧"一词看作生理术语的人，也经常在谈话和写作时暗示这一生理状态是恐惧感的神经基础的体现。

恐惧：威胁加工的认知结果

我采用了与上述不同的方法来进行研究。我认为达尔文学派的观点之所以流行是因为它强调可被意识到的恐惧，而中枢状态理论流行是因为它忽视可被意识到的恐惧，我确信意识和无意识都起了作用，我们需要把它们的角色分离开来。

我以前做过的裂脑研究可以支持我的观点。加扎尼加和我发现，裂脑患者大脑的左半球经常对大脑右半球产生的行为做出解释。人们可能会认为，在这种情况下裂脑患者的左脑会觉得很惊讶，因为它发现身体正在做它并未意识到的事。但实际上，左脑对这些出乎意料的行为毫不惊讶，而且还会对其进行进一步加工。这是一个有趣的现象，我们设计了一些研究对其进行探讨。[49] 我们诱发右半球，使其控制人们做出行为，然后问左半球：“你为什么这么做？”毫不犹豫地，左半球一次又一次做出了解释。例如，要求患者看到呈现在右半球的刺激时就站立起来，当我们问他为何站起时，他的左半球会让他说他需要伸个懒腰；他挥挥手，是因为他看到了一个朋友在窗外；他抓了自己的手因为它痒痒。这些都是大脑的意识部分捏造出来的，以解释为何身体会做出反应。加扎尼加和我认为人类的大脑总是如此加工。[50] 虽然我们并不总是知道我们的大脑控制的行为反应背后的动机，但意识为解释心理和行为统一的原因将松散的部件连接起来，这一解释也补全了不完整的心理模式。加扎尼加称此为意识的解释理论。[51] 我用这一理论来解释无意识加工是如何促使我们对意识到的感觉做出情绪反应的。

在 20 世纪 80 年代中期，我开始对大鼠的恐惧条件反射进行研究。在这段时间中，我基于裂脑研究的结论发展出了大脑无意识地加工情绪的模型。具体地说，在 1984 年写作的书中，我提出情绪刺激通过感觉系统传递到大脑，这一加工过程无意识地引发了情绪反应。[52] 1996 年，我出版了《情绪大脑》这本书。书中我构建了恐惧的大脑加工模型：威胁性刺激激活杏仁核，杏仁核引发恐惧反应。我认为杏仁核的加工是自动的，并且不需要对刺激的有意识觉察，也不需要对反应的有意识控制。[53] 当时，这一结论被大量研究支持，此后的许多研究表明，杏仁核在个体没有觉察到真实的刺激[54]或体验到恐惧时[55]就能够加工威胁信息，并引发条件反射。这个结论和我们平时的体验相一致。一个人会在不经意间对某事做出反应，但在事后才意识到危险的存在——正如一个人突然跳到一边以躲避疾驰的公交车，完成这一行为后，他才意识到自己刚才处于危险之中。让我们意识到自己正处于危险之中的神经的加工速度很慢，让我们能无意识地控制保护（防御）反应的机制则较快。现在人们意识到快而自动的加工和慢而有意的加工之间存在差异，需要更多意识参与的过程人类思想和大脑的基本组织原则。[56]

在1984年出的书中，我还假设了被意识到的情绪是如何产生的。我认为大脑对感觉信息的处理有两个通道，一个通道负责检测刺激的情绪性并控制情绪反应，另一个负责认知加工并产生认知感受（见图2-6）。在《情绪大脑》一书中，我提出被意识到的恐惧源于借助注意和其他神经皮层认知加工产生的表征，无意识恐惧则是杏仁核威胁加工回路被激活的结果。我认为我们应该研究动物和类人物种对无意识恐惧的加工，研究对有意识恐惧的加工最好用人类被试（随后将详述）。

我认为杏仁核回路通过两种方式加工恐惧。一条是直接通路，能无意识地探查威胁并控制后续的行为和生理反应。一条是间接通路，认知系统负责加工有意识的恐惧感。具体而言，我认为无意识的过程的结果是生成有意识的恐惧感的原始加工材料。当我使用"恐惧系统"一词时，我指的是整个加工过程，这一过程既包括杏仁核在控制恐惧反应中的作用，也包括其为对恐惧的有意识加工提供的间接支持。

现在回想起来，我认为用"恐惧系统"这个词来描述杏仁核在探查威胁性刺激并做出反应中的角色是错误的，并且在这样的背景下来探讨恐惧刺激和恐惧反应也是不正确的。我做的那些其实将事情复杂化了。将探查威胁性刺激和对威胁性刺激做出无意识反应视作恐惧系统的一部分，以及将其视作中枢体验的一部分都是没有必要的。因为人们普遍接受的对恐惧的定义是可意识到的、害怕的感觉，所以"外行"的研究者对恐惧系统的理解自然是恐惧系统产生了恐惧感。即使是那些聚焦于所谓恐惧系统的研究，实际上也大多将恐惧系统视为无意识地探查威胁性刺激并做出反应的操作系统。与普遍观点相左，我们的研究结果表明，恐惧感源自威胁性刺激对杏仁核的作用。关注恐惧系统的研究者往往强调杏仁核的神经活动是恐惧感的基础，这是无益的。例如，他们把大鼠描写为"受到惊吓的""被吓呆了"或"焦虑的"。这时，中枢状态和对恐惧的普遍观点之间的差异就消失了。

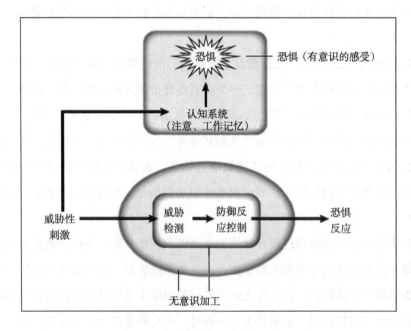

图 2-6　恐惧系统：我最初的观点

1984年，我认为情绪刺激是通过大脑中两个不同于感觉通路的通路进行加工的（LeDoux，1984）。一个通路将刺激导向无意识地检测刺激并对刺激做出反应的回路，另一个通路将刺激导向产生有意识的情感感受的认知系统。这一观点在"威胁性刺激"这一词语中以及它如何引发所谓的恐惧反应和恐惧感中有所体现。在接下来的十年里，杏仁核被认为负责对威胁的无意识加工，正如1996年的《情绪大脑》所描述的那样。虽然我仍然坚持关于两个威胁加工通路的基本观点，但我不再把这组回路称为"恐惧系统"（这么说即认为杏仁核是恐惧系统的一部分，恐惧感是杏仁核的产物，而我认为杏仁核是一个无意识的加工器，恐惧是大脑皮层认知系统的产物）。我现在使用更多的描述性术语以便进行明确的区分（参见图2-7和表2-2）。

千万别误会我。我确实脱不了干系。尽管我呼吁用不同的大脑回路来解释无意识的对威胁性刺激的探查和有意识的感受，但我也谈到杏仁核与恐惧有关。我基本上是在思考有意识的和无意识的恐惧之间的关系。我逐渐意识到这是混乱的。最终，在 2012 年，我写了一个长篇《重新思考情绪大脑》发表在《神经元》杂志上。文中，我介绍了生存回路和总生物体状态的概念。我认为它们提供了无意识的成分，而这些成分被从认知水平上解释为有意识的感受，即所谓的情绪。2013 年，我被选为美国国家科学院院士，并被要求为《美国国家科学院院刊》写一篇文章，我写了《走近恐惧》一文。我在文中深入探讨了恐惧的语言和恐惧的产生，主要关注如何从意识层面解释无意识成分，这些无意识成分由总生物体状态引发的生存回路产生。下面的章节将讨论这些观点。

走近恐惧和焦虑

尽管关于恐惧条件反射的研究非常成功，但我们现在正处于十字路口。我们可以很容易地沿着这条路继续前进，获得更多的成果，甚至可能有重大发现，但是我坚信我们应该走另外一条路，我们应该在清晰界定所研究的内容的基础上进行研究。

恐惧、焦虑和其他情绪的语言来自大众心理学。大众心理学是指用内省法得来的关于大脑如何运作的常识和直觉，这些直觉代代相传。[57]科学家也常常从这些词语还有词语背后的直觉开始研究。但正如弗朗西斯·培根（Francis Bacon）在几百年前提出的那样，在使用这些常见的术语时，科学家应该保持警惕，尤其应该防止仅仅因为我们有形容这些事物的词便默认这些事物真的存在。[58]就像每个人都知道"小妖精""独角兽""吸血鬼"是什么意思，但很少有人相信它们是真实存在的。

使用有关恐惧的方言来描述探查威胁并对威胁做出反应的系统是培根想到的一个例子。它把恐惧具体化了，并且使恐惧成为一种自然的东西——通过进化被连接到大脑中的东西。[59]这一信念使得在大脑中寻找一个独特且先天的、被称作恐惧的现象的踪迹具有合理性。有关大脑如何探查并对威胁做出反应的发现，被用来推断恐惧究竟在大脑的什么地方，因为据推测，控制这些反应的系统同时也是引起与它们有关的感受的系统。（这是达尔文常识性方法的本质。[60]）我们被告知，恐惧这种原始的情绪继承自动物，并且世界上的每一个人，不管他生活在哪里，哪怕是与世隔绝，在面临危险时都会有相同的或类似的基本（原始）体验，并且会以相同的方式对危险做出恐惧反应。[61]这种普遍的恐惧的来源经常被假定为杏仁核，直到近年杏仁核都还是一个不怎么被了解的脑区，现在它却被广泛认为是脑的"恐惧中心"。

科学研究对"恐惧"一词的有歧义的使用带来了问题，这些问题可以借助对2012 年的一个发现的思考来说明。这个发现使得诸如《自然》《科学》《连线》《科学美国人》和《发现》都刊登了引人注目的头条，如"即使没有大脑的恐惧中心，人类也能感到恐惧""惊吓无畏者""诱发无畏者心中的恐惧""研究人员使无畏者受到惊吓"和"是什么使得无畏的女性受惊"。这与一个令人惊讶的发现有关——一个双侧杏仁核受损的女性仍可以体验到"恐惧感"。[62]但这一发现可以被认为是"惊人的"的唯一理由，是人们相信杏仁核是恐惧感的最主要的来源，且杏仁核控制的反应是恐惧感的可靠标志。正如我之前所说，杏仁核控制的反应并不是恐惧感的明确特征，这一点在之后还会详细解释。当科学家使用术语"恐惧"来指代有意识的感受和无意识的反应的共同神经机制时，我们引起了混淆。

这一问题不仅限于恐惧。杰弗里·格雷（Jeffrey Gray）提出的行为抑制理论是有关人类焦虑的一个杰出动物模型。[63]根据格雷和尼尔·迈克诺顿（Neil McNaughton）的观点，当目标间产生冲突时，比如对食物的需求和暴露在捕食者面前的风险同时出现时，大脑的行为抑制系统被激活。与其他情况相比，这种冲突会使个体的大脑将更多的风险和可能的伤害归因于刺激和情境，这就导致了行为抑制的中枢状态，这一状态会促进我们回避风险而非寻找食物。格雷和迈克诺顿将这种大脑的状态等同于焦虑，因为大鼠在接受如苯二氮䓬类这种能减轻人类焦虑的药物治疗后，会在冲突情境中冒更大的风险。但他们指的确实是包括惧怕、不祥的预感和担忧在内的有意识的焦虑感吗？还是说他们将焦虑定义为一种无意识的大脑状态，而这种状态会导致动机冲突和行为抑制？有时格雷和迈克诺顿使用后一种定义（中枢状态的版本），但他们也经常使用另一种定义（即认为焦虑是有意识的感受）。这条路上的众多追随者都认为焦虑是行为抑制系统的直接产物。

近期的一项研究表明，苯二氮卓类药物可以减弱小龙虾（crayfish）的行为抑制反应 [64]（作为一个卡津人⊖，我总是在发现小龙虾没有被写为"crawfish"时感到瞬间的惊讶）。在某个地方受到电击后，小龙虾会在之后的一段时间内保持不动（人们认为此时小龙虾在做风险评估），然后避开电击区域，相比之下，服药的小龙虾的抑制倾向更弱（更具有探索性）。作者声称他们的结果可以带来一个新的关于无脊椎动物的情绪状态的观点。这项研究发表在《科学》上，当时杂志网站上的标题是"焦虑的小龙虾可以像人一样被治疗"。《纽约时报》则宣布"即使是小龙虾也会焦虑"，BBC稍微温和一些，它写的是"小龙虾可能会体验到某种形式的焦虑"。

无疑，行为抑制理论可以解释动物（包括小龙虾、大鼠和人类）的动机冲突、行为抑制以及风险评估，而这些并不需要对焦虑的有意识体验。不幸的是，正如在动机状态和大脑系统都被贴上"恐惧"标签的情况下，防御动机的含义已经与主观感受紧密相连，在主观状态和大脑系统都被贴上"焦虑"标签的情况下，行为抑制的含义也已经与主观状态纠缠不清了。防御动机和行为抑制与对恐惧和焦虑的有意识体验不同，这不是说防御动机和行为抑制状态与恐惧和焦虑无关，它们确实对恐惧和焦虑感的产生有重要贡献，但感受到恐惧和焦虑所需的比这更多。

2014年6月，一个心理学网站的标题写道：焦虑的儿童的大脑中的恐惧中心更大。[65] 接下来的故事描述了一项研究，研究者通过让家长填写问卷测量了一大群儿童的焦虑水平，[66] 之后用脑成像技术来观测这些儿童的大脑。结果显示，儿童的杏仁核越大，他们被家长评定的焦虑水平越高。让我们来思考一下这究竟意味着什么。在这一研究中，家长做了动物研究者经常做的事情：他们根据行为的观察结果，得出了焦虑这种内在感受的相关结论——他们的孩子看起来很紧张、急躁、难以集中注意力或者有睡眠问题。因此，即使杏仁核的大小与某些行为有

⊖ 法裔路易斯安那州人。——译者注

很好的相关，它与焦虑是否相关也并没有得到检验。故而，该网站的标题在三个方面上不够准确：①被测量的是行为活动，而不是焦虑；②从临床意义上来讲，那些儿童并不焦虑，尽管有些儿童被描述为"焦虑的"；③我们所说的恐惧或焦虑指的是有意识的感受，但杏仁核并不是恐惧中心（当然也不是焦虑中心）。

很难说恐惧和焦虑是仅有的、被用这种不准确且混乱的方式看待的情绪。正如我们在前面看见的，大量的情绪，包括愤怒、悲伤、欢乐、厌恶，通常被认为是连接到大脑回路的，[67] 所以相同的问题就也出现在对这些情绪的研究中——先天的、以可预测的方式探查并回应有效刺激的系统以及引起有意识的感受的系统这二者的合并。

有关意识的科学与其他科学不同。[68] 物理学家、天文学家以及化学家不需要严肃对待有关自然的常识性概念，因为人们关于星星、物质、能量以及化学元素的看法和态度不会影响被调查研究的实验对象。[69] 虽然我们总是说（有些人或许真的那么认为）"太阳从东方升起"，但这件事其实是个错觉，这一事实不会有任何科学方面的影响。但是心理学家真的需要重视大众心理学，因为人们关于心理的共同看法，会影响他们日常生活中的思维和行动，也因此大众心理学是心理学的重要组成部分。[70] 大众心理学是一扇通往人们感兴趣并会影响人们的生活的事物的明窗。[71]

一般来讲，当一门科学成熟后，它使用过的所有方言词汇都会被科学术语替代。[72] 有些人提出，神经科学最后也会对关于精神状态的描述进行这种替换。[73] 这样来看，诸如"恐惧""欢乐""悲伤"这些词语，都会被替换为恰当的科学用语，而这些科学用语不会有我们熟悉的日常含义。

心理学家加思·弗莱彻（Garth Fletcher）做了一个有用的区分，他指出了利用大众心理学的概念来解释心理是如何运作的，以及把大众心理学作为一种方法来界定那些关于大脑的、我们想理解并科学探究的事情，这两者之间的差异。[74] 他认同有关心理如何运作的常识性解释会在心理科学的发展过程中被替代，但他也认为大众心理学将继续发挥作用，因为人们的主观体验，他们的信念、恐惧、欲望等，都在影响他们生活的方式。

在这一点上我支持弗莱彻。如果我们想理解有意识的感受，我们就无法绕开对"恐惧""焦虑""欢乐""妒忌""自豪"等词的使用。当我们用有意识的感受的相关词来给无意识过程贴标签时，我们就会遇到问题。有意识状态有无意识过程的特征：我们把威胁引起的防御反应的责任归于恐惧感。同时，无意识过程也具备有意识感受的特征：探查并回应威胁变成了恐惧感的功能。结果就是想厘清这些概念变得极为困难。我们需要一个解决方案来帮助我们摆脱这一术语的泥潭。

一个建议

当科学地讨论恐惧和焦虑时，我们应该让词语"恐惧"和"焦虑"具有它们的日常含义——也就是说，把它们看作对人们受到现在的或预期的事件威胁时产生的主观体验的描述。科学的含义显然要比这种外行含义更深入也更复杂，但两者指的是同一个基本概念。此外，在讨论探查威胁并控制对威胁的防御反应的无意识系统时，我们应该避免使用这些涉及有意识的感受的词语。

因此，我们应该说是威胁性刺激通过激活防御系统引起了防御反应，而不是简单地说恐惧刺激激活了恐惧系统从而引起了恐惧反应。[75]因为"恐惧"和"防御"并不是从人类的主观体验中得出的术语，所以若要使用它们还需要走很长的一段路，才能使区分恐惧或焦虑的有意识的感受的脑机制和探查并回应实际的或感知到的危险的机制变得更简单。类似地，现在被我们称作恐惧条件反射的过程可以被简单地叫作威胁条件反射，所以我们可以使用"威胁条件刺激"和"防御条件反射"来代替"恐惧条件刺激"和"恐惧条件反射"（见表2-2）。

表2-2 有关恐惧条件反射的术语总结

旧术语	新术语
恐惧条件刺激	威胁条件刺激
恐惧条件反射	防御条件反射

有些人认为我们应该坚持到底，因为如果将产生恐惧或焦虑的感受和探查并回应威胁的机制分开，我们那些工作的价值就将被削弱。但将这些过程分离开并

不会使对它们进行的研究毫无价值，相反，这会为更加深入地理解神经回路如何产生恐惧和焦虑铺就一条坦途。比如，如果像我说的那样，一部分机制控制那些困扰焦虑的人群的行为和生理症状，而焦虑感产生于远远超出这些机制负责范围的其他机制，那么与忽视机制间的差异相比，若我们能承认这些机制是彼此独立的，我们就更容易找出更有效的治疗方法。让我们回忆一下第1章，我们现在对惊恐障碍的理解始于克莱因的发现——药物治疗能在不改变生理症状（生存回路被激活的直接后果）的情况下，影响可被意识到的对死亡的恐惧（认知解释）。

深度的生存

当我们开始考虑动物探查危险和对危险做出反应的能力时，有关恐惧产生的方式的问题就变得清晰了。这一能力是生存所必需的，并且存在于所有动物体内，不管是蠕虫、鼻涕虫、小龙虾、臭虫、鱼、蛙、蛇、鸟、大鼠、猿还是人类。我们应该争辩小龙虾、臭虫、蟑螂能逃避威胁是因为它们感受到了恐惧或焦虑吗？或者我们应该简单地说它们拥有能使自己探查并回应危险的机制吗？在讨论无脊椎动物，甚至是鱼和蛙的时候，很多人都同意后一种描述，而讨论哺乳动物时，很少有人这样。如果对人类来说，恐惧的有意识感受不是应对危险所必需的，那为什么我们要反对其他哺乳动物的防御反应反映了无意识的过程而非有意识的感受这一观点呢？

在我看来，我们应该得出的结论不是我们从我们的动物祖先那儿继承了恐惧，而是在漫长的进化史中，我们从它们身上继承了探查并回应危险的能力。当我们假定这种能力依赖于人类或非人类动物身上介于威胁性刺激和防御反应之间的恐惧时，问题就产生了。这一假设迫使研究者去寻找非人类动物身上那些不易测量的东西，并且迫使他们为得出这种状态（恐惧）确实存在的结论而放低对证据的要求。但是，如果我们接受这种探查并回应危险的能力不需要意识，我们就不会被驱使着去寻找这些难以捉摸的过程，我们就可以只是简单地研究我们感兴趣的特定主题，而不用无休止地争论动物是否能感受到我们所感受到的。

这里我不打算否认动物拥有有意识的感受。我的目的是强调那些阻碍对动物的感受进行科学测量的问题，是提出一条可以前行的路，让我们能研究大脑功能的不同方面（我们根据客观证据得出这些功能是人类和其他动物共有的），同时将注意集中于研究那些只能在人类身上被验证的功能。

威胁探查的基础的影响可能比我们之前讨论的更为深远，实际上，它甚至能影响单细胞生物，它们同样需要判断在它们的世界里什么是有害的，什么是有益的。从这个角度看，探查并回应威胁的能力可以说是一种更深层次的生存机制，不论是对苍蝇、大鼠、人类这种复杂得多细胞生命体，还是对单细胞生物（如细菌）来讲，它都至关重要。在动物中，探查并回应危险不仅是身体里的每个细胞独自做的事，它还是大脑防御系统的一个功能，这一系统使得生物体能作为一个整体来保护它自己。这一古老能力的进化，不是为了产生恐惧或焦虑这一类的情绪，而是为了确保有机体生命能不断延续。

简言之，我们一直在以一种拟人化的角度来看待大脑，就好像我们的有意识内省能够告诉我们，大脑是怎么组织古老的、由无意识驱动的生存机制。正如我所说的，我们迫使有意识的感受去解释大脑做了什么，即使它并不知情。[76] 我们认为我们对危险做出反应是因为我们感受到了恐惧，这一信念指引科学家通过寻找控制防御反应的回路，去寻找动物大脑中的恐惧。但我们应该做的并不是试图在动物大脑中定位恐惧，而是尝试理解动物和人类身上类似的过程，即探查并回应威胁的无意识过程，为我们体验到的恐惧感做出了怎样的贡献。

生存回路和总生物体状态

情绪的先天观被认为适用于那些与古老的皮层下回路有关的状态，而这些皮层下回路继承自我们的动物祖先。[77] 当然，我们确实控制那些通常与人类情绪有关的先天反应的回路，但这些并非情绪回路，也非感受回路，它们是生存回路。[78]

我最近提出了"防御生存回路"这个词，用来讨论通常被说成恐惧回路的脑机制。[79] 对我来说，这个术语比"恐惧回路"或"恐惧系统"更合我意，因为它没有防御行为是由有意识的恐惧感驱动的这一含义。因此，杏仁核回路，作为我研究的题目，并没有制造恐惧感，它只是探查威胁并且精心策划防御反应，以帮助生物体好好活着。

大多数动物都有生存回路，防御生存回路是生存回路诸多级别中的一级。其他级包括获得营养和能量来源、保持体液平衡、温度调节以及繁殖的回路。[80] 涉及这些功能的回路被保存在哺乳动物的物种内和物种间，有时在脊椎动物中也是如此。无脊椎动物的神经系统和其他动物不同，比如，虽然它们没有杏仁核或任何其他脊椎动物拥有的脑区，但它们确实有能执行生存功能的回路，这种生存功能类似于脊椎动物的生存功能，或者说前者很像后者更初级的状态。[81] 因为类似的功能甚至存在于没有神经系统的单细胞生物体中，所以这种功能在进化上是先于讲话、神经元、突触以及回路的，[82] 同样地，这也是具有神经系统的更复杂的生物体的生存功能的原始前身。[83] 生存回路并非为产生情绪（感受）而存在，相反，它们负责与环境的相互作用，这种相互作用是为生存而进行的日常探索的一部分。

生存回路在幸福可能受到挑战或被提升的情境下会被激活，由此出现的大脑和身体的全部反应就是总生物体状态，[84] 比如，防御生存回路的激活会导致防御动机状态。[85] 这种状态涉及整个有机体（身体和大脑），是资源管理任务的一部分，也是在有挑战或机会的情境中，将生存可能性最大化的任务的一部分。[86] 哺乳动物和脊椎动物的总生物体状态，[87] 就像激活了它们的生存回路一样，是无脊椎动物的类似状态的精细版。[88]

正如我在第 1 章中指出的，当防御生存回路探查到威胁时，它不仅会触发防御反应，还会激活控制化学物质（包括神经调质和激素）释放的脑区。[89] 结果就是生物体变得高度唤醒和警觉，以适应环境，集中注意于清晰的、现存的危险，也对其他可能的伤害来源保持警惕。这些防御反应的表达的阈限降低，而其他动机性行为，如进食、饮水、性、睡眠，则被抑制。总生物体防御动机状态反映了有机体对大脑和身体资源的大规模调动，这种大规模调动是为了存活，并帮助确保由以往的工具性条件反射指导的、为应对危险而做的后续动作，能够适应当前的外部环境——逃离或躲避危险。在其他情况下，总生物体状态以类似的状态运行：比如在能量供应不足时引导获得食物的方法，在体内液体不足时引导获得饮水的方法，等等。

总生物体状态的概念和中枢状态密切相关（见前面的讨论），防御动机状态的概念也存在有一段时间了。[90]一些早期的观点把防御动机状态看作生物体做出防御反应的原因，与此相反，我认为防御动机状态是防御生存回路被激活的结果（见图2-7）。现在的观点是，防御反应不是由防御动机状态造成的，相反，防御

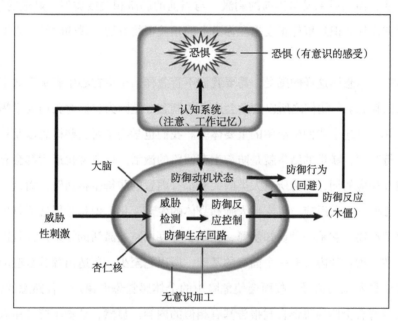

图2-7　恐惧和防御动机的生存回路观

因为我关于恐惧系统的传统观点（见图2-6）总被误解为杏仁核是大脑中的恐惧所在，所以我修改了我的用词。在当前的模型中，术语"恐惧"不再形容杏仁核的功能。我现在把检测并回应威胁的杏仁核回路描述为防御生存回路。生存回路激活的结果之一是大脑中防御动机状态的建立。这种状态不是恐惧感在神经上的表现。这种状态（或者说它的神经成分）在个体从认知角度解释自己体验到的恐惧感时提供神经成分。这一观点与常识性观点的区别在于，后者认为恐惧没有引起防御反应。它与中枢状态观的不同之处在于，后者认为生存回路激活的后果包括防御反应和中枢状态。虽然防御动机状态不会引起先天防御反应以及与之相伴的生理变化，但它确实会促进工具性行为的动机，而在危险来临时，工具性动机会使生物体有所行动，而非简单地对其做出反应。

反应实际上促成了防御动机状态。但正如刚刚提到的，一旦出现了总生物体状态，它就会引导个体做出工具性行为以期生存和成长。

虽然简单的和复杂的生物体内都会产生防御动机状态，但只有具有能够意识到它们自己大脑的活动的能力的动物，才能体验到我们通常称作恐惧的状态。我认为，防御动机状态，或者至少与之类似的状态的成分，同其他因素（如知觉和记忆）一起，都是促成有意识的感受的要素。因此，当防御生存回路在你的大脑中被激活，而其后果又与当前的刺激、与当前的刺激相关或类似的刺激的记忆，以及所有让你意识到事件正发生在你身上的相关事物有所关联的时候，恐惧感就产生了。

最终，像恐惧这样的感受，需要我们不管怎样，至少在心中有基于文字及其引申义的概念。[91] 我们之所以会学会这样的概念，是因为它们对我们的幸福十分重要，并且描述了我们生活中的重要体验。我们也学会了对这些概念以及相关的词汇进行联想，联想的结果就是防御生存回路的激活。所有文化最后都会有这些概念以及相应的词，因为所有人类的大脑都有内置的防御生存回路，而这一回路会产生相似的先天反应，以支持大脑和身体的生理变化。但是恐惧感不是生存回路的直接产物，它是一种认知解释，它基于生存回路被激活的结果。并且因为生存回路在一种物种内具有一个固有的基础，所以它至少会制造出部分普遍的、作为认知解释基础的信号，故而会使危险中的个体感觉恐惧像是一种熟悉的体验，同时使得所有个体的恐惧自我报告都有相似的内容。显然，动物不能使用人类的语言给生存回路的激活贴标签或做解释。它们可能会体验到某些感受，在我看来，假设它们体验到的与人类在大脑中的生存回路被激活时所经常体验到的一样或者类似，是不正确的。

总的来说，恐惧不是先天回路产生的，相反，正如我和其他学者所说，它是特定的几种无意识要素得以结合并被认知解释后，产生的有意识状态。[92] 若是如此，通过寻找产生恐惧感的先天回路来理解恐惧感，就是一种错误的方法。先天回路确实重要，但那是对生存来讲，而非感受。

动物的精神生活

很多人，包括一些科学家，都相信我们可以把观察动物的行为作为揭露动物的心智的手段。如果"心智"是指大多数当代科学家所研究的、包括信息加工在内的、大部分为无意识运作的认知功能，那我们确实可以从动物研究中学到很多东西。正如极受敬重的心理学家卡尔·拉什利（Karl Lashley）在 1950 年提出的，我们从来都无法有意识地了解到信息加工，我们只能在信息加工产生意识内容后了解其加工结果。[93] 这些无意识心理功能有时被称为认知无意识。[94]

使用复杂的认知（心理）功能加工信息从而控制行为的能力与产生意识体验的能力有差异。[95] 两者都用到了对世界的内部表征，从这个意义上说，两者都是"精神上的"。但是动物可以通过消耗食物和水来满足对营养和水的需求，可以交配、在受伤时扭动身体以及在受威胁时木僵或逃跑，它们在做这些事情的时候，不需要有意识地觉察自己正在做这些。特别是当动物在日常生活中对环境做出反应时，它们不仅依赖先天反应和条件反射，还依赖目标、价值观、决策，这些都涉及复杂的认知加工，但是对这些过程的有意识觉察却不是必需的。

当我们假设动物的有意识状态，是与人类在特定情境下做出的举动相似的行为基础时，这其实是"类比论证"，而非科学证据得出的结论。[96] 托马斯·查伯林（Thomas Chamberlin）在 19 世纪末提出，科学家在研究中应考虑到多种假设，以防止在解释数据时产生偏见。[97] 因此，只有当我们有强有力的证据证明生物体表现出的行为确实依赖于意识，并且证据表明这些行为不能用无意识过程来解释的时候，才能认为生物体有意识。[98] 但是，目前有关动物意识的讨论很少考虑到这两方面。

认知和智能行为的表现，通常被简单解释为动物是有意识的并且具有与我们相同的感受的证据。比如说，在艾米·哈特考夫（Amy Hatkoff）的《农场动物们的内心世界》[99] 的引言里，令人尊敬的灵长类动物学家珍妮·古道尔（Jane Goodall）写道："农场动物们会感受到快乐和悲伤、激动和愤恨、沮丧、恐惧还有痛苦。它们远比我们想象的要有意识，也更有智慧……它们本身都是单独的个体。"[100] 在 2013 年的一个采访中，古道尔也说，她曾经在动物身上见到许多同情、利他、算计、交流，甚至是某些形式的有意识思维的例子。她推断动物"有跟我们的情绪类似的情绪"。[101] 她以权威的姿态从行为归纳推演出有意识的思维和感受，但她怎么能真的知道动物体验到的是什么呢？

当然，动物的某些行为方式表明它们可以在头脑中解决复杂的问题（它们表现得很聪明），并且正如古道尔所提出的，每个动物都是单独的个体。但是科学实践提醒我们，在缺少严谨有力的证据的情况下，要避免根据直觉就认定动物具有有意识的感受，不论那些动物"应该"有多强的类似感受，至少在我看来是如此。[102] 同样，虽然缺少强有力的科学证据证明动物具有与我们体验到的恐惧、爱、愉悦、悲伤等类似的状态，但不管从任何角度都不能证明，对动物的虐待和冷漠无情是正当的，不论是为了研究、娱乐、美妆还是营养。现今，美国和许多其他国家的法律都规定，在调查研究和整个社会，对动物的对待都要坚持高标准。作为这些法律基础的假设——动物确实有感受——是基于我们社会所接受的特定的伦理立场，而非科学数据。只要哲学家、科学家以及公众都意识到这其中的区别（伦理和科学结论的基础是不同的考量），社会价值观和科学的完整性就都将得以保留。[103]

动物是否有意识最终取决于意识是如何定义的。在后续的章节中，我将对此进行更详细的讨论。从动物们在清醒状态下能对有意义的刺激保持警觉并做出行为反应这个角度讲，动物当然是有意识的。关键问题是，从精神状态的角度讲它们是否有意识。还有一个问题是，我们很难区分动物受无意识认知（精神）过程控制的行为反应和受有意识觉察控制的行为反应。同时，我们还需要区分意识到有刺激的存在和意识到自己正在体验这个刺激。对于人类而言，我们可以通过自我报告对这些进行区分，在动物身上，语言的缺乏就成为一个相当大的障碍，这些也将在第 6 章和第 7 章中再进行讨论。

认为一只从危险中逃离的大鼠或猫咪感到了恐惧是很自然的事情。但是，正如我提到的，有大量证据证明，恐惧感不是人们在面对危险时做出防御反应所必需的，对危险的反应甚至可以在没有任何感受的情况下发生。反之亦然。一个人可能在极端恐惧的时候看起来一点不害怕，比如士兵们在战场上的英勇行为以及父母在保护他们的孩子免受伤害之后所讲述的恐惧。如果我们不能确定地根据某人对危险的反应推断出他的感受，那怎么能说我们能根据动物的反应推断出它们的感受呢？

灵长动物学家弗朗斯·德·瓦尔（Frans de Waal）也支持动物具有有意识的感受这一观点，但他也承认"我们无法知道它们究竟感受到了什么"。[104] 他甚至承认在他专攻的共情这一领域中，有太多现象用到了动物意识，而这些中的大多数在人类身上都会被标为自动发生的共情——也就是无意识的。但是他指出，确定人类的感受也不是很容易，因为唯一可以知道人类的感受的方式就是自我报告，而他并不相信这种方式，他也借此支持自己的观点——动物是有感受的。根据这些，他推断"假定动物有感受，这并不像看上去的那样是一个大的飞跃"。[105]

和德·瓦尔不同，我不认为我们在将自己的个人体验类推到他人心理时，会遇到与将其类推到动物身上一样的问题。在没有脑损伤、严重心理障碍、基因突变的情况下，所有人类都被赋予了同样的能力。如果我的大脑是有意识的，那么你的大脑也是。我们的体验可能不同，但我们都具有拥有相同体验的能力。其他物种就不一样了。哪怕是跟我们最接近的灵长类表亲，它们的大脑也和我们的大脑有显著的不同之处。不是两者的大脑区域不同，而是它们的连接模式[106]以及细胞组织[107]不同。当我们在人类的进化史上不断向前追溯时，这些差异就变得更大了：比如，灵长类动物拥有的与复杂的认知功能有关的某些前额叶区域，在其他哺乳动物中并不存在。[108]此外，因为人类生来就有语言功能，所以我们可以分享所有人都能理解的常见话题的有关信息，不论是关于一场旅行的回忆，还是令人惊叹的海上日落。自我报告不是完美的（我们有时可能会在回忆时出错，或者可能会偶尔故意误导他人），但是，正如很多德高望重的认知和脑科学家以及哲学家指出的，[109]口头报告是最好的验证和比较两个生物体之间的意识体验的方法。

口头报告如此重要的主要原因是，它提供了区分有意识的大脑状态和无意识的大脑状态的方法。其他动物不会说话，我们无法直接评估它们的有意识精神状态和无意识精神状态。这不是关于动物是否有意识体验的陈述，而是说在没有口头报告和其他可接受的、严谨的报告 / 解说形式的情况下，[110] 想要获知它们是否有有意识感受，如果有，是什么，是困难的。

当人们说他们感到恐惧、愤怒、愉悦时，他们正在想一些特定的事物。很多人（可能是大多数人）发现，假设他们的宠物具有类似的体验是十分有用的。但是，当这些假设引导科学家去探寻动物身上的恐惧或其他情绪时，他们最终就会追寻一些并不容易被证明的东西。在某种意义上，我们会忍不住赋予动物思维和感受，[111] 就好像把动物拟人化是人类大脑的先天特性一样。[112] 这无疑是关于心理是如何工作的大众观点的一部分。[113] 我们甚至在观察无生命的物体时都有拟人化的倾向。比如，如果人类被试在电视屏幕上看见一个巨型三角形在追赶一个小圆圈，并且即使圆圈改变路线，三角形也会不断撞到圆圈，那么被试会把这个三角形解释为侵略性的，而把圆圈解释为恐惧的。[114]

即使某种信念或态度是与生俱来的，甚至是根深蒂固的，也并不意味着这种信念或态度从科学的角度讲是正确的。[115] 几千年来（现在依然如此），常识都告诉人类地球是平的。在开车的时候，我们完全可以继续相信这样的假设，哪怕是长距离驾驶，因为在我们的意识体验里，不论哪一刻，地球都是平的。当然，即使我们承认宠物的大脑的工作方式与我们不同，并且有可能是以一种无法制造意识体验的方式，我们仍旧可以像宠物真的有感受一样去对待它们（我当然也是这么做的）。

当我们把这些日常假设转化为我们对大脑的理解时，问题就出现了。早前我提出，涉及人类的有意识的感受、信念以及愿望的那部分心理学，可能会总是依赖对大众心理学的语言的使用（实际上，有时科学术语也会成为大众心理学的一部分）。但是因为我们不能像对人类做假设那样，对其他动物做有关大脑（也就是心理）的相同假设，所以我们不能简单地把有关人类的意识体验的词句用到动物身上。动物不能用人类的语言的方式来标注并解释生存回路的激活。它们可能会体验到一些东西，但假设它们的体验和人类在生存回路被激活时的体验是一样的，哪怕是相似的，都是不正确的。有关人类的意识体验的语言被太频繁地用于描述发生于动物身上的过程——那些在人类身上是无意识运行的过程。我们需要关于人类这些过程的更清晰的概念，这样我们就可以知道该如何谈论人类和动物的行为。

正如我在第 1 章中提到的，体验到恐惧就等于你知道自己正处于危险之中。这种对恐惧的自我卷入，以及快速且不可避免的由恐惧向焦虑的转变，使人类的恐惧和焦虑变得独特。即使其他动物也有某种形式的意识，也不可能和人脑中的意识相同。

我认为，关键问题是：如果不涉及动物的有意识状态，我们能在解释行为的路上走多远？我认为会是非常远的，因为就像人类的行为一样，大多数动物行为都是无意识控制的。记得吗，无意识不意味着与心理无关，它只是说生物体没有意识到它们的大脑中发生的过程。正如我前面提到的，不论是对人类还是对动物，若我们想用意识来解释特定类型的行为，或者某一类型内的某一具体行为，只有当这些行为不能用无意识的过程解释时，我们才能这么做。

关于动物意识存在性的推测我没有任何问题，我的问题是，这些推测是何时被当作真理的，还是在基于假设而非数据的情况下。好的科学可以由大胆的推测来驱动，但是当有关真理的推测被当作真理时，我们就会遇到问题。科学家有义务在推测和数据间划清界限，并帮助非本领域的人认清这条界线在哪儿。在那些公众感兴趣，并且是用来帮助理解和治疗折磨人类的问题的实验所在的领域，划清界限尤为重要，因为错误传达会导致从科学发现到临床应用的错误转化。

对情绪大脑的再思考

对我在本章中叙述的有关情绪的观点做一个简要总结。通常，当科学家（包括我在内）使用"情绪"一词时，我们讨论的是生存回路被激活的结果。这些回路的存在不是为了使我们或其他动物获得某种感受，它们的功能是让生物体存活下去。情绪是一个生物体在有意识地体验这些结果时体验到的感受。因此，把探查并回应有意义事件的过程和产生感受的过程分开，是理解情绪究竟是什么以及它们是怎么运作的关键。虽然这些过程是相关的，但将它们合并只会阻碍我们对情绪大脑的真正理解。

在当今时代，科学家要么就是把太多的事情归因于有意识的感受（大众观点），要么就是没有完全承认感受的作用（经典的中枢状态观）。我的目的是，形成一个平衡的观点，承认感受在有关恐惧和焦虑的科学中的核心作用，同时不赋予它们多余的功能。

第 3 章

生命即危险

生命伊始，危险即存。

——拉尔夫·沃尔多·爱默生（Ralph Waldo Emerson）[1]

几年前，一位澳大利亚同事经常与我们分享澳大利亚谚语。他常说的一句话是："袋鼠在早餐时间的活动——快速小便，环顾四周。"这句话给我的印象特别深刻，因为我儿时生活在路易斯安那州的农村，在那里我学会的谚语与这一澳大利亚的谚语非常相似。作为一名科学家，我对袋鼠身上这几件事情的发生顺序感到困惑。我对袋鼠不太了解，但我可以想象它们睡觉时躺下、小便时站起来的样子。我也可以理解这些动物生存在食肉动物的威胁下，在这种环境下，它们应该先贴近地面并快速观察周围，而后再站起来。让人费解的是，为什么袋鼠要冒着生命危险提前几秒小便呢？

对大多数动物来说，生命就是一场持续的生存斗争。这场斗争日复一日，年复一年，每时每刻都存在着。它们不仅要警惕被嗜血的食肉动物吃掉，也必须寻找食物、水和住所。为了维持种族生存，繁殖也是必需的。其实每一个和生存有关的活动都存在着危险，比如，被饥饿的食肉动物吃掉或被侵犯领地的敌人攻击。如果你看过电视节目《自然》，你就会知道动物通常不会在饱食或交配后闲逛，更多的是"吃完就跑"和"谢谢你，女士"。荒野生存中的行为选择说明生命确实是一项危险的事业。

尽管人类已经找到了不必担心被吃掉的方法，但是其他种类的威胁却在折磨着我们人类这种"焦虑的动物"。我们可能很少会遇到身体上的威胁，可是我们会脑补一些威胁事件，包括一些永远不可能发生的事件，这足以填补身体威胁的缺失。降低焦虑的动物行为模式也同时存在于我们的大脑中，每当我们遇到一只狂吠的狗、被一个喜好攻击的同事或陌生人挑战，或面对任何可能导致我们身体或心理受伤害的情境时，它都会被"召唤"出来。

在这一章中，我们将继续之前的旅程，去探索动物（包括人类）对当前的和未来的威胁的反应模式，以了解恐惧和焦虑的加工机制。在后面的章节中，我们将讨论恐惧和焦虑的有意识感受是如何产生的。本章的重点是动物条件性反射的实验室研究，这也是关于如何增强心理治疗有效性的诸多理论的实验基础。在后续的章节中我们将对这一点进行讲述。

巨大的威胁

在食物链中，被捕食是野生动物面临的终极威胁。在海洋中，小鱼被较大的鱼吃掉，较大的鱼又会被更大的鱼吃掉。在陆地上，像老鼠这样的小型哺乳动物吃昆虫和种子，反过来老鼠又会被猫、狐狸和食肉鸟吃掉。通常来说，我们人类可以选择吃什么，因为我们创造了技术方法来征服体形更大、力量更强和更高级的捕食对手。因此，你可能会说我们才是终极捕食者。

以补给营养为目的的捕食并非生命中唯一的危险来源，同一物种的其他成员也会造成很多伤害，它们为食物、领土和配偶而战。有的战斗甚至没有原因。科学家区分了捕食性攻击和同物种攻击，前者指向其他物种，后者指向同类。[2]

除了被捕食和被攻击，自然界中也存在其他威胁。吃腐烂的食物会给生物体带来伤害，脱水也会——身体中的每个细胞都依赖于保持平衡的体液。极端的温度也会给生物体伤害，在极低的温度下，我们有必要通过遮蔽物来保护自己免受恶劣天气的影响。当体内温度显著变化时，细胞会出现问题；当细胞受到伤害时，我们也会出现症状。

这些例子说明所有生物都必须满足关键的生存需求，这样才能够活下来，包括防御外部伤害、维持能量和营养供应、维持体液平衡和调节体温。[3] 所有环节都由大脑中固有的回路控制，即前面提到的生存回路。虽然对人类的生存来说，繁殖不是必需的，但它是物种连续性的基础，并且它也有自己的生存回路。

生存功能并非相互独立的。[4] 例如，在寻找食物和饮水时动物容易被捕食，此时觅食与防御存在着冲突。当动物发现捕食者时，觅食和其他生存活动将受到抑制。觅食会消耗能量并导致热量和水分的流失，进而又增加了对食物和饮水的需求。当能量供应不足时，动物的活动水平就会下降，以节约资源供觅食之用。住所可以用来保持体温，也可用来躲避掠食者。当这些生存需求没有得到满足，或者与之相关的活动受到威胁时，事情就会变得很糟糕。所以，生命的确很危险。

运转中心：安装完毕的防御系统

所有物种都有与生俱来的、应付持久威胁的方法，就像前面说的那样。生活中有大量伤害源，为对付捕食者进化而来的大脑防御机制正是恐惧和焦虑最为关键的基础。

经典的应对捕食者的行为选择是"战斗或逃跑反应"。该词由沃尔特·坎农（Walter Cannon）在 20 世纪初提出，用来描述生命或幸福危在旦夕时生物体做出的行为。[5]

"害怕得木僵了"是一个常见的说法，它描述了一种极为重要的防御行为。正如达尔文所指出的："受到惊吓的人起初像雕像一样站着，一动不动、屏住呼吸，或好似本能地蹲下来，从而逃过对方的探查。"[6] 实际上，木僵是一种典型的防御反应，许多物种在受到威胁时都会出现。[7] 但木僵不是会让生命更快结束吗？事实上，恰恰相反，木僵实际上是一种非常有效的防止被捕食的方法。[8] 一方面，它有助于降低被觉察到的可能性。运动是食肉动物觉察的重要线索，因为运动比其他视觉线索更为明显。另一方面，它能降低动物被攻击的可能性，当捕食者和猎物距离较近时，运动是先天的触发攻击的因素。

对许多动物来说，关键的防御策略包含了从三个选项中做选择：首先木僵，如果可以就逃跑，如果都不行就战斗[9]（见图 3-1）。

木僵、逃跑和战斗是可以被外部刺激触发的防御反应。一个物种中所有的成员都会以相同的方式（或非常相似的方式）木僵、逃跑或战斗，稍后我们将把这种反应与防御行为做对比，后者因能够成功阻止伤害而被个体习得。

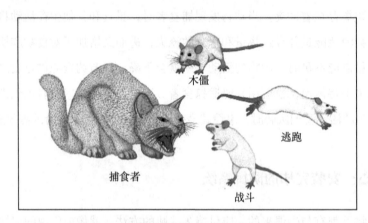

图 3-1　防御三部曲：木僵、逃跑、战斗

面对危险，很多动物会调用防御策略组合，包括木僵、逃跑和战斗。

在哺乳动物和其他脊椎动物中，木僵、逃跑和战斗这套组合是相当普遍的防御反应。有些物种有其他可用选项，[10] 如"假死"，又称紧张性静止。像木僵一样，这种行为有助于避免被攻击。木僵时生物体的肌肉处于收缩状态并准备好战斗或逃跑，紧张性静止时身体却是松弛的。另一个类似的反应是防御性埋藏：啮齿动物使用它们的爪和头将铺垫的材料（在实验室中）或污垢（在野外）铲向威胁刺激物。其他行为选择包括制造噪声，缩到壳里，滚成一个紧的、硬实的球，选择生活在无捕食者或捕食者无法接近的区域（如地下），选择集体生活和觅食以确保安全。

除了这些行为防御反应，还有很多其他反应选择，大多数选择与永久性或诱导性的身体特征有关。[11] 有些动物有盔甲、尖刺或有毒的刺，有些动物会使用保护色这种天然的伪装，保护色可以通过变化皮肤或羽毛的颜色，与环境的某些特征相融合，从而有助于避免动物被发现和攻击。它们还会改变自己的外貌，包括使身体看起来更大、更强壮、攻击性强、有毒或具有其他威胁特征。达尔文指出，我们在应对威胁时，胳膊和腿上出现的鸡皮疙瘩就是我们体毛旺盛的祖先留下的痕迹。我们的祖先会把毛发竖立起来以使身材显得更高大。

捕食者和猎物永不停息地在捉迷藏游戏中充当彼此的对手。找寻猎物并非只通过视觉完成，许多哺乳动物捕食者依赖气味（尤其是尿液、粪便和皮毛中的费洛蒙）[12] 来追踪猎物。猎物则会使用声音作为预警信号。[13] 例如，啮齿类动物已经进化出发出警报的能力，而这些超声波无法被猫科动物捕食者的听觉系统捕捉到。[14]

生命不是静止的，进化是一个持续不断的过程，而非一个终止状态。猎物是捕食者适应环境的一部分，就像捕食者同样也是猎物一样。随着时间的推移，捕食者和猎物进化得能够更好地适应彼此。[15] 例如，如果猎物的某些防御特征对躲避捕食者很有用，而捕食者又拥有比防御特征更加有优势的特点，捕食者的数量就会增加，然后这种压力又会回到猎物身上，它们需要适应新进化的捕食者。这个过程被称为进化的军备竞赛。[16]

我们倾向于认为猎物的策略是藏起来以保护自己。然而，正如进化生物学家指出的那样，并非所有的先天防御措施都必然指向自我生存，一些防御措施是用于保护配偶、后代以及其他社会群体或物种的成员的。[17]

防御的生理支持

在 19 世纪 90 年代后期，沃尔特·坎农研究动物的消化系统。他随后提出了"战或逃"的概念。[18] 他注意到当动物有压力时，它们的消化系统就会被破坏，特别需要注意的是，其胃部肌肉的蠕动收缩会停止。

随后他集中研究神经系统在情绪唤起时的角色。他继续探索自主神经系统

（ANS）是如何在具有挑战性的环境中控制身体的生理反应的，比如涉及威胁或其他压力的环境。坎农将紧急状况下的反应称为战斗－逃跑反应。

自主神经系统有两个组成部分：交感神经系统和副交感神经系统（见图3-2）。它们各自将神经纤维与身体的各个组织和器官相连，并调节其功能。经典的观点是在生命或幸福危在旦夕时，交感神经系统负责调动个体所需要的能量，而副交感神经系统负责拮抗交感神经反应，并在威胁结束时使身体恢复平衡（或稳态）。[19]尽管这一观点现在仍被广泛接受，但是人们已经意识到这两个系统在以更加复杂的方式交互作用着。[20]

坎农指出，防御行为消耗身体能量，而交感神经系统的激活对于合理使用能量至关重要。交感神经系统能促进呼吸，将乳酸转化成葡萄糖，为肌肉提供主要的能量来源。此外，交感神经系统使心跳加速，通过促进循环系统中的血液流动，协助血液将能量输送给肌肉。交感神经系统还可以使肾上腺髓质释放肾上腺激素（肾上腺素）。坎农认为，肾上腺激素能刺激肝脏将其中的糖原转化为葡萄糖，以供应更多的能量。交感神经也参与体内血液的重新分配，以便将血液中的能量输送到执行战斗或逃跑的肌肉那里，为此，必须降低肠道和皮肤等区域的血流量，并增加肢体的血流量。这一过程是通过收缩和放松相关身体组织中的血管来实现的。皮肤组织中血流量降低还有一个好处：减少了机体受伤时的失血量。坎农用"交感－肾上腺系统"来描述这种交感神经和肾上腺激素的组合，并认为它是战斗－逃跑反应的基础。

认为自主神经系统控制两种不同类型的生理调节的观点是不合适的。第一种调节是先天的生理反应，它能预测某种先天行为。[21]当防御系统觉察到危险时，它就会启动早已与之相连的行为和生理反应，这就是坎农提出的紧急反应。但此外，当机体做出行为时，无论该行为是先天的还是习得的，或只是随机产生的，都需要新陈代谢的支持。这种稳态调整是在逃跑中产生的而不是先天设定好的，它是由身体特定的瞬间需求来调节的。这一点有助于解释为什么生理反应与简单的先天反应存在更高的相关，而复杂的习得性情绪行为与生理反应的关系却没有那么密切。[22]后者在个体间发生变化的可能很大，它的生理反应与行为反应之间的相关不稳定，因此不能像先天行为反应那样在个体间显示出可靠稳定的模式。

交感神经的作用	目标器官	副交感神经的作用
瞳孔扩张	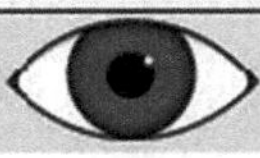 眼睛	瞳孔收缩
抑制流泪	泪腺 	刺激流泪
抑制唾液分泌	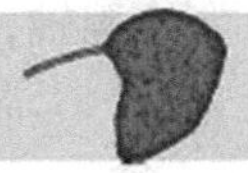 唾液腺	刺激唾液分泌
增加心率	心脏 	降低心率
收缩动脉	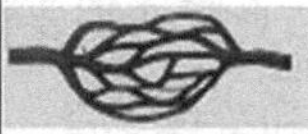 血管	无影响
支气管扩张	肺 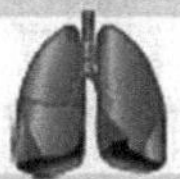	支气管收缩
增加肾上腺激素和去甲肾上腺素分泌	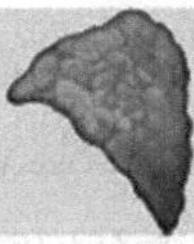 肾上腺	减少肾上腺激素和去甲肾上腺素分泌
刺激葡萄糖分泌	肝脏 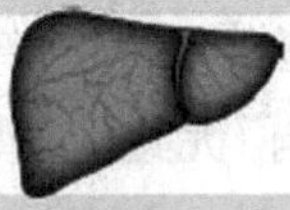	抑制葡萄糖分泌
抑制消化	 胃	刺激消化
刺激肠蠕动	肠 	抑制肠蠕动
收缩直肠	 直肠	放松直肠
收缩膀胱	膀胱 	放松膀胱
刺激勃起	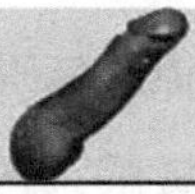 生殖器官	刺激射精和阴道收缩

图3-2　自主神经系统（ANS）的交感神经和副交感神经的部分功能

　　自主神经系统（ANS）的交感神经和副交感神经两个分支通常以相反的方式起作用，如果交感神经刺激器官，副交感神经就会抑制它。在这种条件下，ANS可以在环境变化时唤醒身体以满足需求，然后使身体恢复平衡。

与坎农同时代的汉斯·塞利（Hans Selye）对紧急反应系统进行了扩展，他将肾上腺皮质及其激素皮质醇包含在内。[23] 皮质醇是一种类固醇激素，也有助于能量调节。脑垂体释放促肾上腺皮质激素（ACTH），作用于肾上腺皮质，进而促进后者释放皮质醇。

鉴于坎农和塞利的工作，研究者认为，紧急反应（或塞利所称的"警报反应"）由两个互补的生理轴控制：一个是交感神经－肾上腺轴，包括交感神经系统和肾上腺髓质释放的肾上腺素；另一个是垂体－肾上腺轴，与肾上腺皮质释放的皮质醇有关（见图3-3）。交感神经－肾上腺轴的反应很迅速，在遇到威胁的几秒钟内就会发生。相反，垂体－肾上腺轴的反应较慢，完成此反应需要数分钟甚至数小时。[24]

研究者普遍认为交感神经－肾上腺系统和垂体－肾上腺系统会使我们感到"极度焦虑"。这自然源于坎农提出的紧急反应和塞利提出的警报反应，同时塞利也提出压力会导致三阶段的反应：警报、阻抗和耗竭。当代学者，布鲁斯·麦克尤恩（Bruce McEwen）、罗伯特·萨波尔斯基（Robert Sapolsky）、古斯塔夫·谢林（Gustav Schelling）、本诺·鲁森达尔（Benno Roozendaal）和詹姆斯·麦高（James McGaugh）的研究表明，压力的负面影响（尤其是那些由皮质醇介导的负面影响），不仅会影响记忆等认知功能，还会损害免疫功能、导致疾病。[25] 但是，正如这些研究者强调的那样，压力反应的目的是帮助有机体适应环境，而不是让我们疲惫不堪或感到难过。只有当压力事件持续时间很长并且特别强烈时才会产生负面后果，从阻抗变为耗竭。

精神病学家唐纳德·克莱因提出了另一种生理反应，即窒息警报反应。[26] 这种反应由体内威胁性的生理信号触发，例如过量的二氧化碳（高碳酸血症），它会导致"空气饥饿"（呼吸急促）。虽然交感－肾上腺和垂体－肾上腺反应与所有形式的恐惧和焦虑都有关，但窒息警报系统与惊恐障碍的一个亚组尤其相关。克莱因认为，惊恐障碍患者的窒息警报系统异常敏感，它会错误地检测到危险的二氧化碳水平，导致患者过度换气（短暂、快速地吸气），从而导致二氧化碳的实际水平上升（由于患者过度换气）。由此产生的头晕目眩使人们误解了这种生理变化，焦虑和恐惧便随之而来。克莱因的假设得到了数据支持，[27] 但仍有一些研究人员对此持有异议。[28]

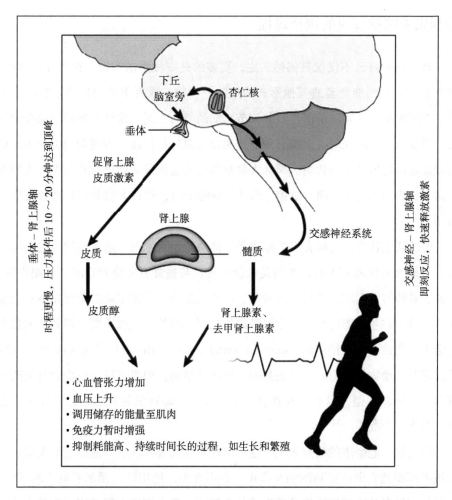

下丘脑室旁

杏仁核

垂体

促肾上腺皮质激素

肾上腺

皮质 髓质

交感神经系统

皮质醇

肾上腺素、去甲肾上腺素

垂体－肾上腺轴 时程更慢，压力事件后 10～20 分钟达到顶峰

交感神经－肾上腺轴 即刻反应，快速释放激素

• 心血管张力增加
• 血压上升
• 调用储存的能量至肌肉
• 免疫力暂时增强
• 抑制耗能高、持续时间长的过程，如生长和繁殖

图 3-3　防御的激素支持：交感神经－肾上腺系统和垂体－肾上腺系统

　　交感神经－肾上腺系统（也称战斗－逃跑系统）和垂体－肾上腺系统都会对杏仁核中的威胁加工做出反应。交感神经－肾上腺系统包含来自交感神经系统（SNS）的神经，这些神经作用于各种靶器官和组织，包括肾上腺髓质。交感神经激活肾上腺髓质使其释放肾上腺素和去甲肾上腺素到血液中，这些激素作用于受交感神经系统支配的众多器官和组织（见图 3-2）。肾上腺髓质激素无法穿过血脑屏障，只能间接影响大脑。垂体－肾上腺系统包括下丘脑室旁（PVN）和与下丘脑相连接的垂体，垂体将促肾上腺皮质激素（ACTH）释放到血液中。然后，促肾上腺皮质激素与肾上腺皮质中的受体结合，促使肾上腺皮质释放皮质醇，皮质醇又被运输到身体和脑内的许多部位。

　　资料来源：BASED ON RODRIGUES ET AL [2009].

控制先天防御反应的选择过程

动物保护自己不仅仅是偶然为之，更多的是一种生活习惯。在野外生活中，动物总是会遇到捕食者或其他形式的危险。动物，或者更确切地说是它们的大脑，必须根据这种瞬时的潜在威胁调节它们的行为，同时保证正常的活动继续下去。当威胁突然出现时，大脑必须迅速决定采取何种行动，否则动物将会为行动迟缓或错误付出高昂的代价。那么大脑是如何决定该采取何种行动的呢？我们将在防御行为三重奏（木僵、逃跑、战斗）的框架内，解释大脑是如何选择防御反应的。[29]

传统观点认为，与捕食者的距离是个体决定是否木僵、逃跑或战斗的关键因素：与捕食者距离适中时，木僵是最佳反应；与捕食者距离较近时，逃跑更好；当捕食者即将发起攻击或已经近身时，战斗或逃跑。[30]该领域的研究先驱罗伯特和卡罗琳·布兰查德提出了一个更精细的规则：虽然距离很重要，但其他因素也有影响，例如环境支持刺激（environmental support stimuli）。[31]他们认为，在危险接近时，动物是逃跑、木僵还是战斗取决于情境：如果可以，动物会首先选择逃跑，否则就木僵，只有当捕食者位于正前方且即将发起攻击或已经发起攻击时，动物才会战斗。[32]

迈克尔·范塞洛的研究表明，这个理论可能需要修改。[33]他通过对大鼠进行训练来模拟捕食者－猎物的相互作用。在训练中，他用灯光预示着电击的发生，并推断如果布兰查德的环境条件理论是正确的，那么如果大鼠被困，它就应该木僵，如果给它提供逃生路线，它就应该逃跑。范塞洛的研究结果显示，无论何种环境都会导致大鼠木僵。基于此，他提出了一个非常有影响力的观点：捕食迫近理论（predatory imminence theory）。

根据捕食迫近理论，猎物的防御行为与捕食者的瞬间迫近有关。为了避免被吃掉，猎物的行为会随着捕食者的迫近而系统地改变。猎物的目标是将自己从捕食序列（predatory sequence）中移除，猎物会根据捕食者和自己在序列中的不同位置做出不同的行为。从猎物的角度来看，这可以分解为三个主要阶段。

首先是基线状态，此时，捕食者未被猎物觉察，此阶段也称相遇前阶段（preencounter stage）。一旦猎物发现捕食者，相遇阶段（encounter stage）就开始了，[34] 此时木僵是主要的或默认的反应。如果木僵使得猎物能够不被捕食者发觉，那么只要有逃生路线，动物就可以逃到安全地点（逃跑确实有一定作用，但其优先性低于木僵）。如果捕食者也发现了猎物并设法逼近，序列中的下一个模式就会产生。近似攻击是指捕食者与猎物产生物理接触之前或之后的瞬间。此时，猎物的选择变成战斗或逃跑（一些动物会假死）。捕食迫近理论如图 3-4 所示。

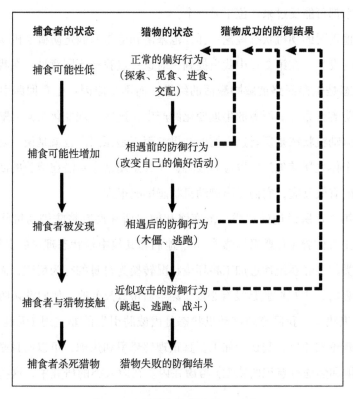

图 3-4　范塞洛的捕食迫近理论

根据该理论，我们可以根据捕食序列中不同时间点捕食者与猎物的关系来理解猎物的防御行为。猎物的目标是尽快退出捕食序列以免防御失败，因为失败可能会导致猎物受伤甚至死亡。

资料来源：BASED ON FANSELOW AND LESTER [1988].

根据范塞洛和罗伯特·博尔斯的说法，威胁激活了大脑中的防御动机状态（defensive motivational state），并将动物的行为选择限制在其物种特定的防御技能中。[35] 鉴于木僵、逃跑和战斗是大脑回路中固有的先天反应程序，反应选择问题就可以简化为神经回路的激活问题。威胁激活了防御生存回路，这降低了防御反应的阈值。木僵的阈值最低，因此它最先被激活。猎物在迫近序列（imminence sequence）中的位置改变会触发新反应并抑制其他选项。随着序列的发展，每种防御反应的激活和抑制状态会迅速改变：木僵让位于逃跑或战斗，其中任何一个都可能反过来让位于另一个。

与其他重要的动机状态理论一样，范塞洛和博尔斯假定防御动机状态决定了防御反应的发生。在第 2 章中我也提到，对这一点我持不同意见。在我看来，防御动机状态是生存回路被威胁激活的结果，而不是原因：生存回路引起大脑唤醒、促进防御行为及其所需的生理变化的产生，这些生理变化又向大脑输送反馈信息；防御动机状态是所有这一切的结果，而不是原因。也就是说，防御动机状态能帮助个体选择其他反应以应对威胁，尤其是用来应对潜在威胁的回避反应及其他习得的有效反应，它们受防御动机状态影响很大。

正如第 2 章所讨论的那样，范塞洛和博尔斯并没有将防御动机状态视为一种恐惧的主观体验（有意识的感受）。[36] 他们和其他中枢状态理论的支持者认为，动物或人类的神经系统通过加工将环境状况转换为自身的行为反应，而在理解这一加工过程时，主观体验是没有必要（甚至适得其反）的。他们默认防御动机状态是无意识状态。我同意防御动机状态是由威胁引发的非主观（无意识）状态。但与这些理论家相反，我认为如果要真正理解恐惧和焦虑，可以而且必须将主观体验（恐惧和焦虑有意识的感觉）考虑在内。在对人类的研究中，这些是可以做到的。

总而言之，猎物与捕食者当前的关系（附近是否存在捕食者、它有没有发现你、它离你有多近）和环境条件（环境是否有利于逃跑）是决定猎物防御行为的重要因素。其他因素也很重要，[37] 比如威胁的性质——并非所有的捕食者都同样危险，再比如群体动态——是否必须保护其他个体（配偶、后代或其他群体成员）。如果必须保护其他个体，猎物就必须压制逃跑和木僵而开始战斗。下一个因素是物理防御是否可用（护甲、伪装）。还有一个关键因素是习得和记忆——相似情境下的过去经验，机体在该情境下所采取的反应获得了成功。

为生存服务的额外防御：习得和记忆的作用

先天的防御能力可以由环境自动激发，那么猎物对威胁条件的新的适应性反应是如何产生的呢？从进化的角度而言，在遇到危险时进行"思考"通常是有用的。我们知道，行为控制不仅仅是对先天的或习得的刺激的自动反应。

防御性反应是进化的馈赠，习得则是防御性反应的非常重要的补充。习得能够帮助你谋求生存、获得发展，使你不必每一次都从零开始；记忆能使过去习得的经验提高你当前的生存能力。

我们将介绍习得帮助个体应对危险的几种方式。在第 2 章中，我讨论了如何运用巴甫洛夫反射和工具性条件反射科学地研究习得。在这里，我将进行更详细的说明。通过巴甫洛夫威胁条件反射，过去与危险相关的刺激会引发先天的防御反应，以预测当前的实际危险。通过工具性条件反射，新的行为可以被习得，因为这些行为的后果与避免伤害相联结。习惯是一种根深蒂固的工具性行为，它们可以在一定的环境中被重复多次，且无须当初引发它们的刺激。让我们更详细地了解一下这些形式的行为习得。

一回上当两回乖：巴甫洛夫条件反射的防御反应

在炎热的夏日午后，一只兔子正喝着池塘里的水，突然它被一只山猫攻击并受伤，随后它成功逃脱。兔子很可能存储有关这次经历的信息（例如山猫的气味和山猫要攻击时发出的声音）以及关于事件发生地点的线索。这是现实世界中的巴甫洛夫条件反射。

巴甫洛夫条件反射不仅是动物日常经历的一部分，也是人类大脑习得威胁的基本方式。正如第 2 章中提到的，它通常被认为是联想习得的一个例子，它使刺激之间建立联系（CS 和 US 建立联系）。US 改变了 CS 的含义，使 CS 也可以引发先天的防御和生理反应。这是刺激－刺激的联结习得——CS 能预测和警示 US 的出现。这并非反应习得，反应习得是天生的，且仅由 CS 引起。因此，巴甫洛夫条件反射使得新出现的与危险相关的刺激能够使个体在预测到危险时启动防御反应。

条件反射不仅能被预测 US 的特定 CS 诱发，也能被事情发生的情境触发。在前面提到的兔子案例中，兔子不仅能被与山猫直接相关的线索触发条件反射，也能被它遇到捕食者的情境触发条件反射。在实验室中，将动物放到能触发其条件反射的情境中时，动物会木僵。出于这个原因，通常需要在新的情境下测量由 CS 引起的条件反射，否则很难将线索和情境的作用区分开。巴甫洛夫通常用术语"线索条件反射"（见图 3-5）和"情境条件反射"（见图 3-6）分别表示线索和情境引起的条件反射。

一些科学家在实验室研究中用捕食者的气味代替中性声音或者光刺激，以创造更自然的巴甫洛夫条件反射。虽然捕食者的气味天生就具有威胁性，并且它们会引起木僵和其他防御反应，[38] 但是它们也可以作为 CS。捕食者的气味和电击成对出现触发的条件反射比气味本身诱发的条件反射更加强烈。[39]

我们认为巴甫洛夫条件反射将弱的生物中性刺激与强的生物突出刺激联系起来，[40] 这里的"弱"和"强"是相对的，它们取决于生物体的内在状态、当时的环境条件以及生物体存储的关于过去的内部与外部状态的经历。

消退可以消除，或者更准确地说，能够抑制条件反射的影响，即在 US 不出现的情况下，让生物体反复暴露在 CS 中[41]（见图 3-7）。如果兔子去池塘几次并且每次都没有发生任何事情，那么线索就会消退并失去其威胁刺激的效力。消退并不代表消除记忆，它是一种新的习得形式——"CS 是危险的"这一原始记忆被"CS 是安全的"这一新信息所代替。正如威胁条件反射的最初习得涉及 CS-US 联结，消退的习得依赖于"CS- 无 US 联结"。然而，原始记忆仍然存在，并且能够以多种形式被激活，例如，随着时间的推移，使个体回到经历条件反射的地方（情境），或者给个体施以疼痛和压力。[42] 正如我们将在本书后面看到的那样，消退在暴露疗法中发挥着关键的作用，而暴露疗法是治疗焦虑的主要方法，但消退效果的脆弱性是治疗需要解决的一大问题。[43]

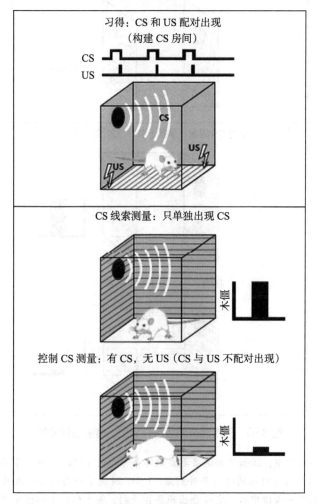

图3-5 巴甫洛夫威胁条件反射：线索条件反射

在线索条件反射中，一个特定的刺激作为条件刺激（CS）与非条件刺激（US）配对出现，例如声音与电击配对出现。研究者通常在新的情境中测量由CS引起的条件反射，以便将声音CS引起的反应与电击US引起的反应区分开来（见图3-6）。通常木僵以及其他反应（例如自主神经系统的变化）都是可以测量的。没有与US配对的声音引起的木僵反应通常会比与CS配对出现的声音引起的木僵反应弱得多。

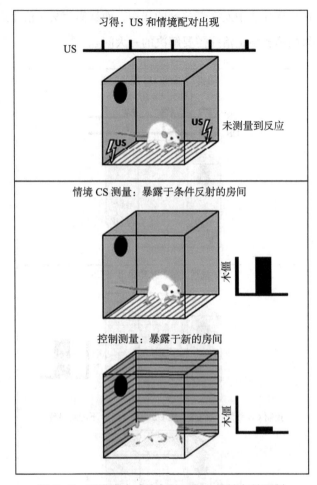

图3-6　巴甫洛夫威胁条件反射：情境条件反射

　　在情境条件反射中，诸如足部电击之类的非条件刺激（US）是在一个特定的房间出现的，它的出现不伴随阶段性的线索条件刺激（CS），情境是作为持续存在的条件刺激出现的。当客体回到这一情境中时，它就会出现条件反射，若客体处于新情境中，条件反射就会相对减弱。

　　威胁条件反射的一个重要变式是安全习得[44]（见图3-8）。焦虑障碍患者在检测威胁和安全之间的差异上存在困难。[45]实验室中安全条件反射涉及两个条件刺激，一个刺激与电击配对出现，另一个刺激不与电击配对出现。[46]不成对出现的刺激就是安全信号。显然，学会区分安全和危险是非常有用的。有时人们会过分依赖安全线索。例如，如果一个人只有在朋友的陪伴下才能在社交场合中感觉到安全，那么这有可能成为一个问题，因为不可能总是有朋友陪着他。治疗的目标之一就是帮助焦虑者"戒除"安全信号。[47]

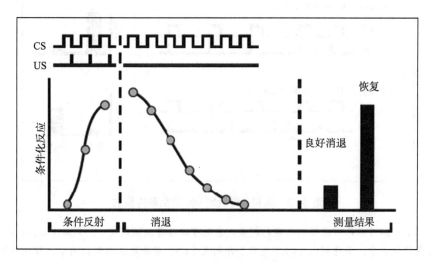

图 3-7　威胁条件反射的消退

消退是一个过程，通过这一过程，在没有非条件刺激（US）的情况下重复呈现条件刺激（CS）会削弱 CS 引起条件反射的能力。消退成功之后的一段时间测量到的条件化反应会较弱。但是，很多因素都有可能导致先前的消退消失。

将巴甫洛夫威胁条件反射作为研究工具的一个关键性优势就是，它在人类和动物身上都适用。[48]巴甫洛夫条件反射的两种变式与人类十分相关，它们是观察性条件反射和指导性条件反射（见图 3-9）。

通过观察学习，[49]个体可以通过简单地观察其他人受到 CS 与电击的组合刺激习得对 CS 的条件反射。[50]人们经常通过观察事物对他人的影响来了解其危险性，例如在现实生活中或在电视上或电影中看到他人受到伤害。尽管也有例子表明，动物能在它们的"社会"中传播威胁信息，[51]但是这一能力是人类所特有的。

另一种人类特有的条件反射变式被称为指导性巴甫洛夫条件反射，它通过口头指令传达有关潜在威胁的信息。[52]例如，儿童从父母和监护人的教导中了解危险，公司指导员工如何保证工作安全。在实验室研究中，仅仅告诉被试 CS 之后可能会出现电击就足以使得被试对 CS 产生条件反射，即使实验中从未出现过电击。[53]

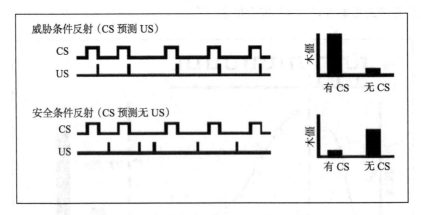

图 3-8　威胁条件反射 vs. 安全条件反射

正如大脑可以习得能预测伤害的刺激，它也可以习得能预测安全的刺激（无伤害）。在安全条件反射中，条件刺激（CS）是非条件刺激（US）不会发生的预测因子。与威胁条件反射相反，在安全条件反射中，CS 的缺失会导致条件性木僵反应。

远离伤害的方式：工具性回避和习惯性回避

在面对先天或习得的威胁的情况下，诸如木僵及其他相关生理反应的先天防御反应是非常有用的。有机体也可以习得全新的行为——由于成功逃避或避免伤害而习得的新行为。例如，如果前文中的兔子在当时的情境中能够设法钻进附近树上的一个小洞，以逃离在池塘边遇到的山猫，这种成功的行为就会被储存。当兔子再次检测到山猫或其他的威胁时，这种行为将会被再次激活，如果附近仍然存在一个可供兔子躲藏的树洞。这种方法可以被称为避免被注意。尽管逃避或避免伤害会受到一些限制，而且可供习得的各种类型的行为的难度也不同，但是仍然存在大量逃避或避免伤害的方法。

要习得逃避和 / 或避免伤害的行为需要抑制原本默认的反应——木僵，因为个体一旦木僵，就无法采取行动了。[54] 与木僵不同，逃避和避免伤害不是物种特

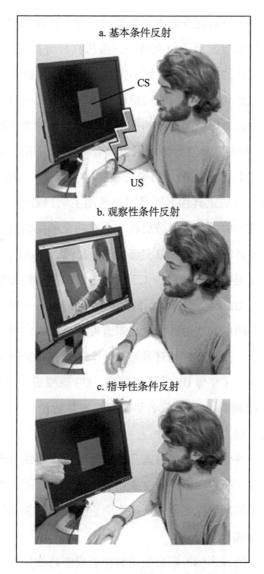

图 3-9 人的观察性条件反射和指导性条件反射

　　人类尤其擅长通过观察和获得指导习得条件刺激。在观察性威胁条件反射中，被试观察其他人接受非条件刺激（US）和条件刺激（CS）的不同反应。之后，被试在接触 CS 时，也会表现出条件化反应，即使他从未体验过由 CS 和 US 组合构成的刺激。同样，人们也可以得到这样的指导：当某个 CS 出现时，某个 US 也会出现。即使 US 从未出现过，CS 也能引发条件化反应。（图片由 Elizabeth Phelps 提供。）

定的防御反应。动物可以通过许多不同类型的行为来逃避和避免被发现（例如逃跑、跳跃、饲养、攀爬、游泳、拉动链条、按压杠杆等），这取决于它们处于什么样的状况。本质上这些并不是或者说不完全是逃避或回避反应，它们只是习得了逃避或避免危险的运动行为，和通过指示习得行为模式一样。

正如我们所看到的，因结果的成功而习得的行为被称为工具性反应（有助于达成目标的反应）。习得工具性行为的能力为有机体在应对危险时提供了更广泛的选择。工具性的、目标导向的习得通常被描述为反应－结果（R-O）习得。[55]在实验室中，应对危险的工具性习得是通过使用主动回避训练任务（见图3-10）习得的。在一个经典实验中，大鼠被放在一个有两个隔间的盒子里。[56]研究者播放一个声音，并在声音的最后对大鼠实施电击。显然，下次听到声音时大鼠会木僵。到目前为止，这是一个具有声音CS和电击US的标准巴甫洛夫威胁条件反射。重复CS和US，US就会引发大鼠的随机运动，在某一时间点上大鼠会跑到另一个没有电击的隔间内，然后，它就会知道可以通过跑向另一个隔间来逃避电击。它最终还会知道，当声音响起时逃到另一个隔间将完全避免电击。一旦大鼠习得了回避反应，由于CS与US的紧密联系，CS就变成一种激励（incentive）。这是一种激发行为的刺激。CS不仅告诉大脑何时执行所习得的回避反应，还调节分配给回避反应的精力。

一些人认为，条件化回避反应可能只是看起来像工具性习得，实际上是物种特异性防御。[57]然而，我们在第4章中描述的研究结果表明，木僵等先天反应和回避等习得行为的神经回路是不同的。这表明它们是不同类型的行为，而并非物种特定防御反应的变式。

评估工具性反应的许多标准源自使用食物或成瘾药物作为强化物的欲望条件反射研究。出于技术原因时，很难在这类研究中使用厌恶性刺激（尤其是电击）作为强化物。我不太关心回避反应是否在某种抽象意义上是严格的工具习得，我关心的是这些反应是不是一个有趣的、值得研究的反应类型。我对这一点毫不怀疑。下面描述的研究与这一观点一致。我的实验室现在正积极地研究这些问题。

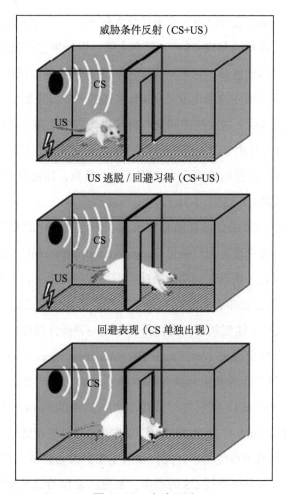

图 3-10 主动回避

主动回避训练包括一个声音条件刺激（CS）和电击非条件刺激（US）。起初，大鼠会对 CS 表现出木僵。随着时间的推移，它习得了当声音出现时，如果它跑到房间的另一侧，就可以摆脱甚至完全避免电击。像这样通过其后果而习得的反应，被认为是目标导向的或工具性反应。与巴甫洛夫 CS 引起的反应不同，工具性反应是被试在 CS 存在时做出的动作。

成功的回避条件反射的结果可能取决于这样一个因素，即该反应既能防止电击发生，又能终止和 / 或防止接触有威胁的 CS。使用一种被称为逃避威胁[58]（escape from threat，通常被不太恰当地称为逃避恐惧，即 escape from fear[59]）的任务的研究表明，CS 终止本身就可以使生物体习得一种新的反应。在这个过程中，大鼠在一个小室中进行巴甫洛夫条件反射任务，一段时间后，大鼠被放置在一个新的小室中，那里将呈现 CS。大鼠会木僵，但如果它们做出任何动作，CS就会终止。随着时间的推移，它们学会了穿梭于房间之间或做出能终止 CS 的反应。在这种情况下，唯一的强化就是从 CS 中逃脱——习得新反应时它们没有遭受任何电击。[60] 从本质上讲，这使回避习得的巴甫洛夫性和工具性成分被分为两个独立的程序，并允许由电击 US 独立评估 CS 的强化效果。克里斯·凯恩（Chris Cain）在我的实验室进行的这项研究支持了这一观点，即逃避 CS 有助于回避习得，而不仅仅是回避 US（见图 3-11）。[61]

CS 的终止或对 CS 的预测能够强化反应，因为被强化的反应涉及消除和逃避刺激，所以这种强化被称为负强化（negative reinforcement）；正强化的一个例子是使用食物来强化久未进食的动物的反应。在这种情况下，正和负并不意味着效价（好或坏），而是意味着刺激存在或不存在。因为先前的巴甫洛夫条件反射（将 CS 与 US 相关联）能使刺激增强，所以它是一种条件强化物。因此，回避和逃避威胁取决于条件负强化（conditioned negative reinforcement）。[62]

CS 逃避/回避产生的负强化信号的本质是什么？最常见的观点是：对恐惧的解除。[63] 这一观点是 O. 霍巴特·莫瑞尔（O. Hobart Mowrer）和他的同事尼尔·米勒（Neal Miller）在 20 世纪 40 年代提出的回避理论的核心。[64] 他们认为回避是一个双因素的习得过程。首先，预测电击的警告声成为巴甫洛夫 CS。然后，能够逃离电击并最终逃脱 CS 的动作，被这一动作的结果强化，成为工具性习得的行为。莫瑞尔和米勒提出，巴甫洛夫 CS 引发了一种恐惧状态。在工具化阶段，能使生物体从电击中逃脱的反应减少了恐惧。因为恐惧是一种不愉快的经历，而降低恐惧的行为能够被强化，所以这些反应能够被习得。

CS 引发"恐惧"和逃离 CS 导致"解脱"的观点是建立在享乐主义理论的基础上的。享乐主义认为强化取决于因奖赏产生的愉悦感或因惩罚与痛苦产生的不快的主观体验。[65] 因此，当 CS 终止时，强化来源于恐惧的消失。我对将威胁引起的大脑状态视为主观感受的观点表示怀疑。尽管一些恐惧–减少（fear-reduction）理论家将恐惧视为一种非主观的内在状态，但这仍然存在一个问题，即无论恐惧是主观的

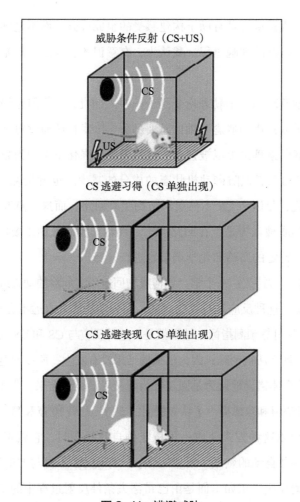

威胁条件反射（CS+US）

CS

US

CS 逃避习得（CS 单独出现）

CS

CS 逃避表现（CS 单独出现）

CS

图 3-11　逃避威胁

　　逃避威胁是一项主动回避任务，其中巴甫洛夫阶段和工具性阶段是分开的。首先，巴甫洛夫条件反射是伴随着声音条件刺激（CS）和电击非条件刺激（US）发生的。然后将大鼠放在一个新的房间里，习得在 CS 出现时穿梭到另一边，从而逃离 CS。然后，随着时间的推移，大鼠学会不断地来回穿梭以完全逃避 CS。因此，这项任务是由 CS 终止的，而不是由 US 来推动和加强的，因为后者从未在这个过程中出现过。

还是非主观的，减少恐惧状态是如何增加行为的可能性的呢？正如我们将在下一章讨论的，在神经科学中，强化被认为是发生在特定回路中的细胞和分子过程。用从恐惧感中脱离来解释习得，比回答这种脱离如何在大脑中产生所带来的问题还要多。细胞过程被认为是有助于构建感受的组成成分，而不是感受本身，例如那些强化和动机机制的细胞过程。我认为，有意识的感受是对更基本的无意识过程的认知阐述。

尽管双因素莫瑞尔－米勒理论受到了一些人的批评，[66] 但它仍然是使用暴露疗法来控制恐惧或焦虑的概念基础的重要部分。[67] 我相信通过对强化信号的性质的再次构建，双因素理论可以被拯救。在我看来，强化不是因为恐惧的减少，而是由于 CS 触发的无意识防御动机状态的成分的减少。也就是说，消除 CS 的行为之所以被强化，是因为 CS 不再激活防御生存回路，而这一点改变了神经调质的水平。神经调质被认为是生存回路和工具性动作控制区中重要的强化信号。[68] 下一章将对这一特定的回路和化学调节物进行解释。

回避可能会非常持久：一个学会如何成功回避现实危险的动物或人可能再也不会面临这一危险。这种反应是自我延续的，因为动物或人永远不会有机会检验 CS 是否仍然是 US 的可靠预测指标。结果就是，这种反应与 CS 和 US 的负强化效应之间的潜在联系永远无法被消除；因为消极的结果没有发生，所以以回避行为进一步被强化，[69] 焦虑的个体错误地认为是回避行为阻止了消极的结果。[70] 这为那些必须好好治疗的病理性恐惧和焦虑提供了认知层面的支持（见第 10 章和第 11 章）。

当回避反应以这种方式变成一种稳定的自我状态时，它就不再是目标导向的，而是成为一种自动的刺激－反应习惯。[71] 即使 CS 不再与 US 有联系，CS 也会自动触发回避反应。正如木僵是由巴甫洛夫条件反射过程中的 CS 自动触发的一种先天反应一样，习惯是一种工具性（目标导向的）习得的反应，它不再与目标存在联系，只是自动地被曾经与目标存在关系的刺激所触发。

习惯性回避会阻止大脑进入防御状态——如果你知道如何避免危险，你就没有什么需要防御的了。[72] 习惯性回避习得可以通过减轻生存的压力使生存更简单，[73] 但它也有不利的一面——它可能会变得机械化，使个体在不需要时甚至在不适宜时做出该行为。例如，许多焦虑障碍患者会竭尽全力避免引起焦虑的情况，即使这种行为对其他生活目标有害。[74] 我们在书末讨论病理性焦虑时将会更详细地讨论回避的两个方面。

人类并不总是需要经过长时间的训练才能学会避免伤害。我们能够通过观察和接受指导达成目的，我们还可以创造新的回避概念或图式，并将其存储为行动计划。[75] 当我们遇到威胁时，这些计划可以触发回避并引发回避行为。焦虑的人对威胁有高敏感性，他们习得的或图式化的回避很容易被激活，并驱动病理性的行为。

CS 在回避中扮演至少四个不同的角色（见表 3-1）。最初，它是一种与电击有关的巴甫洛夫 CS，并引起木僵反应。然后，如果个体可以克服木僵反应，CS 就作为一种强化物，使逃避、最终的回避和习得成为可能。一旦个体习得了回避反应，CS 就能够在个体预测到威胁时触发回避反应，或在威胁出现时使个体逃跑。如果回避通过大量的重复成为习惯，CS 就会成为这一习惯的触发因素。

表 3-1　CS 在回避中的四个角色

1. 巴甫洛夫条件刺激（CS）：在与厌恶的非条件刺激（US）相关联后，引发先天防御反应（木僵和支持性的生理变化）
2. 条件负强化物：促进对终止暴露于 CS 和 US（逃避）的反应的习得，并最终防止暴露于 CS 和 US（逃避）
3. 条件激励：激励习得回避反应的表现
4. 习惯触发器：如果回避成为习惯性的，即使它不再与防范 CS 和 / 或 US 出现有关，CS 也会触发反应

威胁也是引导习得行为的奖励机制

当我们进行巴甫洛夫条件反射和工具性习得时，我们不仅习得如何反应及行动，也习得有关刺激和反应本身的信息。特别是，我们习得巴甫洛夫条件刺激的奖励价值、反应的价值以及反应结果（强化物）的价值。这些价值有助于我们在新的情境中决定是接近还是回避某种刺激，并评估某些可能的行动的结果。[76]

刺激通过与积极或消极的结果相联系获得奖励价值，这会对行为产生重要影响。一个正在觅食的动物可以利用与食物相关的 CS 来寻找食物，同时利用与捕食者相关的线索来保证自己的安全。在研究巴甫洛夫奖励对决策的影响时，我们检验了 CS 对某个操作性反应的影响。[77] 比如，如果一只大鼠已经习得了某种操作性反应，如按压杠杆获得食物，那么一种与该食物有关甚至无关的食物都会促进这种食物驱动的操作性反应。与水有关的 CS 对其的影响则微乎其微，因为与水有关的反应动机不同于 CS 的奖励价值背后的动机。与电击相联系的 CS 会抑制食物驱动行为，但它对厌恶性操作性反应有相反的效果：与电击相联系的 CS 将会促进电击所激发的回避行为。[78]

人类利用已经习得的奖励机制来挑选商品、选择朋友与信任的人，但是它也会引导我们朝着适应不良的方向前进。与食物相关的线索可以在我们并不饿的情况下激起我们的食欲并导致暴饮暴食，就像与毒品相关的线索可以激起瘾君子的欲望并导致其毒瘾发作一样。[79] 在社会情境中，利用错误的线索来判断一个人是否可信会让人们陷入麻烦。比如，我们相信一个人不是因为他值得信赖，而是因为他有魅力并且风趣。正如前面所说，在有恐惧和焦虑困扰的人群中，奖励机制还会激发适应不良的回避反应。[80]

奖励是驱力的另一面。[81] 驱力来源于内部，比如饥饿，驱力将我们推向可以满足我们生理需求的目标。相反，激励将我们拉向目标。二者都是动机的重要方面。激励在日常的决策中扮演着特别重要的角色，甚至包括如何满足生理需求。举个例子，营养需求可以通过多种方式得到满足，不同选择的奖励价值会决定我们如何解决吃什么的问题，甚至可以在我们实际并不需要的情况下激发饮食行为。同理，当我们遇到危险时，一开始我们可能会僵立在原地，随后我们不得不决定下一步的行动，包括对当前的厌恶性刺激所隐含的风险进行评估。

风险因素

迄今为止，我们已经研究了防御行为与特定的、可察觉的、会立即出现的威胁之间的关系。并非所有的威胁都属于这种类型。处于陌生的情境中并且遭遇意外的刺激（如一个突然的噪声），或者置身于可能的危险当中，所有这些都将提高有机体的警戒水平。在上述任何一种情况下，有机体都必须评估威胁的风险，尽管威胁在当下并不存在且其发生的可能性也不确定。因为威胁并未真正发生，所以这种行为通常被认为与焦虑有关，而不是恐惧。当目标相冲突（接近 vs. 回避）或事实与预期不符时，不确定性就出现了。对于未来的不确定性以及如何应对各种可能的结果，是导致恐惧障碍和焦虑障碍的重要因素。[82]

风险包括内部因素和外部因素。与威胁性刺激的距离是一种外部因素，显然某些威胁天生就比其他的更加危险（你脚边的蛇 vs. 动物园玻璃窗里的蛇）。内在因素包括在特定时间起作用的其他因素（进食需求 vs. 受到伤害的风险），还包括基于基因和以往经验的个人特质（一个人固有的风险承受 / 规避能力）。[83] 在给定条件下，风险的大小也会随着时间的流逝而发生变化。（回忆一下捕食紧急等级——在与捕食者接触之前风险低，随着捕食者的靠近风险迅速增加，捕食者近在咫尺时风险再次变化。）当我们需要接近危险情境时风险会增加。

举个例子，想象一下，一只大鼠有一段时间没吃东西了，它进入到一个危险的区域寻找食物。[84] 它主动避开明亮的、不安全的区域，在壁橱旁边停下来，一动不动。它小心地移动头部、胡须和鼻子，搜集眼前的视觉、听觉和嗅觉线索。如果它要做稍大的动作就会非常缓慢，也会同时伸展身体、贴近地面。这样的风险评估行为是主动且不引起注意的。如果大鼠没有探察到危险，它就会继续觅食，但依然要小心谨慎，一点点前行。这些对于觅食来说都是非常重要的经验。如果没有遇到危险，完成觅食任务的几小时甚至几天之后大鼠才会正常地进行日常活动，如吃饭、喝水、性等。安全总比遗憾好。

因为未来事件的不确定性是恐惧 / 焦虑障碍的一个重要因素，[85] 所以许多检验人类焦虑障碍的实验室动物模型都设置了结果无法被当前刺激预测的条件。[86] 这可以借助多种方法，比如改变威胁的 CS 预测 US 的可靠性，[87] 延长 CS 使得威胁何时停止具有不确定性，[88] 以及将动物置于不受保护的开放空间或充满各种冲突的情境中。[89]

正如我们在第 2 章中看到的，杰弗里·格雷和尼尔·迈克诺顿认为在不确定的情况下的风险评估行为，特别是在接近和回避存在冲突的情境中，是行为抑制的核心状态的结果。[90] 根据他们的焦虑理论，当动物或人处于这种状态时，负性效价线索会变得更加明显，从而抑制个体靠近有风险的目标，尽管没有必要这样做。结果就是个体保持不动以避免伤害，这种回避策略被称为被动回避（见图 3-12），这与上文所描述的主动回避行为有显著区别。在被动回避行为中，个体得以回避伤害或使伤害推迟出现，不是因为做了什么，而是因为什么也没做。

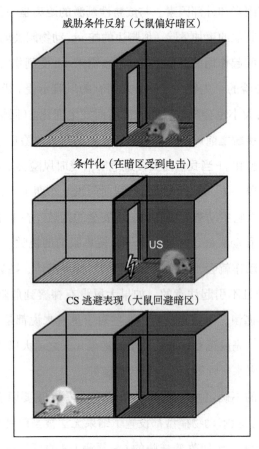

图 3-12　被动回避

　　与主动回避相反，被动回避依靠抑制反应而不是做出反应来避免伤害。一种建立被动回避任务的方法是，利用大鼠天生偏好暗区而不是亮区的特性。把大鼠放在一个分为暗区和亮区的箱子中，它会快速移动到暗区，然后它在暗区会受到电击并被移出箱子。第二天当大鼠被放在亮区时，它将不会再移动到暗区——通过抑制它的本能反应以回避电击。

　　仅仅从行为上来看，我们很难把被动回避中的无作为与木僵反应区分开来。

然而有证据可以说明两者的不同。比如，一些药物（如苯二氮卓类）可以减少对于特定刺激的被动回避，但不影响木僵反应。[91] 一般认为被动回避不仅仅是木僵反应，相反，它至少部分是从结果中习得的工具性反应。

患有严重焦虑障碍的人总是待在家里以避免暴露于压力情境中，尽管这样可能会让他们失去工作或被社会孤立。这种被动回避行为，就像前面提到的主动回避的方式一样，也可以成为一种习惯以使个体成功避免伤害。此时威胁被阻挡，被动回避反应得到强化并且变得越来越强。

有必要强调一下风险评估的复杂性和模块化。在风险情境中，不同的大脑系统运用不同的标准进行决策。[92] 举个例子，抽烟的人清楚地知道抽烟有害健康，但他还是会这么做，因为这项活动受控于无意识系统，其运行有不同的规则并最终战胜了意识控制系统。

谁在掌控 [93]

一个关键问题是：在日常生活中，当我们做出决策时，不管是在威胁性的还是正常的情况下，到底是谁（什么）在真正起决定作用。"做决定"这个词似乎表明意识的作用举足轻重，但在对人类的决策的研究中，许多讨论是关于无意识因素的。[94] 根据丹尼尔·卡尼曼（Daniel Kahneman）的探索性研究，[95] 现有模型采用的双加工处理包括两个决策系统（其中"系统"更多地表示心理学上而非神经学上的意义）。

系统 1 是一个快速的、内隐的、自动的、不需要意识参与的系统。几乎所有的巴甫洛夫奖励机制都包含这种自动加工。比如，广告商把产品放在具有象征意义的背景中，目的是建立起巴甫洛夫奖励（通过将产品和性唤起建立联系）以影响人的无意识行为。系统 1 还会利用心理捷径，即启发法。[96] 如果你发现自己正处于危险之中，比如你在乡间小路上遇见一只熊，你也许会选择逃跑，因为一般来说，笨重的爬行动物要比轻盈的双足动物跑得慢。这样的策略使我们能基于有限的信息快速做出决定，节约心理资源，最好还不用花费太多精力。虽然启发式决策是本能的，并且效果显著，但它也可能会将你引入歧途。因为你可能不知道，虽然熊体形庞大，但它们跑起来是非常快的。而且许多医疗误诊案例都是基于启发式决策，而不是更全面的评估。[97]

系统 2 的速度较慢，它通常包含严谨的推理并且需要意识参与。在系统 2 的决策中，合理化程度和意识的参与程度受到了争议。我们是理性决策者的观点源于大众心理学，它让人们相信可以控制自己的行为。[98] 实际上，许多研究表明，我们缺乏对决策和行为背后的过程和动机的直接了解。[99] 我们通常在事后进行解释，以使我们的决策和行为看起来更加合理。[100] 我们以为意识在操控一切，只能说这半真半假。[101] 因此，虽然速度慢，但系统 2 的决策未必是基于充分推理的、有意识参与的决策过程。[102] 此外，你意识到自己做出了某些决定，并不意味着你了解决策过程的动因。我们必须区分决策过程的结果和决策过程本身。我们很难知道在做决定时到底是什么在起作用，尽管它就发生在几秒钟之前。

我们是基于需要才会去注意大脑中发生的活动。面对危险时，我们的第一反应通常要快，最好是启用曾经有效的无意识反应，尽管一旦察觉到危险，意识同样可以帮助我们解决眼前的问题。通过意识活动，我们可以运用当前的信息和储存在记忆中的个人经验，评估可能的行动对我们的现在和未来产生的影响。

像证明一个决定是错的这样的常规假设，就是通过无意识做出的决定。虽然意识在决策的过程中起重要作用，但如果我们给予它过多信任就会掩盖它的真实作用。诀窍就是，弄清楚我们何时在真正有意识地做决定，何时我们是在事后用意识去解释无意识决策。这也是我们的司法系统需要面对的非常棘手的难题。[103]

下一部分，大脑

想要研究在心理过程中大脑如何起作用，就必须有能测量心理过程的行为测验。幸运的是，正如我们这一章所述，在威胁和防御的研究领域，精细的行为测量方法是非常有效的。我们将在此基础之上，在下一章继续讨论威胁加工和防御行为的脑机制。

第 4 章

防御性大脑

出门是一件危险的事，弗罗多。

——J. R. R. 托尔金（J. R. R. Tolkien）[1]

　　所有生物都由细胞组成，甚至单个细胞也能构成生命，例如细菌。对于单细胞生物而言，一个细胞不得不以一种高效而有限的方式承担起生命的全部内容。复杂的有机体（例如动物）则具有多种功能系统，每个系统又由大量特有的细胞以有序的方式构成，这种结构化的组成方式能够保证有机体正常有序的活动。举个例子，哺乳动物有消化系统、呼吸系统、血液循环系统、生殖系统、肌肉骨骼系统这几大重要的生命系统，每个系统独特的功能由其高度分化的细胞及细胞间的交互决定：消化系统的细胞分解食物并将其转化成能量与营养的来源；呼吸系统的细胞从有机体吸入的空气中提取氧气并进行新陈代谢；内分泌系统的细胞释放激素从而调节新陈代谢与其他功能；心血管系统负责输送血液，将能量、营养、氧以及激素输送到机体各处；肌肉骨骼系统的细胞使运动成为可能。而神经系统，包括脑、脊椎以及连接各器官、腺体、机体组织的神经通路，负责协调所有其他系统，以便有机体能够作为一个整体协同运作。

本章将对神经系统，尤其是大脑的防御机制进行探讨。防御是动物最重要的行为之一。一般而言，进食、饮水、生殖和其他生存类行为被暂时延缓不会危及生命安全，但当环境中存在危险或潜在危险的时候，反应稍有差池便会危及生命。因此，大脑必须迅速选择正确的肌肉骨骼反应模式，以最优的方式对危险做出反应。此外，大脑必须控制心血管系统、内分泌系统、呼吸系统以及其他系统以便为防御行为提供必需的能量。为了更好地理解本章内容，在对大脑的防御机制进行深入讨论之前，我们将首先对大脑的基本结构与功能进行一个简单的介绍。

关于大脑的构成的几个关键点

大脑主要由两种细胞构成：神经元与神经胶质细胞（见图 4-1a）。神经元负责传递信息，神经胶质细胞则具有多种功能，[2] 其中一种是帮助神经元传递信息。虽然目前对神经胶质细胞的关注日益增多，但我们主要关注神经元。

有机体体内的大部分细胞依靠释放化学递质与邻近的细胞进行交流，而神经元既能够进行近距离交流，也能进行远距离交流。这是因为神经元胞体外有独特的纤维状结构：树突与轴突。这些纤维结构能接收来自其他神经元的信息，也能将信息传递给其他神经元。神经元有许多树突，这有助于神经元从尽可能多的其他神经元处接收信息。大多数神经元只有一根轴突负责传递信息。尽管轴突只有一根，但是没了它，神经元便无法和其他神经元进行交流。

神经元间的信息传递有两种模式：①在神经元内，信息由胞体传至轴突末端；②跨神经元的信息传递。信息传递从胞体产生的一个电冲动（称为动作电位，见图 4-1b）开始。这个电冲动从胞体沿着轴突进行传导，到达轴突末端，引发第二种神经元信息传递模式——动作电位在轴突末端引发神经递质的释放。这些神经递质与邻近神经元表面的受体结合，从而引发后续的神经元活动。神经递质的受体大部分在树突上，也有部分受体在胞体和轴突上。

两个神经元之间的间隙被称为突触间隙，或简称为突触。突触间传递是神经元之间交流最主要的方式（见图 4-1c）。一些神经元被称为兴奋性神经元，因为它们能触发其他神经元的活动；一些神经元被称为抑制性神经元，因为它们能抑制其他神经元的活动。脑中某个区域或者子区域的神经元间的突触连接形成局部通路或者局部网络（见图 4-1d）。不同区域的局部通路之间的连接形成了具有特定功能的系统。[3]

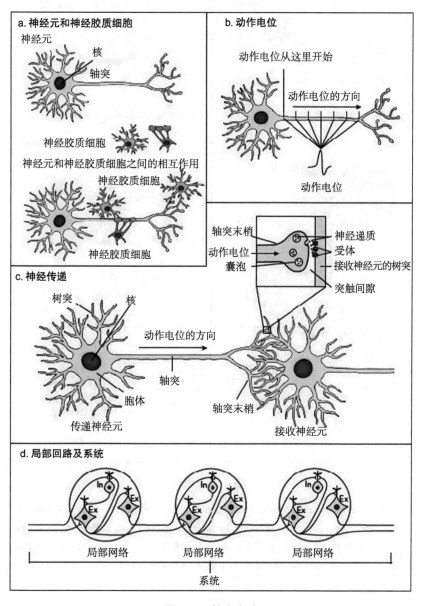

a. 神经元和神经胶质细胞
神经元
核
轴突
神经胶质细胞
神经元和神经胶质细胞之间的相互作用
神经胶质细胞
神经胶质细胞

b. 动作电位
动作电位从这里开始
动作电位的方向
动作电位

轴突末梢
动作电位
囊泡
神经递质
受体
接收神经元的树突
突触间隙

c. 神经传递
树突
核
动作电位的方向
轴突
胞体
轴突末梢
传递神经元
接收神经元

d. 局部回路及系统
In   Ex
局部网络   局部网络   局部网络
系统

图 4-1　简言大脑

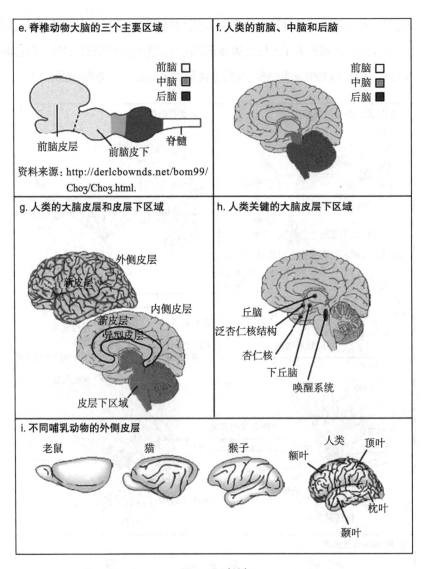

图4-1（续）

资料来源：See text for explanation. Neuron and glial drawings in a, b, and c, based on http://www. ninds.nih.gov/disorders/brain_basics/ninds_neuron.htm. e. Drawing of the vertebrate brain based on Figure 2.4 in Bownds (1999). i. The drawings of lateral cortex in different mammals are based on Figure 2.4 in Bownds (1999).

所有脊椎动物的脑都可被分为三个区（见图 4-1e 及图 4-1f）。后脑（hindbrain）承担许多与生命相关的基本功能，例如呼吸和心跳，因此后脑受损通常是致命的。后脑的功能具有高度的跨物种一致性。中脑（midbrain）主要负责睡眠与觉醒的周期节律。中脑功能的跨物种一致性虽然不如后脑高，但在许多物种间，中脑的功能仍具有高度相似性。前脑（forebrain）包括几个子部分，其功能的跨物种差异很大。

哺乳动物及其他脊椎动物的前脑由大脑皮层（cerebral cortex）和皮层下区域（subcortical areas）构成。皮层区域占了人脑的相当一部分体积（见图 4-1g）。不同种类的哺乳动物的大脑皮层如图 4-1i 所示。

大脑新皮层（neocortex）与异型皮层（allocortex）均属于皮层。新皮层构成大脑褶皱的表面，是人脑最主要、最明显的部分（见图 4-1g）。之所以将其命名为新皮层，是因为它被认为是在哺乳动物漫长的进化过程中新增的结构，这个观点自从被提出以来就一直受到质疑。[4] 新皮层有六个神经元层。相较新皮层而言，异型皮层的层数较少（通常有三层或四层神经元）。异型皮层位于大脑内部，被大脑的两个半球覆盖，只有将大脑的两个半球分开才能看见它。因此，异型皮层常被称为内侧皮层（medial cortex），[5] 新皮层则被称为外侧皮层（lateral cortex）。[6] 有时内侧皮层也被称为边缘皮层（limbic cortex），然而该术语易与负责处理情绪的边缘系统混淆，因此我尽量避免使用边缘皮层这个术语。

皮层下区域位于皮层以下（见图 4-1g）。皮层下区域种类繁多，本书将着重描述其中几种，主要包括属于前脑的杏仁核（amygdala）、泛杏仁核结构（extended amygdala，在杏仁核外部与杏仁核紧密相连的一些区域）、基底神经节（basal ganglia）、丘脑（thalamus）以及下丘脑（hypothalamus），还包括导水管周围灰质（periaqueductal gray region，PAG）以及一些属于唤醒系统（arousal system）的区域（见图 4-1h）。[7]

为了便于讨论，对于某些脑区我将使用简称，具体的脑区及其简称如表 4-1 所示。

表 4-1　本书讨论的大脑关键区域的缩写

新皮层	前脑的皮层下区域
前额皮层（Prefrontal Cortex，PFC）	**杏仁核（Amygdala，Amyg）**
PFC $_L$，外侧前额皮层	BA，基底杏仁核
PFC $_{DL}$，背侧前额皮层	CeA，中央杏仁核
PFC $_M$，内侧前额皮层	LA，外侧杏仁核
PFC $_{DM}$，背内侧前额皮层	**泛杏仁核结构**
PFC $_{VM}$，腹内侧前额皮层	BNST，终纹床核
顶叶皮层（Parietal Cortex，PAR）	**基底神经节**
	CPu，尾壳核（背侧纹状体）
	NAcc，伏隔核（腹侧纹状体）
	皮层下中脑
	PAG，导水管周围灰质区域

刺激大脑的时代

到 19 世纪末，研究已发现皮层损伤无法中止愤怒行为（rage behavior，如防御性攻击或者争斗），这说明愤怒行为的来源是皮层下区域而非皮层。[8] 后来，坎农使用"假怒"（sham rage）一词形容此种行为，因为他相信离开皮层，愤怒这种情绪就无法被个体体验到。[9] 在前几章中我们提到，坎农对于自主神经系统尤其关注，他发现当愤怒行为出现时，交感神经系统出现扩散式兴奋，具体的生理表现为血压升高、心跳加快、汗毛竖立（鸡皮疙瘩）、出汗、肾上腺髓质释放肾上腺素。

20 世纪初，研究者对被麻醉的动物的大脑施以电刺激，以研究大脑是如何控制自主神经系统的。这些研究发现交感神经系统出现了与上述类似的扩散式兴奋。[10] 这种电刺激法的原理如下：由于神经元兴奋时会产生电冲动，因此以人工的方式对神经元施以电刺激能引起类似的兴奋。正是使用电刺激方法，人们才发现下丘脑（位于前脑底部的一个皮层下区域）是一个通过交感神经系统控制机体功能的重要区域。基于这些发现，坎农提出了下丘脑是当紧急情况出现时负责整合防御性（愤怒）行为与生理反应的皮层下区域这一假设。[11]

坎农的学生菲利普·巴德（Philip Bard）对这个假设进行了论证。[12] 由于当时的技术限制，他无法对清醒的、可以自主活动的动物的下丘脑施加电刺激，最终巴德采用了损伤法。他切断了丘脑与皮层以及前脑的上级结构的连接，然后他发现动物在受到刺激后仍然会表现出愤怒行为和相应的生理反应。当丘脑与中脑以及后脑的下级结构（这些结构连接脑与脊椎，是执行行为与产生自主神经系统反应的必不可少的通路）的连接被切断时，愤怒行为和相应的生理反应消失了（见图4-2）。

到了20世纪40年代，电刺激技术已经被改进得更适用于脑功能研究。使用电刺激法对被麻醉的动物的研究进一步验证了下丘脑在交感神经系统中的控制作用。[13] 然而更为重要的是另一种技术的发展——对清醒的、可以自主进行日常行为的动物的大脑施以刺激。[14] 研究者利用这种方法对下丘脑和其他一系列皮层下区域施以刺激，发现这些刺激导致的行为无论对于个体还是物种来说都是至关重要的，包括防御行为、进食行为、饮水行为以及性行为。研究结果表明，与生存紧密相连的行为在古老的皮层下结构中被固化、保留，成为动物与生俱来的行为。正如坎农以及巴德假设的，行为上的防御反应以及相应的生理变化均由下丘脑控制，并且动物在愤怒情绪下的行为与生理反应均可通过对下丘脑施加电刺激被诱发。[15]

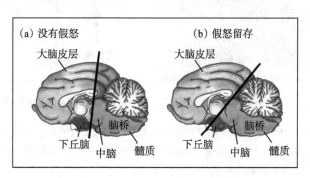

图4-2 坎农和巴德是如何制造假怒的

当下丘脑下方的脑区与下丘脑以及前脑的其他部分的连接被切断时，动物的挑衅行为很少甚至完全没有。但如果让下丘脑与脑干相连，刺激就会导致愤怒。这种行为被称为假怒，因为坎农和巴德认为，如果大脑皮层不参与反应控制，就不可能产生真正的愤怒体验。

资料来源：BASED ON LEDOUX [1987], AS MODIFIED BY PURVES ET AL [2001].

　　下丘脑的上行与下行区域能够激活下丘脑在防御行为中的功能。[16]这些区域分别是杏仁核和PAG。刺激杏仁核引发的防御行为会因下丘脑被损毁而中止，刺激下丘脑引发的防御行为会因PAG被损毁而中止。似乎杏仁核、下丘脑以及PAG串联成了一套防御回路（见图4-3）。这些发现进一步印证了杏仁核及与其相关的边缘系统的区域是处理情绪刺激的关键区域，并能通过控制其下级区域控制情绪反应。这一假设在许多研究中也一直被提出。[17]然而如我在前面所言，尽管边缘系统理论十分受欢迎，但从科学的角度而言，它并不是一个完全可信的理论。

　　在第3章中我们曾提到，与防御行为相关的交感系统的反应不仅仅是对于行为的稳态调节。防御行为与准备性的生理反应是先天的反应模式。[18]稳态调节的目的在于满足某些特定行为的新陈代谢需求，最初的生理反应则是先天的、具有物种内高相似性的反应。[19]

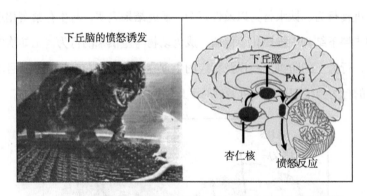

图4-3　下丘脑诱发愤怒和杏仁核－下丘脑－PAG愤怒通路

　　（左）下丘脑发出的电刺激引起愤怒和攻击反应（Flynn, 1967）。（右）愤怒也可由杏仁核和导水管周围灰质区（PAG）引发。PAG的损伤阻止了刺激下丘脑和杏仁核引起的愤怒，下丘脑的损伤则阻碍了刺激杏仁核引起的反应。因此，杏仁核、下丘脑和PAG在引发愤怒时似乎是连续相关的。

　　对于防御行为而言，支持性的生理反应不仅为身体所需要，也为大脑所需要。大脑也需要被调动和激活，这个过程被称为唤醒（arousal）。[20]20世纪40年代，一系列电刺激实验为研究大脑唤醒的机制提供了最初的数据。[21]研究发现，对于处于非麻醉状态的动物来说，当其大脑的中心部位（尤其是中脑、一部分下丘脑和丘脑）受到电刺激时，大脑会被唤醒（见图4-4）。这个唤醒系统控制着睡眠－觉醒

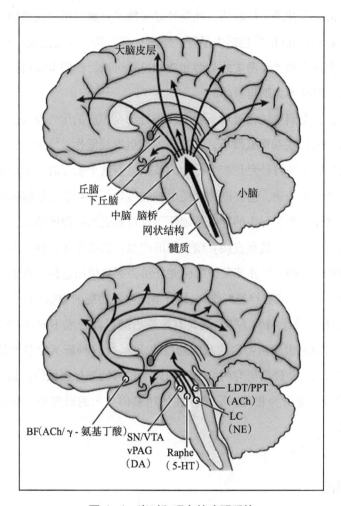

图4-4　当时和现在的唤醒系统

最初的唤醒观（见图4-4）假设脑干中有一个名为网状结构的传播网络，它控制个体在睡眠、觉醒和清醒时的警觉性（Starzl et al., 1951）。新的观点是，唤醒功能是由特定的神经元群来调节的，每个神经元群都产生不同的神经调节因子，这些调节因子负责睡眠、觉醒、唤醒、警觉等（Espana et al., 2011）。其中，BF，基底前脑；SN/VTA，黑质／腹侧被盖区；LC，蓝斑；LDT/PPT，横向脊柱突端／脚桥区；ACh，乙酰胆碱；DA，多巴胺；5-HT，5-羟色胺；NE，去甲肾上腺素。

周期和处于觉醒状态的动物的清醒和警觉程度。[22] 起初，唤醒被认为源自一个弥散的、未分化的、联结紧密的系统，该系统被称作网状结构。后来的研究发现，唤醒其实是由一类神经元控制的，此类神经元能够释放特殊的化学物质——神经调质（neuromodulator），[23] 包括去甲肾上腺素、多巴胺、5- 羟色胺、乙酰胆碱等，我们将在后面对这些神经调质的类型和功能进行讨论。我们也将讨论当危险出现时杏仁核是如何唤醒大脑与身体的。

时至今日，电刺激法仍被用于研究防御行为及相应的生理反应，[24] 但它对研究大脑和行为间的联系贡献微小，在其他方面也有局限性。[25] 例如，电刺激研究假设被刺激的脑区的神经元是产生行为的基础，但这个假设时常不成立。电刺激引发神经元产生电冲动，这些电冲动经由轴突传导，会导致其他脑区的神经元产生电冲动。这样一来，行为的神经基础便不仅仅是受到刺激的脑区，其他脑区的神经元也有可能参与，甚至直接导致行为的产生。这些年来，研究者一直致力于克服电刺激法的缺陷，[26] 并开发新的研究方法，例如使用遗传工具改变神经系统的特定部分（神经元或者神经纤维）、具有不同生理功能的细胞（兴奋性或者抑制性神经元）、神经化学特性（神经元具有的蛋白酶可以合成不同的神经递质或激素，这些蛋白酶的表达由特定的基因片段决定）。[27] 这种新兴的基因技术使研究者得以重新验证一些经典研究的结果，例如下丘脑的部分区域曾被认为与攻击[28] 和进食[29] 这种本能行为相关，后来，在使用基因技术的研究中，研究者发现并无此种关联。

防御性大脑

如今对于大脑的防御机制及其生理基础的理解大多基于使用真实的威胁的研究，即在自然状态下刺激感官来激活防御系统，而非刺激大脑。直接刺激大脑的方法，如电刺激或者更先进的技术，更适用于研究反应控制回路（即输出系统）；而使用真实的、具有威胁性的刺激可以区分负责处理威胁信号的感觉系统、负责控制肌肉骨骼活动的运动系统、自主神经系统、内分泌系统。不同的威胁性刺激引起的防御性行为有所不同，我将主要讨论与人类防御行为有关的威胁性刺激，尤其是通过经典巴甫洛夫条件反射习得的、具有威胁性的听觉与视觉刺激。[30]

我们在第 2 章中提到，处理条件威胁刺激的神经回路主要包括杏仁核的两个部分：外侧杏仁核（LA）与中央杏仁核（CeA）。在这一章中，我们将对这一主题进行深入探讨，我们将看到这些杏仁核的子区域中的神经活动、它们之间的联结以及其他脑区（如前额叶和海马体）是如何影响杏仁核对威胁性刺激的加工的（见图 4-5）。

一个外界刺激是否具有威胁性取决于其是否与伤害有关。如果你被蛇咬过，下次见到这条蛇或其他蛇，你都会进入防御状态，以防自己再次被蛇咬伤。正所谓"一朝被蛇咬，十年怕井绳"。想要做到这点，蛇的样子以及被蛇咬这件事必须以某种方式在同一个杏仁核神经元内得到整合。这种整合正是导致这两种信息被联系在一起的原因。1949 年，加拿大心理学家唐纳德·赫布（Donald Hebb）提出，当一个较弱的刺激与一个较强的刺激同时激活一个神经元时，强刺激对此神经元造成的强化学变化会使这个神经元在将来对弱刺激也产生强反应。[31] 在被蛇咬的情境中，被咬这一事实引起神经元强烈的化学变化，这会使此神经元对蛇的视觉形象产生强烈的反应（见图 4-6）。

在一个恐惧（威胁）条件反射实验中，使电击伴随一个声音信号或者一个光信号出现，经过若干次重复，这个声音信号或者光信号便会成为条件威胁。声音或者光（CS）与电击（US）在 LA 中得到整合。[32] 具有强烈负性情绪效应的 US 改变了原本不具情绪意义的 CS 对神经元的激活程度。[33] 我们实验室及其他实验室的大量研究显示，当 CS 与负性的 US 配对时，LA 神经元对 US 的反应程度变强了。[34] 这些研究还发现，有一系列大分子参与了此类恐惧条件反射的习得与记忆储存。[35] 一旦联合性记忆形成，CS 便可独立激活 LA 神经元（见图 4-7）。

LA 有几个子区域。[36] 有研究表明其背侧区域与恐惧条件反射的习得和记忆储存有关。[37] 恐惧条件反射形成后，当 CS 独立出现时，LA 的背侧区域首先被激活，而后 LA 中部被激活，再然后杏仁核的其他区域被激活，最终 CeA 被激活，引发条件反射行为，包括防御行为（尤其是木僵）以及相应的生理变化

（见图 4-5）。

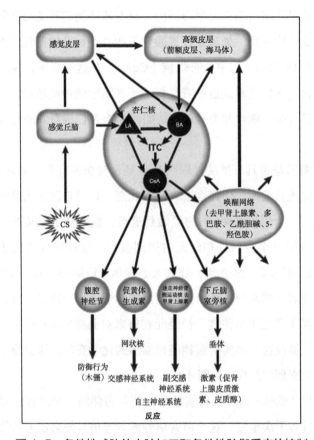

图 4-5　条件性威胁的大脑加工和条件性防御反应的控制

　　恐惧（威胁）条件反射的获取和表达的基本回路如图 2-3 所示。这里显示了前面提到的条件性威胁加工的更多细节。威胁性刺激传递到感觉丘脑和感觉皮层，这两个区域又将信息传递到外侧杏仁核（lateral amygdala，LA）。LA 通过其他杏仁核区域，如基底核（basal nucleus，BA）和闰细胞（intercalated cells，ITC），直接与 CeA 连接。CeA 与下游目标连接，这些下游目标分别控制着木僵行为、自主神经系统（ANS）的交感和副交感神经反应以及激素分泌。CeA 还能激活大脑的唤醒系统，释放神经调质，如去甲肾上腺素（norepinephrine，NE）、多巴胺（dopamine，DA）、乙酰胆碱（acetylcholine，Ach）和 5-羟色胺（serotonin，5HT）。这个回路的加工是由高级皮层调控的，比如内侧颞叶区（包括海马体和周围的皮层区域），这些区域将威胁情境化，外侧和内侧前额叶皮层（prefrontal cortex，PFC）的各个区域则调节条件化反应的强度和持久性。更多细节见图 4-10 和第 11 章。

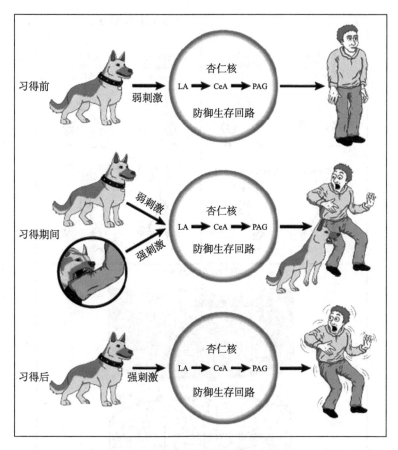

图4-6　一朝被蛇咬，十年怕井绳：在杏仁核中将视觉与被咬伤联系起来

在被狗咬伤之前，他的视觉信息是一种微弱的刺激（就其激活防御生存回路的能力而言，包括外侧杏仁核（LA）、中央杏仁核（CeA）和导水管周围灰质区域（PAG））。被咬时，狗的形象这一视觉信息（弱刺激）与被咬（强刺激）同时出现。后来，看到同一只狗，甚至是不同的狗，都会激活杏仁核中的视觉-咬伤联想，从而引发防御行为，比如木僵，这是通过 PAG 实现的。

LA 与 CeA 通过几条神经通路相连（见图 4-5）。首先，它们之间有直接的神经连接。其次，LA 与其他区域有连接，例如基底杏仁核（BA），这些区域又与 CeA 相连。最后，LA 与 CeA 均与闰细胞有神经连接，这些闰细胞使 LA/BA 与 CeA 能够进行信息交流。[38]

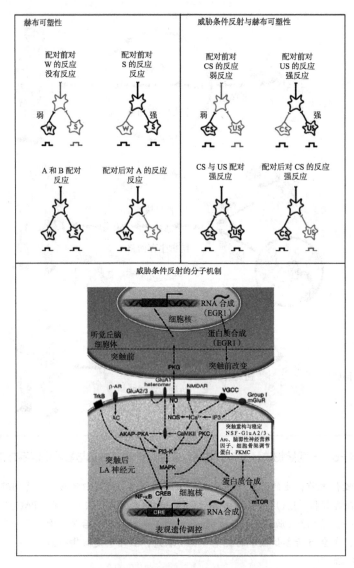

图 4-7　赫布机制是威胁条件反射的基础（左）

当弱刺激激活神经元的能力通过使其与激活同一神经元的强刺激同时出现而增强时，赫布学习就发生了。巴甫洛夫威胁条件反射是赫布学习的一个例子，因为 CS 激活神经元的能力是通过使其与 US 反应的活动同时发生而增强的。突触前和突触后神经元的各种分子变化有助于威胁条件反射过程中记忆的形成。缩写可以在原文章中找到。

资料来源：BASED ON LEDOUX [2002] AND JOHANSEN ET AL [2011].

CeA 内的信息流涉及两个彼此连接的结构间的复杂交互[39]（见图 4-5）。CeA 的侧部结构接收 LA 传来的关于 US-CS 的信息并将此信息传递至 CeA 的中部结构。中部结构又将信息传递回侧部，中部结构还与 PAG[40] 协同控制木僵。[41]

由于从 CeA 到 PAG 的通路是引发防御行为的必要条件，因此在电刺激实验中，要激活这条通路，就必须激活下丘脑，使用自然条件威胁刺激可以避免这一复杂的实验操作。然而有一个特例：当使用自然嗅觉刺激引发动物对于捕食者或者敌对的同类的本能防御行为时，除杏仁核 – 下丘脑 – PAG 这条通路外，似乎还存在其他的通路。[42]

CeA 不仅能控制防御行为，还能够通过自主神经系统与内分泌系统改变身体的状况[43]（见图 4-5）。CeA 与这两个系统的交互并非从 CeA 到 PAG 的通路，[44] 而是 CeA- 下丘脑外侧结构 – 后脑（外侧延髓）的运动神经元这一通路。[45] 这条通路控制交感神经系统对于 CS 的反应，包括心跳加速和血压升高。[46] 这条通路绕过了 PAG。[47] 从 CeA 到后脑其他部分（包括迷走神经背侧的运动神经节，疑核）的通路控制副交感神经系统的反应，这些反应能使有机体在威胁减弱时尽快恢复平衡。[48] 此外，CeA 到丘脑室旁核的通路激活下行的垂体 – 肾上腺轴，从而使垂体释放促肾上腺皮质激素，肾上腺皮质释放皮质醇。[49]

此前我曾提到，威胁不仅会改变身体的生理状态，还会改变大脑的生理状态——提高大脑的警觉水平及其对相关的威胁性信息的敏感程度。[50] 威胁引发的这种大脑的唤醒状态与 CeA 有关。CeA 释放信息，使下行的神经元释放多种神经递质，包括去甲肾上腺素、5- 羟色胺、多巴胺、乙酰胆碱、食欲肽以及其他种类的神经调质。[51] 大脑的唤醒状态能够使动物在面对威胁或其他重要的环境变化时提高自身的注意与警觉水平。[52]

虽然 LA 是动物习得恐惧条件反射的关键脑结构，但学习的可塑性也可以在其他脑区发生，例如向 LA 输送感觉信息的感觉区域[53]、BA[54] 与 CeA。[55] 重要的是，发生在其他区域的学习可塑性取决于 LA 的可塑性是否发生，[56] 因此，LA 被认为是对危险进行学习的关键结构。

　　之前我曾提到，杏仁核并非控制防御行为的唯一结构，前额叶中部，尤其是前额叶中腹部（PFC_{VM}）与杏仁核有丰富的连接（见图 4-5）。对大鼠的研究显示，在动物表达防御行为时，从杏仁核至 PFC_{VM} 这一通路对杏仁核的反应有着重要的管控作用。[57]PFC_{VM} 的前边缘皮层（prelimbic）实时控制着有机体的行为，在不同强度的条件刺激下，前边缘皮层控制有机体做出不同强度的行为。PFC_{VM} 另一个尤为重要的区域是下边缘皮层（infralimbic）。当 CS 重复出现而配对的 US 不再出现时（即条件反射消除），由于条件反射行为的消退与下边缘皮层的活动有重要关系，因此下边缘皮层的损伤会导致已建立的条件反射难以被消除。这一点对于暴露疗法至关重要，因为暴露疗法就是主要基于条件反射的消除来治疗人们的适应不良恐惧与焦虑的。一般认为，PFC_{VM} 是管理杏仁核的高级脑区，[58]在病理性焦虑的人群中，这种管理是缺失的。[59]打一个比方，杏仁核就像防御行为的油门，PFC_{VM} 则是刹车。[60]这个油门与刹车的比喻我们将在第 11 章中进行深入探讨（见图 11-1）。

　　杏仁核与海马体也有连接（见图 4-5），海马体在对防御行为的情境化管理中也占一席之地。[61]海马体受损的大鼠再次回到曾受到电击的笼子里时不会立刻表现出木僵，可当大鼠听到与电击配对出现的声音时，木僵行为便再次出现了（大鼠的海马体受损，关于笼子的记忆无法被提取，然而与电击有强烈关联的声音的记忆还存在）。无须怀疑，条件反射能够泛化，但我们也能够通过自身经验辨别哪些场景和环境是安全的，哪些场景和环境是真的具有危险性。[62]举个例子，动物园里的老虎并不会把人吓得扭头就跑或呆在原地动弹不得。

　　到目前为止，在人类身上的研究还无法揭示杏仁核的子区域和细胞机制对其功能的贡献。纽约大学的伊丽莎白·菲尔普斯和其他研究者发现，对于人类来说，杏仁核对巴甫洛夫恐惧条件反射的建立与消除至关重要。杏仁核受损的人无法建立恐惧条件反射。[63]功能性核磁共振成像显示，在习得条件反射的过程中和习得之后，当 CS 出现时，杏仁核的神经活动水平提高了。[64]而且，人是否意识到 CS 的存在对于杏仁核的反应来说无关紧要。[65]和大鼠实验的结果类似，人类的海马体参与了对防御行为的情境化管理，[66]PFC_{VM} 也参与了条件反射的消除和对杏仁核输出的信息的管控[67]。在前面的章节中，我们说到人类能通过观察和接受他人的指导对危险进行学习，脑成像研究发现人类在观察与指导下产生恐惧条件反射时，杏仁核的活动水平一样提高了。[68]

对啮齿类动物的恐惧条件反射及其行为表现的神经机制的研究是目前结果最清晰的一类研究。研究结果明晰了与行为表现相关联的神经通路和细胞与分子水平的机制。已有的关于人类的研究结果与关于啮齿类动物的研究结果相呼应，这一事实表明，对啮齿类动物的研究可以用来探究人类的恐惧条件反射及行为表现。

我想以我实验室近期的两项新研究来结束本节对于处理威胁的神经通路的讨论。这两项研究是关于在习得威胁的过程中，LA 中发生的联合学习。其中一个是由乔希·约翰森（Josh Johansen）主导的项目。我们在这个项目中使用了一种被称为光遗传学（optogenetics）的技术，我们发现对于恐惧条件反射而言，赫布假设是成立的：US 在 LA 中引发强烈神经活动是 CS 在 LA 中引发强烈神经活动的充分条件，也是 CS 经由杏仁核激活下行神经通路并引发木僵行为的充分条件。在这个项目中我们保留了 CS，并且未使用任何 US，我们直接通过光遗传技术激活了 LA 中相关的神经元以模拟它们在动物被电击时的激活方式，以此取代 US 引发的 LA 区域的活动。根据赫布假设，如果 LA 的神经元能够被 CS（声音信号）激活，那么这个声音就可以激活下行的神经通路并触发防御行为。如图 4-8 所示，我们的发现与赫布假设相符。

第二个项目由林奈·奥斯特罗夫（Linnaea Ostroff）带队，使用的是较为传统但非常有效的一种技术——电子显微镜观察。我们利用电子显微镜来观察恐惧条件反射如何改变 LA 神经元间的神经突触结构，以揭示当动物形成关于危险的记忆时，这种学习确实从生理层面上改变了大脑。[69] 这项研究的结果（见图 4-9），连同其他类型学习发生时神经系统结构可塑性的研究证据一起，[70] 表明大脑生理结构的变化是动物能够习得并保持记忆的原因。这一点可能是所有类型的学习的生理基础，包括习得性的病理性恐惧和焦虑以及通过心理治疗习得的消除这些病理性条件反射的方法。[71]

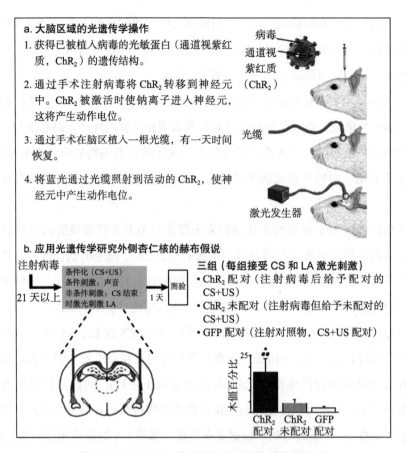

图4-8　外侧杏仁核中赫布学习的光遗传学演示

卡尔·德瑟罗斯和艾德·鲍登等人（2005）率先使用光遗传学法来刺激和抑制特定大脑区域的神经元。a. 使用光遗传学的步骤。b. 利用光遗传学检验赫布学习假说，即在威胁条件反射下，当弱输入和强输入汇聚到外侧杏仁核（LA）的同一神经元时，它们就会形成一种关联。本研究将通道视紫红质病毒结构体（ChR_2）或对照剂（GFP）注入LA。潜伏期之后，一个条件化过程发生了，在这个过程中，一个弱的条件刺激（CS：声音）与一个强的非条件刺激（US：LA细胞的直接光遗传去极化）配对。这足以使在第二天的实验中注射了ChR_2而不是GFP的动物对CS产生木僵反应。接受ChR_2注射但使用非配对的CS和光遗传刺激呈现进行条件化的动物，在测试期间不对CS表现出木僵。

资料来源：Part a. based on Buchen（2010），adapted by permission from Macmillan Publishers Ltd.: *Nature News*（vol. 465, pp. 26–28），© 2010. Part b. based on Johansen et al（2010）.

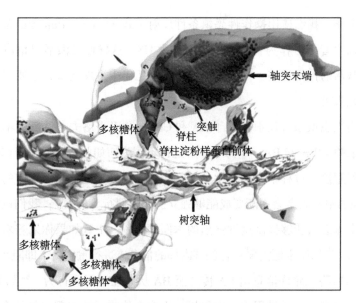

图 4-9　学习后外侧杏仁核神经元的结构变化

　　林奈·奥斯特罗夫对威胁条件化后的外侧杏仁核（LA）突触进行电镜重建。注意突触前轴突末端含有神经递质囊泡（小的圆形结构）与树突棘形成突触连接。两个关键的发现是，学习导致脊柱装置进入脊柱的运动和多核糖体（PR）增加，而多核糖体是蛋白质合成的基础，是记忆形成的关键。这是大脑学习时结构变化的静态图片。

　　资料来源：IMAGE COURTESY OF LINNAEA OSTROFF.

超越反应

　　虽然在巴甫洛夫恐惧条件反射中，CS 能够自动引发本能的防御行为与生理反应，但有机体仍然能学会在面对 CS 时采用适当的反应来回避有害结果。[72] 在第 3 章中我们曾提到过可以使用主动回避训练法（active avoidance conditioning procedures）对此进行研究。[73] 相较恐惧条件反射而言，回避的神经机制目前还不是十分清楚。[74] 考虑到巴甫洛夫条件反射是回避的第一阶段（关于这一点，见第 3 章中关于回避的双因素理论），在《突触自我》一书中我提出，可以在已有的对条件反射的神经基础的研究之上研究回避行为。[75] 实际上我的实验室已经开始了这项工作，我们使用操作性恐惧条件反射（aversive instrumental tasks）的实验范式，以声音信号作为警示，以电击作为 US，这样便可激活巴甫洛夫恐惧条件反射所激活的神经通路。[76] 这一项目在过去几年中进展飞快，这要归功于许多优秀的研究人员。[77]

巴甫洛夫恐惧条件反射依赖于 LA 和 CeA，和巴甫洛夫条件反射不同，我们发现回避依赖于 LA 和 BA。[78] 为了理解这种不同为何如此重要，我们首先需要了解在习得回避这一过程中大脑发生了何种变化。我们知道在习得回避的早期，伴随 US 出现的中性刺激会逐渐变成能够独立引起木僵行为的 CS；我们也知道在回避之前，个体必须能够抑制这种强烈的木僵倾向——毕竟如果你呆若木鸡，你是没法行动的。[79] 抑制木僵需要对杏仁核内部的信息流进行重定向，即阻止 LA 激活 CeA 的木僵回路，允许信息由 LA 传递至 BA 从而控制回避行为。[80] 如果 CeA 被损毁，那么回避的习得过程将大大缩短，因为个体将无法出现木僵的表现。[81] 综上，尽管 CeA 不直接参与触发回避行为，却对回避行为有着重要影响。

杏仁核内的信息的流动方向由杏仁核与 PFC_{VM} 间的连接控制。[82] BA 的一个非常重要的下行结构是腹侧纹状体（ventral striatum），尤其是其中一个被称为伏隔核（nucleus accumben，NAcc）的子结构的壳层，此区域的生理损毁或者功能性抑制将导致回避行为被扰乱。[83] 回避的神经回路与恐惧条件反射的神经回路的对比图如图 4-10 所示。人类脑成像研究的结果与动物研究结果一致：杏仁核、伏隔核还有前额皮层都与回避行为有关。[84]

回避的一个行为表现——逃避威胁——是区分恐惧条件反射与操作性学习这两个阶段的关键，它能有效地区分 CS 是不是操作性学习的一个负强化 [85]（在逃离任务的操作性阶段，唯一的强化是 CS 的消失，US 电击并未被实施，详见第 3 章）。我们实验室的卡里姆·纳德（Karim Nader）和普林·阿莫拉潘（Prin Amorapanth）首先开展了此类研究，他们的实验表明 LA 与 BA 区域的损毁会阻止个体习得 CS 的终止，而非 CeA 的损毁。此外，当 LA 与 BA 间的通路被激活时，LA 与 CeA 间的通路必然被抑制。[86] LA 与 BA 间的通路参与了主动回避训练过程。因为"逃离威胁"任务能够区分条件反射阶段与操作性阶段，所以它被认为是研究条件负强化的神经基础的关键。

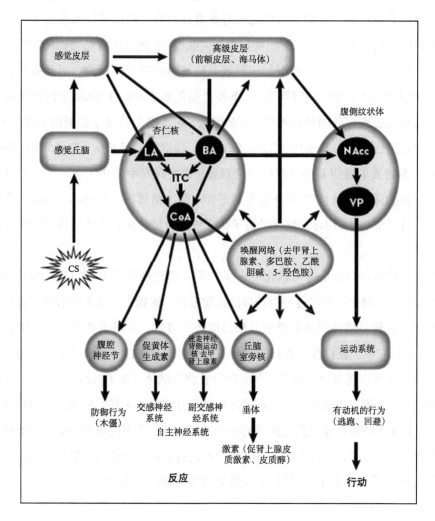

图 4-10　防御行动回路建立在巴甫洛夫反应回路的基础上

动作回路是图 4-5 所示的反应回路的延伸。最主要的区别是基底杏仁核（BA）与腹侧纹状体的 NAcc 之间的联系，后者允许有机体在 BA 发出的信息所暗示的动机的影响下做出行为。其他缩写参见图 4-5。

目前大多数假设认为，回避以及"逃避威胁"的正强化与 CS 的消失有关，当 CS 消失时，它所造成的强大的恐惧情绪状态便减轻了（见第 3 章）。如果想要了解为什么 CS 的消失能够强化回避行为，单单从心理层面上知道是因为恐惧情绪减轻是不够的，我们必须从源头对此进行挖掘，即从突触和细胞水平了解此种强化。我们不仅需要了解回避行为如何改变 CS 激活的神经通路的活动，还需要了解这种神经活动的改变如何导致动物习得回避这一行为。对此我们其实有一个假设（第 3 章中我曾提及）：条件负强化基于 BA 与 NAcc 之间的突触连接，这些突触连接处的神经调质（如多巴胺）的水平是其分子层面的关键机制。这个假设受巴里·埃弗里特（Barry Everitt）、特雷弗·罗宾斯（Trevor Robbins）及其同事的关于渴望条件反射的研究启发（这些研究中使用了食物、性以及成瘾物质作为强化刺激）。[87] 此外还受到了安东尼·格雷斯（Anthony Grace）[88] 和肯特·贝里奇（Kent Berridge）[89] 关于伏隔核在目标导向行为中的作用的研究的启发。

一旦回避行为形成并习惯化（见第 3 章），杏仁核便不再是回避行为发生的必要条件。[90] 对于已经习得回避行为的动物来说，损毁杏仁核并不影响回避行为的发生。这种习惯性回避的神经基础目前还不清楚。在以食物或者成瘾类药物为 CS 的研究中，杏仁核只在最初参与条件反射的形成，一旦条件反射行为习惯化，杏仁核的作用便逐渐减弱，[91] 而此时背侧纹状体（位于 NAcc 的上部）的作用加强了。[92] 不过目前还没有足够的证据显示背侧纹状体是习惯化行为的神经基础。[93] 由于习惯性回避是焦虑障碍的一个主要表现，[94] 因此未来的研究需要对此进行持续关注。不过我还是想在此重申，回避行为对于感受到恐惧或者焦虑在减轻的人来说是一柄双刃剑，[95] 我会在第 11 章中对此进行详解。

基于巴甫洛夫奖赏的行为

当影响健康的威胁出现时，你过去的经验不一定能使你有足够强大的防御或回避行为来保证你的身心健康不受影响。不过通过巴甫洛夫条件反射我们可以习得某种奖赏机制，这种奖赏机制对决策过程和行为选择都有帮助。

研究者通常使用巴甫洛夫条件反射和操作性条件反射的方法来研究巴甫洛夫

奖赏对于决策和行为的影响。[96] 在使用渴望条件反射（食物、性欲或成瘾药物）的奖赏研究中，有几个脑区被发现参与了操作性巴甫洛夫奖赏，这些区域包括杏仁核（侧部、底部、中部）、腹侧纹状体（伏隔核）、背侧纹状体、PFC_{VM}、前扣带皮层、眶额皮层，被输送到这些区域的多巴胺也参与了操作性巴甫洛夫奖赏。[97] 对人类进行的研究也发现杏仁核、腹侧纹状体和前额叶与此类奖赏有关，这说明奖赏的神经基础在哺乳类动物中有共性。[98] 目前关于为何负性条件刺激能够激发回避行为的研究还处于起步阶段，我们实验室已着手使用大鼠模型对这个问题进行研究，并试图表明 LA 与 CeA 对这一过程有重要意义。[99]

在渴望条件反射和恐惧条件反射中，杏仁核都参与处理 CS，这说明杏仁核或许是大脑中的一个与价值加工相关的一般性脑区，[100] 也有研究显示腹中侧扣带回和 / 或眶额皮层也具有这样的功能。[101] 由于上述这些区域各自都显示出加工价值的功能，彼此间也具有很强的神经连接，因此在决策过程中，当不同刺激的价值需要被加工时，这些区域之间很有可能存在信息交换。

不确定性、风险以及大脑

到目前为止，在我们讨论的例子中，刺激都是即时给予动物的，以便尽快触发动物的某种行为。然而我们也说过，不同于恐惧，焦虑的一个重要特征是不确定性，即个体无法确定一个潜在的威胁是否会发生，何时会发生，若发生了会持续多久以及该采取何种应对措施。关于这种不确定性和风险的研究数不胜数，[102] 我想在此着重讨论面对威胁时的不确定性和风险评估。

恐惧条件反射实验是将动物置于 CS 总是能够预警危险发生的环境中，焦虑实验则是将动物置于不确定性的环境中——危险或 CS 是不确定的，它们对危险的预警也是不确定的。长久以来，杏仁核一直被认为是焦虑和恐惧的一个重要神经中枢，但是在开发减轻焦虑障碍药物的动物研究中，损毁杏仁核并不总是能影响药物的作用。终纹床核（BNST）隶属于泛杏仁核结构，[103] 在焦虑测试中，它常常被激活。[104] 在对健康人群进行的测试中，BNST 被发现与加工不确定性有关。[105]BNST 的功能似乎与杏仁核在恐惧条件反射实验中的功能类似。[106] 杏仁核与 BNST 这种功能上的区分（是否加工不确定性）由迈克尔·戴维斯首先发现。[107]

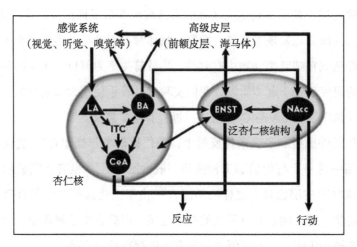

图 4-11　杏仁核和泛杏仁核结构的连通性：反应、行动和威胁的确定性

杏仁核根据存在的或极有可能发生的威胁来控制防御反应，终纹床核则根据不确定的威胁来控制反应和行动。

杏仁核与 BNST [108] 之间的交互作用可以揭示它们在应对确定的与不确定的危险时的功能的差别（见图 4-11）。BNST 的输出脑区有不少与杏仁核的输出脑区重合。与 CeA 相似，BNST 与控制防御行为的神经通路有连接，也与控制自主神经系统、内分泌系统以及唤醒系统相连。BNST 也将信息输出至海马体和 PFC_{VM}（这与 BA 相似）。这也能解释为何当杏仁核受损时 BNST 能接管一部分防御功能。[109]

BNST 的输入与杏仁核的输入不同，这有可能是 BNST 与杏仁核的功能不同的重要原因。[110] 杏仁核的 LA 接收来自多个底层感觉系统的信息，这样便可使不同感觉通道的刺激能够被加工并激活 CeA，进而使个体产生防御行为。BNST 更多与负责高级认知功能的皮层相连，包括海马体与前额叶的许多区域（例如 PFC_{VM}、岛叶皮层、眶额皮层）。海马体最主要的功能是参与形成记忆，它也同时参与处理联合关系，包括空间的联合关系，因此海马体还有一个重要功能：将环境抽象为空间地图。[111] 这就能解释为何海马体参与条件反射的情境化管理。

对不确定性而言，环境与刺激之间的匹配同样是风险管理的重要组成部分。在进行风险管理时，其他前额脑区负责集中注意与执行功能，以便评估不同的可能行为及其后果，海马体则负责提取记忆，这一功能颇为有趣。格雷和迈克诺顿的行为抑制理论认为海马体和海马体内的隔核（septal region）对焦虑来说极为重要。[112] 这个被称为隔核－海马体（septohippocampal）的系统最近被发现与类焦虑行为有关，当操纵海马体的基因时，类焦虑行为发生改变。[113] 隔核因此被认为是参与控制恐惧条件反射和防御行为的一个重要神经结构。[114]

BNST 另一个重要的信息输入源是杏仁核。BA 与 CeA 将杏仁核加工过的由感觉系统传来的危险信息传给 BNST。BNST 也有将信息传递至杏仁核的神经连接。最近关于 BNST 不同子区域的研究进一步加深了对痛苦驱动的行为的理解。[115] 例如 BNST 子区域中的神经元会根据不确定性和风险程度产生不同的神经活动，一个子区域的神经元会激活风险评估，其他子区域的神经元则抑制风险评估。[116]

早前我曾提到从 BA 到 NAcc 的连接与防御行为（例如回避）有关。与 BNST 类似，NAcc 也属于泛杏仁核结构（实际上也是纹状体的一部分，脑科学的术语有时并不界限分明），它与杏仁核和 BNST 有连接。这种 NAcc 和 BNST 之间的连接也许与具有不确定性的危险环境中的行为控制有关。

因为在多种具有不确定因素的负性行为测试中都见到了 BNST 的活动，所以我们认为应该将加里和迈克诺顿的行为抑制系统与防御行为系统（木僵－逃跑－战斗）联系起来。BNST 处在由杏仁核-NAcc 构成的防御回路与隔核－海马体－前额皮层构成的风险评估回路之间，它很有可能会依据不确定性的程度调控这两个系统，平衡这两种行为模式。同时，我们也应注意到，杏仁核、NAcc、前额皮层和海马体这四个结构彼此间存在神经连接，[117] 在不同的行为中，不同区域的参与程度取决于它们各自的主要功能，以及当前行为对各个部分的功能的需求程度。

不确定性是产生焦虑的温床。必须强调的一点是，动物往往意识不到不确定性对大脑和行为的影响，而焦虑是一种对不确定因素的无意识加工引起的意识体验，因此虽然不确定性与焦虑有很强的联系，但它们不是一回事。

恐惧障碍患者和焦虑障碍患者的威胁加工及防御行为表现

恐惧障碍患者和焦虑障碍患者加工威胁性刺激及控制防御行为的神经基础与常人不同。简单概括一下，这些神经结构包括杏仁核、泛杏仁核（BNST）、腹侧纹状体（NAcc）、海马体、PAG 以及前额皮层（外侧与内侧前额皮层、眶额皮层、前扣带皮层以及岛叶皮层）。[118] 为了尽量清楚地描述这些结构以及它们彼此间的连接对于焦虑的意义，我将引用丹·格鲁佩（Dan Grupe）和杰克·尼克奇（Jack Nitschke）的焦虑的不确定性以及预期模型（uncertainty and anticipation model of anxiety）。[119]

格鲁佩和尼克奇认为对于恐惧障碍患者和焦虑障碍患者而言，其对威胁的加工与常人相比，在以下几方面有所改变：[120] ①对威胁的关注增强；②无法正确区分威胁与安全；③对于潜在威胁的回避增强；④夸大威胁出现的可能性，夸大威胁出现的后果；⑤对威胁的不确定性反应过激；⑥适应不良的行为与认知控制（此时威胁已经出现）。与这六点相对应的脑区如图 4-12 所示。以下是格鲁佩和尼克奇关于这六点及其有关脑区的一些看法。[121] 和他们讨论后，我也在其中加入了一些自己的看法。不过我想提醒各位，这只是对目前研究的总结，不是最终结论。

1. 对威胁的关注增强（过度警觉）

具有泛化的焦虑表现的人（基本上恐惧障碍患者和焦虑障碍患者都有此类表现）会表现出对威胁的高度敏感。[122] 极端的情况下，对他们来说，几乎所有事情都具有威胁性，都能引起防御行为（木僵、回避）、提高大脑的唤醒度（通过释放去甲肾上腺素和多巴胺实现）、引发压力反应（通过激活自主神经系统、释放压力性激素——肾上腺素、去甲肾上腺素、皮质醇实现）。这种将良性刺激视为威胁的倾向被称为理解偏差（interpretation bias），在泛焦虑障碍与其他多种特殊

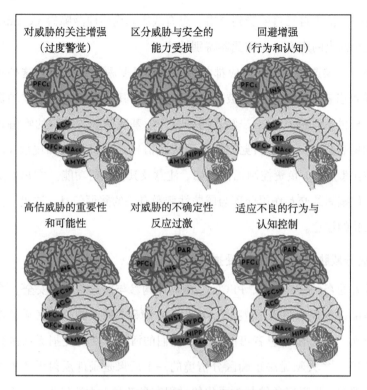

图4-12 焦虑障碍中的不确定性和预期

格鲁佩和尼克奇（2013）认为，焦虑与在不确定情况下出现的预期反应有关。他们提出，在焦虑障碍患者的大脑中，有六个基本过程发生了改变。图中显示了参与这些过程的一些关键脑区。缩写：ACC，前扣带皮层；AMYG，杏仁核；BNST，终纹床核；INS，岛叶皮层；HIPP，海马状突起；NAcc，伏隔核；PAG，导水管周围灰质；PAR，顶叶皮层；PFC_DM，背侧内侧前额皮层；PFC_L，外侧前额皮层；PFC_VM，腹侧内侧前额皮层；OFC_M，眶额皮层；STR，背侧纹状体。

资料来源：FROM GRUPE AND NITSCHKE（2013），ADAPTED WITH PERMISSION FROM MACMILLAN PUBLISHERS LTD.: *NATURE REVIEWS NEUROSCIENCE*（VOL. 14, PP. 448-501），© 2013.

障碍中均存在。[123] 患特殊障碍的患者往往对某种特殊的事物存在理解偏差：蜘蛛恐惧症患者对与蜘蛛有关的线索特别敏感，但不会对其他事物（蛇或者社交）有同样强的敏感度；患有惊恐障碍的人对身体的感觉尤其敏感，稍有风吹草动便担惊受怕，认为自己将要受到攻击；患有战后创伤后应激障碍（combat PTSD）的人对汽车回火的声音、血和武器特别敏感。

大部分时候这些过度的反应都与杏仁核被过度激活有关。[124] 这种对于威胁的聚焦导致患者的注意力无法被分配到环境里的其他能够矫正偏差的良性因素上。杏仁核的活动激活 PAG，触发防御行为。基底前脑与脑干的唤醒系统也被激活，辅助杏仁核与其他感觉皮层处理威胁信号。[125] 高级认知皮层（比如前额皮层和前扣带皮层）负责控制工作记忆、注意及其他执行功能。[126] PFC_{VM} 和眶额皮层与杏仁核间的交互作用处理与威胁性刺激有关的奖惩信息，这进一步加强了个体对威胁的注意。

2. 区分威胁与安全的能力受损

正常人的杏仁核、PAG、PFC_{VM}、海马体均参与区分威胁和安全。[127] 患有病理性恐惧障碍或焦虑障碍（包括 GAD 和特殊障碍）的人的这些区域的功能受损了。[128] 比如，惊恐障碍患者可能会因为他们的海马体功能受损无法区分危险与安全的情境。[129] 大脑无法正确区分情境的一个后果是条件反射无法被终结，这意味着正常的、将恐惧条件刺激弱化的过程在患者身上无法发生。一个健康的大脑的腹内侧前额皮层控制杏仁核，因此威胁性刺激的意义能够随着情况的改变逐渐变得不再具有威胁性[130]（例如条件反射被终结）。而情感障碍（包括恐惧与焦虑）患者，都存在前额皮层无法正常控制杏仁核活动的情况。[131]

3. 回避增强

过多的行为回避和（或）认知回避是焦虑障碍的典型表现，[132] 可见于 GAD、PTSD、惊恐障碍以及多种恐惧症。回避是避免自身暴露于威胁中的方法，焦虑障碍患者的大脑过度适应了这种回避状态，以至于它没有机会发现环境已经改变，无法发现曾经的威胁已经不再具有威胁性。回避会导致持续的对威胁的防备，大脑也无法习得如何识别安全。当患者长久以来担心的事总未发生时，他们会变得愈发焦虑，他们错误的信念便被加强了，这种为了避免有害结果发生的行为也被加强了。因此，对于许多治疗方法来说，让人们分享自己在行为与认知上的回避模式非常重要。[133]

与动物实验类似，人类的脑成像研究显示杏仁核、NAcc、腹侧纹状体、岛叶、眶额皮层还有扣带皮层都参与了回避行为的形成。[134] 对于接受治疗并成功减少过度回避行为的人的脑成像研究显示，PFC_{VM}、扣带皮层、眶额皮层以及岛叶皮层的活动减少了，与执行功能有关的背侧前额叶的活动则有所增强。[135]

4. 对威胁的不确定性的反应过激

有严重焦虑的人无法忍受不确定性，尤其是关于威胁的不确定性。[136]GAD、惊恐障碍、PTSD 以及恐惧症患者都会对危险反应过度，尤其是面对不知何时发生、也不知何时终结的不确定的危险。与此有关的脑区有杏仁核、BNST、下丘脑、海马体、岛叶、额叶 – 顶叶皮层的与执行功能及注意有关的神经网络。[137]

5. 高估威胁的重要性和可能性

与正常人相比，患有焦虑障碍的人认为负性事件更可能发生，并认为一旦负性事件发生后果会非常严重，[138] 这被称为判断偏差（judgment bias）。这种偏差会使焦虑障碍患者在面对一件可能造成负面结果的事时产生强大的预期性压力，无论这种负面结果出现的概率有多小。我们之前已经讨论过，这与习得危险和改变行为有关，相关的脑区包括杏仁核、NAcc、眶额皮层、岛叶、扣带皮层以及 PFC_{VM}。

6. 适应不良的行为与认知控制（此时威胁已经出现）

我们在本章中已经说了关于焦虑障碍患者的行为与认知如何发生改变的几种观点。包括加里和迈克诺顿的行为抑制系统（以海马体为核心）、我的实验室发现的非正常回避系统（以杏仁核和 NAcc 为核心）、戴维斯的关于不确定威胁的理论（以 BNST 为核心）以及这三种看法的结合。此外，亚历山大·沙克曼（Alexander Shackman）和理查德·戴维森（Richard Davidson）、格鲁佩和尼克奇都提出了适应性控制假说（adaptive control hypothesis），[139] 认为前扣带皮层是行为控制的中枢结构。这个区域与杏仁核、BNST、海马体和其他前述脑区有神经连接，它的非正常活动与焦虑障碍有关，[140] 因此它也应成为研究对象之一。

从危险到有意识的恐惧与焦虑

　　焦虑障碍患者大部分发生改变的神经系统，都是在健康的人类和其他动物中已知的、与正常的危险加工有关的系统。尽管对于人类的研究受限于成像技术和研究方式，但它们还是能够表明非人类的动物模型所发现的结果在某种程度上也适用于人类。

　　需要谨慎对待的是恐惧和焦虑所引起的情绪以及对于这些情绪的认知控制。恐惧和焦虑不仅仅是对威胁性刺激的过度注意、无法正确区分安全和危险、回避增强、对具有威胁意义的不确定性的过激反应或者高估危险的意义，也不仅仅是以上几点的综合。恐惧和焦虑是人们不喜欢的、想要摆脱的负性情绪体验。尽管格鲁佩和尼克奇的研究已经较清楚地指明哪些方面的研究能够更好地帮助恐惧障碍患者和焦虑障碍患者，但我想我们还是需要投入更多的精力和资源，去推进对于恐惧和焦虑的神经机制及这些神经机制与个体的行为表现之间的关系的理解。我们需要理解恐惧和焦虑是如何成为意识层面的情绪的。这至少包括两个独立的过程：一是产生意识所必需的认知过程，二是使情绪不同于非情绪状态的过程。

　　在接下来的几章中，我们将讨论察觉与预期危险如何使动物产生意识层面的感觉。意识是个体化的、非公开的、存在于我们每个人的头脑中的。它是心理层面的概念，也是生理层面的概念。心理曾被认为与生理无关，但现在我们都知道这并非事实。心理过程与心理状态均源自大脑的生理活动。我想既然你在读这本书，应该不会对这点有太大的怀疑。这挺好，因为接下来的这几章我们要从生理角度来看所有心理过程的核心——意识。

第 5 章

我们是否从动物祖先那里继承了心理情绪状态

> 动物因饥饿去捕食……这样的论断无法令科学家满意。科学家想知道当动物处于饥饿状态时，它们的内部发生了什么……与愤怒、恐惧类似，饥饿只有通过内省才能被感知。当我们说另一个主体（尤其是该主体属于另一物种）饥饿时，只不过是对该动物主观状态的可能本质的一种推测罢了。
>
> ——尼古拉斯·廷伯根（Nikolaas Tinbergen）[1]

人们普遍认为，恐惧、愤怒和快乐等情绪，是我们从动物祖先那里继承的原始情绪状态。大众心理学中这种根深蒂固的观点至少可以追溯到柏拉图（Plato）时代。柏拉图认为基本情绪是动物性冲动，必须用理智对它们严加控制，就像马车夫控制他的马匹一样。很多科学讨论源于以下假设：情绪性感受是人类进化遗产的一部分。这种观点到底意味着什么呢？像恐惧这样的感受是如何在物种之间传递的呢？答案显而易见——这些情绪感受被编码进神经回路，由于我们从动物那里继承了这些回路，因此我们生来就有被编码的情感、情绪。以恐惧为例，人们往往认为它是某一先天神经回路的产物。这一神经回路不仅控制着防御行为（如木僵、逃跑、战斗），也控制着实际的恐惧感受。此外，人们通常认为情绪是行为的原因。正如我们将看到的，情绪的先天观对科学做出了令人赞叹的贡献。但是正如我在第 2 章谈到的，我认为它是错误的。

达尔文的情绪理论

人类的原始情绪承自动物祖先，这一观点的现代版本诞生于 1872 年 11 月 26 日。在这一天，查尔斯·达尔文的著作《人和动物的感情表达》出版了。[2] 此前，达尔文早已提出了进化论——物种通过自然选择过程进化。[3] 在这本新著中，他认为情绪也是以相同的方式进化的。

达尔文情绪理论的灵感源于他对表达行为（expressive actions）的观察，即与情绪有关的行为和生理反应。他特别写道："人类及低等动物展现出的大多数表达行为是先天的或遗传的，并非习得的。"达尔文指出，不论人们的种族起源或文化遗产如何，也不管他们是否与其他种族或文化相孤立，人们特定的情绪表达，尤其是面部的情绪表达，在世界范围内都是相似的。他还指出，相似的情绪表达也会发生在天生眼盲的个体身上，尽管这些个体无法学习情绪表达。

达尔文广泛地借鉴了纪尧姆·本杰明·阿曼德杜氏（Guillaume-Benjamin-Amand Duchenne）（1806—1875）的成果。[4] 杜氏拍下人类的面部表情（电刺激面部肌肉诱发而得），并将照片上的表情与古希腊雕塑上（包括《拉奥孔和他的儿子们》，见图 1-1）的表情[5] 进行比较。达尔文似乎没有注意到德国 - 奥地利艺术家弗兰茨·梅塞施密特（Franz Messerschmidt）（1736—1783）早期的大量作品，他也刻画了表情。图 5-1 是杜氏和梅塞施密特的面部表情图。

达尔文指出，大量表情具有跨物种相似性，"猴子的一些表达行为与人类的表达行为十分相似"。他列举了其他动物的愉快、悲伤、愤怒、恐惧表情，同时也指出，木僵和逃跑作为威胁反应，在许多动物之间具有共性。

达尔文强调情绪的外部表达，他有时不太关注情绪的主观性。[6] 相比于感受，虽然他确实在行为特征上花费了更多的笔墨，但这并不代表他忽略前者。他认为，过去与现在的很多人也认为，情绪行为是情绪感受的基本标志。他是这样解释自己的观点的："特定的行为表达特定的心理状态，这是神经系统构建的直接结果……在恐惧时颤抖就是一个例子。"这句引文的关键词是"特定的行为表达特定的心理状态"。达尔文在这里想表明的是，这些心理状态是先天行为的基础：威胁引发恐惧感，恐惧感再引发木僵、战斗或逃跑。达尔文认为，是这些心理状态引发了能帮助有机体适应环境和存活的行为，这些心理状态通过自然选择在神经系统内被保存下来，在物种内传递，并在物种进化时被继续保存。在达尔文看来，当处于危险中时，人类之所以会感到恐惧，是因为那些有助于动物祖先生存的恐惧原型也存在于人类身上，它们有助于人类这一物种的延续。

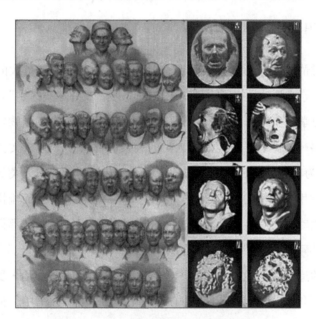

图 5-1 情绪表达：杜氏和梅塞施密特

达尔文利用杜氏（1806—1875）的研究及照片，发展出了自己的先天表情观（右侧）。早些时候，雕塑家梅塞施密特（1736—1783）创作了面部表情雕塑，包括情绪表达，但是这些似乎并没有对达尔文产生影响（左侧）。

就像我们看到的那样，在当代心理学和神经科学中，"心理的"（mental）或者"心智"（mind）不一定指意识过程。感知、记忆、注意、思维、计划和决策都包含无意识过程，这些无意识过程完成了大量工作并使得有意识的觉知成为可能。但是，在达尔文的时代，"心理的"（mental）与"有意识的"（conscious）是同义词。达尔文曾明确表示，对情绪状态（心理上的）的有意识觉知是表情的基础。

达尔文的进化论是历史上最伟大的理论成就之一。达尔文认为，我们遗传自动物祖先的情绪体验早已被预先储存在所有人类的大脑中。在我看来，虽然达尔文的观点与我们的常识一致，在日常生活中很实用，但它会在我们理解情绪及其脑机制时把我们导入歧途。

早期心理学中达尔文的情绪遗产

达尔文对情绪性行为的兴趣表明他对人类的心理进化有更大的兴趣。他认为"人类与高等哺乳动物的智力（mental faculties）没有本质区别"。但是，正如一位心理学史学家所指出的，"自我批判精神成就了达尔文的生物学贡献，此时他却弃之不顾……慷慨热情地赋予人类的表亲们智力"。[7] 达尔文甚至宣称蠕虫"也应该被认为有智力，因为在类似的情境下，它们的行为与人类的行为几乎一致"。[8] 他经常用"深情的""欢乐的""残忍的""因受到爱抚而愉快""嫉妒的"等词语来描述动物的情绪行为。他也大量使用拟人化的语句："那得是多么强烈的内在满足感啊，才能使一只鸟儿充满活力地、日复一日地孵蛋。"[9]

达尔文的追随者对这一观点同样狂热。达尔文的好友乔治·罗曼（George Romanes）曾写过一本名为《动物的心理进化》的书。[10] 在书中，他将人类及其他动物的行为反应描述为心理的使者。[11] 根据罗曼的观点，就像我们根据自己的心理状态（mental states）去想象上帝的心理（mind）一样，我们通过寻找人类与动物共有的行为，用类似的拟人化来理解动物的心理。[12]

同达尔文一样，罗曼也经常被批评，因为他也把有关动物的趣闻作为科学证据。[13]（例如，他认为蠼螋对子代是慈爱的，鱼儿也会妒忌和愤怒，[14] 但实际上，大部分内源性行为是由内源性刺激引起的。）现在来看，这些基于人类行为类推出的论据与常识直觉（commonsense institution）无异，不应该将它们视为其他物种存在心理意识（mental state consciousness）的科学证据。[15]（常识经常作为科学研究的起点，但是得出科学结论需要更多证据。）

如此创建理论的人绝非罗曼一个。基于动物的行为反应认为其具有心理状态（mental state），尤其是像人类一样的心理状态，这一观点在19世纪末极其风靡，以至于研究者劳埃德·摩根（Lloyd Morgan）曾警告说：科学家应该抵制这种"动物人性化"的诱惑。摩根认为，科学家会以自己的主观体验作为动物行为研究的出发点，这是不可避免的，但这不足以证明其他物种有和人类类似的体验。[16]摩根认为，当我们同其他人进行社会交流时，可以使用这种归因方式，但是当我们试图理解动物的行为时，使用这种方式是值得怀疑的。[17]摩根写道，如果有更简洁的、非心理状态的解释，我们就不应该用人类的心理状态来解释动物的行为。该观点就是现在我们所熟知的摩根准则（Morgan's Canon）。抵制大众常识的诱惑非常困难，甚至摩根也违背了自己的观点。他用"意识情境中的心理问题集合"来描述狗开门的能力。[18]他仍然认为，虽然动物拥有智力，但是它们没有推理能力——它们思考，但"不思考其所以然"。[19]

或许不应该过于苛责19世纪后期的动物学家，因为在那个时代，意识还是悬而未决的问题。当时心理学刚刚脱离哲学成为独立的科学。[20]心理学借用生理学和物理学的实验方法来研究那些早已被哲学家下了定论的心理本质问题，尤其是意识。例如，早期德国心理学家开拓了内省实验法来研究心理，他们遵循严格的实验程序。他们试图分析意识的内容，如，构成复杂的知觉（汤的香味）或情绪（如强烈的恐惧感）的基本元素。[21]

在美国的心理学研究是由威廉·詹姆斯推动的。他也关注意识，但是他更关注意识的功能而不是内容。[22]一方面，作为达尔文的崇拜者，詹姆斯试图寻找使意识具有适应性并被自然选择的原因。另一方面，詹姆斯又不认同达尔文的常识法，他挑战达尔文"情绪感受是表情和行为的原因"的观点。詹姆斯认为，我们不是因为害怕熊才跑开，而是因为我们在跑，我们才害怕。[23]在第一点上他是正确的（有意识的情绪感受并不是情绪行为的必要条件），第二点也正确（无意识控制的身体反应的反馈对情绪的产生很重要），但是，我认为，詹姆斯夸大了机体反馈的作用。虽然机体反馈确实能促进情绪产生，但这并不是我们能否产生感受的唯一决定因素，正如我们接下来要讨论的一样。

另一位重要的早期美国心理学家 E.L. 桑代克（E.L. Thorndike），同样受到了达尔文进化论的影响。他认为，动物通过试错习得行为，引起快乐感受或能使动物免于痛苦的反应会被习得。[24] 这种学习原则被称为"效果律"，一种适用于人类的达尔文式原则。愉快和痛苦对有机体的生存有助益，机体习得与这些特征状态有关的行为以供未来所用。[25] 虽然桑代克总体上是反对用内在心理状态对动物的行为进行解释的，但是为了使用效果律解释动物的行为，他沿用了英国思想家（洛克、休谟、霍布斯、本瑟姆、米尔、贝恩和斯宾塞）的传统观点。这些思想家强调特征情绪在动机和学习中的作用。实际上，贝恩和斯宾塞提出过和桑代克的效果律类似的学习原则。[26]

20 世纪 20 年代，美国发生了行为主义革命，行为主义反对心理学的心灵主义基础（mentalistic foundation of psychology）。约翰·华生（John Watson）认为心理学不应该关注人类或动物的内在心理状态，[27] 为了成为一门真正的学科，心理学需要关注可观察的事件——刺激和反应。在行为主义时代，强化取代了愉快和痛苦等主观感受成为学习动机。根据 B.F. 斯金纳（B.F. Skinner）的研究，强化物是指能增加或降低某一行为重复发生的可能性的刺激物。[28] 对可观察因素的描述（尤其是特定情境中的某一刺激对有机体的强化过程），取代了内在感受的相关理论。

为了消除情绪中的主观因素，心理学家对情绪进行了重新解释。例如，华生认为，恐惧基于巴甫洛夫条件反射。[29] 斯金纳认为，恐惧是基于强化过程的行为倾向。[30] 其他寻求客观性内部中介（inner mediators）的学者认为，恐惧是一种中介变量[31]、驱力[32] 或者一种动机状态[33] 等，是除有意识的感受之外的任何概念。有意思的是，即便如此，他们也并没有抛弃描述内在的意识感受的常用词，他们继续使用像"恐惧""焦虑""希望""快乐"这样的词语，但他们将这些词语视为以特定方式做出反应的行为倾向，而不是描述内在感受的词语。

行为主义者并不关注大脑的状态，也不关注内在感受，因为他们无法观察它们。³⁴20 世纪四五十年代，脑研究开始与行为主义并行，像"情绪可能是以特定的中枢状态来表征的"这样的观点开始盛行。即使是在行为主义圈子内，这一观点也是存在的。

在大脑中找寻情绪

第 4 章提到的关于行为的脑机制的研究，得益于 20 世纪早期脑电刺激的进步。我们可以通过给脑施加刺激诱发防御、侵犯、哺乳、性等其他先天行为。

起初，这一领域的研究大多是受过生理学和神经学训练的研究者做的，而非心理学家。这些科学家不关注行为主义的原则，也不受行为主义的原则限制，他们认为脑刺激引起的先天行为受情绪状态控制。例如，沃尔特·赫斯（Walter Hess），在动物实验中使用脑刺激法的先驱之一，提到了介于电脉冲和行为之间的"心理动机"和"含有情绪成分的体验"。³⁵这些研究也常提到恐惧、愤怒、狂怒和愉快。虽然脑刺激研究中测量的唯一变量是行为，但是他们假设产生行为的回路也会产生心理状态。电流引发行为、心理状态、情感。因为他们假设人类和动物的神经回路是一样的，所以对动物情绪行为进行的研究也将能够揭示人类情绪的根源。也就是说，他们解释这些数据的方式同达尔文主义和情绪常识观（情绪反应反映了心理的情绪状态）一致。

科学既包括收集数据的过程，也包括解释数据的过程。很明显，解释数据的方法有很多种。我们可以认为，接受电刺激后可以引发先天行为的脑区，在控制这些先天行为上也有重要作用，但我们不能认为控制防御和攻击行为的回路也负责产生动物的恐惧感和愤怒感。前者基于数据，后者则难以验证。正如我们所见，即使在人类中，行为也并不是理解意识状态（如恐惧）与防御行为或生理反应同步出现的完美方式。行为和与行为相关的情绪经常同步出现，但它们并不总是同步出现。当它们同时出现时，会出现两个关键问题：控制行为和产生情绪的是同一个大脑系统吗？情绪是行为的原因吗？

正如劳埃德·摩根观察到的，科学家大多以自身的主观情绪体验为研究开端，这一事实无法证明我们将主观体验赋予其他动物是正确的。正如动物行为学之父尼古拉斯·廷伯根所说：对动物的饥饿、恐惧及其他心理状态的归因只不过是一种猜测。

让我们从这个观点深挖下去。缺乏食物的动物因能量供应降低而觅食，这是可以通过测量并控制与觅食行为有关的功能性化学物质（如葡萄糖）来检验的。对此，有一种解释是，动物在觅食时处于饥饿的心理状态。这种推测很危险。人类即使不缺食物也会外出寻找食物，动物也不仅仅为补充能量而进食，例如，大鼠即使不饿，也会按压杠杆以获取糖果，甚至是没有营养价值的糖精。[36] 因此，把进食作为饥饿这种心理状态的标志往往是错误的。神经学家肯特·贝里奇研究了有机体对味觉的"情绪"（特征）反应，他不认同这些行为反映了愉悦或厌恶的情绪体验的假设。[37]

20 世纪中期，许多所谓的生理心理学家已经转而研究大脑以理解行为的动机基础。因为大多数心理学家接受的是行为主义的训练，所以他们不乐意使用意识的主观体验（如恐惧、饥饿）解释脑刺激诱发防御和进食行为的现象，而是引入了中枢动机状态的观点[38]（第 2 章已讨论过）。与行为主义一致，心理状态（恐惧、饥饿）的标签被保留了，尽管这些状态被视为生理的而不是意识的。

情绪可以被解释为生理状态，这些生理状态觉察刺激并控制行为，这是研究有机体内部状态作用的一种方式。这依然是行为主义的。它导致了很多混淆，首先，并非所有研究者都采用非主观方法，例如，一些研究者认为饥饿、恐惧是非主观生理状态，但是另一些研究者将其视为意识状态。其次，即使是那些宣称拥护生理学方法的研究者，他们谈论和写作的方式也经常会模糊对行为中介物的主观解释和非主观解释之间的差异。[39] 因此，其他领域的学者和大部分非专业人员通常认为心理状态术语是指内心状态，而不是指非主观的生理状态，也就不足为奇了。[40] 非常流行的边缘系统理论也于事无补。该理论认为，在动物和人类中，恐惧和其他情绪感受源于边缘系统。这些情绪感受是介于诱发刺激和情绪反应的中间产物。中枢状态和常识方法的界限总是被模糊。

基本情绪理论：情绪研究的当代达尔文主义

达尔文指出特定情绪与大脑之间存在固有联系，这是正确的。[41] 但是，只因脑中的意识体验和情绪反应固定地同时出现，就认为是情绪感受引发了行为，这一观点还有待商榷。

达尔文的观点依然活跃在当今的基本情绪理论中。基于达尔文的观点，西尔万·汤姆金斯（Silvan Tomkins）在其 20 世纪 60 年代的著作[42] 中提出了几个基本情绪。这些基本情绪通过自然选择被写入人脑的基因中，在不同种族和文化背景的人身上被一致地表现出来。这些先天情绪与情感程序有关——一个假设的皮层下神经结构，包括边缘系统和唤醒系统。当引起某一基本情绪的刺激出现时，情感程序被激活，随后该情绪的身体反应特征就会表达出来（见图 5-2）。汤姆金斯提出的这些基本情绪有惊奇、兴趣、快乐、愤怒、恐惧、厌恶、羞愧、痛苦。这些基本情绪与次级情绪形成鲜明对比，内疚、羞愧、窘迫、共情等次级情绪由文化决定。和达尔文一样，汤姆金斯关注基本表情，但是他使用描述心理状态（情绪）的词来命名表情以及它们背后的情感程序。

在汤姆金斯的引领下，卡罗尔·伊扎德（Caroll Izard）[43]、保罗·艾克曼（Paul Ekman）[44] 及其团队收集了关于世界各地的人们表达和识别情绪的数据。研究结果支持基本面部表情的存在。艾克曼和伊扎德提出的基本情绪与汤姆金斯提出的基本情绪关系密切，但也有研究者提出了与前者不一致的基本情绪。[45]

情绪诱发刺激 → 情感程序 → 内部情绪反应

图 5-2 情感程序

情感程序是基本情绪理论家假想出的过程，是情绪刺激和情绪反应的中介。大多数理论家假设情感程序是神经回路，但是他们并没有找出它的神经机制。当他们谈论相关脑区时，他们经常提到边缘系统。

　　基本情绪理论对心理学及神经科学研究产生了深远的影响。艾克曼的工作尤其具有影响力。他创造了一组展现特定基本情绪的面部表情的照片。这些照片出现在世界各地的无数研究中，以进行基本情绪的跨文化研究。[46] 这些照片也成为评估健康被试与精神疾病患者的大脑情绪加工能力的标准工具。[47] 图 5-3 展示了"艾克曼面孔"。

　　艾克曼的研究也对社会和大众文化产生了巨大影响（见图 5-4）。[48] 他成了中央情报局的顾问，训练特工辨认真实情绪、识别谎言。[49] 广受欢迎的电视剧《别对我说谎》以艾克曼为原型，讲述了一个能够根据面部表情及时识别谎言的心理学家。[50] 艾克曼的方法也被用来分析阿莱克斯·罗德里格兹（Alex Rodriguez）在《一小时访谈》中的面部表情，他被质疑使用了兴奋剂（见图 5-4）。

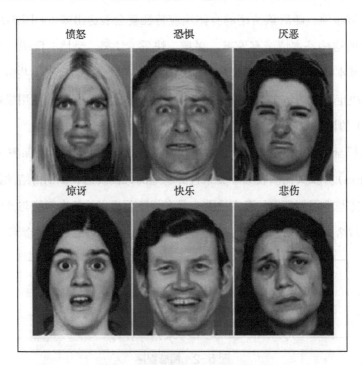

图 5-3　艾克曼的基本情绪面孔

　　艾克曼的理论最初假定人类有六种基本情绪（愤怒、恐惧、厌恶、惊讶、快乐、悲伤），每种表情都以普遍的、标志性的面部姿势被表现出来。

图5-4　说真话（或谎话）

保罗·艾克曼的面孔分析方案（也称面部运动编码系统）被用来评估棒球明星阿莱克斯·罗德里格兹在《一小时访谈》中否认使用兴奋剂时，他是否在说谎。

虽然基本情绪理论产生了巨大的影响并得到了很多心理学家[51]和哲学家[52]的支持，但它并未被所有人接受。对基本情绪理论的挑战主要基于逻辑（不同的理论家提出了不同的基本情绪，这些基本情绪实际上也不是很基础[53]）、哲学性异议（情绪一定程度上是认知性的，除反应外，它还与目的和信念相关[54]）、方法论问题（如果人们自己思考情绪标签，而不是从几个项目中做选择，匹配情绪标签和面孔的准确率就会降低[55]）以及研究结果（面部表情不是以单一的方式表达的，它一旦被引出就会自动展开。[56]根据表情判断情绪及其他内在状态的精确性远远比我们想象的要低，因为这种判断通常依赖于面部肌肉以外的因素，如语调和瞳孔大小[57]）。

心理学家丽莎·巴瑞特和詹姆斯·罗素强烈地批评了基本情绪理论，他们质疑它的固有假设之一——情绪是"自然的"或是生理上事先设置好的心理状态。[58]他们及其他研究者认为，例如，被认为是基本情绪的恐惧是单一的情绪，其生物基础并不是通过自然选择被建立的，也不是遗传自其他动物的。[59]相反，他们认为，被视为基本情绪的那些心理状态，是一些用文化习得的词语来标记的心理构想。词语确实是信念的强大独裁者，有时它使事实上不存在的东西变得存在。[60]虽然我并不认同此二人的所有观点，[61]但是我同意他们的这番总体结论：用基本情绪术语标记的有意识的感受，并非预先设置好的先天状态（被外界刺激激发），而是有意识的认知组织。

这些争论存在的部分问题是，双方提到基本情绪时，有时是在谈不同的事情。例如，当基本情绪理论家谈论恐惧时，他们通常指的是整个大脑和身体对危险信号的反应，他们把面部表情作为个体正处于恐惧状态的标志。但是批评者经常关注的是恐惧的意识体验，并质疑恐惧是不是一种先天设置好的状态。本章接下来的章节通过分析情感程序的功能对该分歧做出解释。

情感程序的作用

大多数基本情绪理论家都是心理学家，而不是脑科学家，这些心理学家倾向于认为情感程序是脑机制的占位符。[62] 多数情况下，他们坚信边缘系统的皮层下区域存在一些构成基本情绪的情感程序的实体，但是他们又不能坚定地提出假设来说明哪个特定脑区或回路负责哪种基本情绪。

用"情感程序"一词来标记假想的甚至真实存在的先天回路是完全可以接受的。这些先天回路控制生物学意义的刺激引起的先天反应（其他曾用来描述这些回路的词有"情绪命令系统"[63]"行为程序"[64]"先天情绪模块"[65]和"类神经网络适应性"[66]）。有争议的是，这些先天固有的程序除了觉察重要刺激和控制先天反应外，还有什么作用。

当用源自人类内省体验的词（恐惧、愤怒、快乐）来命名情感程序及其功能时，问题就出现了。对这些标签的一种解释是，它们只是将行为表现的科学研究和日常生活中的心理情境联系起来的一种方法。一个研究人员可能正在研究人们说自己感到害怕时出现的面部表情，情感程序和行为都被贴上了"恐惧"的标签。但是"恐惧"只是一个标签，而并非字面所指的、情感程序控制的主观恐惧感。

关于恐惧、愤怒、快乐等这些词与情感程序的关系，第二种解释是情感程序控制心理状态的产生。将阐明心理状态的责任抛给情感程序，是达尔文主义（常识性的）对恐惧系统的作用的解释（参见第 2 章）的核心。据我所知，这是许多基本情绪理论家通常的解释。有些人认同该观点，但是大多数人似乎认为，恐惧情感程序同时控制着恐惧反应和恐惧感。[67]这就证明了以下结论：表达性反应可以被当作某种体验、情绪状态出现的标志。

图 5-5 展示了有关恐惧情感程序作用的两个版本的观点。具体来说，一种观点认为，情感程序仅仅检测威胁并控制反应；另一种观点认为，除检测威胁和控制反应外，情感程序还会引起恐惧感。

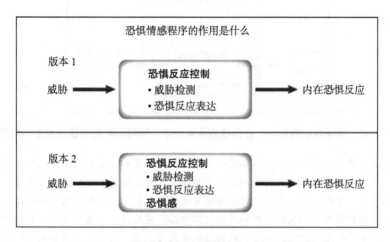

图 5-5　关于情感程序的作用的两个不同版本

基本情绪理论家假设，情感程序在情绪刺激（比如威胁）和情绪反应（比如恐惧表情）之间起中介作用。另一些理论家认为，情感程序也能够产生情绪感受，并且这些感受会将刺激与反应联系起来。

情绪指挥系统假说

杰克·潘克塞普（Jaak Panksepp）的情绪指挥系统假设是一个全面的、发展得很好的构想，它探讨先天的情感程序如何在大脑中真正起作用。[68]该观点的一个重要特点是，它认为"情感体验和情绪行为的机制与哺乳动物大脑中相对古老的区域密切相关"。[69]这个古老的脑区是边缘系统的一部分，存在于包括人类在内的哺乳动物的大脑中，由指挥系统调节的功能也因此被认为保留下来了。根据潘克塞普的说法，通过研究负责动物先天行为加工的脑回路，可以确定人类的大脑是如何表征恐惧等情绪的。这是因为控制动物恐惧行为的脑回路，同样会引起动物和人类的恐惧情绪 [70]（见图 5-6）。

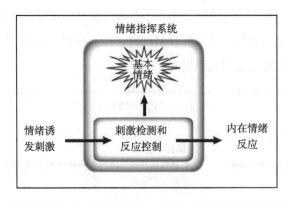

图 5-6　潘克塞普的模型：在情绪指挥系统中，情绪体验和情绪行为密切相关

潘克塞普提出，每种基本情绪都有一个专门的指挥系统，它被用来检测特定的情绪触发刺激，产生基本情绪并控制特定的先天情绪反应。据说这些回路位于皮层下区域，主要包括边缘系统。理论上说，由于与特定情绪有关的感觉和反应受控于同一脑回路，因此找到控制反应的脑回路也就找到了控制感受的脑回路。因为这些回路存在于哺乳动物中，所以对除人类外的哺乳动物的情绪反应脑回路的研究可以揭示人类基本情绪的神经基础。潘克塞普也提出，基本情绪经过了皮层区域精细的认知加工。他对基本情绪的观点与达尔文的理论相似，只不过潘克塞普没有明确地指出情绪体验是导致情绪反应的原因之一。他认为，情绪体验在强化逃避厌恶和获取理想结果的行为上的作用比其控制先天反应的作用更加重要。

潘克塞普区分了两种有意识的情绪体验。[71] 原始过程情绪状态（primary process affective states）是存在于所有哺乳动物中的、原始的、有意识的情绪体验（基本感受），它被编码在情感指挥系统中。原始过程情绪状态包括恐惧、愤怒、恐慌、欲望等。然后，通过记忆、注意和语言，人类可以创造更多的认知意识情绪（cognitive conscious feelings），这是原始情绪的复杂版本。他关于情绪在物种间保留的论点聚焦于更基本的方面。

潘克塞普认为，人类感受到的情绪是经过认知意识加工后的原始过程情绪状态，我们很少体验到纯粹的原始过程情绪状态，这使得这些古老的情绪难以被观察（也难以被科学地测量）。[72] 他认为"人们不可能捕捉到纯粹的先天情绪，除非直接刺激相关脑区，人为地激发这些先天情绪"。[73] 为了证明自己的观点，潘克塞普在很大程度上依赖于对动物和人类的大脑施以电刺激的研究的结果。

潘克塞普在大鼠身上使用电刺激法，绘制引发情绪行为的脑区地图，这些脑区构成了情绪指挥系统。例如，恐惧指挥系统包括杏仁核、前侧和内侧下丘脑、导水管周围灰质。潘克塞普认为，"恐惧的主观体验以及身体特征的变化就产生于前述的脑回路中"。[74] 愤怒回路与恐惧回路相互交叉，它们可以解释所有的木僵－战斗－逃跑行为。另外，据说还存在另一个惊恐回路，是恐惧和焦虑的其他方面的基础。

对潘克塞普使用的方法的批评之一是：脑刺激只能揭示行为的产生路径。潘克塞普承认，"我们不能直接测量主观体验"，但是他坚信，"所有对哺乳动物的行为进行的研究表明，强有力的内部恐惧状态被恐惧系统精细加工了"。[75] 图 5-7 描绘了潘克塞普模型中的恐惧回路中的原始过程及认知意识如何产生恐惧。[76]

正如我在第 4 章中提到的那样，现在电刺激法被认为是不精确的，并且在某些情况下会误导我们对神经回路的理解。[77] 基于动物电刺激研究的有关情绪指挥系统的定论应该被搁置，除非用更新的方法对其进行评估。有些，甚至是大部分电刺激导致的后果可能会持续很久（有些已经被化学刺激研究证实，化学刺激不会遭受和电刺激一样的质疑[78]）。我并不担忧动物研究中电刺激行为效应的有效性，我担忧的是"这些行为可以被看作动物和人类的情绪体验的标志"这一结论。

潘克塞普提出了一个完全合理的假设，即人类和其他哺乳动物共有的皮层下神经回路具有相似的功能，对此我完全认同。例如，我们知道，在人类和啮齿类动物对威胁的觉察和反应中，杏仁核的作用非常相似（见第 2 章和第 8 章）。但是，除控制行为和生理反应之外，这些脑回路是否能产生情绪体验仍有待进一步考察。为了解释情绪体验，潘克塞普转而对人类大脑进行电刺激研究。

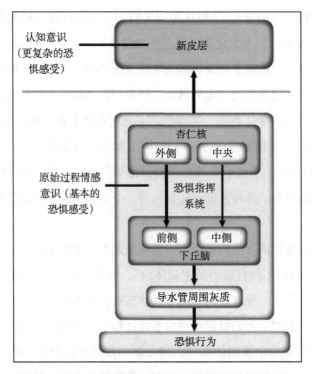

图 5-7　潘克塞普模型中的基本感受和认知感受回路

　　该图描绘了基本的恐惧感受（原始过程情感意识）和基于认知的感受所涉及的脑区。基本的恐惧感受有赖于杏仁核、下丘脑和导水管周围灰质（PAG）的皮层下区域，而恐惧的认知感受有赖于新皮层区域。

　　对人脑施加电刺激，获得被试口头报告的内部体验。在研究脑回路与主观体验的联系时，这些主观报告可能是非常有用的。这一点很重要，在动物研究中，因为缺乏口头报告，我们无法确认动物的意识体验（见第 2 章、第 6 章和第 7 章）。潘克塞普的观点在很大程度上依赖于罗伯特·希斯（Robert Heath）在 20 世纪五六十年代做的经典且著名的研究。[79] 希斯称，他发现电刺激可以诱发人类的一系列情绪（恐惧、愤怒、快乐等），就像患者的口头报告所显示的那样。其他科学家对此提出了质疑。他们认为，与分析数据相反，这些发现实际上并不能给"对人脑中特定位置的刺激能够引发人们特定的感受"这一观点提供令人信服的支持。研究方法和数据解释问题将在《人类脑刺激研究揭示了编码特定情绪的脑区吗》

栏目中进一步讨论。

总之，潘克塞普是一位深思熟虑的研究者，他认为，当动物和人类的皮层下情绪指挥回路被激活时，个体会产生强烈的情感感受。[80] 我同意他的一些结论，但与他相反，我认为我们无法区分对皮层下脑区施加电刺激引起的有意识状态和无意识状态，尤其是动物被试。潘克塞普认识到了这一困难。他和玛丽·范德克尔霍夫（Marie Vandekerckhove）指出，基本的、皮层下的先天情绪是"内隐的"，"或许是真正无意识的"，并且"没有外显的反省意识和对正在发生的事情的理解"。[81] 但是，我认为"真正的无意识状态"不是情绪。情绪，即使是原始的，都一定是能被感觉到的（有意识的体验）。比如我之前描述的那些，当控制先天生存行为的系统被激活时，电刺激最可能诱发无意识的中枢动机状态（例如，当防御生存回路检测到威胁并做出反应时，威胁诱发的无意识防御动机状态）。我认为，如果无意识过程能够解释行为效应，就不应该假设动物有有意识的感受。"人类的基本情绪以预先设定的方式被编码，由特定的皮层下情绪指挥回路控制，该回路也控制着所有基本情绪的情绪行为"，对于这个说法，我无法信服。

除了上述讨论的问题之外，还存在其他问题。如果这些皮层下回路确实预先编码、程序化了情绪，那么关于人类情绪的电刺激的研究结果应该更加有力和一致。此外，因为在电刺激研究和其他类型的研究中，有意识的感受存在的证据是通过口头报告的方式获得的，所以电刺激引发的"皮层下情绪"不能被证明是未被认知意识加工过的原始情绪。[82] 根据定义，对情绪的口头报告表示被试对所描述的信息进行了认知过滤。因此，似乎无法将皮层下原始过程情绪的测量与认知构建情绪的测量分开。潘克塞普似乎认识到了这一点，他提出了恐惧指挥系统。这个回路是能直接引发主观的恐惧感，还是要和其他大脑区域联合起作用，必须在未来的研究中解决这个问题。[83]

正如本书所论述的，虽然皮层下回路提供了恐惧和焦虑情绪的无意识成分，但是它们本身并不是这种情绪的来源。因此，我和潘克塞普观点之间的主要区别在于，皮层下系统是直接产生原始情绪感受，还是产生无意识成分——皮层将这些无意识成分整合成有意识的感受。我认为，潘克塞普所谓的认知情绪就是人们感受到的情绪。正如他时常说的，皮层下状态是"真正的无意识"，不是情绪。在我看来，皮层下状态是无意识的动机状态。在接下来的几章中，我将描述，皮层是如何将信息整合成我们人类所体验到的恐惧和其他情绪的。

人类脑刺激研究揭示了编码特定情绪的脑区吗

罗伯特·汤普森（Robert Thompson）是一位非常有魅力的心理学教授，他在路易斯安那州立大学用大鼠的大脑研究学习和动机。是汤普森教授引领我进入神经科学领域的。我在攻读营销学硕士学位期间选修了汤普森教授的一门课，在他的影响下我爱上了脑科学研究。正是有了汤普森教授的推荐，我才得以被纽约州立大学石溪分校录取，在那儿攻读博士学位。

汤普森向我介绍了来自新奥尔良的研究者罗伯特·希斯的工作，是他最先将电极置入精神病和神经病患者的脑中。[84] 希斯发现，当大脑中的某些结构受到电刺激时，个体会产生快乐、愤怒、恐惧等感受。（他的研究给之后的小说带来启发，如迈克尔·克莱顿的《终端人》[85]和沃克·珀西的《废墟中的爱》[86]。）希斯的研究是有争议的，因为他的很多研究都是在精神病患者身上完成的，所以有关他们是否同意参与研究的问题就出现了。[87] 世界各地的许多中心进行了一些脑刺激研究，但这些研究大多是在评估和治疗严重癫痫的情况下（顺便）进行的。[88]

希斯的脑刺激研究的一个根本问题是，他们没有专门设计实验来检验与基本情绪有关的感受是否与大脑的特定位点相连接。相反，他们的目标是更好地了解精神分裂症患者的大脑。[89] 目前尚不清楚希斯在获得被试对主观感受的报告，以及将患者所报告的内容转换成可分析的数据时，有没有采用特殊的方法。所以，尽管希斯的研究经常被认为确认了人类脑中的快乐中枢，但是也有研究并没有发现这些中枢与快乐感受之间的关系。为了证明患者在受到刺激时描述了快乐感受，肯特·贝里奇和莫滕·克林格巴赫（Morten Kringelbach）检查了研究中的患者的自我报告，但没有任何发现。[90]患者更可能谈论模糊的感觉，或描述吃饭或性冲动，而不是报告自己感到快乐。同样，当他们说自己感到害怕时，他们提供的自我报告往往是隐喻性的，涉及人们可能会感到害怕的情况："走进一条漫长而黑暗的隧道"或"试图逃离"。[91]期待在这些患者身上发现具体感受的研究者，把这些作为害怕或快乐的象征，即使患者没有明确地说明他有这样的感受。

　　人脑电刺激领域的著名学者埃里克·哈尔哥伦（Eric Halgren）在20世纪70年代末80年代初评价了该领域的研究。[92]他承认脑刺激可以引发心理现象，他也考虑到了脑刺激会引发心理现象（观念、图像或特定的情绪感觉，如恐惧、愤怒、快乐等）的行为倾向，他认为"没有哪种心理现象的某种行为倾向是可以通过刺激某个特定脑区位点来实现的。"[93]换句话说，特定的状态并不总是和某一大脑区域相关。他还指出，电刺激引发的体验往往更多地与已有条件有关，如患者的人格或态度，而不是受到刺激的脑区（例如，焦虑的人在受到电刺激时更容易感到恐惧和焦虑）。如果恐惧感被连接到恐惧指挥系统中，那么当恐惧指挥系统被激活时，每个人都应该以相似的方式体验到恐惧。

　　在评估这些数据时，考虑人对主观感受的评估过程的本质也是有用的。贝里奥斯（Berrios）和马尔瓦（Markova）对这个话题有一个非常有趣的评论，这一评论详细说明了测量和评分之间的区别。[94]测量是涉及物理对象及其特征的客观过程。相反，"评分是通过外部分类进行的，（其标准）不在对象本身（即它们不在对象内部），而是在评估者的眼中"。当使用情绪标签（恐惧、快乐等）对被试的口头报告进行分类时，研究人员是在评分，而不是测量。因此，在希斯的研究中，关于性的描述被划分为快乐感受，而那些"进入黑暗通道"的描述则成为恐惧或焦虑感受的例子。这样的"数据"反映了研究者的偏见。

　　希斯的患者对电刺激引起的主观体验的描述是模糊的和变化的，这说明可以有其他的观点来替代"遗传使得情绪与皮层下情绪加工系统产生连接"这一观点。对大脑施以电刺激似乎也可能造成模糊或混乱的状态。人工电流的输入（特别是早期研究中使用的相对较强的电流）非特异性地激活了许多神经元并使它们产生动作电位，继而激活和受刺激的神经元相连的各个区域。例如，电刺激通常会提高大脑生理唤醒水平。提高唤醒水平可以增强有机体信息处理的能力，提高有机体对环境的警觉度和注意（在第 8 章有进一步讨论）。[95] 在人们经历某些不寻常的或意外的事情时，例如突然的唤醒和警觉状态，人们往往会试图理解它。[96] 这是一个众所周知的心理学现象：不明原因的体验造成了不和谐的状态，促使有意识的心理尽可能地解释可能发生的事情。人们收集尽可能多的信息，并试图对这一体验进行解释，用常用的术语给这一体验贴上标签。[97] 例如，在一项著名的研究中，斯坦利·沙赫特（Stanley Schachter）和杰罗姆·辛格（Jerome Singer）发现，在给被试注射肾上腺素以人为诱发被试的唤醒状态时，被试为了给这种唤醒状态贴标签，会从所处的社会环境中寻找线索来解释这一唤醒。如果被试处在一个房间里，房间里的人都很快乐，他们就也会感到高兴；如果房间里的人都很伤心，他们就也会感到难过。[98]

希斯的电刺激研究也发现了类似的结果。在给一位患者的大脑施加电刺激之后，患者笑了。当希斯问她为什么笑时，她回答说："我不知道。你对我做了什么吗？嘻嘻，我通常不会闲坐着无缘无故地笑，我一定是在笑某件事情。"[99] 随着时间的流逝，该患者逐渐形成了对于自己的意识体验的内容的结论，这更像是她逐步构建的合理化，而不是一种大脑的特定位点被电击后直接产生的主观体验。

希斯的患者的这些描述，让我想起了前面提到的迈克尔·加扎尼加和我在裂脑患者身上的发现。[100] 当我们引导患者大脑的右半球使个体挥手、站立或者笑时，问左半球个体为什么这样做，左半球提供了使行动看起来合理的答案（我认为我看到一个朋友在窗外，所以我挥手）。希斯的患者解释自己为何在笑时，采取了同样的策略。很明显，刺激引起了行为反应（微笑和咯咯笑），而不是通常与微笑相关的特定感受。也许最能说明希斯的研究的意义的方法是研究患者的口头报告。他最终得出的结论是：精神分裂症患者的口头报告可能"非常不可靠，其有效性令人难以接受……"[101]

基本情绪的躯体反馈理论

皮层下的情感程序既是先天反应控制系统又是情绪宝库（指它能产生各种情绪），这一观点未被所有基本情绪理论家接受。有人认为，虽然情感程序能控制先天反应，但情绪产生于其他先天回路，特别是在情绪表达的过程中处理来自躯体的反馈信号的回路。

正如前面所讨论的，威廉·詹姆斯在19世纪后期提出了感觉反馈理论（feedback theory of feelings），即认为我们遇到熊时不是因为害怕才逃跑，而是因为逃跑才害怕。[102]对此的解释是，我们逃跑时来自躯体的反馈被大脑感知为恐惧情绪。不同情绪的体验也不同，因为它们涉及不同的身体姿势，不同的身体姿势会产生不同模式的感觉反馈，从而产生不同的情绪感受。

詹姆斯的理论盛行一时，但在20世纪20年代，它受到了沃尔特·坎农的挑战。坎农认为机体反馈太慢而且不太准确，不足以说明恐惧、愤怒、快乐和悲伤之间的具体差别。[103]坎农对感觉反馈理论的批评集中在行为表达的过程中内脏活动产生的反馈信号（自主神经系统和内分泌系统的反应）。这使得现在很多研究都在努力探索不同情绪的内脏活动特征（自主神经系统和内分泌系统）。[104]结果已经清楚地表明，内脏反馈确定有一些特异性，但无法有力证明这种反馈在决定情绪上起主要作用。

早期的基本情绪理论家（如汤姆金斯和伊扎德）指出，詹姆斯强调整个躯体的反馈，而不仅仅是自主神经系统所控制的内脏器官。他们还提出，与基本情绪相对应的面部表情的面部肌肉反馈，也可能有必要的速度和特异性，这能决定个体感受到什么样的情绪。[105] 这引发了一大波关注面部反馈对情绪感受的作用的研究。[106] 虽然这一理论获得了一些支持，但是研究结果无法证明面部反馈能单独解释情绪。

安东尼奥·达马西奥（Antonio Damasio）1994 年出版的《笛卡尔的错误》一书引发了人们对可能的情绪来源——躯体反馈的重新关注。[107] 和詹姆斯一样，达马西奥强调整个躯体反馈的重要性，包括来自内部器官和组织的反馈，以及来自肌肉、骨骼关节、面部的反馈。不过，达马西奥的观点是基于现代神经科学的，他已经能够将反馈理论提升到一个新的高度。[108]

达马西奥区分了情绪和感受。[109] 他认为情绪是控制先天行为和生理反应的行动程序。他还将驱力视为满足生理需求（饥饿、口渴、生殖）的第二种行动程序。行动程序类似于潘克塞普的情绪指挥系统；不过，和指挥系统不同的是，行动程序不产生感受。达马西奥认为行动程序的运作是无意识的，行动程序在大脑体感区引发情绪反应，感受是对情绪反应的表征的意识体验（见图 5-8）。

我提出的生存回路和总生物体状态概念与达马西奥的情绪和驱力行动程序概念有很多重合，我们都强调感受是对这些无意识过程的有意觉察。一个关键的区别是，达马西奥认为情绪感受主要由躯体信号决定，而我认为躯体信号只是造成情绪感受的众多因素之一。因为人类存在情绪感受便假设动物也有此类情绪感受，在这一点上我们存在分歧，他的观点和潘克塞普的观点更接近。

达马西奥称情绪性情境中的躯体反应信号为躯体标记。[110] 这些躯体标记被体感皮层（体感和岛叶皮层）、下丘脑、中脑腹侧被盖区的皮层下区域（包括导水管周围灰质）"读取"。这些脑区接收来自皮肤、肌肉和关节的躯体感觉和本体感受信号，以及来自内脏器官和组织的内脏感觉信号和激素。[111] 反馈信号有多种形式。一些信号来自身体的肌肉和内脏器官的感觉神经，这些感觉神经将信息传到大脑的感觉加工区域。还有一些激素信号，如皮质醇，可以直接经由血液进入大脑，并与杏仁核、海马体、新皮层和脑干唤醒系统等脑区的受体结合。[112] 有些激素不能进入大脑——肾上腺髓质释放的肾上腺素和去甲肾上腺素的分子太

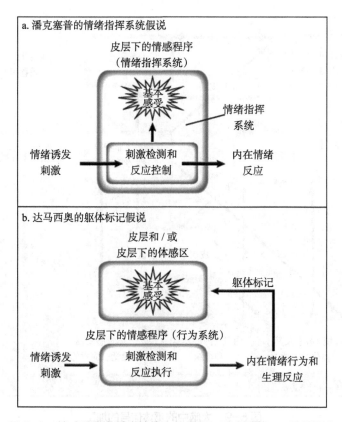

图 5-8　情感程序在基本情绪中的作用：潘克塞普 vs. 达马西奥

在潘克塞普的理论中，基本情绪感受是某系统（情感程序或指挥系统）的产物，该系统觉察威胁并对威胁做出反应。在达马西奥的理论中，当位于大脑的体感区收到情绪性刺激引起的行为或生理反馈时，基本情绪感受才会产生。

大，无法穿过血脑屏障（一个能够阻止大分子（如毒素）通过的过滤器）。这些分子相对较大的激素可以间接影响大脑。例如，去甲肾上腺素可以和腹腔迷走神经上的受体结合，这种神经的上升支进入大脑，并与唤醒回路相连。[113] 达马西奥关于大脑如何处理身体信号的观点如图 5-9 所示。

大脑中的体感区创建了一种对躯体状态的神经表征。原始情绪感受就是这些躯体标记及体感区所创造的状态的产物。更细致的情绪感受（成熟的情绪）源于认知过程对这些状态的精细加工。

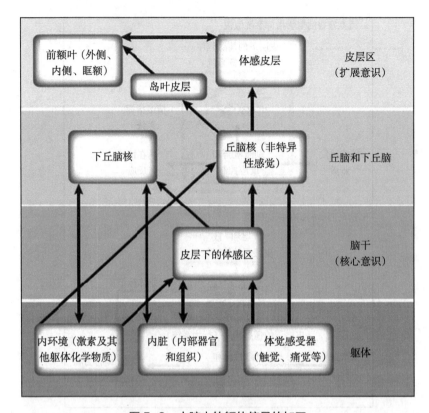

图 5-9 大脑中的躯体信号的加工

该图为达马西奥提出的涉及躯体反馈信号加工的脑区，这是达马西奥情绪理论的基础。

达马西奥理论的一个重要概念是"仿佛"（as if）循环。[114] 他认为这种机制使得来自身体的实际反馈不再是必需的：通过大脑的加工，躯体状态可以根据记忆被重新构建，进而产生感受。在同时有身体反馈和"仿佛"循环的情况下，躯体状态的神经表征促成情感感受的产生。

长期以来，达马西奥一直强调新皮层区域中的躯体地图，特别是体感皮层和岛叶皮层，它们是根据躯体信号产生情绪感受的关键因素。皮层下躯体表征被认为过于"粗糙"，不能解释不同情绪感受之间的差异，而皮层表征更加精细，可以完成这项工作。[115] 达马西奥[116] 和巴德·克雷格（Bud Craig）[117] 尤其关注岛叶皮层，它是体感区产生情绪感受的关键区域，克雷格甚至提出，岛叶皮层负责人类意识的所有方面。[118] 如今，在关于脑回路如何产生意识的讨论中，岛叶皮层经常出现。[119]

最近，达马西奥将重心从皮层转移到了脑干（如下丘脑、中脑和后脑）的皮层下体感区，强调位于脑干的体感区是基本情绪感受的主要来源。在这种情况下，岛叶和其他皮层体感区的作用是，对皮层下的意识体验进行认知表征和进一步的加工完善。[120] 对皮层下脑区的关注是基于研究的——损伤岛叶皮层不能使感觉消失。[121] 认为恐惧、愤怒、厌恶、悲伤和快乐等基本情绪感受是皮层下区域产生的意识体验，在这一方面，达马西奥与潘克塞普是一致的，尽管他们在皮层下区域如何产生情绪感受方面的观点不同（见图 5-8）。

然而，很少有直接证据表明，皮层下体感区会产生情绪感受。通常地，损伤脑干区域会导致个体昏迷，[122] 昏迷状态下，一切形式的意识和感觉状态都不复存在，自然也无法评估这些区域在心理加工中的作用，也因此，人们难以设计出合适的研究检验皮层下理论。使这种验证复杂化的另外一个事实是，皮层体感区并不在特定的区域，因此只有非常大面积的损伤区域才能完全排除相关皮层区域的影响。研究表明，在回忆情绪 [123] 和即时的情绪唤醒 [124] 中，皮层下区域都被激活了，但这些发现并不能证明这些神经反应确实产生了情绪体验。

为了获得更直接的因果证据，达马西奥援引了动物和人类的电刺激研究。[125] 但是，正如我们所见，用这些证据解释情绪感受也是有问题的，即使达马西奥将动物的行为反应描述为"充满了正性和负性效价的"，[126] 也不能简单地认为动物的行为反应是动物感受到意识体验的标志。再次说明，正如廷伯根在本章开头所指出的，那些关于动物行为的心理状态的结论仅仅是猜测。同时，人类脑刺激研究也无法有力地证明从意识体验（情绪或其他）到特定脑区的精确映射。此外，如上所述，在人类脑刺激研究中，因为这些主观体验是通过被试的口头报告来评估的，所以不能说被试报告的情绪是未经加工的原始的情绪。研究者希望获得的报告是反映皮层加工信息的表征。然而，如何区分被皮层回路认知表征、被有意识的体验到并被报告出来的无意识皮层下加工体验，和仅仅产生于皮层下回路的意识情绪体验，我们尚不清楚。

达马西奥对皮层下基本情绪的心理本质的描述不是很清晰。他和吉尔·卡瓦略（Gil Garvalho）认为，岛叶并不是产生意识体验的必要条件，他们还认为皮层下脑区的信息是以"内隐形式"存在的（即无意识地存在），随后在岛叶中被外显的表征出来（即意识体验）。[127] 那么，皮层下的状态是无意识的还是有意识的？它们是否需要被皮层区域有意识地体验到？

达马西奥的研究有助于阐明大脑中的皮层和皮层下区域对绘制躯体状态图的作用。然而，这并不能表明情绪是皮层下体感区直接体验到的。换句话说，皮层下存在躯体状态信息图并不意味着与该信息图有关的大脑状态可以被有意识地体验到。

在接收到视觉刺激的情况下，大脑的感觉加工区域能否独立产生对感觉信息的意识体验，这一问题已被广泛讨论。正如我们将在下一章中看到的，大多数研究者认为仅有感觉加工是不够的，要产生意识体验，必须通过一些更高级的认知加工过程，对无意识加工进行再表征。达马西奥和潘克塞普都承认这种再表征产生了一种认知意识。但二位都认为皮层下状态能够被有意识地体验到，这是其失败之处。

情绪是反应和认知系统的临界区域

安东尼·迪金森（Anthony Dickinson）和伯纳德·巴伦（Bernard Balleine）提出了另一种跨物种情绪观，并反对潘克塞普和达马西奥的观点。[128] 迪金森基于自己食物中毒的经验，同巴伦设计了实验来考察有意识的情绪感受是否可以用某种方式整合大脑中两种功能系统。[129]

其中一个系统是反应性的：它包括与生俱来的或由 CS 控制的先天反应以及由刺激–反应联结控制的习得行为。另一个系统使用认知信息来实现目标。他们认为，这两个系统都是无意识地运作的。有了这两个系统，动物就能够对外部刺激做出适宜的反应，反应方式体现了动物当前的需求和价值观（反应系统），并且可以习得适应性反应，而这些适应性反应可以在没有意识体验参与的情况下实现目标（认知系统）。这个观点挑战了潘克塞普提出的情绪指挥系统这一概念（该系统既能对重要刺激做出反应，又能产生感受）。迪金森和巴伦主张，反应系统和认知系统可以无意识地运作，甚至可以在没有意识体验的情况下对强化刺激进行学习（潘克塞普认为，有意识的感受，如快乐和痛苦，是强化和学习的关键）。迪金森和巴伦也不认同达马西奥的理论。达马西奥认为躯体反馈产生了能控制选择的有意识的感受；而迪金森和巴伦的数据表明，行为选择不依赖于躯体反馈。

迪金森和巴伦提出的反应系统和认知系统理论认为，反应系统和认知系统均以无意识的方式控制各种反应，甚至能强化无意识学习。这与我在本书前几章中提出的观点是完全一致的。他们提出的关于无意识的反应系统的观点与我关于生存回路的观点是一致的。他们认为，动机状态有助于个体无意识地解决问题。我认为，当情境中存在挑战和机会时，个体会产生无意识的整体组织动机。我们也都认同，这些动机状态有助于整合、协调不同的反应系统，从而使机体能够适应特定情境并从应对挑战或机遇中受益。

我与他们的分歧在于"意识的本质"。迪金森和巴伦认为，意识在哺乳动物（也可能是鸟类）中进化，是连接反应系统和认知系统的一种方式。迪金森承认，这个假设只是一个虚构的故事，[130] 是一个不容易证明的猜测。[131] 我对意识的观点将在接下来的几章中详细讲述。

痛苦和愉悦

人们通常认为痛苦和愉悦就是情绪。虽然这二者与情绪确实有关，但它们之间有一个重要的区别。痛苦和愉悦是感官加工直接产生的特征状态：某些感受器检测到特定类型的刺激，与这些感受器相连的轴突再将感觉信息传递给大脑，情绪状态就产生了（当我们谈论朋友的公司或者玩纵横字谜游戏的乐趣时，我们不仅仅是在说纯粹的情绪感受过程，但在本节的讨论中，我们所感兴趣的正是这一纯粹的过程）。例如，当皮肤上的痛觉感受器检测到组织受到刺激和损伤时，它们会将有关信息传递到大脑，在这里形成痛感。如果皮肤上的其他感受器向形成愉悦感的脑区发送信号，这些信号就被体验为愉悦（背部、手臂、颈部或生殖器上的轻触，舌头和嘴里的某些味觉感受器的激活）。

重要的是，要认识到与这些感觉信号相关联的痛感或愉悦感只是这些信号作用于大脑的结果之一。除产生有意识的快感体验（痛感和愉悦感）外，这些信号还能引起反射或其他固有的反应，激发复杂的行为，提高大脑的唤醒水平并促进学习。这些结果中的每一个都包含有意识的情绪感受，都有独特的神经基础。我们不应该假设观察到一个无意识行为（身体反射的引发、更复杂的行为的动机或学习的加强）就意味着有意识的痛感或愉悦感已经发生，我们也不应该假设所有这些结果都有同样的脑机制。

科学家试图解决这一问题的常见方法是：确定一个动物能否学会使其摆脱电击的行为或者获得甜味食物、成瘾药物的行为。这种习得的行为灵活性反映的是操作性条件作用。在操作性条件作用中，动物的反应会得到强化，使动物习得这一反应。当一个动物习得操作性行为时，通常认为它一定是被有意识的痛感或愉悦感所驱动的。

享乐主义哲学在英国哲学家（洛克、休谟、霍布斯、边沁、密尔、贝恩和斯宾塞）中影响深远。享乐主义哲学影响了达尔文及其追随者，达尔文的追随者又影响了桑代克——桑代克强调基于快乐和痛苦的"效果律"，这与贝恩和斯宾塞提出的观点的本质相似。[132] 最近，潘克塞普提出"在大脑进化的某个阶段，个体通过有意识地关注事件及其意义的进化获得行为灵活性。这一过程是在内部体验到的情绪感受的引导下完成的。"他说，这些情绪感受是"情绪指挥系统的基本属性"，包括"所有哺乳动物都可以体验到的情感意识的各种形式"。[133] 在当代心理学和神经科学领域，研究者通常将强化物（非主观的行为主义概念）视为奖赏（享乐主义的术语，意味着愉快的感觉）。尽管哲学、心理学和神经科学在解释学习和动机方面有悠久的历史（即意识体验中的快乐和痛苦的特征状态），但这种看起来有感染力的解释的科学基础并不像看上去的那么牢固。

前面说过，迪金森和巴伦认为：动物能够对刺激做出反应，并可以在没有任何意识感觉的情况下从结果中习得操作性反应。事实上，正如我下面将要描述的那样，研究成瘾药物的学者也得出了这样的结论，即主观的愉悦感不是强化的来源。[134] 如果这些研究者是正确的（我认为他们是正确的），我们就需要从无意识强化机制（学习的实际基础）中分离出这种可能与学习同时出现的愉悦感和痛苦感。

正如我们所看到的，强化可以被理解为一种涉及细胞、突触和分子的神经过程（见第 4 章）。操作性学习曾经被认为是哺乳动物独有的能力，它可能依赖于哺乳动物独有的情绪感受能力，但后来研究者发现其他脊椎动物和无脊椎动物（蜗牛、苍蝇、蜜蜂、小龙虾）也可以通过强化习得新行为。[135] 当强化发生时，人类有意识地体验到某种情绪（比如愉悦），这并不能说明情绪是强化发生的原因。这种情绪一旦存在于个体的意识体验中就会影响个体后续的行为和决策，但这并不是强化学习所必需的。

回想一下，在我们的光刺激研究中，在呈现声音时直接对杏仁核细胞施以光刺激，被试会形成对声音的威胁条件反射（见第 4 章）。我们只是用感觉通路通常加工电击的方式简单地激活了神经元，没有涉及"痛苦"的无条件刺激（没有足部电击）。有人可能会反驳，在现实生活中，情绪学习比非情绪学习生成的记忆更牢固，因为无论是快乐还是痛苦抑或是其他情绪感受，都可能会增强刺激之间的联结。这种所谓的情绪学习中的强化也可以用神经类的术语概念来解释。我们发现，刺激大脑唤醒系统（该系统释放神经调质去甲肾上腺素），可以使因光刺激产生的行为记忆更牢固。[136] 在生活中的威胁学习中，防御生存回路的激活自然地唤醒了大脑系统。所以，尽管在情绪唤起的情境中，学习产生的记忆更牢固，但这并不一定是因为强烈的情绪感受。更强的学习和意识感受都是生存回路无意识活动的结果，比如神经调质的释放会分别影响生存回路和产生意识感受的回路。另一个对光刺激研究的反对意见可能是我们使用的是简单的巴甫洛夫条件反射，而不是灵活的操作性条件反射。然而，有研究证明，向工具性强化中的调节回路施以光刺激也可以使动物习得工具性反应。[137]

肯特·贝里奇提出的两个区分也很有价值。[138] 贝里奇指出，在动物研究中经常被称为"愉悦"（pleasure）的状态，被称为"喜好"（liking）更为合适。与意味着主观体验的"愉悦"相比，"喜好"是行为上的定义，不一定涉及主观体验。与"喜好"有关的神经活动是强化的神经基础。贝里奇还指出了"喜好"和"想要"之间的区别。在行为方面，"想要"指获得强化物的动机，往往是基于需求物的缺乏，如食物。与"喜好"类似的是，"想要"不是一种主观的状态，而是获得所需物的动机。（从某种意义上说，在我的模型中"喜好"行为类似于防御反应，"想要"类似于行动。）贝里奇和同事发现，通过阈下呈现与"愉悦"有关的刺激能够促进被试倒一杯水并喝掉，但这一现象只有在被试处于缺水状态时才会出现。尽管"想要"的动机增强了，但他们并没有主观意识到刺激，也没有对阈下启动的愉悦产生任何情绪感受。[139]贝里奇和其他研究者认为，同有意识的愉悦对生活的重要性一样，获得快感并不是大脑"喜欢"系统进化的主要原因。[140]

那么，在操作性强化学习中具有重要作用的神经递质多巴胺呢？[141]它难道不是愉悦的化学基础吗？释放多巴胺会使个体愉悦吗？当现实学习情境中涉及奖赏时，愉悦会反过来引发行为习得吗？这正是大众媒体所宣传的。[142]例如，多巴胺能够强化行为的研究被新闻头条夸张地表述为"吃甜食能促进让人感觉良好的化学物质的释放"和"多巴胺是大脑中调节愉悦的化学物质"。[143]但是这种观点是有问题的。[144]

多巴胺及其他神经递质增加了突触的可塑性，它们不但促进哺乳动物产生行为，也促进脊椎动物和无脊椎动物产生行为。[145]这是否意味着无脊椎动物在习得行为（这些行为在内在上受多巴胺的强化，外在上受食物的强化）时会感到愉悦？大鼠的脑切片在化学培养皿中能保持活性，该切片研究再现了多巴胺对神经元和学习的影响。那么，我们是不是应该得出"这种神经活动的增强作用会使脑切片获得愉悦感"的结论？[146]在学习过程中，多巴胺通过影响神经反应再次出现的可能性来改变神经活动，在此之后，细胞和突触反应再次出现。活的、清醒的动物的脑中的这些变化有助于确保将来在类似的情境中，这样的行为反应能再次出现。

当动物因被剥夺食物而觅食时，它们的多巴胺水平是最高的，而不是当它们享受其劳动成果的时候。[147]使用光刺激可以精确地激活神经元，使其释放多巴胺，从而改变个体的行为。[148] 不出所料，这些结果被大众媒体迅速接受，且被刻画为大脑的"愉悦高速路"和"体验快感的能力"。[149] 但是，这不是数据本身所揭示的，是对这些数据的解释（或者说是错误的解释）证明了前述结论。

在成瘾研究中，愉悦刺激的强化和主观结果之间的差别尤为明显。尽管人们普遍认为，药物滥用是由于药物能够使服用者体验到愉悦，但成瘾研究却强调药物使用行为中无意识因素的重要性。[150] 例如，在一项研究中，研究者给吗啡成瘾者身体连接一个导管，当他们按下按钮时，会有吗啡或安慰剂注入他们体内。[151] 注入安慰剂不会改变被试的按压行为，但注入吗啡时被试的按压行为增多了，这证明大脑检测到了药物的存在。关键的发现是：在注入低剂量吗啡时，尽管被试无法根据任何主观愉悦感来判断他们接受的是吗啡还是安慰剂，吗啡依然能够影响被试的行为。因此，吗啡的行为效应与其可能产生的主观的愉悦状态是分离的。其他研究同样证明，即使药物并未让被试产生主观的愉悦体验，吸毒行为也会发生。[152] 此外，大部分吸毒者吸毒都不是为了获得更强烈的快感，而是为了竭力避免不吸毒带来的消极后果。[153] 这就是为什么美国国家药物滥用研究所（NIDA）资助我们对负强化的研究（见第 4 章）。主观的愉悦体验，并不是解释成瘾如何发生及为何如此持久的唯一因素。[154]

使人类产生愉悦和痛苦感受的感觉器官也存在于动物中。想要有意识地体验痛苦或愉悦，所需要的可能远不止感觉过程本身。例如，人们会因为受伤而感到疼痛，但是暂时分散个体的注意力，疼痛就会暂时消失。同样地，可以通过催眠将个体的注意力从痛苦的感觉或其他痛苦的事件上转移出来。[155] 涉及工作记忆和注意的大脑区域与催眠密切相关。[156] 在催眠状态下，神经信息仍能够到达大脑，但是没有注意及注意所支持的认知过程的参与，这些感觉就不会被有意识地体验为痛苦。

疼痛研究领域通常将疼痛的感觉与疼痛的情绪或情感特性区分开来，[157] 但这与我所做的区分是不同的。所谓疼痛的情感特性更接近于无意识过程，而不是疼痛的意识体验，该无意识过程被认为是由无意识防御动机状态的大脑系统控制的。

　　我认为，使人类产生痛苦和愉悦意识体验的刺激可能涉及三种不同的神经状态：感觉的、动机的和意识的。在动物中，我们可以研究前两种神经状态，它们是在不知不觉中进行的，不需要对意识做出难以验证的假设。我们可以观察到与痛苦感受一致的行为反应，但难以确认个体是否感觉到了什么。和威胁类似，这些系统的感觉成分能触发复杂的动机状态，这些动机状态组织行为反应，使生存潜能最大化。这些复杂的反应发生于人们有意识地感到痛苦的时候，但这并不意味着痛苦感是这种反应产生的原因，甚至不意味着痛苦感必然伴随着痛苦反应。[158]

　　与大多数人一样，我也赞同这样的观点：动物在表现得似乎真的有愉悦和痛苦的感觉时，它们是真的感到愉悦和痛苦。但是作为一个科学家，我不得不问：我们如何区分动物感受到的特征状态引起的行为和无意识过程引起的行为呢？鉴于人类许多行为是不依赖于意识的，这个问题就尤其难以解答。正如我们所见，为了证明动物行为中意识的存在，提供"所关注的行为与意识体验是一致的"这样的证据（甚至是证据的一致性）是不够的，还必须证明行为不能由无意识加工过程解释。

去达尔文主义的人类情绪

　　达尔文的自然选择进化论从根本上改变了我们对地球上的生物的看法。通过严格的科学检验，他的许多观点已经被证明可以精确地描述生物的连续性。然而，我认为达尔文在这件事情上是错误的：人类继承了动物祖先的有意识的感受。为了实现这一点，我们必须继承编码这些感受的脑回路，不仅仅是继承行为反应，还包括一些有意识的感受。

　　一个反对先天情绪观（如恐惧）的观点是：人类以多种方式体验恐惧，我们可以害怕脚下的蛇、抢劫者、电梯、高空、考试、公开演讲、腐坏的食物、脱水、体温过低、繁殖障碍、失去朋友、被外星人绑架、经济无保障、考试不及格、不能过有意义的或道德的生活、可能的死亡。以上体验恐惧的多种方式，似乎说明不可能存在从动物祖先那里继承来的能产生所有恐惧状态的单一的恐惧或焦虑回路。[159]

有人可能会说，恐惧和焦虑的不同变体只是一个或多个共同的潜在脑回路活动的认知细化（cognitive elaboration）。然而，正如我所主张的那样，尽管存在与恐惧和焦虑感有关的先天回路，但它们是生存回路（面对生活中的挑战和机遇，该回路控制行为使生物体更好地生存和发展），而不是感觉回路（编码有意识的恐惧或焦虑感的回路）。[160]生存回路的一个重要类别是那些控制防御行为的回路，其他回路则与能量和营养需求、体液平衡、温度调节和繁殖有关。而情绪感受产生的一种方式是，个体意识到他脑中的生存回路活动的结果，并意识到这些结果对自身产生了影响。生存回路产生无意识的动机状态，这些动机状态和恐惧或焦虑情绪不同，它们只是有助于恐惧或焦虑情绪的产生。内隐状态会影响有意识的情绪感受，但除非我们注意到它们对我们的行为或身体方面的影响，否则它们仍然在我们的意识之外。

虽然我们经常说恐惧感与和捕食有关的防御回路的激活有关，但实际上，恐惧感与任何特定的皮层下回路都没有直接联系。我们每天必须保护自己，应对各种各样的挑战，不仅仅是来自捕猎者的挑战。例如，你长时间缺乏食物，低能量供应信号会引发你对可能挨饿的恐惧感。或者你被困在山顶上，感觉气温下降，你可能会开始害怕或担心自己被冻死。恐惧或焦虑是指你处于危险之中时的认知意识，无论这种危险是否激发防御行为、能量调节、体液平衡或其他生存回路，也无论该危险是你想象出来的，还是你对存在的意义（或无意义）的沉思引起的。

总之，情绪是由复杂的认知机制拼凑在一起的意识状态。为了理解这些情绪是如何产生的，我们必须深入研究意识的机制，这就是接下来的三章所要讲的。

第 6 章

让我们从物理层面理解"意识"的问题

> 意识活动再高深，也能从大脑活动中找到根源，正如无论多美妙的旋律，
> 也都是由音符组成的。
>
> ——W. 萨默塞特·毛姆（W. Somerset Maugham）[1]

恐惧与焦虑是被我们意识到的体验与感受。什么是意识呢？每个人都认为自己拥有意识。但是意识究竟是怎样的存在，它在大脑中如何运作，其他动物是否也有意识等问题，仍然存在争议。不了解意识，就无法真正理解恐惧和焦虑，让我们来深入了解它吧。

概念界定

"意识"一词在日常生活中有两种不同的使用方式。有时它指觉醒和警觉（而不是睡着、麻醉或昏迷），能与周围环境相互作用，这种意识被称为生物意识。与之不同的是状态意识，在这里我们称之为心理意识，它指个体意识到自己正在经历的事的能力。[2]有心理意识（觉知）必然有生物意识（觉醒），但有生物意识

不一定有心理意识（见表 6-1）。所有的动物都有生物意识，但只有能意识到生物意识存在的动物才拥有心理意识。[3]

表 6-1 生物意识 vs. 心理意识

特征	生物意识	心理意识
觉醒和警觉	是	是
对感觉刺激做出反应	是	是
使个体做出复杂的行为	是	是
解决问题并从经验中学习	是	是
意识到刺激的存在	否	是
意识到自我的存在	否	是
意识到自己是感觉、行为和解决问题的主体	否	是

当我使用"意识"这个词时，除非我另有说明，否则都是指心理意识。正如定义所指，心理意识指个体能够意识到某个状态正在发生并知道这个状态是关于什么的。没有明确意识到状态内容，也没有意识到状态正在发生的状态，被视为无意识状态。因为无意识状态涉及认知过程，所以它们是无意识认知的一部分（见第 2 章）。虽然无意识状态不是意识心理状态，但无意识状态是心理状态。

这里有关意识的讨论势必会再次引出这个问题：其他动物是否拥有人类所谓的意识，或与意识等价的其他东西。[4]有些人认为灵长类动物，尤其是猿类，具有和人类相似的意识体验。[5]其他人认为哺乳动物[6]或脊椎动物[7]也有意识，因为它们的大脑在很多方面与人类的大脑相似。另一种观点认为，除人类典型、精细的意识外，或许人类还拥有与动物相同的原始意识[8]（例如，第 5 章提到的潘克塞普和达马西奥的感觉皮层理论）。但是，原始意识是心理意识的一种吗，还是说它们仅仅是内隐的、参与意识过程但本身不能被有意识地体验到的状态？还有些人认为无脊椎动物也是有意识的。[9]更有甚者认为意识只是简单的生物信息加工，它在植物、单细胞生物等各种形式的生命中都存在。[10]有一种极端的观点认为，意识（或其某种形式）是整合信息的物理实体（如基于电子芯片设备的计算机或智能手机）的一个特征。[11]还有一种观点认为人类根本是无意识的，我们之所以认为人类是有意识的，只不过是因为认知系统在我们大脑中的工作方式而已——一旦完全理解了大脑，我们就完全不需要"意识"这一概念了。[12]

意识和无意识的挑战

笛卡尔在尝试为已被确切了解的事建立标准时，实际上阐述了现代意识问题。[13]他认为，一个人能直接地、确切地认识的唯一事情，就是他自己的内在体验和意识状态，别人的想法只能够通过推论获知。笛卡尔认为，心理、意识和灵魂是同样的东西——它们在时间和空间上没有存在的物理位置，是人类拥有而动物所没有的。笛卡尔将动物形容为"野兽机器"，他认为动物缺乏心理意识，它们仅仅是对物质世界做出反应的物理实体。[14]他认为，意识赋予人类理性思维、内在意识和自由意志，而这些是野兽所缺乏的。

正如我们在第2章中提到的，当实验心理学在19世纪末代替哲学成为研究心理的科学时，对内在意识体验的研究便成为热门领域，这些研究希望通过实验来解决笛卡尔提出的问题。[15]但是到了20世纪20年代，由于像约翰·华生这样的行为主义者和弗洛伊德的精神分析理论所带来的挑战，意识开始失去其崇高的地位。行为主义者认为，内隐的、不可测量的意识不是实验科学的研究领域，[16]无论研究动物还是人类，可观测的行为是唯一可接受的心理数据来源。弗洛伊德则认为，尽管意识发挥着重要的作用，但是它也仅仅是心理冰山的一角，大部分心理是属于潜意识的。[17]

到21世纪中叶，认知科学开始取代行为主义和精神分析，并且针对潜意识提出了不同的研究视角。[18]认知是一种信息处理系统，能检测并响应刺激、学习、形成记忆，它通过这些来控制行为，而这些过程大多是无意识的。[19]我们能意识到信息加工的结果（它在意识心理中创造的内容——意识体验），但我们无法意识到内部加工过程。[20]一些内隐过程产生意识体验（意识内容），其余的内隐过程则产生无意识内容。我们在生活中学习和使用的许多东西都是我们与社会环境交互作用的结果（例如语法分析、深度知觉、被强化的工具性行为和习惯），它们与内隐的、没有意识直接参与的无意识过程和内容有关。[21] 弗洛伊德提出的潜意识是意识内容的存储库，是传输并保存焦虑和记忆的地方，[22] 而所谓的无意识认知是指执行可能产生或不会产生有意识内容的功能的过程。当提到后者的加工过程时，我更喜欢使用"无意识"一词，以免与弗洛伊德提出的潜意识混淆。

那些此刻不存在于意识中但很容易被意识到的信息，有时被认为储存在前意识中。这区别于那些无法被意识到的信息。弗洛伊德与现代认知科学家一样都使用"前意识"这个术语。[23] 例如，你现在可能并没有在想你昨晚吃了什么，但是我现在提到了这件事，你就很可能已经回想起了这些信息。

心理意识和认知

笛卡尔假定人类由两种物质组成，这两种物质产生两种状态：物理（野兽机器）状态和心理（意识）状态。在他看来，心理认知和意识是一样的。但弗洛伊德和后来的认知科学提出了一个更微妙的观点，心理状态既有意识的也有无意识的。当我们试图确定人类行为的哪些方面依赖于有意识的心理状态时，以及在试图弄清楚动物有无有意识的心理状态时，这种区分就起作用了。那么我们如何正确区分它们呢？

区分有意识的心理状态和控制行为的无意识过程的最直接的方式是口头自我报告。[24] 笛卡尔认为，人类能通过言语证明他拥有理性的灵魂（意识）。[25] 哲学家丹尼尔·丹尼特（Daniel Dannett）同样指出，人类的意识状态是可以被报告出来的。[26] 人们也可以通过非言语手段表达他们意识到了某事物，比如回应他人的口头请求。在大多数情况下（大脑出现病理表现的情况除外），如果被试能够提供非言语的意识报告，就能够提供口头报告。虽然我们不能完全准确地报告我们所有的意识体验，但是我们可以确定我们是有意识体验的。正如口头报告是人意识到某事物的最有力的证据，不能提供口头报告是没有意识到某事物的最有力的证据（排除健忘、欺骗和精神功能障碍）。有些人甚至认为意识体验与报告体验的能力密切相关。[27]

在处理人的主体意识问题时，一个关键的问题是，哪些大脑事件和结果状态可以被口头报告，哪些不能。在有关意识和无意识的研究中，研究者经常会给被试呈现阈下视觉刺激来降低被试有意识地觉察到刺激的能力。在被试无法用言语报告自己觉察到的刺激的情况下，非言语反应（行为的或生理的）被视为无意识加工的证据。为了获得被试对呈现的无意识刺激的非言语反应，被试需要从研究者提供的不同项目中选择与无意识刺激相匹配的项目，有时候甚至需要猜测。

阻止刺激信息到达意识层面的经典方式是进行阈下刺激，即让视觉信息非常短暂地闪现几毫秒，这个刺激持续的时间短到被试根本无法意识到它。[28]另一种更加严格且现在被广泛使用的方法叫作掩蔽（见图6-1）。在使用掩蔽时，研究者在给被试呈现目标刺激几毫秒后立刻呈现第二个刺激（即掩蔽）。[29]掩蔽与短暂闪现刺激的方法总体效果相同，但是，因为掩蔽有助于阻碍刺激持续呈现，所以它能更有效地阻止刺激进入意识。在这两种情况下，典型的结果是，被试否认在实验过程中看到过任何东西，但是其非语言反应证明刺激信息已经被他们意识到了。[30]还有一些其他方法能使研究者在无法获得口头报告的情况下测量非言语反应，这使人类的意识状态和无意识状态能被区分开来。

对动物的意识进行研究是另外一回事，因为有关动物的无意识加工和有意识的心理状态的证据只能通过非言语反应来获得。那么，如何才能确定非言语反应揭示的是无意识认知过程，而不是有意识的心理状态呢？

一种探索动物意识的策略假设，如果一种生物能够在行为上解决复杂的问题，该生物就有复杂的心理能力，也有有意识的心理过程。[32]这种方法将认知能力与意识混淆了，而这两者是不一样的。[33]与笛卡尔的观点不同，动物并非本能地对世界做出反应的野兽机器。它们使用内部（认知）过程来加工外部事物以达成目标、做出决定、解决问题。但是，因为人类的大脑能够无意识地执行这些任务，所以动物的这种认知能力不能作为动物有意识的证据。

评估动物是否有意识的一个更直接的方法是，把它们置于能说明人类有意识的情境中，观察它们是否会以类似的方式做出反应。一个被广泛使用的程序是自我意识的镜像测试。年龄不足两岁的幼儿看镜子中的自己时不能发现自己外表的变化，[34]例如，18～24个月的幼儿会忽视自己脸上的红点，但年龄稍大之后，他们会注意到并抹掉脸上的红点。这个现象说明幼儿有自我意识。这个实验的结果在大猩猩的身上得到了验证，由此我们可以认为动物具有有意识的心理状态。（其他动物也通过了镜像测试，包括猴子、鲸、海豚、大象，甚至还有一种鸟类。[35]）这些实验结论遭到了西莉亚·海耶斯（Celia Heyes）的挑战。[36] 她指出，大猩猩意识到自己的身上有红点的能力在幼年期是最强的，随着年龄的增长，这种能力会逐渐减弱，这与人类的情况正好相反，同时也与我们对自我意识的预期相反。海耶斯认为，上述认为动物有意识的结论基于动物行为与人类行为的简单类比，不能排除这种行为是无意识控制的可能性（动物能发现红点，但发现的过程并不依赖于自我意识）。记住，要证明动物有有意识的心理状态，不仅要有该现象总是与意识同时出现的证据，还要证明用无意识的过程解释该现象是不可行的。[37] 因此，镜像测试没有为动物有有意识的心理状态提供确凿的科学依据。

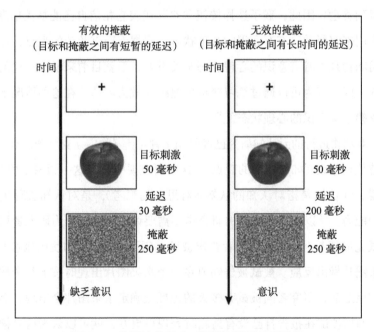

图 6-1　使用掩蔽阻止对视觉刺激的自觉意识

掩蔽是一种心理程序，在这个程序中，意识到刺激并报告其存在的能力受到干扰。如果先呈现目标刺激（待识别的刺激），极短的时间后（例如 30 毫秒）呈现第二个刺激（掩蔽），被试通常无法识别目标刺激，但是，如果目标刺激和掩蔽之间的延迟变长（例如 200 毫秒），刺激就容易被识别。

拉里·韦斯克兰茨（Larry Weiskrantz）提出了一个更严谨的方法。[38] 他认为，正如人类研究能够通过比较可报告的意识状态与不可报告的无意识状态来区分有意识加工和无意识加工，动物研究也应该能够将行为表现与对刺激的意识区分开来。他的解决方法是使用评论键。例如，猴子能得到奖励的按键情况如下：按下按键"A"，且看到一个闪烁出现，或者按下按键"B"，且没有闪烁出现。这里还有第三个按键"C"，按下"C"，猴子有75%的概率能获得奖励，但与灯的闪烁无关。如果这只猴子对于灯是否闪烁很有把握，那它就没有理由去选择"C"，因为猴子很可能会准确地选择"A"或"B"来获得奖励。但是，如果改变游戏规则，即灯光闪烁与不闪烁的差别不那么明显，且猴子仅有50%的概率能察觉到灯光，那么按"C"是一个更好的选择，因为不管灯是否闪烁，猴子都有75%的概率得到奖励。因此，猴子选择按钮"C"代表它相信自己能掌控信息。[39] 这被某些人用来解释动物有有意识的心理状态。根据韦斯克兰茨的观点，评论键法对于证明动物是否有有意识的心理状态至关重要，但就目前来说，这样的解释是不充分的，因为行为可以通过练习变得更熟练并成为习惯，在这种情况下，行为不一定依赖于有意识的心理状态。[40]

　　一些对动物进行的元认知研究已经使用了评论键（如韦斯克兰茨的观点）而且测试了替代性假设（如海耶斯的观点），这些研究说明研究这一领域是困难的。[41] 简单地说，元认知是指对认知的认知（对思考的思考），是对认知过程进行监测和控制的能力。[42] 以人类为被试的研究是不需要评论键的，因为研究者可以口头指导被试完成任务。例如，研究者要求被试在阈下呈现（例如使用掩蔽）的条件下对水果图片做出反应。被试被告知要在一个水果图片出现时按下某个按键，每次实验结束之后，研究者问被试有多大的把握能确定水果图片会出现，靠猜测也可以。[43] 如果被试在报告自己没有猜测时表现得更好，就可以认为这是被试对自己反应的准确性有一定认识（元认知）的证据。一个与之相类似的方法叫作决策后下注，研究者要求被试对他们的行为反应是否正确下注。[44] 如果被试将更多的钱下注到他们做出正确的行为反应的实验中，就可以认为他们有元认知。虽然有人认为决策后下注提供了一种直接的、客观的测量意识的方法，[45] 但也有人对这一方法提出质疑。[46]

　　对动物的元认知的研究使用了复杂的训练程序，包括评论键法，这一方法使被试能表达出来对自己能做出正确反应的信心[47]（前文中韦斯克兰茨的猴子研究就是一个例子）。但是，这些研究是否能证明动物有元认知仍存在争论。有些人对此持怀疑态度。[48]其他人虽然承认一些研究确实证明了动物有元认知能力，但仍对从元认知到意识的飞跃表示犹豫。该领域的杰出研究者，J. 戴维·史密斯（J. David Smith）是动物存在元认知这一观点的忠实支持者。他认为用评论键法进行的研究能够比较人与其他物种的认知能力[49]（这也提供了一种能研究由于各种原因无法用言语交流的人的认知能力的方法，如前语言期的儿童、脑损伤患者、因先天性疾病患自闭症或智力低下的人）。史密斯也指出，虽然这些研究揭示了动物认知的存在，但这并不代表动物有意识，证明后者的门槛要高得多。

　　有一些与该领域相关的研究试图证明动物有情景记忆，即关于自己亲身经历的记忆。[50]有人认为这种记忆依赖于意识，是人类独有的。[51]如果能证明动物具有情景记忆，就可以说明动物有意识。但是，就如我们在下一章中将要提到的，这个问题要比想象的复杂得多。哺乳动物和一些鸟类确实具有情景记忆的某些认知成分，但是它们是否具有情景记忆很难确定。因此，研究该领域的大多数科学家都会称之为类情景记忆，而不是情景记忆。

　　对动物的复杂认知进行研究是有可能的，但想要进入动物的思想，知道它们在经历什么，以及它们是否拥有有意识的心理过程是极具挑战性的，甚至可以说是不可能的。正如朱利奥·托诺尼（Guilio Tononi）和克里斯托弗·科赫（Christof koch）提出的，"从关于人类意识的行为和神经研究中学到的教训，使得我们必须谨慎推断它在与人类截然不同的生物中的存在，无论这些生物的行为、大脑多么复杂"。[52]认知神经科学家和意识研究者克里斯·弗里斯（Chris Frith）与他的同事简要地阐述了这个问题：他们相信猴子有意识的心理表征，但要证明这个假设是很困难的。尽管猴子可以被训练通过行为报告它们的想法，但无法用言语的方式验证这些行为报告，就无法证明它们有意识体验。[53]如果我们无法确定灵长类动物是否能够意识到大脑中的活动，那么认为灵长类动物有意识就不是很恰当。

在许多情况下，行动可能胜于言语，但是对于意识来说，即使是一个微弱的耳语都胜过任何动作，所以让我们进一步研究语言和意识吧。

语言和意识

作为日常生活的一部分，我们使用语言来标记和描述我们的感知、记忆、思想、信念、欲望和感受。正如我们所见，这种能够谈论内在状态的能力使科学地研究人类的意识变得相对容易。但语言的作用远不止提供一种评估意识的工具。丹尼尔·丹尼特认为，语言可以勾勒思维传达的轨迹。[54]许多哲学家和科学家都认为语言与意识有着很强的联系。[55]

语言，顾名思义，就是使用词语来标注外部对象、事件以及内部体验。语法，或者说运用语言的能力，使我们的心理过程形成了一个体系，当我们思考、规划和做决定时，它能指导我们。正如认知神经科学家埃德蒙·罗尔斯（Edmund Rolls）所提出的，语法使我们把行动分割成多个阶段目标，使我们能在不需要真的执行它的情况下评估其结果。相比之下，罗尔斯认为，人类和动物的非言语行为是由先天的程序、强化历史、习惯和规则驱动的，而不是人类预测多个步骤的能力。[56]

灵长类动物和其他哺乳动物[57]之间、人类和其他灵长类动物[58]之间的大脑存在显著的生理差异，究其根本，这其实是功能的差异，包括语言对认知的影响。能说明这一点的是，与有丰富的语言功能的左半球相比，裂脑患者语言功能匮乏的右半球缺乏认知能力。[59]有些人可能会反对，认为那些天生聋哑的人和由于脑损伤而缺乏语言能力的人并非没有更高级的认知和意识。[60]但问题并不在于理解语言和说话的能力，而在于语言是如何使人类的大脑在没有它的情况下无法处理信息的。[61]

我们不能科学地推断动物是否有有意识的心理状态。即使它们有，且人类能够通过某种方式体验动物的这种心理状态，这种体验也与人类的有意识的心理状态完全不同。语言不仅仅是交谈与阅读的系统。交谈与阅读反映了认知加工过程，也正是语言将认知"送入"大脑中的。

哲学家路德维希·维特根斯坦（Ludwig Wittgenstein）有一句名言：即使一头狮子可以说话，我们也无法理解它在说什么。[62] 他认为造成这种结果的原因是狮子和人类所处的环境和生活经验不同。我认为，虽然狮子是哺乳动物，其大脑在许多方面与人类的大脑相似，但它们有着本质区别，尤其是对意识极为重要的新皮层。换句话说，就算把说话的能力植入狮子的大脑，这也仍是狮子的大脑。尽管在某种程度上它已经是一个复杂的狮子大脑，但也只是狮子的大脑而已（不是人类的大脑）。

感受性问题

"感受性"（qualia）是意识研究中的术语，它在学术讨论中经常出现。在纽约的某些地区，尤其是在纽约大学附近的咖啡馆和酒吧里，它是一个热门话题。目前纽约已然成为意识研究的热门地区。一些主要的哲学家都是在纽约大学和其他学术机构工作的，大苹果城（纽约市的别称）中有关感受性的讨论也是由纽约意识研究共同体发起的。[63] 该机构由年轻的哲学教授和研究生及部分神经科学家组成，除其他的活动外，他们还举办一年一度的"Qualia"音乐节，在那里人们用难以描述的方式歌唱意识、为意识跳舞，人们改变着意识。我的乐队"杏仁核"会在音乐节上演奏一些关于心理、大脑和心理障碍的曲目。《纽约时报》刊登了2012 年的那场活动，这在当时引起了人们对感受性的广泛关注。[64] 那么，什么是感受性呢？

我在纽约大学的一个同事，哲学家汤姆·纳格尔（Tom Nagel）于 1974 年写了一篇名为《做一只蝙蝠是什么体验？》[65] 的著名文章。他的答案是，做一只蝙蝠就是做一只蝙蝠，它是一种人类永远不能真正理解的体验，因为我们的经历（即感受性）是不同的。这与维特根斯坦提出的狮子的观点相似。纳格尔认为，意识具有主观性，即感到"像什么"的体验是有意识的。也就是说，当我们有意识地体验到某种内在状态时，我们正在体验的是它的现象特质，即感受性。我们不知道作为一只蝙蝠是什么感觉，但是我们知道，如果它真的是蝙蝠，那它就一定不是人。这么说的部分原因是语言及其对大脑的贡献。

20世纪90年代，另一位纽约大学的哲学家戴维·查尔莫斯（David Chalmers）提出了关于意识的"困难问题"和"简单问题"之间的差别，他的观点颇有影响力。[66] 简单问题通常是神经科学家研究的问题，例如，睡眠和觉醒是如何发生的，感觉加工、感知、运动控制、学习和记忆、注意力及认知工作的其他方面（生物意识方面）又是如何发生的。解释有意识的心理状态的内容则是困难问题。

例如，弄清楚大脑如何处理红色、橙色和粉色是一个相当简单的过程。我们甚至可以弄清楚认知过程如何将颜色和形状整合从而获得日落的视觉表征。但要解释在日落的过程中我们是如何感受到这些颜色的就困难得多。正如纽约大学的另一位著名意识哲学家内德·布洛克（Ned Block）所说的，困难问题解释了为什么给定的现象或主观体验的生理基础是这种体验的基础，而不是其他体验的基础，甚至不是任何体验的基础。[67]

某种程度上，"困难问题"这个名称反映了这样一个事实，即它本身就是科学难以解决的问题。其实还有很多类似的"困难问题"。查尔莫斯和纳格尔认为心理并不等同于大脑。虽然心理依赖于大脑，但它本质上属于非物质世界。换句话说，查尔莫斯和纳格尔是二元论者（查尔莫斯自称是一名自然主义或科学二元论者，可能是为了将自己的观点与神学二元论区分开来）。他们认为，理解大脑与意识的关系不仅仅是一个困难问题，而且是一个不可能问题，因为这个问题本身就是错误的。意识是超越大脑的东西，大脑只是意识在物质世界中的一种载体。因为意识本身不是物理实体，所以研究大脑无法揭示现象体验的本质。大脑研究揭示的是意识的神经联系，而不是意识本身。[68]

其他哲学家认为意识状态是大脑的状态，用神经科学领域的术语理解意识体验虽然有些困难，但理论上是可行的。作为一名神经科学家，我从物理主义的角度来理解心理，并假定脑机制是解释意识所必需的。[69] 没有意识的脑机制，就不会存在任何心理层面的东西。当我使用"心理"一词时，如"有意识的心理状态"，我指的是具有现象属性的大脑状态，我们将意识到的大脑状态归因于大脑和心智，在这种状态下，大脑产生心智。

意识形态理论

在对有意识的心理状态的物理主义解释中，关于大脑如何产生意识体验存在着许多争论。被普遍接受的观点是，意识是一种大脑状态，拥有大脑的人意识到大脑内发生的事情，并且能够向他人报告自己的体验，这种状态通常被视为大脑认知能力的产物。鉴于这些能力在很大程度上依赖于大脑皮层，所以绝大多数有关意识的研究都集中于新皮层区域。（潘克塞普和达马西奥在前几章讨论的有关感觉意识的皮层下理论除外。）

下面我们将讨论有关意识与认知过程的几个关键理论。这些理论大多涉及知觉意识的内容：我们如何有意识地体验外部刺激，尤其是视觉刺激。因为不可能回顾所有的意识理论，[70] 所以只讨论与后面几章直接相关的内容。

信息处理理论

当今大多数关于意识的物理主义理论都建立在这一观点的基础之上：大脑是一种信息加工设备，而意识是其加工出来的最高级的产物。一些著名的心理学家和哲学家认为，工作记忆在意识中起着关键作用。[71]

工作记忆是一种特殊的信息加工设备，它主要由两部分组成：临时的信息存储系统（工作区）和执行功能的控制系统（见图6-2）。其关键的执行功能是注意，它控制从感觉和长期记忆系统进入工作记忆加工过程的信息流。

我们在思考和控制行动时使用工作记忆。例如品酒，为了比较酒的不同口味，你需要记住你几分钟之前喝过的酒的口味，每一款酒的口味都被保存在工作记忆的临时存储系统中。要做到这一点，你必须使用注意和其他执行功能来控制工作记忆。当然你也可以根据酒的不同气味和外观来评估它们的味道。工作记忆不仅会随时间的流逝而消失，而且还可以跨感觉通道进行整合。你可以通过长时记忆来对酒的口味进行评估，通常来说，相比于颜色较浅、味道较淡的酒，那些颜色较深的酒味道会更加浓烈。执行功能用于提取所有与之相关的记忆并将其储存在临时存储系统中。执行功能还能够在做决定时起作用：如果要在这些酒中选择一种购买，你会买哪一种？

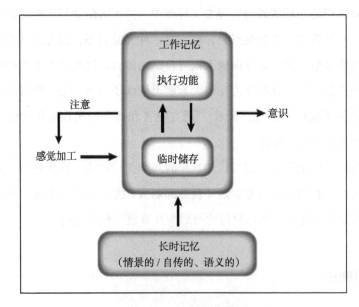

图 6-2　工作记忆与意识

　　工作记忆通常被描述为心理工作空间，执行功能加工的信息可以暂时储存于此。一个关键的执行功能是注意，它决定了感觉线索何时能够进入工作记忆。注意也有助于长时记忆的提取，使得个体在接收到与原始刺激相似的刺激，体验到与原始刺激相关的体验时，能够提取长时记忆。大多数信息加工理论将工作记忆和注意视为关键（或许是必需的），尽管仅凭它们还不足以证明意识体验的存在。因此，虽然我们能够意识到工作记忆中的信息，但并不是所有与注意和工作记忆有关的信息都能被我们意识到我们意识到了。

　　在我们思考、做决定和制订行动计划的时候，工作记忆在处理不同信息时起着重要的作用，我们认为这与意识相关，因为工作记忆处理、加工的内容就是我们能够意识到的信息。第 5 章中提到的系统 2 决策过程主要依赖于工作记忆。但是工作记忆依赖于无法被意识到的内隐过程，且并非所有进入工作记忆的信息都能被意识到[72]（这在某种程度上是对系统2决策过程的挑战）。虽然工作记忆的确起着十分重要的作用，但它本身并不能解释意识体验。

高阶理论

大多数信息处理理论都假设知觉意识不仅仅与感觉加工有关。高阶理论明确地提出了这一点，它认为产生知觉意识至少需要两个步骤：一阶表征和更高阶的表征，其中一阶表征不能被有意识地体验，更高阶的表征[73]如图6-3所示。如果没有高阶表征，低阶表征的信息就会一直存在于认知无意识，是无法访问的，自然也不能被有意识地体验到。

图6-3　高阶理论

这个理论认为，为了意识到某个刺激或事件，我们必须对这一刺激或事件有一个认知，这使我们能够对刺激或事件产生意识。更进一步的高阶事件是你意识到你正对某些东西产生意识。工作记忆是这些高阶认知所必需的。

高阶理论的主要支持者是纽约市立大学研究生中心的大卫·罗森塔尔（David Rosenthal）。[74]大多数情况下，高阶表征指对思考过程的思考。例如，罗森塔尔认为，要想有意识，人们必须有能力思考自己的思考过程。[75]除非某一思考过程是另一思考过程的主题，否则前者就是无意识的。重要的是，即使二阶思考能够使一阶表征中的信息进入意识，二阶思考本身也不是有意识的思考过程。为了让它能够被有意识地体验到，它必须成为另一个思考过程的对象（这就是为什么元认知是不同于意识的二阶思考过程）。简而言之，罗森塔尔认为，我们并不了解高阶思考本身，我们了解的仅仅是与之相关的信息。总而言之，无意识的认知过程能够引起有意识的体验。为了更具体地解释这个问题，请按如下步骤去做，以保证你意识到你看到了一个苹果。第一，苹果必须被表示为感知对象。第二，这一感知对象必须进入工作记忆中。第三，你必须对这一感知对象有一个想法（那是一个苹果）。要意识到你有这个想法，你还需要产生另一个想法（我正在看一个苹果）。

当我第一次学习高阶理论时，我想起了我几年前读过的一本禅修书，书名是《禅宗训练》[76]，它描述了作者的佛教思想和意识。作者认为，"人无意识地思考和行动"，然后作者进一步解释了意识是如何出现的。他假定有三个 nen（思想冲动）。第一个 nen 是对世界的原始表征。第二个 nen 是对第一个 nen 存在的认识，它使得我们能够体验到第一个 nen，但它对自己一无所知。第三个 nen 是对第二个 nen 的有意识体验，它使我们意识到某种体验正发生在自己身上（意识体验的参与将会在下一章进行讨论，我们将考察记忆与意识的关系，尤其是个人经历的作用）。这三个 nen 类似于罗森塔尔假设的三个步骤，即你必须知道你具有意识。这很有趣，如此不同的传统观点得出了相似的结论。

元认知的研究主要与高阶思考过程有关，在这一阶段人们被要求思考他们心中的想法。[77] 阿克塞尔·克莱尔曼（Axel Cleeremans）的"激进可塑性假说"明确地将元认知和高阶理论结合起来。[78] 他认为高阶表征不会自动发生，必须通过学习产生——通过经验，某些个体习得的元表征会伴随着无意识状态出现，这里所说的元表征是能被个体有意识地体验到的。然而，这并不意味着元认知判定的所有东西都等同于意识。

高阶理论的变体强调在个体内心进行的对个人体验的叙述（内在叙述）的重要性——某种程度上，意识就是我们在对自己说话。丹尼尔·丹尼特的多草稿理论（他将意识状态视为叙述的草稿）借鉴了罗森塔尔的观点。[79] 迈克尔·加扎尼加的翻译理论也认为意识状态反映的是一种内在叙述，他认为这种叙述是通过对体验进行演绎产生的。[80] 拉里·韦斯克兰茨的评论理论强调报告自身体验的能力的重要性，[81] 他认为"意识就意味着个体能够做出评论……这种能力可能是与生俱来的，这一观点与罗森塔尔的观点极其相似，那就是人们能够意识到自己的意识"。[82] 罗森塔尔认为，高阶思考过程的存在表示人们能够向自己报告自己的体验。

全局工作空间理论

全局工作空间理论是信息处理理论的另一个变形（见图 6-4）。该理论最初由伯纳德·巴尔斯（Bernard Baars）提出，[83] 也得到了斯坦尼斯拉斯·迪昂（Stanislas Dehaene）、莱昂内尔·纳卡什和让 – 皮埃尔·昌吉克斯 [84] 的大力支持。与其他信息处理理论一样，它认为各种信息处理器相互竞争以进入认知工作空间（主要是工作记忆），注意则选择让哪个处理器进入工作空间。工作空间中的信息可以用于思考、计划、决策和行为控制。根据全局工作空间理论，仅仅由工作记忆的执行注意和工作空间本身不足以形成意识体验。信息在大脑中被大范围广播，然后被传送回工作空间，如此循环往复。全局工作空间理论认为，意识体验产生于信息在工作空间中的广播和传递过程。

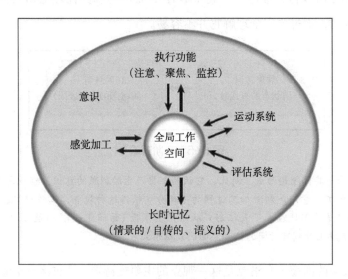

图 6-4　全局工作空间理论

这个理论认为，意识源于工作空间（主要是工作记忆）广播信息并将信息再传回到工作空间这一循环往复的过程。广播和转播产生意识体验，这又加强了这一过程。在这一理论中，意识是整体活动的产物。

全局工作空间理论在某种程度上和高阶意识理论相似：单一的加工水平不足以产生意识体验，可被读取的认知被认为是产生意识体验所必需的，口头报告是意识体验的外化。但是全局工作空间理论并没有明确提出个人体验必须是思考或知觉的对象，这样才能产生意识体验。信息只能在工作空间中被广播和循环广播。[85] 可以想象，高阶意识表征是广播和循环广播过程的一部分，但是这个观点并不是全局工作空间理论的一部分。

一阶理论

有关知觉意识最简单的信息处理理论就是一阶理论[86]（见图6-5）。它假设感知对象（例如视觉刺激）的表征是形成意识体验的唯一前提。一阶理论者认为，意识状态的一个重要部分就是它对自身的意识。[87] 一阶理论与上述所有理论都是对立的。我之所以将其描述为"最简单的"，是因为和其他理论相比，它的加工过程是最少的，不过要完全理解它并不容易。

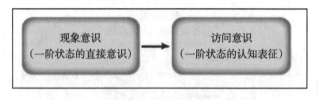

图6-5　一阶理论

这个理论与其他理论形成了对比，它认为，要产生对刺激的意识，唯一需要的就是对刺激本身的加工。意识是刺激加工过程的一部分。根据这种观点，工作记忆、高阶认知、广播和转播只是简单地放大了表征形式从而产生体验（访问意识），体验本身（现象意识）独立于这些直接上升到可访问的认知层面的表征形式。

纽约大学的内德·布洛克是这一观点的主要支持者。[88] 布洛克更倾向于使用"同阶理论"这个术语来描述意识的反身性——意识是一个关于意识本身的独立状态，没有其他状态的参与。他的理论基于访问意识与现象意识之间的区别。[89] 布洛克认为，现象体验（心理意识）可以在无法被认知到（这能让你知道自己正在体验它）的情况下存在。[90] 为了帮助读者理解无法访问的现象意识的本质，布洛克举了一个例子：当你坐在一个安静的房间里，阅读、思考或者做白日梦的时候，突然间，你的感觉世界发生了变化——例如你隔壁厨房冰箱的电机突然停止运作。这时你似乎注意到自己之前已经意识到这个声音了。这种之前没有被注意到的体验是布洛克所提出的现象意识的本质，即在你访问它之前，你没有意识到也无法报告的意识状态。在布洛克看来，在你访问它之前你就已经在现象层面上意识到这一点了。布洛克说，"访问"即我们意识到现象体验的内容。[91]

在对布洛克理论的评价中，莱昂内尔·纳卡什（Lionel Naccache）和迪昂指出，通过实验来区分无法访问的意识体验和被认知访问后才能报告的意识体验是很困难的。一阶现象意识（如可访问的意识一样）依赖于主体对自身状态的报告。[92]那么，如何区分无法报告的意识的无访问状态和你没有觉察到的无意识状态呢？所有情景中的意识都依赖于访问，那么什么是无法访问的现象意识？

每当我注意到冰箱的电机停止运作时，我都很想知道自己有没有意识到这一点。从这个意义上来说，布洛克的例子是非常巧妙的。但我认为这种情况与感觉记忆有关，而非现象意识。所有的感觉系统都可以将信息存储在前意识（无访问）状态中几秒钟。[93]因此，当电机停止运作时，注意先进入感觉记忆，随后注意将感觉记忆"拉"入工作记忆，接着我便有了一个听到声音的意识体验。此时我体验并记住的只是前意识短时记忆缓冲区的信息，而不是无法访问的现象意识。

英国神经学家亚当·泽曼（Adam Zeman）写了大量关于意识的著作，他指出，采用自我报告的方法区分从无意识加工到意识体验转变的理论，与假设无法报告也无法访问的现象状态是意识状态的理论是相互冲突的，这是对这个领域的巨大挑战。[94]那么，我们如何在意识的各种理论中进行选择，并把恐惧和焦虑作为意识体验状态来理解呢？或许大脑可以提供帮助。

借助大脑理解知觉意识

一直以来，对意识感兴趣的哲学家都很少关注大脑，即使那些用物理主义解释意识的人，也认为大脑的功能不见得能够提供有用的东西。[95]例如，一个叫作功能主义的哲学学派认为，试图从大脑的角度理解意识就像试图理解计算机是如何"指挥"其电子元件来下棋一样。[96] 计算机上运行的软件可以实现（下棋）功能，这与硬件本身无关——相同的象棋程序可以在不同类型的计算机硬件上运行。这种传统的功能主义观点认为，意识是一种依赖于大脑的躯体反应，但是神经元、突触、动作电位和神经递质并不能解释意识体验是如何产生的。相比之下，物理主义哲学家更开放，他们认为大脑研究可以为检验哲学理论提供有用的证据。

有关大脑如何使意识成为可能的讨论和关于意识本身的讨论一样，都集中于视觉意识。[97] 对视觉系统的研究是神经科学研究中最先进的领域之一。[98] 让我们简要回顾一下视觉系统的组织，特别是其新皮层的组成部分，因为大部分关于意识的讨论都涉及基于新皮层的认知过程。

我们知道"看"需要视网膜接收光，也需要神经元产生与外部视觉刺激等价的神经冲动。这些冲动传递到视丘脑，视丘脑属于皮层下组织，负责加工信息并将加工结果传递到视觉皮层。视觉皮层的最初阶段（初级视皮层）会根据刺激的线条、角度、边界、亮度和颜色来创建刺激的初始表征，接着这些表征以复杂的形式在视觉皮层的后段（视觉皮层的次级和三级区域）将刺激的形状和运动信息整合到其中，我们在行为和思考过程中使用这些表征。识别这些视觉加工阶段并了解其功能属于简单问题。困难问题是这些神经表征是如何被个体的大脑有意识地体验为物质世界中的对象和场景的。

研究视觉意识的一种方法是研究脑损伤患者。例如，人们早就知道右半球视觉皮层受损的患者看不到呈现在视觉空间左侧的刺激。[99] 这由从眼睛到视觉皮层的传输路径决定——视觉空间左侧的信息大多被传输到右半球（见第 2 章）。当视觉刺激出现在视觉盲区时，患者无法有意识地觉察它们。研究者还通过观察发现，视觉皮层病变的猴子可能会以原始的方式对盲区内的视觉刺激做出反应。[100] 拉里·韦斯克兰茨、[101] 大卫·米尔纳（David Milner）和梅尔·古代尔（Mel Goodale）[102] 等人已经证明，视觉皮层受损的患者被诱导后，尽管他们否认自己看到了刺激，但是他们依然会对出现在这个盲区的刺激做出反应。为了评估视觉皮层受损的患者有没有对盲区里的刺激进行加工，研究者通常会使用评论键法，要求他们从两个或更多的选项里面选择与目标刺激相关的一个。其他研究则向盲区提供了巴甫洛夫威胁条件刺激（见第 2 章和第 3 章），条件刺激诱发了自主神经系统反应，这表示该刺激已经被大脑捕捉到了。这样的患者被诊断患有盲视。[103]

盲视患者可以通过上述方式做出回应的原因是视觉皮层有两个处理通路，这两个通路均起源于初级视皮层。[104]腹侧通路负责识别物体，背侧通路负责定位刺激的位置并确定它是否移动，以便个体做出相应的行为。因为腹侧通路的视觉信息来自初级视皮层，所以初级视皮层区域受损使腹侧通路失去了识别特定刺激的能力。背侧通路从其他视觉区域（尤其是视丘脑和脑干）获得视觉信息，所以它可以处理视觉刺激并对其做出反应，而不需要意识到刺激是什么（见图 6-6）。需要思考的问题是，盲视是不是无法访问的现象意识（依照布洛克的观点），还是说它只是反映了个体无意识地控制行为的过程。在解决这个问题之前，让我们来看看另一种研究人类视觉意识的方法。

在其他有助于理解意识的脑机制的研究中，主试给健康被试的"正常"大脑呈现阈下刺激（用掩蔽或其他方法），使其视觉意识受到干扰。将这些方法与脑成像的方法结合，我们就有可能观察到被试有可报告的意识体验时的大脑情况和其否认看到刺激时的大脑情况（见图 6-7）。使用掩蔽的研究已经发现，当健康被试能够有意识地报告自己看到了视觉刺激时，其视觉皮层和与注意、工作记忆相关的区域（如前额叶皮层和后顶叶皮层）被激活了。[105]在掩蔽实验中，当被试否认看到视觉刺激时，其视觉皮层活跃而额叶和顶叶不活跃。其他感觉系统也有同样的规律。例如，想要意识到听觉刺激需要听觉皮层加工该刺激，还需要前额叶和顶叶的参与。[106]此外，研究者还对盲视患者进行了脑成像研究，以测得他们说"看见"和"没有看见"时的大脑活动（见图 6-8）。与已有的研究结果一致，当被试报告看见刺激时，其前额叶和顶叶皮层处于激活状态，但当他们报告没有看见刺激时，这两个区域都没有被激活。[107]从这些不同的研究中得出的结论是，前额叶和顶叶对意识的产生极为重要。这一结论得到了一些研究结果的支持，这些研究结果表明，前额叶或顶叶皮层的神经活动被破坏会导致个体意识到刺激的功能受损。[108]

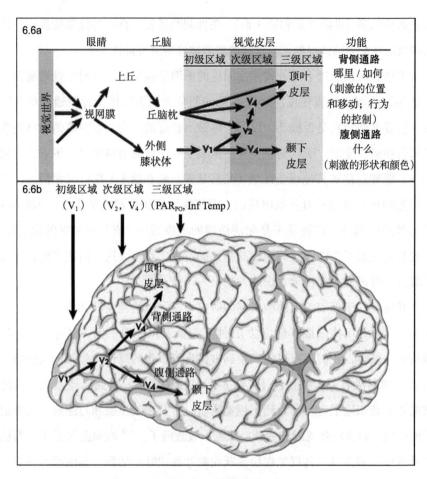

图6-6　视觉通路

　　最近大部分关于意识的研究都涉及个体如何意识到视觉刺激的问题。视觉加工的过程如下：视觉刺激投射到视网膜，然后视网膜通过多个通路将视觉信息传递给大脑。这里最重要的两个通路是丘脑外侧膝状体和中脑上丘的通路。外侧膝状体将信号传输到初级视皮层（V1），初级视皮层又与次级区域（V2、V4）连接，次级区域又与三级区域（颞下皮层）连接。这个通路使我们能看见物体的形状与颜色，因此有时它被称为腹侧通路或"什么"加工通路。上丘与丘脑枕连接，丘脑枕又与V2、V4相连，也与顶叶皮层的视觉区相连。该通路使我们了解客体的位置及运动，它被称为背侧通路或"哪里/如何"加工通路。总的来说，人们对"什么"通路是有意识的，对"哪里/行动"通路则是无意识的，后者无意识地控制着我们的行动。

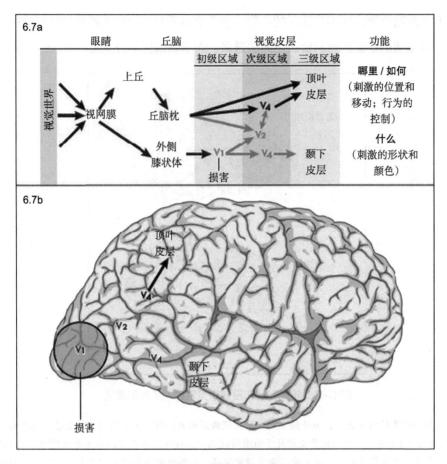

图 6-7 视觉通路和盲视

右半球的初级视皮层（V1）受损的患者，不能报告左视野（与右半球相连）中的物体（见图 2-1）。因为这种病变使视觉信息不能通过"什么"通路到达颞下皮层（见图 6-6），所以想要意识到视觉刺激，"什么"通路是必需的，但是这些患者能触摸到物体（即能判断物体的位置），并以各种方式对他们"看不见"的刺激做出反应。这种能力依赖于通向顶叶皮层的神经通路——丘脑枕、V4 通路（见图 6-7a）。虽然患者意识不到视觉刺激，但仍可以在一定程度上对该刺激做出反应，这样的患者被诊断患有盲视。

在本书的其他部分，我将以人们可以口头报告自己的体验时的大脑活动与人们无法口头报告自己的体验时的大脑活动的差异为（写作）基础。这并不代表我认为意识存在于大脑的某个区域（如前额叶皮层和顶叶皮层）。脑功能是神经回路和系统的产物，而不是脑区的产物。当我给你看与意识相关的神经活动的图解时，我强调的是脑区内和脑区之间的通路，而不是脑区本身。

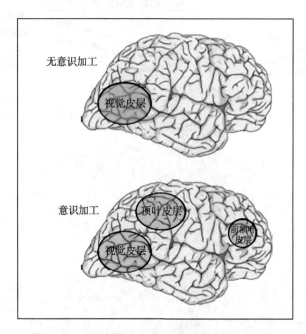

图 6-8　看见刺激和没有看见刺激时的皮层激活

　　功能成像的研究表明，当给健康的被试呈现掩蔽刺激，被试无法有意识地体验和报告该刺激（见图 6-1）时，被试的视觉皮层处于被激活状态。当被试能够有意识地体验并报告刺激（因为没有掩蔽或掩蔽长时间延迟）时，除了视觉皮层，前额叶皮层和顶叶皮层也是活跃的。这说明前额叶和顶叶皮层在使我们意识到视觉刺激方面起关键作用。

大脑数据对于理解知觉意识有何意义

　　前额叶和后顶叶皮层参与产生有意识的感知体验是一个特别激动人心的发现，因为这些区域与工作记忆的注意和其他方面有关，[109] 这些加工过程在前面提到的意识理论（除一阶理论外）中起着重要作用。前额叶和顶叶皮层的特征之一就是它们与涉及感觉加工的皮层相连接。这种连接被称为远程连接，因为它们在皮层中相距很远的区域之间传递信息。它们也被称为往返连接，因为它们是互通的，它们允许每个区域的信息加工递归地影响另一个区域。[110] 前额叶和顶叶皮层的另一个特征是它们都属于会聚区，[111] 即可以将与体验有关的各种信息整合在一起的区域。在创造体验的过程中，该区域可以将外观、气味、味道和触感与记忆整合。华金·福斯特（Joaquin Fuster）和帕特里夏·戈德曼－拉基奇（Patricia Goldman-Rakic）的研究揭示了感觉加工区域与前额叶皮层之间的远程往返连接在使执行功能将当下的、不同类型的刺激保持在工作记忆中等方面的作用。[112] 因为我们前额叶皮层对意识的影响有了较多了解，所以后面我将重点讨论前额叶皮层，较少讨论顶叶区域。

关于意识的脑基础的理论大多建立在远程往返连接和信息融合的观点上。让我们来看看当人们意识到感觉刺激时，前额叶皮层是如何活动的。至于人们没有意识到感觉刺激时前额叶皮层的情况，已经被不同的理论家解释过了（见图 6-9）。

20 世纪 90 年代的神经科学家克里斯托弗·科赫和破解遗传密码的诺贝尔奖获得者弗朗西斯·克里克（Francis Crick）撰写了多篇影响深远的文章，这些文章激发了人们使用视觉系统作为意识体验模型的热情。[113] 他们为现有的大多数理论提供了基本逻辑，即假设前额叶皮层在视觉意识中起作用，意识是通过从视觉皮层到前额叶皮层的远程连接的循环中出现的（因为此循环的存在，到达前额叶皮层的工作记忆通路的信号得以被传送回视觉皮层）。从前额叶皮层出发到达视觉皮层的神经元被注意放大，在视觉皮层中形成一个放大的神经元"联盟"，从而产生对刺激的意识体验，并且在刺激本身消失后，意识体验仍然能持续一段时间。

有趣的是，这个过程中只有视觉皮层的后段（视觉皮层的次级和三级区域，见图 6-6）与前额叶皮层相连。因此克里克、科赫及大多数研究者得出了如下结论，即视觉意识的产生需要视觉皮层的后段和前额叶皮层的参与。[114] 虽然有人认为初级视皮层中的信息也能够被意识到，但大量的研究证据表明，只有通过往返连接从前额叶皮层返回到感觉皮层的信息才能被意识到。[115] 已有的研究数据表明，当人们口头报告（看见）视觉刺激时，其前额叶皮层是活跃的，当他们报告说没有看见视觉刺激时，前额叶皮层不活跃，这与克里克和科赫的模型一致。科赫是以第一人称视角从表面来看待现象意识的研究者之一。科赫说，如果有人否认看到了刺激，这（即观察其前额叶皮层是否活跃）可以说是"赤裸裸的事实"。[116]

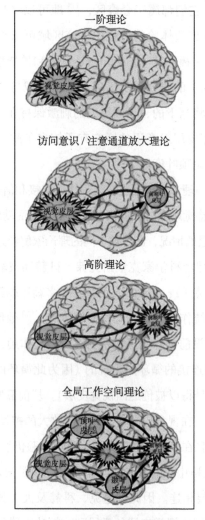

图 6-9 　与大脑有关的意识理论

　　一阶理论提出，视觉皮层（特别是次级和／或三级区域）的加工是所有现象意识所必需的。前额叶和顶叶能使我们认知到现象意识，这在一定程度上是通过放大视觉皮层和其他皮层之间的加工做到的。高阶理论提出，前额叶（或许还有顶叶）皮层是认知过程的基础，认知过程产生意识体验。全局工作空间理论强调通过广播和转播皮层之间的信息来放大加工，并假定意识是作为全局网络的一个属性出现的。一些全局工作空间理论认为前额叶皮层的广播和转播起到了特殊的作用（见正文）。

与克里克和科赫一样，全局工作空间理论家同意从视觉皮层的后段到前额叶皮层再到视觉皮层的远程连接的观点，并认为这是十分重要的。他们认为这仅仅是一个更大的网络的一部分，也就是说，远程连接不仅将信息从视觉皮层传送到工作空间，还将信息传送到其他脑区，这些脑区将信息传送回前额叶皮层，在这里，不同来源的信息被整合。全局的（广泛的）"可重入加工"[117]使信息的传播（范围）放大，从而使全局工作空间产生意识体验。因此，意识产生于全脑可重入加工式的传播与信号放大中，而非视觉皮层或前额叶皮层，这一过程的结果就是可报告的意识体验。在有关能被有意识地报告出的刺激和无法被意识到的刺激的研究中，研究者测量了人类皮层的神经活动，发现存在普遍的激活模式。[118]而且，在刺激能被有意识地感知到的情况下，这一全局活动持续的时间更长。这一观点的提出者还指出了意识状态下前额叶皮层的"特别参与"。这么看来，虽然意识是全局网络可重入加工过程的产物，但并非网络的所有区域都对意识的产生有相同的贡献，前额叶皮层似乎尤为重要。

来自荷兰的认知神经科学家维克多·拉姆（Victor Lamme）也认可可重入加工的重要性，[119]但他认为意识体验的产生并不一定依赖于额叶皮层，相反，意识产生于所有可重入加工的皮层回路中，比如，它完全可以产生于视觉皮层内或视觉皮层与前额皮层之间。拉姆的观点建立在朱利奥·托诺尼的信息整合理论之上，该理论认为意识是各种元素以特定的方式被整合在一起的结果。[120]

大卫·罗森塔尔援引了关于在意识状态下前额叶的活跃情况的研究结果。他认为视觉皮层产生一阶视觉表征，而前额叶皮层产生可被访问的、属于现象体验的高阶表征。[121]他认为没有前额叶皮层的高阶表征就没有现象意识。罗森塔尔向全局工作空间理论发起了挑战，他认为该理论不能确定传播信号有没有成为意识体验。罗森塔尔认为只有高阶表征才能产生意识。为了支持全局工作空间理论，斯坦尼斯拉斯·迪昂提出，前意识过程（潜在的、目前无法访问的意识）可以解释处于意识和无意识之间的传播信号。[122]

内德·布洛克是用实验心理学和神经科学的研究成果评估有关意识的哲学观点的先驱。[123]他认为视觉体验产生于视觉皮层的次级和三级区域，而非初级视皮层。[124] 他认为，在有意识的认知过程中，额叶皮层和顶叶皮层被激活的事实说明认知访问使得报告产生于视觉皮层的现象体验成为可能，但无法访问并不代表没有意识产生。[125] 布洛克以右侧顶叶皮层受损的患者为被试做了一项研究，[126] 这些被试会产生一种被称为单侧忽视的情况。[127] 和盲视患者相同，单侧忽视患者不能报告位于空间左侧的视觉刺激。但和盲视患者不同的是，他们的视觉皮层没有受损，但由于注意网络受损，他们无法将注意力集中于空间左侧。向单侧忽视患者展示面孔照片并对其进行脑成像，正如预期的那样，被试报告说没有看到空间左侧（由右半球控制的空间区域）的面孔照片。最重要的发现是，虽然患者报告没有看到面孔照片，但其视觉皮层的后段（特别是涉及面孔加工的视觉皮层）在右半球被激活了。布洛克认为，这表明视觉皮层的面孔区域是面孔现象体验的关键区域，而顶叶皮层的损伤只是使个体无法注意到现象体验，从而阻断了个体对其的认知。他认为患者之所以在没有看到刺激的情况下产生了现象体验，是因为她的视觉皮层的面孔区域被激活了。

克里斯托弗·科赫指出，在某些情况下，可能会出现短暂的、不伴随前额叶和其他皮层的注意放大的现象意识，但他认为这与布洛克提出的无访问的现象意识不同。科赫和克里克认为前额叶皮层和视觉皮层的参与是现象体验和访问所必需的。[128] 其他评论家指出，或许涉及面孔加工的皮层是产生面孔现象体验必需的，但现在证据并不充分。[129] 如果刺激驱动的神经活动是意识的标志，那么意识可能存在于任何脑区。无访问状态不能访问也不能报告，不能通过直接评估状态获得。如果现象意识和使报告成为可能的访问之间的关系是可以再分的（即它不是意识状态和无意识状态的本质区别），那么我们怎样才能将意识状态与无意识状态区分开来呢？

哈克万·刘（Hakwan Lau）和理查德·布朗（Richard Brown）对布洛克的观点提出了挑战。他们发现了神经病症状中的幻视，并以此挑战一阶理论。[130] 这种病症是一种视觉皮层受损之后出现的邦纳综合征，患者缺乏产生一阶现象体验的能力，但他们可以详细地描述幻视体验。也就是说，他们缺乏产生现象体验的脑区，却能够产生相应的体验。刘和布朗认为，这个没有一阶体验却有高阶视觉体验的例子说明意识依赖于高阶表征，而非一阶表征。

哲学家马丁·戴维斯（Martin Davies）试图调和现象意识和访问意识的理论。[131] 他认为现象意识很可能是访问意识的因果解释的一部分，可能存在无访问的现象意识状态，而不存在无现象意识的可访问状态。[132] 刘和布朗的发现似乎恰恰证明了这一点。

一阶理论有一个难题，[133] 这可能是意识研究中最困难的地方，那就是为什么会有你不知道自己正在经历的意识体验。[134] 我认为，这似乎表明：如果你不知道你正在体验某事，那说明你并没有意识到它。

基于皮层下的意识理论

以上讨论的意识的观点都是基于皮层之上的。一些人反对这么研究意识。[135] 例如，众所周知，去皮层并不能使动物的目标导向行为消失，不过人们或许会认为这表明目标导向行为并不需要意识。事实上，正如前几章所讨论的，意识不是诱因刺激引起的工具性（目标导向性）行为或者行为结果的强化的必需条件。[136] 另一个反对意识皮层观的是：出生时缺少某皮层的孩子也有能被自己觉察到的意识。[137] 大量证据表明，大脑的发育障碍可以得到补偿，大脑中原本控制某功能的区域的位置会改变。通常，大脑的基因预设会把控制某功能的区域放在指定的位置，当情况有变时，原本控制关键功能的区域就会被另一区域替代。例如，若视觉皮层损伤，视觉信息则由正常的听觉皮层来加工。[138] 如果左半球（大多数人的语言半球）未能发展完善，右半球将接管多数语言功能。[139] 没有完整的皮层也能有意识，但这并不代表意识的产生由皮层下区域控制。

鉴于此，我们应该重新审视达马西奥和潘克塞普的情绪意识理论。回想一下，他们区分了初始形式的意识和认知。他们假设的初始形式的意识本质上是一阶现象意识的皮层下假说，因为他们认为这些皮层下状态不需要认知访问就可以产生有意识的情绪体验。借助认知意识及其工具（如工作记忆、注意、记忆和语言），这些初始状态可以被阐释和访问，从而被有意识地体验为完整的情绪。

　　潘克塞普和他的合作者玛丽·范德凯尔克霍夫认为，感觉意识的皮层下状态指的是"内隐的（也许是无意识的）、感知性的情绪状态在皮层下神经元水平上的组合"。[140] 他们同时认为皮层下的情绪状态"给了我们个人身份认同感和持续性，而没有外显的反思觉察或理解正在发生什么"。[141] 因此，这些状态是内隐的（"真正无意识的"，缺乏"反思觉察"），同时也伴有意识体验（给我们一种特殊的感觉）。我们很难知道对"真正无意识的"的情绪状态的意识体验是怎样的，这些状态没有进入反思觉察，它们是"没有被意识到的……意识"的觉察形式，正如布洛克的无访问的现象意识。

　　传统意义上的意识（我们意识到经历某事）的产生似乎依赖于皮层，布洛克的一阶理论及前面讨论过的其他信息处理理论都做过这个假设。这些理论是皮层信息处理系统的一部分。视觉皮层对工作记忆（包括注意和其他认知功能）的作用是测试皮层系统中涉及意识的信息加工。这些过程建立在视觉皮层与前额叶皮层和顶叶皮层之间良好通路的相互作用的基础上。大多数研究者争论的是，意识出现在皮层信息处理系统的哪个部分。

　　目前尚不明确的是皮层下回路是如何引起意识状态的。为什么身体感应和指令系统回路的活动会产生意识状态，但控制呼吸、心跳或反射运动的区域对疼痛、巨响或突然的视觉刺激没有反应？人们可能会发现，在认知意识和视觉皮层的关系上，达马西奥理论中的皮层下身体感觉回路和潘克塞普理论中的皮层下情绪评价回路有相似之处。也就是说，皮层下区域创造了一阶现象体验，然后通过从皮层下区域到皮层区域的连接实现对皮层下的认知访问。这是简单问题。一阶理论的难点在于解释一阶状态是如何独立于认知加工，自己产生意识体验的，要证明在视觉皮层中为何会出现意识体验已经很困难了，更何况要证明其他区域（如脑干）也能够产生意识体验。

　　即使能够证明人类的某种原始意识是脑干产生的，要证明动物也存在这种意识状态也很难。正如我们所见，我们只能通过非言语反应来推测动物是否存在意识状态，但要区分非言语反应是基于意识还是无意识是非常困难的。使用评论键和其他精巧的实验设计可以找到动物有元认知的证据，但即使是研究该领域的人也承认，元认知与意识是不同的。[142]

注意和意识

我比较支持信息处理理论，该理论认为注意控制工作记忆中的信息表征，并且假设工作记忆中的表征是使信息成为意识的内容的必要条件。[143] 需注意的一点是：要产生有意识的心理状态，注意是必要不充分条件。

注意承担着很多任务，其最常见的任务是选择我们意识到的信息。很多时候，我们只能关注到众多刺激中的少部分刺激。与感觉加工区相连接的前额叶和顶叶执行网络对感觉皮层进行自上而下的注意控制，选择输入的信息并将其保持在工作记忆中。我们也了解到，一些刺激以自下而上的方式引起注意，从而进入工作记忆。[144] 能引发情绪的刺激在这里显得尤为特殊，一旦此类刺激进入工作记忆中，注意和其他执行功能就会抑制竞争信息的输入以使个体持续注意到该刺激。但是将注意视为加工外部信息的唯一机制是不正确的，我们还需要考虑身体内部和大脑中产生的信息（例如记忆）。

注意往往被视为通往意识的大门。[145] 一些著名的注意研究者认为，要想让刺激被个体意识到，注意是必不可少的，因为注意能够稳定表征并使之长期"在线"，以被各种皮层网络和功能访问。注意是选择信息的机制，它使得信息被彻底加工并形成意识。尚无证据表明刺激可以不经过注意放大就被意识到。[146] 同时，信息被注意到并进入工作记忆并不能说明刺激引起了意识。[147] 换句话说，意识可能需要注意，但仅仅有注意还不够。[148] 因此，可能还需要其他方式将进入工作记忆中并在这里被加工的信息转化为意识的内容。这些就是全局工作空间理论、高阶理论、评价理论或者其他理论试图解释的东西。

人类的新皮层对意识的重要作用

我们不能因为前额叶（和 / 或顶叶）皮层能够产生意识信号而将大脑和意识

的讨论局限于此，也不能只通过脑成像数据就得出"如果前额叶皮层被激活，那么意识就产生于此"的结论，因为前额叶皮层的活动也与许多无意识过程相关联。[149] 此外，前额叶皮层还包括许多与之相关的复杂脑区。重申一下先前提出的观点，意识不是在某个脑区发生的事件，正如大脑功能，它是神经回路和系统的产物。[150] 前额叶、顶叶等脑区对意识的产生起着至关重要的作用，但意识并不产生于这些区域。

与工作记忆和意识相关的典型脑区是外侧前额叶皮层，其背侧区域（背侧前额叶皮层，PFC_{DL}）[151] 是最常见的与工作记忆相关的区域，其腹侧部分（PFC_{VL}）也与工作记忆相关。[152] 其他区域也和工作记忆相关，包括腹内侧前额叶区域（PFC_{VM}）、前扣带皮层、眶额叶皮层、岛状皮层区域和耻骨。[153] 损坏任意一个或数个前额叶皮层区域可能都不会使意识觉知无法形成。[154] 鉴于顶叶皮层也与意识的形成相关，因此可能破坏前额叶和顶叶的所有皮层才能真正使意识无法形成。其他区域（例如海马体、基底节和小脑）也与意识相关，[155] 不过，当这些皮层和/或皮层下区域的一部分被损坏时，其他区域可能会对此进行"补偿"。类似地，刺激前额叶皮层不能产生意识体验[156] 的事实并不能否认前额叶皮层在意识中发挥关键作用的说法，因为研究者每次只能刺激到该区域中的一小部分神经元。

一般认为前额叶和顶叶网络是个体产生有意识的感知体验所必需的，一项研究患者从昏迷到恢复正常的研究的结果支持这一观点。[157] 患者首先过渡到植物人状态，此时其脑干和基底前脑觉醒网络功能活跃，但额叶和顶叶网络不活跃。虽然他们的眼睛是睁开的，但患者无法对感觉刺激做出反应。当他们过渡到最低意识状态时，他们能对感觉刺激和言语命令做出反应，额叶和顶叶网络是活跃的。这些发现很好地说明了生物意识与心理意识之间的脑机制的差异。相同的网络在催眠状态下被抑制，此时人完全清醒并且能对刺激做出反应，但外部意识却被改变了（催眠暗示个体对某些刺激的注意是可以被削弱的）。[158]

在人类意识的研究中，常见的是将与意识相关的大脑功能称为意识的神经相关集。[159] 我所关注的是这些集合的子集，即皮层意识网络（CCNs），它包括前额叶和顶叶皮层（见图 6-10），它们是全局工作空间的关键组成部分，全局工作空间还包括与皮层意识网络相连的一些皮层下前脑区域，如丘脑（特别是中线丘脑）和基底神经节。CCNs 是形成有意识的心理状态的必要条件，因为皮层下脑区与生物意识和行为控制相关，所以它们可能也与意识的产生有关。确切地说，中线丘脑是唤醒 / 觉醒系统的关键组成部分，基底神经节是控制行为和强化系统的一部分。

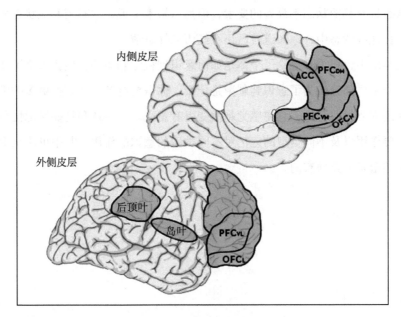

图 6-10　皮层意识网络（CCNs）

　　本章的重点是前额叶，也讨论了顶叶皮层。某种程度上，与意识有关的皮层，即前额叶皮层中的多个不同区域都以这样那样的方式互相联系着。缩写：PFC，前额叶皮层；PFC_{DL}，背外侧前额叶；PFC_{VL}，腹外侧前额叶；PFC_{DM}，背内侧前额叶；PFC_{VM}，腹内侧前额叶；OFC，眶额叶皮层；OFC_{L}，外侧眶额叶皮层；OFC_{M}，内侧眶额叶皮层；ACC，前扣带皮层。

以上就是关于意识的全部解释了吗

　　我们仍然不能完全理解体验的感受性，即体验是如何产生的。在过去的几十年里，我们在理解心理意识的大脑机制方面取得了重大进展，取得这些进展的部分原因是测量人类大脑活动的能力的提高，同样重要的是有关意识的心理本质的概念进步了。

虽然我在数十年前就对裂脑患者的意识进行了研究，但我并非一个意识研究者。我利用这个领域的发现来告诉大家意识是如何产生的。理解了这一点，我们就能理解恐惧和焦虑等情绪是如何产生的，因为它们属于意识状态。虽然意识的情绪状态具有其他状态不具备的要素，但是从根本上说，它有与其他状态相同的机制，在这些状态中，你知道自己正在经历某件事情。

在本章中，我重点讨论了个体是如何意识到视觉刺激的，但我忽略了知觉意识的一个重要部分：为了意识到刺激是什么，你需要有意识地获得更多的感觉特性，你还需要提取记忆，它使感觉刺激变得有意义。下一章我将探讨记忆在意识中的重要作用以及不同类型的记忆对不同类型的意识的作用，其中可能至少有一种记忆类型是人类独有的。

第 7 章

个人层面：记忆如何影响意识

记忆之于意识就像黏性之于原生物，它造就了思想的韧性。

——塞缪尔·巴特勒（Samuel Butler）[1]

每个人的记忆都是他自己的文学创作。[2]

你的意识体验属于你自己。它们专属于你，离了你它们便不复存在。使意识体验如此独特的一个主要原因是，它们通过你的记忆这个镜头被感受、被重现。意识体验（包括恐惧与焦虑体验）统统被记忆加了滤镜。

意识与记忆

在第 6 章中，我们说到科学家和哲学家通过研究视觉系统和工作记忆的交互，来试图理解知觉意识体验是如何产生的。在逛超市时，你看到一个红色的、圆形的东西，你的工作记忆让你有了关于这个东西的形状和颜色的意识，但你是如何知道你看见的这个东西是一个苹果的呢？

　　像苹果、椅子、太空飞船、政府这样的事物，以及音乐会、婚礼、毕业这样的事件并非天生就存在于你的大脑中，你必须通过经历才能获得相关知识。当你在超市里看到某个物品时，你之所以知道那是个苹果，是因为你知道苹果长什么样，并以一种概念模型的方式将苹果的关键信息存储在大脑里，这使你能认出照片或油画里的苹果，甚至是一个粗糙的简笔画苹果。你具有的概念性知识覆盖了关于苹果的几乎所有特征：能食用；可以生吃或者把它们做成苹果酱、苹果汁、苹果派；朋友告诉你他儿子是怎么在公园里被一个苹果砸到了脑袋；苹果也可能指代一家科技公司，甲壳虫乐队也曾经有过一家名为苹果的公司，等等。

　　我们不仅有关于事物的记忆，还有与事物有关的经历的记忆。我们能根据某一个线索再现与事物直接或间接相关的经历。例如，去年秋天我在一个水果摊前翻看着一堆苹果，想从里面挑几个好的买。突然我就想起来小时候万圣节玩的咬苹果游戏，接着又想起来我孩子小时候我带他们去纽约州北边摘苹果的事。一个苹果引发了一连串复杂的记忆，这些记忆都是我的个人经历。

　　20 世纪 70 年代，恩德尔·托尔文（Endel Tulving）第一个提出记住知识与记住个人经历是不同的。他称前者为语义记忆（sematic memory），后者为情景记忆（episodic memory）。[3] 这种分类在心理学中被广为使用并沿用至今。语义记忆指你关于某种客观物品或者事情的记忆，并不指向你。情景记忆则是关于你个人经历的记忆。你能通过查字典学习"婚礼"是什么意思（语义记忆），也能通过你自己的婚礼记住"婚礼"是什么意思（情景记忆，见图 7-1）。我记得鲍勃·迪伦（Bob Dylan）的专辑《John Wesley Harding》中有首歌的名字叫《All Along the Watchtower》，这就是我的一个语义记忆。1968 年，我在路易斯安那州立大学读本科，在巴吞鲁日（城市名）的高地路上的雷克斯·英格利希公寓的起居室里，第一次听到了这首歌。这是关于我人生里某个时刻的一个情景记忆。

　　语义记忆和情景记忆均可被称为外显记忆或陈述性记忆（explicit or declarative memory）。[4] 这些记忆来自你意识到的事或物，在形成之后能被你有意识地提取，[5] 也能被你说出来（陈述）。与外显记忆相对的是内隐记忆。内隐记忆的形成与提取不需要意识的参与，我们会在后面对内隐记忆进行讨论。

图7-1　语义记忆和情景记忆

语义记忆由知识构成，情景记忆由个人经历构成。

语义记忆和情景记忆紧密相关，它们都能被意识到，但它们在几个重要方面也有区别（见表7-1）。这些区别可以通过情景记忆的几个关键特征体现出来。首先，情景记忆包括发生了什么（内容）、发生的空间位置（地点）、何时发生的（时间）。[6] 内容、地点、时间这三条线索，把每一条单独拿出来看，它们都是语义记忆，然而当它们被组合到一起，就形成了一个人关于某件事情的独特记忆。由此可见情景记忆依赖于语义记忆。其次，情景记忆与精神时间旅行（mental time travel）有关。[7] 离开情景记忆，一个人的过去将无法被重现。不过从进化的角度来看，人类有情景记忆恐怕不是为了让我们重温过去的金色年华。相反，情景记忆存在的意义是让我们能够基于过去的经历对未来进行预测，使我们的意识可以畅游过去与未来。最后，情景记忆是关于个人的。当你进行精神时间旅行时，你只能去到属于你的过去与现在，因此你的记忆只关于你。我在《突触自我》中提到，人所能意识到的自我只占真正的自我的一小部分，大部分自我都是内隐的或无意识的。[8] 对于情景记忆而言，"自我"即意识到的自我，是我们持续地意识到的自己。许多关于意识的认知理论都认为，情景记忆的这个特点对于意识产生关于自我的叙述极为重要（见第 6 章）。

尽管情景记忆和语义记忆是不同种类的外显记忆，但它们之间并非完全无关。实际上，情景记忆以语义知识为基础。[9]你可以在旅游前通过阅读旅游指南了解伊斯坦布尔的餐厅是什么样的（语义记忆），这些语义信息会让你产生预期，并影响你在伊斯坦布尔的餐厅里用餐的记忆（情景记忆）。你在那本旅游指南里读到关于某个餐厅的评价（情景记忆）可以帮你记住这些评价的内容（语义记忆），这样你坐在伊斯坦布尔的那家餐厅里点菜时，就可以依照评价来点菜。关于这顿饭的情景记忆可以让你回忆起这段经历，也可以在将来帮你决定要不要再来伊斯坦布尔旅游。

表 7-1 语义记忆和情景记忆的比较

语义记忆	情景记忆
事实："我知道"	个人："我记得"
有意识：你知道你知道	有意识：你知道你记得
不包括"事件内容""地点""时间"的整合表征	包括"事件内容""地点""时间"的整合表征
没有精神时间旅行	有精神时间旅行
可以一次习得（重复学习有助于习得）	可以一次性获得

资料来源：Based on Table 3.1 in Gluck et al（2007）.

意识记忆

语义记忆和情景记忆的形成有赖于海马体、与海马体相连的颞叶中部（双侧颞叶中部的异型皮层）[10]以及与海马体紧邻的皮层，包括嗅皮层和旁海马皮层。嗅皮层又分为鼻周皮层和内嗅皮层（见图 7-2）。嗅皮层和旁海马皮层是新皮层系统与海马体的中间结构。这些结构的神经元之间有复杂的连接，共同构成颞叶中央记忆系统（medial temporal lobe memory system）。[11] 由于意识层面的记忆的形成基于这套系统，因此中颞叶产生的记忆常被称为意识记忆。其实这种称呼方式并不确切，我想在展开正式介绍前，有必要对和记忆相关的术语进行阐释。

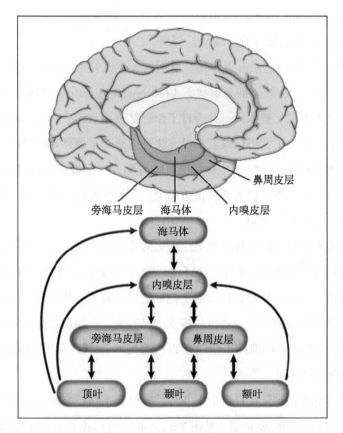

图 7-2　颞叶中央记忆系统

这个系统包括海马体和周围的内嗅皮层、鼻周皮层以及旁海马皮层。鼻周皮层和旁海马皮层接收来自新皮层的信息并和内嗅皮层相连。内嗅皮层和海马体相连。信息在这些神经连接内的传递是双向的。此外，额叶和内嗅皮层、顶叶和内嗅皮层与海马体也有神经连接。

资料来源：FROM NADEL AND HARDT（2011），ADAPTED WITH PERMISSION FROM MACMILLAN PUBLISHERS LTD.: NEUROPSYCHOPHARMACOLOGY（VOL. 36, PP 251–273）© 2011.

记忆首先通过一个叫作编码（encoding）的过程形成（见表 7-2），此时的记忆只能被保存很短的时间（短时记忆，short-term memory）。如果记忆得到了巩固（consolidation）并被储存，就成为长时记忆（long-term memory）。将来个体需要时会将长时记忆提取（retrieve）出来。

表 7-2 记忆的三个阶段

习得（学习或者编码）
储存（短时记忆－长时记忆的巩固）
使用（提取）

颞叶中央记忆系统形成（编码）与储存（巩固）的记忆有可能是有意识的，然而这些记忆并不是意识本身——这些记忆未被使用（提取）前处于前意识状态（preconscious state）。提取记忆的过程使处于前意识状态的记忆被激活，并通过工作记忆进入意识。你有没有遇到过明明就快要想起来一件事了，可偏偏就是没办法真正想起来那件事的情况？然后，在某个时刻，你突然想起了它。这种情况意味着那段记忆被成功地编码并储存了，但没有被成功提取，因此你无法真正想起来它。一旦你能提取，记忆的内容就进入意识层面，能够为你所知。[12]

有许多关于长时记忆的提取和工作记忆的关系的研究。举个例子，和工作记忆有关的前额皮层受损时，情景记忆和语义记忆的提取都受到干扰，由此可见，前额皮层的神经活动与情景记忆和语义记忆的提取有关。[13] 此外，与注意和工作记忆有关的顶叶皮层的神经活动也与情景记忆有关。[14] 如果提高当前的认知负载（比如试着想起来某个特别的事情时还得想着另一件事），记忆提取就会受到阻碍，[15] 反之则会更容易。[16]

从储存器里将长时记忆提取出来并将其转存到工作记忆中是让前意识层面的记忆浮至意识层面的必要步骤（见图 7-3）。我们可以据此判断记忆处在哪个层面：前意识层面（未激活、目前未被意识到，但有被意识到的潜在可能）还是意识层面（被激活、被意识到）。[17]

我们可以把意识记忆的脑神经基础与有意识的视觉体验的脑神经基础做类比。视觉皮层和认知控制网络（例如前额叶皮层）之间的连接产生对处在前意识层面的视觉体验的意识。同理，颞叶和认知控制网络[18]之间的连接产生对处在前意识层面的记忆的意识。也就是说，皮层记忆网络和认知控制网络的相互作用使得语义记忆和情境信息能被提取至工作记忆，由此产生的关于记忆的意识体验将以高级心理表征、释义、评论或其他未知的形式出现。在知觉过程中，注意对记忆的作用出现在多个阶段：对记忆进行自上而下的控制，决定何种语义/情景记忆被提取至工作记忆；自下而上地激活记忆并确保记忆进入工作记忆；在记忆进入工作记忆后，保持记忆的激活状态。

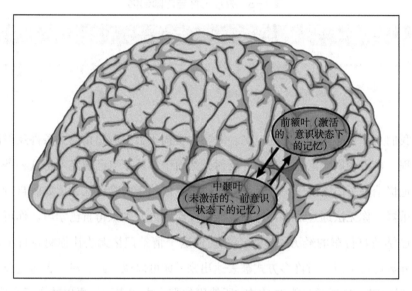

图7-3 将情景记忆由未激活（前意识）状态转换至激活（意识）状态的过程中前额叶的作用

颞叶中央记忆系统中储存的记忆是未被激活的、处于前意识状态的，除非它们被提取到包括前额叶的工作记忆回路中（见图6-10），它们才能被激活并被意识到。

因为语义记忆和情景记忆是不同种类的外显记忆，所以它们所依赖的神经基础也有所不同。在颞叶系统中，情景记忆主要依赖于海马体，语义记忆则主要依赖于感觉皮层、海马周皮层（尤其是鼻周皮层）和旁海马皮层，[19] 也许语义记忆也依赖于海马体。[20] 此外，前额皮层的不同区域也与情景记忆和语义记忆的提取有关。[21]

无意识记忆

并不是所有事物都能被有意识地记住。内隐记忆的储存和提取便不需要意识的参与（见表 7-3），这种记忆往往通过行为而非意识表现出来。

表 7-3　外显记忆与内隐记忆

属性	外显	内隐
有意识	是	否
可以被灵活地表达出来	是	否
有赖于颞叶中央记忆系统	是	否

我们大部分的记忆是内隐记忆。海马体受损不会影响巴甫洛夫条件反射的习得过程，也不会影响已建立的条件反射，然而个体关于自己曾经习得这种条件反射的记忆消失了。[22] 使用一种已习得的技能也依赖于内隐记忆，比如骑自行车和演奏乐器。你无法通过语言将这种技能教授给别人，别人得自己学习。你可以描述自己学骑自行车的经历（情景记忆），但这个情景记忆无法让你骑自行车去上班。外显记忆可以通过许多方式被表达出来（你可以说、画、写或者通过肢体语言），但内隐记忆通常只能被习得时所使用的那个方式表达。再以骑自行车为例，要学会骑车，你得两脚轮流踩脚踏板，同时还得保持身体平衡，这个过程不太需要语义记忆和情景记忆。一个失忆症患者会失去意识记忆，但他仍然能够骑自行车，只是骑完自行车后他就会忘记自己刚刚骑过自行车这件事。

另一种内隐记忆的形式被称为启动（见图 7-4），[23] 指不在意识层面的语义记忆对行为的影响。请思考“_urse”这个填词任务。如果我事先给你看一个关于医生的故事，你会填上“n”（nurse，护士）。如果我事先给你看一个关于钱包的故事，你会填上“p”(purse，钱包)。不同的故事对于行为的影响就是一种启动。如果我只给你看一个故事而不是把两个故事都给你看，你不会意识到你被启动了，你甚至不会意识到故事是有引导性的。启动是阈下的，它能绕过意识。[24] 颞叶中央记忆系统受损的患者无法记得自己读过这个故事，但他们的行为仍然受启动影响。[25]

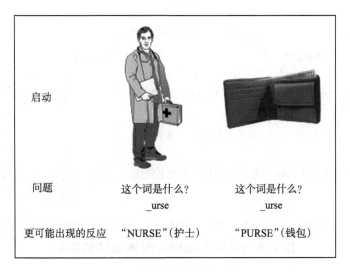

启动		
问题	这个词是什么？ _urse	这个词是什么？ _urse
更可能出现的反应	"NURSE"（护士）	"PURSE"（钱包）

图7-4　启动

　　启动是一种内隐的信息加工方式，指个体能够无意识地被预先呈现的信息影响。在这个例子里，看到一张医生的图片使被试在填词任务里将词填成"护士"，而看到一个钱包的图片使被试将词填成"钱包"。被试并未意识到"看图"这个掩蔽任务的实际目的，海马体受损的患者记不得自己看过图片却依然能被掩蔽任务启动，这说明启动是一个内隐的（无意识的）加工过程。

　　启动效应很好地说明了前面提及的一点——记忆不完全是有意识的，除非被提取到工作记忆中。语义记忆虽然时常被视作一种有意识记忆，但它也可以被阈下启动并影响个体无意识行为的速度或准确性。[26] 只有当语义记忆或情景记忆被提取到意识里，它才成为外显的、为人所意识到的记忆。

　　关于外显记忆和内隐记忆在神经机制上的差别的结论，主要来自对脑损伤患者 HM 的研究。HM 接受了海马体切除手术，此后他便无法形成新的、能被提取到意识里的记忆，但他能在无意识的状态下习得新技能、习得条件反射、被启动。[27] 从那之后人们才发现，每种独特的内隐记忆模式（条件反射、动作技能、启动）都有它独特的神经通路（相关总结见图7-5）。[28]

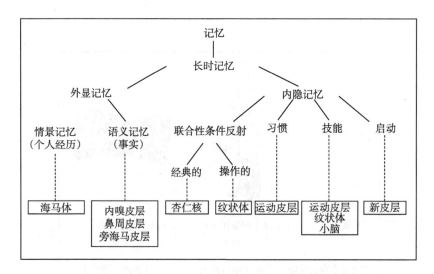

图 7-5 外显记忆和内隐记忆神经通路的总结

资料来源：MODIFIED FROM SQUIRE [1987].

　　正如情景记忆依赖于语义记忆一样，语义记忆和情景记忆都依赖于内隐记忆。[29] 每次我们能有意识地记住一个刺激，我们都依赖于颞叶中央记忆系统中发生的一系列内隐过程。感觉刺激能够激活颞叶中央记忆系统，产生一部分记忆，而后大脑会进行模式完备（pattern completion），[30] 依据已产生的一部分记忆完成整个记忆的组装并将其送至工作记忆，在这里记忆能被有意识地体验到。这个过程的结果是意识记忆，但在最后一步完成之前，记忆都是无意识的。卡尔·拉施里（Karl Lashley）非常有先见之明，他说："我们从未意识到意识产生之前发生的事。"

意识状态与记忆之间的关系

　　心理学家托尔文首先提出语义记忆和情景记忆的概念，他认为这两种记忆基于不同的意识状态（见表 7-4）。托尔文认为，语义记忆是理性意识（noetic consciousness）的一类，情景记忆则属于自我觉知意识（autonoetic consciousness）。"noetic"这个形容词源自希腊语中的名词"nous"，意为"思维"或"意识"。

"nous"的动词形式是"noein"，意为"注意"。[31] 理性意识指对于事实性知识（即语义记忆）的觉知，而自我觉知意识指对于个人经历（即情景记忆）的觉知。

理性意识能够让你在看到一个苹果时明白自己看到的是一个苹果，自我觉知意识则会让你注意或者认识到过去曾发生在你身上的事。例如，当我意识到自己在看一个苹果时（语义记忆通过理性意识被表达出来了），这种意识帮助我回想起和孩子们去摘苹果的事（情景记忆通过自我觉知意识被表达出来了）。[32] 这两种意识均有内省和能被以语言的方式表达出来这两个特点。

语义记忆和情景记忆与理性意识和自我觉知意识的主要区别是，在未进入工作记忆时，记忆的内容处于前意识状态，要使一段记忆进入意识状态，必须把这段记忆包括的信息提取到一个认知空间中（工作记忆或者全局工作空间）。

表 7-4　记忆与意识状态的关系

记忆类型	与意识的关系
情景记忆	自我觉知意识
语义记忆	理性意识
内隐记忆	a-noetic 状态（无意识）

除了对环境中的刺激有意识，我们对自己也有意识，这就是自我觉知意识的核心。自我觉知意识状态是一种高级的元意识状态，是对自身的一种看法。意识到自我需要情景记忆的支持。我们生命中所有意义重大的经历都是我们的亲身经历，这些经历和我们有直接联系。对于自我的意识通过记忆系统中关于自我的概念产生。记忆系统里的自我能使我们从记忆里提取和自己有关的经历并将这些经历投射至未来，这就是自我觉知经历。

关于某一经历的情景记忆以及与其相关的语义记忆使得该经历以一种传记的方式被记住，这就是自传体记忆（autobiography）。[33] 有意识的自传体记忆包含关于你自己的语义记忆，但是只有语义记忆无法形成完整的关于个体的自传体记忆。想要描述自己的过去、现在以及可能的未来，对于情景记忆的自我觉知必不可少，因此，自我觉知意识所包含的信息比理性意识或者说事实性意识要多。伦敦大学学院的认知神经学家克里斯和尤塔·弗里思（Uta Frith）认为，自我是一种具有社会属性的结构体，有意识的社交需要一个人对自己的认识。[34] 发展心理学家迈克尔·刘易斯（Michael Lewis）与托尔文的观点相似，他将自我意识描述为根据过去的经历和对未来的推断来定义现在的自己的能力。[35] 加扎尼加则将意识看作一个编译器，[36] 它使用每个人关于过去经历的记忆、当下所做的事情以及所处的物质与社会环境，来编写属于每个人的自传，给每个人的生命赋予意义。

a-noesis：无意识大脑的工作模式

理性意识与自我觉知意识都涉及可以被有意识地提取的知识。除此两种意识外，托尔文还提出了第三种意识状态。第三种意识状态也基于 noein 这个词根，被称为 a-noetic，即无意识的感觉状态。人无法对这种状态产生意识——无认知、无注意、无现象体验。[37] 理性意识与自我觉知意识都与外显记忆有关，相应地，无意识的感觉状态与内隐记忆相关，内隐记忆的产生、储存和提取都不需要意识的参与。托尔文认为无意识的感觉状态是自动（非自愿）产生的，并且始终"隐蔽于意识之外"。[38]

托尔文使用 a-noetic 这个词来描述无意识的感觉状态，意指这种状态是非人类动物的心理意识。[39] 但其他学者使用 a-noetic 这个词时，指的是人类的一种原始的心理意识。[40] 在本书中，我将采用托尔文的定义，即 a-noetic 状态指的是一种非人类动物的意识状态。用心理学术语来描述就是，a-noetic 是一种意识状态（见表 7-4），它不能被意识访问（即无法进入工作记忆），不能产生意识体验，也无法为语言所描述。

a-noetic 状态可以被用来描述处于意识系统以外的大脑活动，例如认知无意识。并非所有神经系统的活动都会直接产生意识体验，但这些神经系统的活动能够间接导致意识体验的产生，比如恐惧和焦虑。

需要重申的是，语义知识既能以理性意识的方式存在，也能以无意识的感觉状态存在。之前所描述的启动效应便是一个例子。记忆系统中不同的语义记忆能够启动不同的行为反应（不同的故事能够启动人们对于"_urse"这样的填词任务的不同行为反应）。弱化刺激的实验[41]以及对海马体受损患者进行的研究[42]（患者无法记住读过故事的事实，但却出现了启动效应）说明，这样的启动是处于意识层面之下的。尽管有意识的语义记忆的形成需要颞叶中央记忆系统以及工作记忆，但是语义启动是无意识的，因此a-noetic记忆是一种无意识的感觉记忆，也不需要工作记忆。

既然语义知识能够在无意识的情况下影响行为，那么当动物或者人使用语义化的信息完成任务时，我们就不能认为这个任务涉及的所有刺激都被个体有意识地体验到了。要使个体意识到一个刺激，有关该刺激的语义记忆需要进入工作记忆。个体的大脑需要有足够多的认知资源将该部分工作记忆转化为意识，如此才能产生理性意识。举个例子，一个威胁性刺激（例如在爬山途中突然发现脚下有条蛇）能够自动引起防御性反应，这个防御性反应会启动防御生存回路。这就是一个无意识的感觉状态，它无须与意识或自我关联。不过，这个引发无意识感觉状态的刺激也可以（并且很可能会）导致相关理性意识（语义记忆）的产生（例如，有些蛇是毒蛇），还有自我觉知意识的产生（例如，这条蛇可能会咬我；如果是毒蛇我也许来不及去医院就会死掉；也许即便我到了医院，医院也没有解毒剂；也许医院有解毒剂，但我已中毒太深，解毒剂都不管用了）。此外，前面提到无意识的感觉状态会产生能被观察到的生理反应（心跳加速、木僵）。"心跳加速、木僵通常与恐惧和焦虑有关"这种语义层面的知识，以及中毒后的症状将发生在"自己"身上这种情景知识，连同其他相关的语义和情景信息，共同参与了在看到那条蛇之后产生的、在工作记忆中形成的恐惧感和焦虑感。

动物的意识：关于情景记忆的争论

宽泛地说，动物显然具有意识状态，它们是活的，它们也有与环境交互的能力。有些动物，尤其是哺乳动物，也包括一些鸟类和其他脊椎动物，[43]甚至一些昆虫，[44]都有使用复杂的认知（心理）技能指导自身行为的能力。然而问题的重点不在于这些动物是否有有意识的心理状态，而在于它们是否有意识。能够直接回答这个问题的数据很少，毕竟我们无法真正得知动物的大脑活动是否会产生意识。我们能够测量动物的神经活动，以此推测信息加工过程，但我们无法测量动物的意识所包含的内容。关于这个问题的争论大部分停留在理论层面，近些年的研究试图使用实证数据来解决这个争论。在第 6 章中，我简单地提到过这些实证研究，我特意将其中一个重要部分留到本章，因为理解情景记忆和意识之间的关系对于理解这些研究至关重要。现在就让我们来看看，这些有趣的研究是如何回答动物是否有情景记忆这个问题的。

这个争论起源于托尔文的一个观点，即情景记忆是一种人类特有的、进化出来的对环境的适应能力。[45] 这个观点促使一些研究者设计了实验，以测试在动物中情景记忆是否有存在的可能。如果动物有与人类相似的情景记忆，那么它们就也可能有自我觉知意识，即它们能够理解现在它们正经历的事，将当下发生的事与过去的经历联系起来，并能运用这些来推断对自己有利的未来。测试动物是否有情景记忆时，研究者主要聚焦于情景记忆的一个关键特征——包含事件内容、地点以及时间信息的心理表征。在 20 世纪 90 年代进行的一系列开创性的研究中，尼基·克莱顿（Nicky Clayton）与安东尼·迪金森（Anthony Dickinson）发现，鸟类可以形成包含事件的内容、地点以及时间信息的记忆。[46] 他们的研究对象是一种松鸦，这种松鸦会储存食物以供将来使用。研究者给松鸦蠕虫（会很快腐烂）或者花生（不会腐烂），并让松鸦把食物掩埋起来。这个实验的关键是，研究者有意地给松鸦提供了不同新鲜程度的蠕虫。松鸦会被禁止进食一段时间，而后它们会被允许去寻找之前被掩埋的食物。这个研究中松鸦的行为显示，它们具备产生情景记忆的要素，它们能够表征事件的内容（掩埋的是蠕虫还是花生）、时间（相较于花生或者新掩埋的蠕虫，越早被掩埋的蠕虫越早被挖出来）以及地点（每种食物被掩埋的地点）。谨慎起见，克莱顿与迪金森并未得出松鸦有情景记忆的结论，而是将其称为类情景记忆。

自此以后，研究者在多个物种中发现了包括事件内容、地点以及时间特性的记忆，这些物种包括灵长类[47]、啮齿类[48]、鸟类[49]甚至蜜蜂[50]。是否能够将已有的这些数据解释为动物有真正的情景记忆仍需慎重考虑。[51] 关键问题是弄清楚动物在实验中的行为表现是基于一个包含事件内容、地点、时间的统一表征，还是基于独立的内容表征、地点表征以及时间表征。换句话说，有没有可能事件内容、时间、地点是各自独立存在的抽象记忆⊖？我们已知内容和地点信息在颞叶中央系统中是被分开表征的（内容记忆与鼻周皮层有关，地点记忆与旁海马皮层有关，见图 7-2）。[52] 霍华德·艾肯鲍姆（Howard Eichenbaum）实验室做的研究显示，只有当鼻周皮层的信息和旁海马皮层的信息汇总于内嗅皮层（内嗅皮层是信息进入海马体的闸门）时，这些信息才有统一的表征。[53] 但是事件内容、地点、时间的心理表征同时存在这一现象是否足以说明一个统一化的情景记忆存在呢？即便动物有一个同时包括内容、地点、时间的心理表征，这个统一的心理表征是不是一种复杂的抽象记忆而非情景记忆呢？假设它是一种复杂的抽象记忆，那么它能够被动物意识到吗？还是它以无意识的方式影响行为？（语义记忆是能够以无意识的方式影响人类的行为的。）最终的问题是动物是否能够在意识层面产生结合了当前事件内容、地点、时间信息与动物自我的过去和未来的体验。

认为非人类动物也具有情景记忆的研究者提出此观点的依据是，他们在爬行类、鸟类和非人灵长类动物中发现了与人类产生情景记忆相似的大脑结构——形成情景记忆的海马体和能存取情景记忆的前额叶。[54] 爬行类和鸟类动物有初级形态的海马体和前额叶，所有哺乳类动物都有形态完整的产生长时记忆[55]、注意和工作记忆[56] 的神经结构。

我们无须怀疑这些依据的真实性，但它们依然无法证明动物有意识。因为人类与非人类动物均有海马体和前额叶就认为两者均有在意识层面的记忆这一逻辑存在两个错误。首先，在这个逻辑中，外显记忆和意识的关系并不成立，产生于海马体的外显记忆只有被提取到工作记忆中才能进入意识层面，因此在动物中发现基于海马体的记忆被激活并不能说明这些记忆属于理性意识或者自我觉知意识

⊖ 原文为 semantic memory，即语义记忆，作者此处应指抽象符号化的记忆，此处是否应使用"语义"一词有待商榷，因此将动物中的 semantic memory 译为抽象记忆，下同。——译者注

体验。其次，这一逻辑混淆了脑结构与脑功能。仅仅因为老鼠或者鸟具有某些类似海马体与前额叶的脑结构，并不能推论这些结构具有与人类的海马体和前额叶同样的功能。

当关注皮层结构，尤其是前额皮层时，对于从结构推断功能的过程，我们要特别谨慎。所有哺乳动物都有前额皮层，而且灵长类动物有一些其他哺乳动物没有的前额子区域。[57] 显然，与猴子或者黑猩猩的前额皮层相比，大鼠、小鼠的前额皮层要简单得多。大鼠、小鼠的注意和工作记忆也远比灵长类动物的简单。尽管灵长类动物的大脑和心理功能与人类的很接近，但它们的认知能力远不及人类。此外，人类特有的前额皮层的结构特性将我们的大脑与我们的灵长类近亲——类人猿——的大脑区分开。[58] 仅仅因为老鼠或者猴子有前额皮层，不能得出它们的前额皮层能够产生自我觉知意识的结论。

简而言之，有一定的注意以及工作记忆是认知以及意识的必要条件，而非充分条件。这就是为什么高阶理论与全局工作空间理论不只谈论工作记忆以及注意。这些理论试图揭示的是，除注意和工作记忆外，还有哪些功能是人类产生意识和觉知所必需的。

要形成真正的情景记忆，你不仅需要具有关于事件内容、地点、时间的记忆，还必须有自我的概念——被储存的某些事件是发生在"我"身上的。只有这样，情景记忆才会进入自我觉知意识层面。一个妥协的方法是减弱情景记忆的定义对自我概念的要求，尽管这样会使我们无法再探讨动物的自我觉知意识这一十分有趣的问题，但这能帮助我们研究动物的情景记忆。

显然，人类有基于自我的情景记忆，也有研究发现某些其他人科动物、海洋哺乳动物、大象、鸟类也有基于自我的情景记忆。[59] 对于没有语言功能的动物来说，由于测量方法的限制，研究者并无百分之百的信心断言它们有和人类一样的基于自我的情景记忆。在第 6 章中我们曾讨论过，这些研究通常将动物与人类做类比，预先假设动物有意识，而后收集数据进行假设检验。这些研究并未对其他可能的假设（例如动物不需要意识也能产生某些行为）进行检验。因此，并没有有力的证据证明除人类外，其他动物有整合了过去、现在以及未来的自我意识。

研究只能改进测量技术，没有语言，动物始终无法告诉我们它们到底经历了什么（见第 6 章）。

测量意识最好的方法仍然是口头报告。[60] 语言的出现改变了人脑的信息加工方式与意识潜能。依靠强大的语言系统，我们表征事件内容的能力远超其他动物。我们能够通过将信息模块化的模式习得概念并将其用于思考与决策。这种语言能力产生的最复杂的概念之一便是"自我"，或者说是"我"。无论动物有或者能被训练出何种将食物抽象化的能力，也没有一种动物的能力能与人类基于语法的语言系统相匹敌。这种高度概括化的语法系统可以让我们把事件内容、地点与时间上的过去、现在、未来（包括绝对的和相对的）统一。我们可以轻易地把现在的"我"与过去以及未来的"我"联系起来。意识因以自我为参照系而不再受限于时间。可以说，自我觉知意识的精神时间旅行特性，是语言的过去时和未来时赋予或辅助的。

借助我们的语言能力，我们可以给经历贴上语言的标签，将现在的经历与已经被贴上标签的过去的经历进行区分或者归类。例如，我认识的那个中年白人约翰脾气不太好，特别是当他喝酒的时候。"喝酒"这个关键词使得我做出一个对未来的预测，所以今晚我看到他喝酒时，我觉得自己最好离他远一点免得被他伤到。动物能够通过过往的经历预测未来，人类则可以在未经历的情况下预测未来。我们这种预见未来不同可能性的能力将我们与动物区分开来，但这种能力有一个副作用——焦虑。这一点我们会在后面提到。

动物是否能够进行精神时间旅行，是否能将自我觉知与记忆整合？这些问题至今仍无答案且难以得到解答。所以现在还是用类情景记忆这个定义最为合适。在我看来，类情景记忆这个描述还是显得过于强调动物的这种记忆与情景记忆的关系了。要描述一个现象最好使用最简单的解释，解释所包含的内容越复杂，就越容易掺入一些不成立的假设。（最简单的解释并不一定是最终的答案，但应该在假定复杂的解释之前，首先检验简单的解释。）类情景记忆更可能只是包括事件内容、地点、时间的非语言抽象记忆。由于大部分动物没有人类产生自我觉知意识所需的所有硬件（大脑结构）与软件（认知过程），所以我认为情景记忆和自我觉知意识这两个术语并不适用于动物。相较而言，抽象记忆和无意识的感觉这两个词可能更合适。

有些哺乳动物具备能够产生抽象记忆和理性意识的硬件（海马体和前额皮层）以及软件（注意和工作记忆），但因为语义信息一样能在无意识层面启动行为，所以我们无法确定这些硬件与软件运行的结果是有意识的还是无意识的。动物没有像人类一样的语言系统，我们无法真正获得能够说明动物是否有意识的数据。有些实验显示动物可以像人类一样做出某些带有意识色彩的行为反应，但我们也能造出与人类行为类似的机器人。意识是（可能永远是）一种内在的体验，除了当事人，无人能精准观察，更别提在缺少语言这一重要工具的情况下了。

硬要说的话，也许有些动物确实有有限的理性意识状态——关于某些事实的片段化的意识状态。显然这些事实无法以语言的方式存在，例如某个食物被埋在某个地点，更早以前另一个食物被埋在了另一个地点，或者捕食者更有可能在日落而不是日出时分出现在某个水源附近。尼科斯·洛格蒂斯（Nikos Logothetis）与同事的发现表明，非人类灵长类动物有抽象记忆。他们采用先进的神经成像与记录技术对神经活动和意识的关系进行研究。[61] 他们在猴子双眼的视野内分别快速呈现不同的视觉刺激，这些刺激的视知觉特征互相冲突并且会随时间变化。猴子的大脑必须处理好这种冲突才能完成任务。研究的结果令人印象深刻，猴子的前额皮层（而非视觉皮层）的神经活动能反映出在特定时间哪个视野里的视觉刺激在主导视知觉。这说明在猴子的大脑中，与人类产生知觉意识的皮层相同的皮层区域的神经活动同样参与处理知觉刺激，并且可能构成理智（抽象）意识。这些研究并非完美的，前额皮层的神经活动不等于有意识的觉知（大部分前额皮层的神经活动无法被有意识地体验到）。一个刺激进入注意和工作记忆不等于它被意识到。再强调一次，这些数据代表的是意识的必要而非充分条件（见第 6章）。也就是说，基于口头报告的人类研究发现，对于刺激的认知加工不等于意识到刺激本身。我们仍然不知道，动物是否能以与你我同样的方式意识到刺激的属性。

我们如何确定人类有意识

现在你可能在想，上述论据是否也同样适用于人类：我们怎么知道我们自己是有意识的？我们毕竟只能知道自己的意识状态。（这一点促成了笛卡尔对于意识的观点，在西方，这一观点对哲学家关于意识的辩论的影响延续至今。）不过，相比其他动物而言，我们至少有两个优势。首先，现代神经科学提供了有力的证据，证明心理功能是神经系统的产物。其次，同一物种的生物具有相似的基因，因此它们的脑功能也基本相似。所以，如果我们认为一个人（我们自己）有意识，我们也可以认为其他人有意识。由于对于人类意识而言至关重要的脑神经系统（尤其是前额皮层）与非人类灵长类动物的脑神经系统不一样，[62] 因此我们在讨论其他物种是否有意识时应格外小心。

通过语言我们能够与其他人交流自己的内在体验。如果你跟我坐在加州海滩边看太阳西沉，我们就能通过语言交流各自对这一场景的感受。我们不知道彼此脑海里的感受是否完全一样（我可能觉得天空是粉色的，你可能觉得是橘色的），但是我们可能会有同一类体验。综上所述，我们可以假设人类是有意识的，而对动物来说，这种假设需要被弱化。

人类研究还无法完全揭示意识的神经基础（至少现在是这样），但它是现存的最优的（也许是唯一的）方法。对于人类知觉和记忆的研究极大地拓展了我们对意识的本质、组成部分以及神经机制的理解。下一章中，我们将开始讨论大脑是如何产生有意识的感觉（情绪，尤其是恐惧和焦虑）的，我们会再次讨论这些研究成果。

小结

平时，当我不搞科研时，我觉得我们家的猫小彼是有自我意识和感情的。当我在厨房里时，小彼会跑来喵喵叫，还会挠我的腿，我低头一看，发现它的餐盘空了，这时候我就会假设它在告诉我它饿了。如果它把柜子上的什么东西碰到地上，我就会用不高兴的语气责问它在搞什么，就好像它是出于什么理由这么做似的。当我挠它的下巴，它发出呼噜呼噜的声音时，我会觉得它很开心。不过我的这些想法并不代表小彼就真的是我想的那样。世界看起来是平的，但科学数据告诉我们地球是圆的。在没有证据证明动物有和人一样的意识时，我们不该假设它们有。

要做到这一点很困难，我认为科学家应该更加注意，不要将这种拟人化的设想带入实验室。劳埃德·摩根在 19 世纪末就警告科学家，应避免从人类思想的角度出发看待动物的行为，否则动物行为研究将失去它的实证性。[63] 从那以后，动物心理学就开始以这样那样的方式与拟人化做斗争。[64]

对于今天的科学家直接假设动物有意识体验并基于此假设进行研究，我感到十分惊讶。饥饿、愉悦、恐惧，这些都可以用来解释动物的行为。一个科学家竟然可以对实验设计非常严格，以严谨的统计方法研究动物的行为，用复杂的神经生物学技术研究大脑，却在解释动物有有情绪特征的生活与有在统计学和神经生物学上有意义的行为之间的关系时格外宽松。所有的解释都是推测性质的，当推测被作为定论时，问题就出现了。科学家这个职业的乐趣之一就是推测，去想象一些我们不知道，也许永远都不会知道的答案。科学家的一大责任是把这些推断性质的假设与科学观测到的数据区分开，否则推测会被解读为"定论"，这些"定论"会慢慢演变成影响科学家工作的定论。

我认为，关于动物意识的根本问题是对于神经系统的默认假设。我们应该假设动物有意识直到它们被证明没有？还是我们应该假设神经系统的默认状态就是无意识的？我认为无意识的假设显然优于有意识的假设，它使得我们可以基于同一假设对人类和动物进行研究，而非在不具备足够证据的情况下假设动物有意识。当做跨物种比较时，一个问题是比较的标准是无法统一的。没人认为老鼠或者章鱼会有和我们一样的能力，所以当研究者谈论动物的意识时，这个意识指的并非人类的意识。可是从进化角度来看，人类的有意识的心理状态又一定是从其他动物的某种初级意识进化而来的，所以，和其他动物的意识有关的数据也能告诉我们人类意识的进化过程。不过我得再次重申，这首先得有直接证据证明动物有有意识的心理状态，否则我们讨论的就是与人类认知有关然而不产生意识的无意识的神经活动。

科学家需要谨慎对待实验数据并谨慎地解释数据。当我们开始试图理解人类的情感生活时，这个标准会被提得更高。如果我们假设无意识状态下产生防御行为的神经系统也产生意识层面的恐惧感，我们就是在误导自己也在误导别人，尤其是那些需要我们帮助的、有情感障碍的人。动物实验对于我们来说十分重要，但只有当我们正确解释实验结果时，动物实验的结果才能真正被有效使用。

第 8 章

感受情绪：情绪的意识

因为你不是我，所以你无法像我一样去感受。

——约翰·福尔斯（John Fowles）[1]

站在你身旁的一个男人正在用枪瞄准不远处的一个靶心，突然间，他将枪头调转，指向你的头。尽管这一刻和前一刻相比，你周围环境中的物理元素几乎没有变化，但对你来说，当下环境的意义发生了彻底的改变。你有了一种明显的情绪体验，你的意识中充满了害怕和焦虑——你害怕这个人会扣动扳机，焦虑自己未来的人生和幸福在他扣动扳机后会有怎样的改变。

情绪体验中的感受性和非情绪体验中的感受性有很大区别，本章将介绍这些区别的本质，以及我们的大脑是如何加工它们的。我们会阐述当人们面对情绪性唤醒，尤其是面对恐惧刺激时，我们的大脑和身体发生了什么变化。这种恐惧刺激与我们之前在第 6 章和第 7 章里所讨论的情绪神经感觉刺激截然不同。

恐惧情绪的界定特征是你**正在**害怕一些事物。因此，对蛇或抢劫犯或一把指着你的枪的恐惧成立的关键因素是，你能够**意识到**蛇或抢劫犯或一把枪就在你面前。我将从探讨如何对恐惧刺激产生有意识觉察开始，讲到大脑在加工恐惧刺激和一般中性刺激时有什么不同。我们将谈到为什么当你面对恐惧刺激时会感到害怕，而在这些恐惧刺激还没有出现时会感觉到焦虑。

恐惧的有意识加工 vs. 无意识加工

在研究人类加工恐惧的过程的实验里，研究者给被试呈现的恐惧刺激通常有两种，一种是先天的恐惧刺激，另一种是通过巴甫洛夫条件反射习得的恐惧（见图 8-1）。每个物种都有先天就恐惧的特定事物。[2] 人类固有的恐惧刺激包括：呈现着人类生气或恐惧面孔的图片；有毒的动物的图片，如蛇或蜘蛛。形成条件恐惧的方法是使良性刺激物和中度电击配对出现。某些研究会把两种恐惧刺激"捆绑"在一起使用（把先天的恐惧刺激和厌恶刺激配对，例如一张愤怒面孔的图片和电击），以使条件反射更明显。[3]

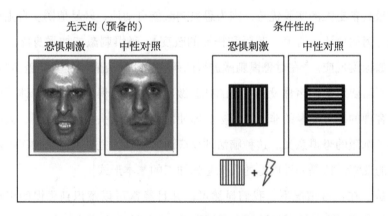

图 8-1 人类研究中的先天（预备的）恐惧刺激和条件恐惧刺激

（左图）有些让人类被试感到恐惧的刺激无须预先学习，但是因为人们对刺激的反应程度可能不同，很难完全排除预先学习的影响，所以这些刺激有时被当作预备刺激而不是先天刺激（Ewbank et al., 2010）。（右图）生物学上的中性刺激，当它与一个令人厌恶的非条件刺激（US）配对时，如电击，就变成了条件性恐惧刺激（CSs）。因为人类研究中的 US 的强度通常比较弱，所以也可以把预备刺激和厌恶刺激配对以使条件反射更明显。

　　对于有意识恐惧和无意识恐惧的研究和对中性刺激的研究一样，研究者通过掩蔽或其他实验技术阻止被试察觉到恐惧刺激，或者在脑损伤患者身上研究恐惧加工，例如盲视患者（见第 6 章）。大量研究显示，人类的大脑可以在没有意识到恐惧刺激的情况下加工恐惧。[4]

　　就像我在前几章中讨论过的，我们可以在人类中研究意识，却很难对其他动物做类似的研究。原因之一是，在我们设计的实验情境中，只有人类能够用语言报告出他们是否有意识地觉察到了某个刺激，人类的非言语反应则能揭示大脑是否加工了这个刺激。在这种情况下，我们能把有意识加工和无意识加工区分开来。

　　在第 6 章中，对中性刺激的无意识加工的研究往往需要掩盖真实目的，请被试以某种特定方式做出反应（如掩蔽研究或对盲视患者的研究）。被试常常被要求在两个或更多个项目中做出选择，哪怕他们感觉自己只是在瞎蒙。恐惧刺激比中性刺激具备更大的实验优势，因为恐惧刺激能自动地、轻易地诱发自主神经系统反应（例如血压、心率、呼吸和排汗的改变），恐惧刺激能加强身体的反应能力，例如惊跳反应。[5]在对恐惧刺激进行的研究中，研究者不需要掩盖实验目的，被试也不需要对他们声称没感觉到的刺激做出反应。恐惧所激发的身体反应提供了一种客观的、可测量的非言语指标。即使对刺激的口头报告失败了，大脑也依然能加工刺激的恐惧意义。这种脑活动反应通常被认为是证明恐惧加工不需要意识参与的证据。这是一种内隐的或无意识加工的基本形式。

　　但是，在正常情况下，我们显然可以并且经常可以意识到恐惧的出现。意识到恐惧为恐惧加工过程增加了新的维度。这些维度在无意识加工中是不存在的。人类的决策在很多时候都基于对刺激和反应价值评价的无意识加工（见第 3 章和第 4 章），我们也需要把意识加工纳入选择中。[6]过往的经验可能会告诉你，如果一只斗牛犬正冲着你咆哮，似乎打算攻击你，那你最好的选择是爬上一棵树。但是如果你发现这棵树的树杈太低，或是树枝太细承受不住你的重量，那么你可能不得不试着换一种方式逃跑。你需要运用有意识的回忆和想象（精神时间旅行到未来）来检验不同策略的后果，然后选择一个最好的策略。恐惧一旦进入意识，就会使我们不断地反刍和担忧——要是这只斗牛犬追上你，你会不会受很重的伤？让我们一起来看看在有意识的恐惧加工中，人类的大脑中会发生些什么。

大脑被有意识的恐惧加工激活

回忆一下我们在第 6 章中提到的，当中性视觉刺激被掩蔽或被其他实验程序阻止在意识知觉外时，大脑的视觉皮层区域依然被激活了。如果不使用这类实验程序，当被试能够报告出视觉刺激时，除视觉皮层外，CCNs 的前侧和顶侧区域也被激活了。

毫不意外的是，相似的脑激活模式在恐惧性的视觉刺激中也出现了：对恐惧刺激的无意识加工只激活了视觉皮层（不包括额叶和顶叶），而有意识地看到恐惧刺激则同时激活了视觉皮层、额叶和顶叶 [7]（见图 8-2）。这说明我们有意识地注意到恐惧视觉刺激的方式与我们意识到其他类型的视觉刺激的方式是一样的：它是视觉皮层和与意识相关的皮层网络交互作用的结果。与意识相关的皮层网络能控制注意，它也有其他执行功能，如能够把刺激物的表征保留在工作记忆的皮层工作区。需要注意的是，如前面所说，这些区域和意识有关并不意味着意识就存在于这些脑区，而是这些脑区里的细胞、分子、突触和回路共同作用使得意识的存在成为可能。

有意识地看到中性情绪刺激和恐惧刺激激活了同一皮层区域，后者使皮层激活的程度更大。[8] 最终结果是，相比于中性刺激，恐惧刺激更容易争夺到注意力，进入意识。接下来，我们将讨论大脑皮层这种加工处理能力的提高是如何发生的。首先，来说一说和有意识的恐惧加工有关的记忆。

在第 7 章中，我们讲述了记忆在意识中的作用。出乎意料的是，内侧颞叶记忆系统对恐惧的有意识加工的作用还很少有人研究。我们已经知道了记忆在意识中的作用，很可能在我们有意识地加工恐惧时，内侧颞叶记忆系统会发挥同样的作用。例如，为了让你意识到你受到威胁了，你必须要知道什么是恐惧（大脑中保存有恐惧的概念），获得语义记忆的知识。你还需要知道某个特殊刺激的出现是恐惧的一种形式（这也要求你有语义记忆）。此外，你过往的个人经历中关于恐惧的一般性体验，或是某个特别的体验要可以被提取（要求你有情景记忆）。如果这些内侧颞叶的表征成功进入工作记忆，结果就是当恐惧刺激出现时，你开始进入一种意识状态，从本质上说，这种状态既是认知的也是自发的。类似于促进感觉加工，相比于中性刺激，恐惧刺激加速了记忆的加工过程。[9]

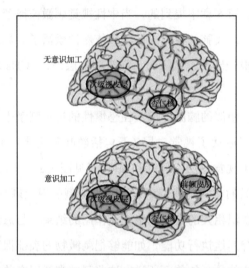

图8-2　有意识恐惧和无意识恐惧的大脑活动模式

　　如图 6-8 所示，可见的中性情绪刺激激活了视觉皮层、前额叶和顶叶区域，但如果中性刺激被掩蔽，无法被口头报告，就只能激活视觉皮层。同样的模式也适用于恐惧刺激。无论是可见的还是被掩蔽的恐惧刺激都能激活杏仁核。杏仁核能够被不可报告的恐惧激活，说明杏仁核的活动独立于对刺激的有意识注意。

大脑加工恐惧刺激和加工中性刺激有什么不同？进入防御生存回路

　　恐惧刺激会激活身体自主神经系统并使其产生反应，中性刺激则不能，原因是恐惧激活了控制这些身体反应的特殊回路。这些回路属于防御生存回路的一部分，其中一个典型的例子是我们在第 2 章和第 4 章中描述过的以杏仁核为基础的防御回路。这些回路在处理恐惧刺激时不需要意识的参与。

防御回路, 例如包括杏仁核的那些回路, 从多种角度被证实是无意识恐惧的处理器。如同先前提到的, 无论恐惧刺激是被有意识地看到还是被掩蔽在意识外, 正常的健康被试的杏仁核总会被激活。[10] 此外, 当在盲视患者的盲视区域呈现一个恐惧刺激时, 尽管他们否认看到了恐惧刺激, 但他们的杏仁核被激活了。[11] 来自杏仁核受损的患者的研究数据也支持了前人的结果, 杏仁核受损影响患者内隐的、无意识的恐惧条件反射, 但是并不影响他们有意识地记住这些条件反射。[12] 与此相反, 海马体损伤会影响被试有意识地记住条件反射的训练, 但是并不影响被试接受条件反射训练的能力, 也不影响被试对随后出现的条件刺激做出反应的能力。[13]

另一类和防御回路有关的研究关注的是在恐惧条件反射中的条件联结觉察。研究者关注的问题是, 有意识地知觉到 CS 和 US 之间的联系是不是恐惧条件反射发生的必要条件。尽管过去的研究结果都证明, 这种有意识的知觉是条件反射发生的必要因素, [14] 但最近的研究显示, 即使在实验中让被试很难察觉到 CS, 使他们无法意识到 CS 和 US 的联结, 条件反射依然出现了。[15] 而且, 无论被试是否意识到条件联结, 杏仁核都被激活了, 而海马体仅在被试意识到条件联结的时候会被激活。[16] 因此, 我们可以看到内隐记忆和外显记忆的活动形式: 内隐记忆是条件反射的基础, 外显记忆 (包括内侧颞叶记忆系统, 以及可能参与的前额叶和顶叶区域) 需要对 CS 和 US 的条件联结的有意识知觉 (语义记忆), [17] 还需要个体意识到自己接受了条件学习 (情景记忆)。[18]

杏仁核受损除影响对恐惧刺激的内隐反应的表达外, 还会产生一个非常重要的影响。因为杏仁核能够唤起人类视觉皮层对威胁性刺激的感知加工, 所以杏仁核受损会削弱这个效应, 使得恐惧刺激和中性刺激对视觉皮层产生相似程度的激活作用。[19]

有人可能会批评说, 只强调杏仁核在恐惧加工中的作用未免太狭隘, 因为杏仁核并不是大脑中唯一和恐惧加工有关的区域 (见第 4 章)。[20] 这是因为我们对杏仁核这方面的特质了解得最详尽, 在检验恐惧如何影响皮层加工以及这种影响如何操纵恐惧的意识体验的研究中，杏仁核都是最重要的脑区。而且，强调杏仁核在恐惧加工中的作用并非不重视它的其他功能。[21]

大脑在加工恐惧刺激或中性刺激时，最大的区别在于，包括杏仁核在内的防御生存回路是否被激活了。这会影响到皮层区域加工恐惧的方式。表 8-1 总结了在有意识地看到视觉恐惧刺激和恐惧刺激被掩蔽时大脑活动的差异。

表 8-1　可见与掩蔽的情绪刺激和中性刺激的脑激活

	中性刺激		恐惧刺激	
	可见	掩蔽	可见	掩蔽
视觉皮层	激活	激活	激活	激活
额叶 / 顶叶皮层	激活	不激活	激活	不激活
杏仁核	不激活	不激活	激活	激活

恐惧刺激是如何到达杏仁核的

在这一部分我将论述的主要内容是，恐惧刺激激活了以杏仁核为基础的防御生存回路，这些回路能触发一系列的大脑反应和身体反应，继而改变大脑对恐惧刺激进一步加工的过程。这些回路对有意识的恐惧体验做出了重大贡献，尽管是间接的。为了弄明白恐惧加工是如何受杏仁核的活动影响的，我们将对感觉信息通往杏仁核的通路进行论述。我们主要关注的是来自听觉和视觉的恐惧刺激，因为大部分研究都聚焦于这两种感觉通路。

一直以来人们都认为，杏仁核被感觉刺激所激活是通过激活知觉皮层加工的后段实现的，[22] 但是我在 20 世纪 80 年代中期做的一组大鼠实验表明，不需要皮层加工区域的参与，感觉刺激就能激活杏仁核，进而诱发内在防御性反应（木僵）和自主神经系统的反应。[23] 更具体地说，这些研究表明，杏仁核接收到的感觉输入不仅仅来自感觉皮层加工的后段，也来自丘脑的皮层下感觉加工区域。丘脑区域中负责感觉输入的初级感觉皮层能够提供一个不经皮层直达杏仁核的捷径。这种丘脑对杏仁核的感觉输入通路被称为低级通路，经皮层对杏仁核的感觉输入被称为高级通路 [24](见图 8-3)。尽管这两条通路都起源于丘脑上相近的位置,但它们调用了不同的神经元群落,有不同的容量。[25]

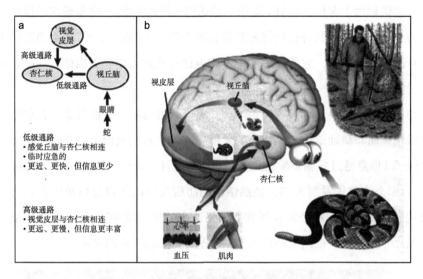

图 8-3 通往杏仁核的低级通路和高级通路

a.感觉刺激通过两条路线到达杏仁核。信息传递到感觉丘脑,然后被送往感觉皮层,同时被送往杏仁核。感觉丘脑中连接杏仁核的神经元并不属于丘脑连接初级视皮层的主系统。例如,在视觉系统中,杏仁核收到的信息来自丘脑枕通路而不是膝状体-皮层通路(见图 6-6)。b.低级通路的活动示例。一个徒步者独自行走在野外,差点踩到一条响尾蛇(LeDoux,1994)。低级通路能够在个体意识到这件事之前触发木僵反应。视觉刺激的皮层加工以及视觉皮层和前额叶与顶叶皮层的交互作用,帮助个体产生有意识的视觉体验(见图 8-2)。

丘脑中组成初级视皮层的细胞都是有高保真度的处理器,它们能尽可能详细地表征外部刺激的特征。初级视皮层和视觉皮层的后段(次级和三级区域)相连,后者能整合形状、颜色、运动这些视觉特征,构建出外部客体和事件的知觉表征。通过与额叶和顶叶这一工作记忆、注意网络以及内侧颞叶记忆网络的连接,视觉皮层的后段所创造的表征被用于认知加工和形成对刺激的有意识知觉。视觉皮层的后段也是高级通路的起源。

丘脑中直接映射到杏仁核的神经细胞组成了低级通路,它们给杏仁核提供简单的、初级的刺激特质，例如某个视觉刺激的相对强度、大小和靠近速度，而非精准信息。例如，杏仁核能收到来自视觉系统中的丘脑枕通路的信息输入，这是一个无意识地加工客体"位置／动作"的通路（见第6章），这条通路的发现可以解释为什么盲视患者的杏仁核能被激活并能出现自主恐惧反应。低级通路所传送的信息内容相对较少，它所需的加工步骤也比高级通路要少，因此，它是连通杏仁核的快速通路。

相比于高级通路，低级通路是一种临时应急的通路，它使得我们在危险来临时可以快速而非精确地做出反应。如果你发现自己看到地面上一条带状物体时身体木僵了（信息通过丘脑被输送到杏仁核），然后你认出那是一根木棍（通过皮层加工），那么这种先发制人的、虽然错误的防御反应的代价显然小于你真的踩到一条蛇的代价。因为我经常在课堂上提到这个"蛇的故事"，所以有人发给我了一张照片，拍的是一根把他吓得木僵的草丛中的木棍（见图8-4）。

图8-4　草丛中的木棍

是蛇还是木棍？在毫秒级的反应里，你的杏仁核开始对这个刺激做出防御性反应。这一反应的神经回路如图8-3所示。

杏仁核真的是一种无意识加工器吗

高 / 低级通路模型得到了很多无意识加工的研究的支持，这些研究针对的群体包括普通健康人[26]、盲视患者[27]和癫痫患者[28]（他们接受了癫痫治疗，其杏仁核区域被植入了电极）。这也使得越来越多的研究者过度关心无意识加工中丘脑对杏仁核的信息输入——低级通路被等同于无意识加工过程，而高级通路被视为意识加工。现在可以很明确地说，两种通路都应该被视为无意识输入杏仁核的通路。[29] 最好把"低级通路""高级通路"这种标签看作对"从丘脑到杏仁核的知觉输入通路"和"从皮层到杏仁核的知觉输入通路"的简略描述，不要把它们理解为区分大脑对恐惧的有意识加工和无意识加工的两种过程。

过度将无意识加工归因于低级通路而非高级通路，最终导致了一种反对的声音，他们否认无意识的丘脑输入的重要作用。[30] 因为丘脑输入被认为是无意识的，而皮层输入被认为是有意识的，所以对低级通路的抨击变成了对杏仁核是无意识加工器这个观点的攻击。[31]

挑战杏仁核的无意识加工本质的证据有两个。[32] 第一，在某些条件下，当被试有意识地注意到一个恐惧刺激时，杏仁核的活动增强了（借助功能性核磁共振成像技术，fMRI）。第二，当被试在加工恐惧刺激的同时完成一个注意需求任务时，杏仁核的活动减弱了。这些结果被解释为杏仁核的活动受注意调节，因此杏仁核更可能参与有意识加工而不是无意识加工。[33] 不过，还需要考虑其他的可能因素。

关于注意调节杏仁核的活动的结论基于 fMRI 研究的结果，fMRI 的结果比较粗糙。fMRI 技术只能测量一段时间后大脑神经活动所带来的血氧量改变，这就带来了一系列局限，因为通过动物研究我们知道，杏仁核细胞对于刺激的响应时间是毫秒级的。[34] 近期那些克服了 fMRI 时间问题的研究发现，人类被试的数据显示，恐惧的早期神经反应不受注意的影响，晚期反应则受注意调节。[35] 此外，快速响应发生在外侧杏仁核区域，里侧是接受来自低级通路和高级通路的知觉信息的位置。[36] 因此，自上而下的注意并不影响杏仁核的快速加工过程。但是基于下面提到的原因，无论是早期的还是晚期的反应，都不应该被认为受到自上而下的注意加工的调节。

为什么在某些情况下杏仁核的活动被注意任务改变了呢? 举个例子。当被试在实验中被要求做一个比较困难的视觉分辨任务时, 这个任务会占用大量的注意资源 (例如, 判断两条线是否具有相似的倾斜度), 具有情感意义的掩蔽视觉刺激 (例如, 表现出恐惧或生气的人物面孔) 较弱地激活杏仁核。尽管杏仁核的活动在这类情境下被影响了, 但可能并不是由于上述提到的原因 (例如, 注意调节杏仁核)。如果纽约市的供力系统因为机械故障关闭了, 那么我在伯克利的公寓的水力供应必然受到影响, 但我家并不是被故意针对的。换句话说, 当注意转移到其他事物上时, 杏仁核对于生气面孔的反应之所以会减弱, 可能是因为此时所有的视觉加工的正常增幅都被削弱了。[37] 注意加工的放大效应的缺失使视觉皮层活动 (强度) 降低, 从而减少了对杏仁核信号的传送。杏仁核的反应会受到注意的影响, 并不是因为注意能控制杏仁核, 而是因为注意影响了与杏仁核相连的皮层区域的活动。[38]

还需要注意的是, 注意通路的负荷增加只能使杏仁核活动减弱, 而不能使杏仁核活动完全消失。[39] 这些存留的杏仁核活动可能部分是由来自丘脑的信息输入引起的。

意识是神经网络的一种固有特质, 它独特的连接模式使其具有独特的信息表征能力。确切地说, 对视觉刺激的有意识知觉产生于视觉区域和前额叶 / 顶叶区域的相互连接, 这种连接使得信息能够被工作记忆表征, 被注意放大, 被传播, 从而进入高阶表征。因此, 意识并不是简单地 "经过" 杏仁核, 因为杏仁核通过高级通路和视觉皮层的后段相连。高级通路和低级通路一样, 都是无意识的加工通路。[40] 杏仁核是来自这两条通路的信息的无意识加工器。

在人类恐惧的实验室研究中, 一个众所周知却无人注意的问题是, 研究者所使用的刺激——人类恐惧或生气或中性的表情静态图片与很弱的电击的配对——在真实世界中难以到达令人恐惧的标准, 真正的恐惧是会威胁到人们的幸福甚至生命的。这些刺激甚至无法达到动物研究中恐惧的标准, 动物研究中所使用的捕食者或电击刺激, 比人类研究所使用的刺激要更令人厌恶。我们在大鼠实验中所使用的电击刺激很简单, 很多研究可能就给一次电击或是很少几次, 但是电击强度会被调节到能导致生理痛苦的程度 (通过大鼠的行为和身体反应来确定), 而且电击是不可预测的。但是在人类研究中，对被试施加的电击的强度是他们可以忍受的，且允许被试在一定程度上控制电击的发生，这些都会降低刺激令人恐惧的特质。因此，在人类研究中，没有人会体验到真正的恐惧。庆幸的是，尽管使用的是这些温和的恐惧刺激，人类研究依然证实了在动物研究中发现的基本大脑回路的存在。不过，我们在解释这些温和的恐惧刺激所带来的结果时，一定要注意避免过度解读。换句话说，当真实世界中出现恐惧刺激时，注意负荷可能并不会降低杏仁核的激活程度。事实上，我们后面将讲到，即使注意被转移到某些任务上，恐惧刺激也可以干扰这种注意聚焦，让注意转移到恐惧刺激上。否则，我们会被真实世界中每一次突然出现的危险所伤害。

关于对阻断（或减少）对刺激的有意识觉知的方法的解释，还有另外一个观点。阈下刺激和掩蔽刺激并不能像可见刺激那样有效地支持认知加工（如语义加工）[41] 和驱动大脑活动。[42] 有时候，用这类研究的结果来讨论无意识加工过程是有局限的。这些研究结果更多暴露了大脑加工短暂的刺激的局限，而不是无意识加工本身的局限。有些研究设计出复杂的程序，使研究者不需要用短暂的刺激来阻断意识，但研究结果呈现的依然是一些大脑加工的局限。当然，和其他人类研究一样，这些研究因静态 CS 和微弱 US 的使用而受到限制。[43]

在日常生活中，自然产生的线索总是含有视觉或听觉信息，它们会在我们一无所知或无须意识控制的情况下以复杂方式影响我们的行为。[44] 心理学家约翰·巴奇（John Bargh）称之为"社会行为的自动化"。[45] 这种影响可能是良性的，例如影响我们选择吃什么；也可能是阴险狡猾的，如以不易察觉的方式影响你对其他种族的人的反应。[46] 大脑的无意识能力非常强大，比在实验室中用不易察觉的刺激所激发的无意识反应更强大。

对恐惧的认知重评能改变杏仁核的活动

情绪调节领域的研究结论与自上而下的认知加工是否能够影响杏仁核的活动有关。我们从自身经历中可知，想要有意地控制我们的情绪是很困难的，它们似乎更擅长控制我们。在我之前的书中，我提到这个现象可能是外侧前额叶皮层的工作记忆回路与杏仁核的连接缺失所致。[47] 但是，来自詹姆斯·格茹斯（James Gross）和凯文·奥克斯纳（Kevin Ochsner）实验室的开创性研究发现，教会人们重评情绪刺激可以降低对情绪强度的主观报告，也可以降低杏仁核的活跃程度。[48] 例如，让被试在接受消极刺激时去想象一些美好的事物，被试对消极刺激的情绪强度评定会降低。这些研究者的主要发现是，与工作记忆和执行控制有关的外侧前额叶参与了对杏仁核的认知调节（见图 8-5）。

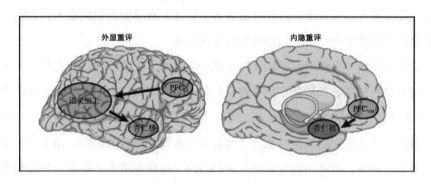

图 8-5　两种认知重评有区别地影响杏仁核

（左图）外显重评（通过认知重评改变自我报告的情绪体验）主要包括外侧前额叶皮层（PFC_L）和杏仁核的交互作用，受脑后皮层的感觉加工的调节。（右图）内隐重评（通过认知重评改变受杏仁核控制的自动反应）主要包括腹内侧前额叶（PFC_{VM}）和杏仁核的交互作用。

这个发现是否意味着具有注意和工作记忆功能的外侧前额叶直接控制杏仁核的活动呢？未必。注意有多大程度参与这种认知重评的过程还没有定论。[49] 而且，杏仁核并没有直接被外侧前额叶所影响，因为它们之间并不存在已知的连接。[50] 相反，实验观察到的效应似乎是被外侧前额叶和其他区域的连接间接地影响的，其中一个可能区域是内侧前额叶。不过，根据奥克斯纳实验组的建议，外侧前额叶和参与视觉刺激语义加工的后部区域相连，而该区域又与杏仁核有连接，这是很重要的。[51] 当一个刺激的语义意义从恐惧被重新解释为不恐惧时，到达杏仁核的皮层信号减弱了，如同之前的研究一样，杏仁核的激活程度降低了，但这并不是因为外侧前额叶皮层和自上而下的注意加工调节了杏仁核，而是因为杏仁核接收到来自其他脑区的信号输入变弱了。外侧前额叶直接影响的是其他脑区，而不是杏仁核。因此，通过认知重评，执行功能并不能直接改变杏仁核的活跃程度，原因与我们之前提到的注意和意识与高级通路的关系一样。

毛里西奥·德尔加多（Mauricio Delgado）、利兹·菲尔普斯（Liz Phelps）、我和其他同事一起采用另外一种方法研究了杏仁核的认知调节。[52] 确切地说，我们关心的是认知重评能否调节条件性恐惧刺激激活杏仁核的能力以及这种刺激诱发自主神经系统反应的能力。在我们的研究中，被试被告知他们会偶尔看到一种视觉刺激，伴随这个刺激会出现电击，这样他们就处于条件性恐惧中。此外，被试还接受了认知重评训练——一旦看到 CS 就想象一个愉快的自然景象。在他们都很好的习得了这种情绪调节策略后，就让他们在接受条件恐惧刺激的同时回想情绪调节策略，并接受大脑扫描。结果显示，腹内侧前额叶参与了使杏仁核活跃程度降低的调节过程，进而导致 CS 引起的自主神经系统反应减少，该区域以另一种调节情绪的方式调节着杏仁核的活动。

工作记忆和执行功能的皮层回路包括和杏仁核没有连接的外侧前额叶区域，也包括那些跟杏仁核有连接的区域（见第 6 章），例如腹内侧前额叶、前扣带皮层和眶额叶皮层。因此，自上而下对杏仁核活动的调节就有可能通过内侧区域和杏仁核的连接实现。

让我们更仔细地考虑一下德尔加多的研究。这个实验里的情绪调节开始于一种指导性的、外显的认知调节，包括外侧前额叶皮层。但是，当训练一旦完成，重评过程就会自动地控制有赖于杏仁核的自主神经系统反应。在这种调节策略中，内侧前额叶的终极控制可能形成一种新的内隐学习，使得内侧前额叶能控制储存在杏仁核中的 CS-US 这一联结，削弱自动化反应的表达。

总的来说，在格罗斯和奥克斯纳的研究中，重评改变了自我报告的意识体验，但是在德尔加多的研究中，重评改变的是自动化反应。在这两种情况下，重评过程都与外显认知有关，在前一个研究中重评改变外显控制，而在后一个研究中重评改变内隐控制。

杏仁核对恐惧的无意识加工直接影响皮层的加工和注意捕获

到目前为止，我们了解了注意是如何影响或者说不影响恐惧加工的。接着我们要从这件事的另外一面来看——恐惧加工是如何吸引人们的注意的。你可能在生活中已经发现了这样的现象，当你全神贯注地执行某个任务时，一些突然发生的重要的事情会让你把注意力从当前任务转移到新的事件上。这种现象本身也说明注意并不是恐惧加工所必需的，否则，没有注意就没有恐惧加工。事实是恐惧"捕获"了注意，并把注意投入个体面临的危险中。赫伯特·西蒙（Herbert Simon），认知科学的先驱和诺贝尔经济学奖的获得者，他在 20 世纪 60 年代提出：一个有效的认知系统不仅仅要能够将注意力集中在具体的任务上，也需要具备一种中断机制，让注意被打断并重新定位到一个新的、优先级更高的突发事件上。[53]

我是在 20 世纪 90 年代才注意到西蒙的这个观点的，当时我正在和一群计算机建模师工作，他们能够通过计算机模拟器检验有关心理和大脑的理论。[54] 在我们的合作中出现了很多灵感，其中一个想法是，发生在意识之外的、快速的杏仁核激活可能会让注意转移到突然出现的危险事件上。[55] 迈克尔·艾森克（Michael Eysenck）的《焦虑的注意控制理论》一书也提到了这一点，书中区分了加工焦虑的两种注意系统：一种是目标导向的，一种是刺激驱动的。[56] 当目标导向的注意正在忙于某种任务时，刺激驱动的系统仍然在侦查恐惧刺激，并用无意识的、自下而上的方式重新分配注意。

大量实验室研究都验证了这种直觉，即恐惧或其他情绪刺激能够捕获注意。[57] 这些研究为后续进行的脑机制的研究铺平了道路。毫不意外，杏仁核与这种注意的分配有关，包括无意识的注意转向。[58] 当两个刺激连续快速出现时，第一个刺激可以引起注意，第二个刺激则不容易被注意到，[59] 这种现象叫作"注意瞬脱"。就好像是第一个刺激让大脑眨了一下眼，于是第二个刺激没有被"看到"。但是如果第二个刺激是恐惧刺激，它就有很大的概率越过注意瞬脱效应被看到。[60] 但是对于杏仁核受损的患者，这种克服注意瞬脱的现象不再出现，说明恐惧驱动的杏仁核活动有保持恐惧并且侵入意识的能力。[61]

那么这种杏仁核对恐惧的无意识加工是如何自下而上地对皮层活动产生影响的呢？当外侧杏仁核（LA）监测到恐惧刺激（先天恐惧刺激或条件恐惧刺激）出现时，它会发送信号给杏仁核的其他区域，控制大脑和身体做出行为、产生心理活动（见第 4 章）。外侧杏仁核发送信号的目标之一是基底杏仁核（BA），它与皮层区域有紧密的连接，包括前额叶和顶叶的注意网络。[62] 通过 BA 向前额叶和顶叶的信号输出，影响了对感觉加工施加自上而下注意控制的脑区（见图 8-6）。也就是说，自下而上的"杏仁核影响皮层注意网络"的加工能够打断自上而下的注意对无威胁目标的聚焦，让注意重新转移到威胁性刺激上。

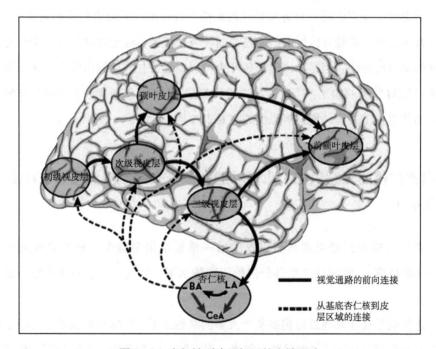

图 8-6 杏仁核对皮层加工的直接影响

以视觉加工为例，本图展示的是杏仁核接受来自视觉加工的第三阶段的信息输入，并且把信息传回到早期视觉加工皮层。在杏仁核内部，外侧杏仁核（LA）是视觉输入的主要接收器，它连接着基底杏仁核（BA），后者是连接感觉皮层和其他皮层的主要区域。这里只展示了视觉皮层，听觉和躯体感觉皮层系统也有类似的结构（味觉和嗅觉不太一样）。这里展示的从杏仁核到非感觉区域的主要连接包括前额叶皮层和顶叶皮层，因为它们具有产生想法的重要功能。在这里说的前额叶皮层包括其外侧区域和内侧区域。

BA 与皮层的感觉区域直接相连，并且直接影响这些感觉加工过程。视觉加工的后段只把信号传递给了 LA（这是高级通路），BA 把这些信号又传给了所有的视觉皮层区，包括视觉加工早期阶段（初级视皮层区域）。[63] 这种初级和次级视皮层同时被恐惧刺激激活，且激活程度比中性刺激引起的激活程度更强烈的现象，得到了来自解剖学的证据的支持。事实上，解剖学还支持了另一类研究，相比于中性刺激，恐惧刺激增强了对初级视觉特征（例如颜色和亮度的差异）的加工，这种加工恰好依赖于初级视皮层。[64] 因此，一旦 LA 被恐惧刺激激活，BA 就会开始影响视觉加工皮层的各个方面。

恐惧改变注意的另一种方法是让内侧前额叶也参与到对杏仁核的调节中。[65] 之前我讲过内侧前额叶区域的活动是如何使杏仁核的活跃程度降低以减少对恐惧刺激的多余反应的。但是，内侧前额叶也可以增强杏仁核的输出活动，从而促进整个皮层对恐惧的加工。[66] 这种增强可以促进 CCNs（包括额叶和顶叶）与感觉加工的往返加工过程，增强对恐惧的有意识知觉。

来自杏仁核的无意识加工也可以通过改变全脑唤醒间接影响注意和感觉加工

杏仁核检测到恐惧刺激所引发的另一重要结果是整个大脑的唤醒水平变高（全脑唤醒）。意识的产生部分依赖于唤醒水平，警觉、注意和注意维持也是如此。

恐惧刺激能非常有效地提高整个大脑的唤醒水平。[67] 这种效应通过神经细胞制造和释放神经递质（如去甲肾上腺素、多巴胺、5- 羟色胺、乙酰胆碱、食欲肽和其他化学递质[69]）来实现，这种效应有时被称作"广泛唤醒"。[68] 虽然这些神经元的细胞体仅存在于大脑的特定区域，但是它们的突触的广泛分布和延伸，使得它们能够引发大范围的脑活动（见图 4-4）。

尽管"广泛唤醒"这个术语描述的是神经递质在大脑中效应的全脑化，但是行为和认知的结果所反映的是有接收器的细胞与某一特定神经递质化学结合时，神经递质对某个具体回路的信息加工产生的局部影响。例如，神经递质与特殊受体结合后能促进感觉丘脑和感觉皮层的加工，促进感觉皮层内部、前额叶和顶叶脑区、杏仁核区域、海马体以及其他脑区的活动。[70]

神经递质活动的局部特异性指的是神经递质乙酰胆碱影响皮层中感觉和注意的加工，但皮层中的感觉加工区域的激活程度的改变无须负责注意的执行控制脑区发生改变。[71]也就是说，除了影响注意和有意识的感觉加工，神经递质也能有区别地影响无意识感觉加工，即那些发生在注意和意识之外的无意识加工。

神经递质能够非常有效地调节已经被激活的神经元的活动，[72]这就解释了为何它们能在对神经元无差别地释放递质的情况下选择性地影响某些神经元的活动。加工视觉刺激的神经元或者控制注意知觉信息的神经元将被神经递质影响，而其他不参与这些过程的神经元受到的影响很小，甚至不受影响。

恐惧改变唤醒水平的另一个重要方式是，通过 CeA 向神经递质系统输出（见图 8-7）。[73]（顺便一提，杏仁核也能加工食欲刺激，而 CeA 可以激活与其相关的神经递质系统。[74]）CeA 激活神经递质系统，降低感觉刺激的阈限，从而增强注意和警觉。

唤醒水平对大脑信息加工的影响是多方面的。杏仁核本身也是神经递质的一个接收器，这就意味着在全脑唤醒中，杏仁核的加工能力也是被提升的。杏仁核驱动了全脑唤醒，唤醒反过来也驱动着杏仁核。这种自我维持的循环，使得大脑和机体的兴奋状态可以持续得与恐惧刺激一样久。[75]

可以看出，杏仁核促进感觉加工的两种方法相辅相成。感觉和工作记忆皮层网络，包括注意网络，直接受到 BA 输出的影响，也受到 CeA 释放的神经递质的影响。感觉和工作记忆／注意网络的连接被成倍提升成为高效能连接，增强并维持了个体对恐惧刺激的注意，使得恐惧刺激从和它一同出现的其他中性刺激中突显出来，被个体知觉到。因此，即使个体并未意识到情绪的存在，大脑皮层的可重入处理也能发生（见图 8-8）。

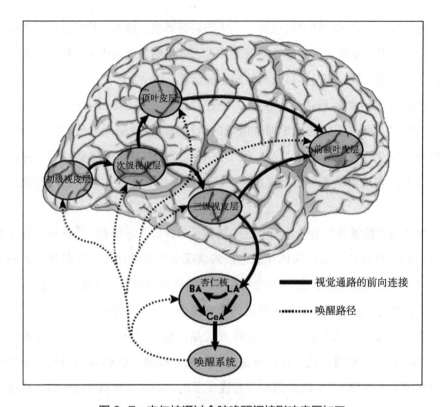

图 8-7　杏仁核通过全脑唤醒间接影响皮层加工

　　传递到外侧杏仁核（LA）的信息直接到达中央杏仁核（CeA），然后通过杏仁核内部连接到达基底杏仁核（BA）和其他没有在图上显示的区域（如夹层核，intercalated nuclei）。我们已经讨论过 CeA 在控制防御行为和身体上的生理反应的作用（本图中没有显示），它输出的信号的另一个重要功能是唤醒大脑系统。它拥有能制造多种神经递质（如去甲肾上腺素、5- 羟色胺、多巴胺、乙酰胆碱等）的神经细胞，同时，它的轴突遍布大脑（本图只展示了部分主要区域的连接）。当 CeA 被激活时，唤醒系统沿着轴突释放化学物质，改变多个脑区的信息加工。

　　这能帮助我们理解为什么对恐惧的探查会导致风险评估和对环境的高度敏感。如果你的大脑发现了一种潜在的伤害源，全脑唤醒就会被触发，你会开始全神贯注地监视环境，搜索可能出现的所有危险。在这个过程中，大脑运作的机制和我们之前说过的差不多，杏仁核影响感觉加工和自下而上的注意。一旦注意捕获了危险，自上而下的执行注意就会使感觉加工产生偏向。焦虑障碍患者在这方面表现得很极致。[76] 通过全脑唤醒和可重入加工，焦虑障碍患者的大脑一直处于高度警觉状态。他们被高度唤醒，高度注意威胁源，甚至在威胁消失之后仍保持高度警觉。对于大部分人来说是安全信号的事情，会被焦虑障碍患者看作对危险的警告。

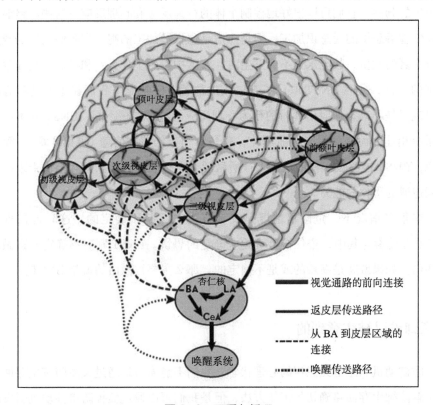

图8-8 可重入循环

大脑区域间的相互连接（更准确地说，是这些脑区间的神经元的连接）构成了加工循环回路。我们认为这些循环回路不断被重复激活导致了加工的放大和意识体验的出现。这里展示了多个水平的加工循环，需要注意两点。第一，一旦杏仁核被感觉刺激激活，它不仅能通过BA的输出影响正在进行的感觉加工，而且能影响负责注意和工作记忆的皮层区域，这些皮层区域又与感觉加工区域相互连接。第二，通过CeA，除了能启动防御性反应和为身体的生理变化提供支持（图中没有展示），还会激活大脑内的唤醒系统，使其释放出化学物质调节上述提到的所有脑区，杏仁核也会释放化学递质以调节自身的加工过程。因此，只要威胁一直存在，多层或重复连接带来的大量反馈和前馈放大加工就会一直存在，让有机体保持注意，准备应对危险。

终纹床核对不确定恐惧刺激的加工

因为基于杏仁核的防御回路和感觉加工皮层有非常紧密的连接，所以面对突然出现的刺激，它们可以很好地控制个体的行为反应和心理反应。这些回路能帮助我们理解恐惧的无意识加工。但是焦虑是怎样被加工的呢？当我们担忧的威胁并没有真的发生，甚至永远不会发生时，大脑中发生了什么？和我们在前几章中提到的一样，此时 BNST 取代了杏仁核的位置，它控制了我们在恐惧刺激有可能出现但是不确定何时出现时的行为心理反应。与杏仁核不同，BNST 并不与感觉系统相连，而是接受来自前额叶、海马体和杏仁核的信息（见第 4 章）。简单地说，BNST 能够被事件的认知表征所激活，这种表征包括预测和担忧未来的你可能遭遇的事件的能力。

在很多情况下，危险可能既是真实存在的又是不确定的，这时杏仁核和 BNST 都会参与其中，杏仁核负责响应确定的恐惧，BNST 则对不确定元素做风险评估。如果威胁是新颖的或是不确定的，那么主要被激活的就是 BNST。

注意到难以被注意到的

防御动机状态是无意识的心理状态。我们不能简单地通过关注防御生存回路来了解防御生存回路确切的工作方法，但是我们可以通过监控防御性动机引发的可观察的结果，来了解防御生存回路和与之相伴的动机状态。

当裂脑患者寻找动词（基于左半球）来解释大脑右半球产生的行为时，大脑左半球生成的行为解释来自无意识系统，这样做可以维持对自我的统一感。因此，理解我们的行为是理解我们是谁的一种重要途径。这正是加扎尼加提出的意识解释理论（interpreter theory of consciousness）的核心（见第 6 章）。

我们了解防御动机状态的最直接的方式就是研究我们的行为。观察自己的行为并在工作记忆中表征这些行为的能力叫作监控。[77] 通过把注意指向自己的行为活动，我们能够获知自己正在做什么，并且能根据我们的想法、回忆和感受来有意识地调节自己的行为。毫不意外的是，作为工作记忆的执行功能，前额叶皮层参与了监控。[78] 通过观察自己的行为，我们会改变自己在社会情境中的表现。[79] 如果你发现自己的行为对别人有不好的影响，你就会做出调整。当你注意到自己对某些群体有偏见时，你也会改变。此外，通过监控，个体可以发现自己的不良习惯，然后通过治疗或其他方法改变它。不是所有人都能很好地运用监控来提高自我意识。情绪智力领域关心的正是人们在这种能力上的差异，以及个体如何通过训练提高这种能力。[80]

我们也能够监控来自身体内部的信号，这正是达马西奥的躯体标记假说（somatic marker hypothesis）的基础（见第 5 章）。这些信号的特别之处在于，它们来自躯体感觉系统，该系统将皮肤或者肌肉关于触觉、温度、发炎和疼痛的信息传递到皮层加工区域，就像视觉或听觉系统的传递一样。当你头疼、背疼、肌肉酸疼、瘙痒、感到冷空气或暖空气接触你的皮肤或者发烧时，你都会意识到这些正在被大脑皮层加工的躯体感觉信息。

我们还可以注意到来自我们内部器官的信号。很多器官都有给大脑传递信号的神经，例如，你能感觉自己的膀胱充盈，你的胃空了，或是胃酸过多消化不良造成的灼烧感，或是心跳加速。大部分来自身体内的信号，尤其是来自内脏器官的信号，是不定性的、难以准确描述的。我们不知道自己的胆囊、阑尾、胰腺、肝脏、肾和其他内脏器官的状态，除非它们功能失调导致了疼痛或其他未知后果。但是，这些器官的感觉神经会发送信号给大脑，它们会对我们的知觉、注意、记忆和情绪产生间接的、潜在的影响。此外，不同内脏器官释放的激素可以与大脑不同区域的受体结合，从而间接地影响意识。例如，这些激素可以与杏仁核和控制防御动机状态的脑区的受体结合，或者与负责感觉加工、注意、长时记忆和工作记忆皮层的认知加工区域的受体结合。

从某种程度上说，大脑唤醒也是可以被注意到的。当大脑的唤醒水平很高时，我们是警觉的、充满精力的和谨慎的。当大脑的唤醒水平很低时，我们是懒散的和恍惚的。像安非他明这样的药物能提高大脑的唤醒水平，通过"模仿"神经递质的作用，它能人为地提高个体的警觉性和注意力。[81] 尽管我们可以探查到唤醒水平的突然改变带来的变化，但与之相关的信息少之又少：唤醒水平的提高能告诉我们某些重要的事情发生了，但是不能告诉我们是什么事情发生了。因为缺乏能消除这种模糊性的信息，所以我们转用外部感官来监控我们的行为和环境。[82]在理解我们如何体验情绪的当代理论中，唤醒占有一席之地。[83]

由此可见，通过监控，防御动机状态的多种成分都能借助其产生的结果影响意识体验。对于我们不能直接评估的无意识大脑的问题，监控是一个好方法，但它也不是万无一失的。对于身体反应背后的无意识来源和动机的解释可能正确也可能不正确。[84]当我们监控模糊的、无法通过行为表达的、不精确的大脑或身体信号时，我们很容易对这些信号的动机进行错误的归因。当人们基于直觉做决定时，大多使用的是无意识加工，但是我们用这种方式做决策不代表我们需要刻意避免做有意识的决策。直觉有时候有用，有时候也会带来问题（见第 3 章）。不要出于思想的懒惰而把这种决策方式当作日常的决策方式。

记住恐惧和焦虑的感觉

在第 7 章中，我讲过人类不是天生就有情绪的。一篇非常有趣的文章也提出了相似的观点，文章题目是《情绪语言和焦虑感》。[85]文章作者写道："我们出生时对于自身情绪的了解并不比我们对这个世界和现实的了解更多。事实上，我们是通过学习才知道我们体验到的情绪是什么的。这种学习本身带有社会语言体验偏差。"换句话说，在你的人生历程中，你学习了"恐惧"和"焦虑"这些词语的意义，你把这些词语和你的大脑体验、身体体验联系在一起。当一个孩子处于危险的环境中时，她的父母可能会说："你一定感到很害怕。"或者当一个孩子因为要参加学校的戏剧表演而紧张时，父母会这样安慰他："别担心，有人看你的时候，你感到有点焦虑是很正常的。"孩子也会听到他人谈论害怕与焦虑，在电视或电影中看到这些情绪的例子。如今的儿童电影常常让其中的人物角色（通常是动物）面对很多能引起恐惧感的挑战，并使其长期处于焦虑状态，直到最终实现目标，他们的恐惧和焦虑变成欢乐。心理学家迈克尔·刘易斯指出，儿童早在真正感觉到恐惧和焦虑之前就已经表现出恐惧和焦虑了。[86] "恐惧"和"焦虑"这样的词语与 "我恐惧某物"或者"我因某物感到焦虑"这类句子建立了联系。一旦某个人在认 知上学会这种联系，很容易就能够明白因什么恐惧或因什么焦虑是什么意思，而无须真 正理解恐惧和或焦虑是什么感觉[87]。

孩子们会建立起一个分类目录，记录不同情绪的典型例子在别人身上是什么 样子，在自己身上又是什么样子。瑞士发展心理学家让·皮亚杰（Jean Piaget）用 "图式"来描述儿童围绕某个主题或情境组织起来的信息的表征，这些表征被用于 思考和行动。[88] 情绪图式以情绪概念的形式被储存在语义记忆和情景记忆中。[89] 这 些图式可以把情境分类为危险的或是安全的。在危险的情景中，个体会检测自己 的大脑、身体和行为的信号。一旦储存的图式与当前的情景或状态匹配，当前的 状态就会被认知概念化为图式中的情绪，该状态就会被贴上相应的情绪词语标签。 有时候，情绪状态没有完整出现，此时个体会补全这种状态。当一个人有更丰富 的情绪经历时，储存的图式状态也会有更细致的划分。怯场和惊吓、恐慌、恐怖 不同，恐惧与担忧、谨慎和急躁也不同。因为这种标签化过程不够精确，且其依 赖于个体的学习经历和解释，所以每个人在使用情绪词语时各有差异。

心理学家丽莎·巴瑞特和詹姆斯·罗素把这些潜在情绪体验的图式和解释 过程称为概念法，这有助于情绪的心理构建。[90] 正如阿萨夫·克朗（Assaf Kron） 和他的同事所说的，"情绪来的并不容易"，[91] 它们不是简单地发生的，需要大量 的脑力劳动。

尽管对记忆的监控有助于我们给自己的体验贴上标签，但那些我们用来做标 签的词语并不是我们体验到的状态，它们只是我们有意识地将这些体验进行分类 的结果，让我们能理解我们体验到的状态，能在别人问起时报告出这种体验。那 么，情绪体验到底是什么样的呢？

感受它

"汤的味道是其配料的成果"这一例子可以帮我们更理解情绪是如何在有意

识的情况下出现的。[92]盐、胡椒、大蒜和水是鸡汤的常见配料，添加一定数量的盐和胡椒可以在不改变汤的本质的情况下使汤的味道更浓郁。你也可以添加其他配料，例如芹菜、青辣椒和欧芹，让汤的口味变得不太一样。添加乳酪面粉糊，汤会变得黏稠，添加咖喱酱则是另外一种效果。如果用虾代替鸡，汤的核心味道就会改变。所有这些配料本身并不是汤的成分，它们是独立于汤存在的事物，即使没有做这碗汤，它们依然存在。

　　情绪是心理构建的状态，这一观点与克洛德·列维－斯特劳斯（Claude Levi-Strauss）的"临时修理"（bricolage）[93]的概念有关。bricolage 是一个法语词，指用手边现成的可用工具构建出的另一个事物。在构建过程中，列维－斯特劳斯非常强调人，即"临时修理者"（bricoleur），以及人所处的社会环境的重要性。基于这个想法，雪莉·普伦德加斯特（Shirley Prendergast）和西蒙·福雷斯特（Simon Forrest）提出："也许人类、客体、环境、日常生活的序列和结构都是情绪形成的媒介，是一种日复一日的情绪沉淀。"[94]在大脑中，工作记忆可以被看作"临时修理者"，有意识的情绪内容就来自如同临时修理这样的构建过程。

　　类似地，恐惧、焦虑和其他情绪也来自内在的非情绪成分，这些成分原本是为了其他目的存在于大脑中，当它们在意识中相遇时，情绪就产生了。烹饪这些情绪配料的锅就是工作记忆（见图 8-9）。不同的配料，或者不同量的同一配料，能够解释恐惧和焦虑的差别以及其他情绪之间的差异。尽管我这个情绪汤的比喻是新异的，但它的核心思想——有意识的情绪是由非情绪的成分组合而成的——已经被提出有段时间了。[95]

感到恐惧

　　通常来说，你恐惧的是出现在你眼前的事物。对这件事的认识加上其他因素，最终导致了恐惧的感觉。所以恐惧体验的第一个组成成分，就是大脑中对一个具体感觉到的客体或事件的表征。

　　第二个组成成分是被丘脑和皮层输入激活的防御生存回路，它能够启动防御性反应的表达，使个体产生生理变化。

　　第三个组成成分是注意 / 工作记忆。为了有意识地知晓一个刺激出现了，你需要先注意到它。注意把刺激信息传递到工作记忆中。这个过程需要感觉皮层区域与前额叶和顶叶回路的交互作用。

图 8-9　非情绪元素如何构成情绪

　　大脑中产生有意识的情绪感受的方式，就像原本不是汤的各种原料被做成一锅汤的方式。拿鸡汤来说，水、洋葱、大蒜、胡萝卜、鸡肉、盐、胡椒、香叶、香芹和其他食材原本都不是汤，它们只是自然界中可以用来做汤的东西。改变食材，汤的味道也会随之改变，或许是轻微的改变（加入盐和胡椒让汤的味道更浓郁），或许是质的改变（用鱼肉替代鸡肉，或者加入乳酪面粉糊或咖喱酱）。情绪的产生与这一切的相似之处在于，情绪的特征品质（情绪给人的感觉）由非情绪成分的组合方式决定。组成情绪的一些非情绪成分是感觉加工、生存回路激活、全脑唤醒、身体反馈和记忆。工作记忆是烹饪情绪的锅。情绪的特质以自下而上的形式被深深地影响（例如，受生存回路的激活和全脑唤醒的影响度），执行功能有助于把从感觉系统和长时记忆进入工作记忆的各种成分以独特的方式混合，以及解释体验，定义情绪的类型（担忧、关心、惧怕、焦虑、害怕、惊慌、恐惧、惊骇）。

第四个组成成分是语义记忆，它使你能够理解特定的事物是什么（客体认知），并将其和其他客体区分（辨别）开来。这些信息能让你知道这个出现的刺激是有潜在危险的（这是一条蛇，有些蛇是有毒的，有毒的蛇能够杀了你）。整合刺激信息的语义记忆需要皮层感觉加工回路、前额叶和顶叶的注意/工作记忆回路、内侧颞叶语义记忆回路的联合参与。通过大脑的执行控制功能，例如注意，感觉信息与语义知识融合，产生了一种对刺激的真实意识——托尔文称之为理性意识。

第五个组成成分是情景记忆。情景记忆是关于你自己的记忆，它包括你的过去，这也是你预测未来自我的基础。用托尔文的话来说，你有意识地体验到的一段情景记忆是一种意识的纯粹理性状态，它有赖于感觉皮层回路、内侧颞叶情景记忆回路以及前额叶和顶叶回路的交互作用。其中前额叶和顶叶回路在工作记忆中创造出刺激（是什么）、你和刺激的位置（在哪里）以及刺激发生的时间（何时）的同期表征。此外，工作记忆必须表征出所有这一切都是为你发生的——自我必须参与其中。虽然这些是自动化意识体验的基本组成部分，但它们还不足以构建出你感觉恐惧或是焦虑的自动化意识状态。

防御回路的活动不仅会引发生理反应，还会改变皮层回路加工信息的方式。杏仁核的输出提高了大脑的唤醒水平，通过激活全脑范围的神经细胞加速处理过程。杏仁核对皮层区域的输出能捕获注意，通过可重入加工循环促进对恐惧刺激的感觉加工。从杏仁核到长时记忆、工作记忆和注意回路的连接也以可重入的方式参与，促进个体对恐惧的语义记忆和情景记忆的提取。杏仁核是所有活动调节的目标，这意味着它能更有力地驱动上述所有过程。尽管防御动机状态的结果是无意识（a-noetic）状态，但是当你通过执行能力监控到这种状态的结果时，它或它的某个成分就能成为意识体验的一部分。

你现在距离有意识的恐惧状态已经非常接近了，你现在拥有的可能是一种初级的、未被区分的状态，此时你需要再向前一步。由于你有过恐惧的个人体验，因此你习得了什么要素会造成恐惧。作为意识状态中可监控的方面，你通过回忆和图式认识到现在出现的要素就是恐惧的指示物，于是你给这个状态贴上了标签并分了类。由巴瑞特、罗素、克罗、奥托尼和其他人提出的认知的模板、图式、构建主义概念法完成了这项工作。[96]你是否感觉到担忧、警觉、惊恐、惶恐或恐怖取决于要素的特定组合以及它们通过储存的图式被认知解释的方式。恐惧和其他情绪基于假设、假定和期望，这些情绪由大脑中的非情绪要素构成。[97]

原始材料的数量和组合方式使各式各样的恐惧有了差别。察觉到关乎幸福的威胁已经出现或者即将发生将所有的恐惧要素联系在一起。

简而言之，为了感觉到恐惧，无意识防御动机状态的成分必须进入意识觉知。[98]只有同时具备觉察大脑对内部事件和外部事件的表征的能力，知道这个事件正在发生的生物，才能感觉到恐惧。当防御性状态敲响意识的大门时，只有大脑中存在意识的生物才能感觉到恐惧。[99]

由皮层下脑区组成的防御性回路比与认知和语言相关的皮层回路成熟得早。如我之前所说，这就是为什么婴儿能够在他们真正感觉到情绪之前表现出情绪，[100]为什么成年人类和动物无须感觉到情绪就能做出情绪性反应。除非大脑有必要意识到它自身的活动，否则理性的恐惧状态是不可能存在的。如果大脑没有能力理解正在发生的事件，自动化的、有意识的恐惧体验就也不会存在。如托尔文所说，自动化的、有意识的恐惧在动物身上出现的很少，它可能是专属于人类的。尽管从理论上说有意识的恐惧也可能发生在动物身上，但由于测量的问题，迄今为止，即使是在非人灵长类动物身上，这种感觉意识也无法清晰显现。至于其他物种，它们的大脑皮层与我们差别更大，想研究清楚这个问题的挑战也更大。

人类大脑对体验的分类是独一无二的，这部分依赖于语言和其他认知能力。就像我们之前指出的，英语单词可以描述30多种跟恐惧有关的体验。[101]语言和文化塑造了体验，[102]包括情绪体验，这个观点近年来在心理学领域很流行。[103]例如，文化和体验会影响杏仁核对恐惧的反应方式。[104]如果没有语言，那么出现多么有限（初级、低级）的自我意识都是可能的。很明显，语言的出现改变了大脑中的自我意识游戏（见第6章和第7章关于动物意识的讨论）。语言对人类大脑的影响之一，就是使得恐惧和焦虑的体验能够被符号表征，而无须个体真正暴露在能诱发这些情绪的刺激中。[105] 在某些情境中，这有助于我们保障自己的安全，但它也会使我们过度思考，甚至可能会因此出现不受欢迎的后果，例如使你身心俱疲的焦虑。

我在这里强调了与防御回路有关的恐惧感是如何出现的，这可能会让你想起一个观点：防御生存回路是一种恐惧回路，但事实是，其他生存回路的活动也能让我们感受到恐惧（害怕饿死、渴死或者冻死）。我之所以把这些称为"恐惧"，是因为它们由具体的刺激触发，并且被解释为一类危险的、有害个体幸福的图式。但是如果你把这些信号解释为危险的征兆，通过自我觉知意识，你就会开始思忖可能的后果，此时起焦虑图式被激活，焦虑取代了恐惧。

感到焦虑

和恐惧一样，焦虑也能从外部引发，比如，当某个刺激总是能预测伤害发生却不能预测伤害发生的确切时间时，焦虑就被启动了。焦虑也能被与危险只有微弱联系的刺激所触发，当这种刺激出现时，会给你带来伤害的事可能会发生，也可能不会发生。在新环境中，个体不清楚未来将会发生什么，所以新环境也会触发焦虑。特定的记忆或是想法也能使个体产生焦虑。所有情况下，一旦刺激、情境、想法或回忆闯入了工作记忆，基于语义记忆和情景记忆的认知模板和图式就会开始解释它，并产生包含自我暗示的纯粹理性意识和自动理性意识。在这个过程中，对刺激、情境、想法和回忆的表征通过皮层和杏仁核和 / 或 BNST 的连接（见第 4 章）激活防御生存回路，引发全脑唤醒、其他大脑和躯体的生理反应以及防御动机状态的多个方面，以此使个体能长时间注意到触发焦虑的刺激、想法或回忆。

和恐惧一样，焦虑也与防御性回路的激活有关。焦虑也能被其他生存回路的激活所引发。焦虑和恐惧一样，都不是生存回路激活导致的直接后果，它是一种认知解释，有时它依赖于产生自动化理性意识的生存回路的活动。存在焦虑并不依赖于生存回路，它是一种自我觉知意识中的更高层次的关切，例如对如何过上更有意义的生活或者可能发生的死亡的担忧。存在焦虑可能会间接影响生存回路的活动，主要包括对未来情境的选择及可能结果的抽象概念，所有这些都与自我意识密切相关。

小结

心理治疗师马克·爱普斯坦（Mark Epstein）说过，创伤是人类生活不可分割的一部分。[106] 这听起来不合理，但实际上它从根本上把人和世界联系起来了。从恐惧和焦虑的角度看创伤，这种不合理可以被看作部分事件的记忆被内隐系统储存的后果。由于这个系统不能被意识到，也无法用语言分析工具评估它，因此不能被直接监控。爱普斯坦所说的创伤与生活的联系可以被看作生存回路中的内隐记忆的唤醒，它的存在让有机体能好好地活下去，而且它间接帮助人类大脑合成情绪。从基本层面上看，这种与生命的无意识连接使我们与同类相连，它也使得人类和动物相连且无须词语和逻辑。我们有同情心和人性光辉，不是因为我们能和他人分享情绪，而是因为我们的大脑和他人的大脑之间存在无意识沟通。在这种情况下，我们会自然地认为，我们心中的情绪也存在于他人心中，甚至其他物种之中。如前所述，某些看上去自然而然的事物，在科学上并不一定是正确的。

恐惧或焦虑这类情绪是附着在进化蛋糕上的糖衣，它是在蛋糕烤好很久后才被加上去的。[107] 一旦你拥有了某种类型的蛋糕的心理图式，例如，拥有香草糖衣的魔法蛋糕，你就很难想象出没有这层糖衣的蛋糕的样子。类似地，当你因面对危险而感到恐惧时，你很难想象其他人和其他动物在同样的情况下会不恐惧。

恐惧和焦虑并不是天生的，它们不是以一种预先设计好的方式爆发于大脑回路的，它们是过往形成的意识体验。它们是非情感元素被认知加工的结果。它们出现在大脑中的方式和其他意识体验出现的方式一样，只不过它们有非情绪体验所没有的元素。[108]

第 9 章

4000 万个焦虑的大脑

生年不满百，常怀千岁忧。

——克里斯托弗·希金斯（Christopher Hitchens）[1]

我们与细菌、植物、海绵、蠕虫、蜜蜂、鱼、青蛙、恐龙、老鼠、猫、猴子和黑猩猩所共享的生物构造使我们得以在这世上存活下来。从本质上来讲，我们并不仅仅是生存机器。虽然我们活在当下，但我们亦着眼于未来。在动物王国中，这种心理素质是十分罕见的，甚至可以说是独一无二的。它需要一种独特的大脑——能感知到自我并意识到自我与时间的关系的大脑。对我们来说，拥有自我意识是好事，也是坏事。它既能够帮助我们努力实现目标，又使我们担忧自己会失败。

文化历史学家路易斯·梅南（Louis Menand）重申了克尔凯郭尔的观点，他认为"焦虑是人类为自由所付出的代价"。[2]克尔凯郭尔认为，我们能够自由地选择未来的行动，而这决定了我们是谁。[3]然而现代科学得出的结论是：我们的自由往往比我们认为的更虚幻。[4]无论我们的意志多么自由，我们相信我们是自由的这件事，本身就会使我们变得焦虑。当我们在现实中无法掌控某些事情的时候，当我们在不确定的情境下面临风险决策的时候，当我们思考在过去如果做出不同的行动会不会改变我们的现状和未来的时候，这种焦虑感尤为强烈。

虽然焦虑是人类天生就有的情绪，但对某些人来说，焦虑会带来恶劣的后果。美国国家心理健康研究所的数据显示，仅仅在美国，就有 4 000 万人患有某种形式的焦虑障碍。或许我们会有争议，是否焦虑障碍患者只是过于焦虑，其焦虑程度尚未达到疾病标准。[5] 但是，正如有些人不应该被贴上"焦虑障碍"的标签一样，可能也有实际上患有严重的焦虑障碍但没有被诊断出的人。而且，正如第 1 章所指出的，因为 GAD 被看作大多数其他精神疾病（抑郁症、精神分裂症、自闭症及其他疾病）的并发症，并且发生在问题严重（有时又不那么严重）的人群身上，因此焦虑的人远远不止这 4000 万焦虑障碍患者。

科学地定义焦虑

来自弗洛伊德和克尔凯郭尔的关于焦虑的传统观念认为，焦虑是一种不愉快的意识体验。确实，我们每个人都以自己的方式体验到焦虑，并且人们通常会寻求帮助以使自己感觉更好。心理学家理查德·麦克纳利（Richard McNally）是研究焦虑的先驱，他强调意识体验的重要性，并指出"无意识的焦虑"这个概念是充满矛盾的。[6] 与此同时，由于情绪是私密的且不易测量的，因此，要严谨地研究动物的情绪更难。科学家从无意识的角度重新定义了恐惧和焦虑，使其成为一个更易操控的研究课题。将恐惧和焦虑定义为中枢动机状态很好地解决了研究动物情绪的难题，另一个方法则在人类研究中逐渐变得流行起来。

在 20 世纪 60 年代，临床医生依然使用弗洛伊德的术语来定义焦虑——焦虑是由隐藏在意识下的潜意识中的因素构成的有意识的感受。行为主义运动已经表明，恐惧和焦虑问题可以用学习理论中的思想来解决，比如消退（见第 10 章）。一位对这种方法十分有兴趣的年轻研究者彼得·朗（Peter Lang）意识到，需要有客观的方法来验证这种治疗方法是否有效。他认为恐惧和焦虑等情绪可以从三个反应维度来评估：①口头报告（人们对自己处境的看法）；②行为（如逃避和回避）；③生理反应（包括血压、心率、出汗和肌肉张力的变化；惊跳反应；后来他又补充了大脑的生理变化，如唤醒水平变高）。彼得·朗还指出，成功的治疗会促使这三个反应系统产生显著且持久的改变。[7]彼得·朗试图寻求一种方法以摆脱对恐惧和焦虑的"隐藏现象"的关注，这种"隐藏现象"曾是精神分析学派的主要关注点，但彼得·朗更关注那些能被客观地测量的反应。[8]

口头报告是朗提出的三个反应系统之一，行为主义者认为思想是行为的一种掩蔽形式，他们将观察人们的言语行为作为测量人们思想的一种方法。根据斯金纳的说法，言语行为也遵循强化原则。[9]行为主义者甚至表示，改变行为的最有力的方式就是语言。[10]彼得·朗将语言作为一种反应系统纳入其提出的恐惧－焦虑模型中，他没有将语言作为获得"隐藏现象"的口头报告的手段，而是把语言看作客观行为的指标。

彼得·朗的三反应模型不仅用客观的术语重新定义了焦虑以便研究，而且还影响了对焦虑的治疗，这表明反应系统本身是有针对性的，而非患者头脑中不可言喻的东西。但是，这种方法带来了新的问题，[11]即将"大多数人认为的焦虑的本质是什么"这个问题边缘化了。

有趣的是，彼得·朗的研究发现恐惧和焦虑的行为和生理指标经常与言语行为不一致。[12]在治疗中，人们的行为活动（如一个幽闭恐惧症患者可能会搭乘地铁）或生理反应（蜘蛛恐惧症患者在见到蜘蛛图片时的唤醒水平可能会比之前低）可能会得到改善，但他们仍会声称对自己的状况感到焦虑不安。[13]在实验室研究中，对行为活动和生理反应所采用的研究指标不甚一致，在言语行为方面所采用的指标则相对一致。[14]基于这一发现，另一位在研究人类焦虑领域具有重大影响力的人物斯坦利·拉赫曼（Stanley Rachman）总结道："口头报告是明确的和必要的。"[15]

当彼得·朗第一次提出他的主张时，由于行为主义长时间的影响，意识在科学界的声誉依然很差。比起意识体验是如何产生的，大多数认知学家对信息加工的运作方式更感兴趣。之前所述的言语行为都是从行为主义者的角度来看的，但正如前面几个章节中所讨论的，"口头报告是意识体验的窗口"这个说法更为合适。口头报告经常被用于意识研究，[16]尤其是关于恐惧和焦虑的研究，[17]包括恐惧障碍和焦虑障碍。[18] 这正如拉赫曼所提到的，"自我报告是明确的和必要的"。我们可以通过信息加工的手段对感觉这一有意识的体验进行实验研究，例如，可以探究注意和工作记忆在意识中的作用（实际上，彼得·朗在之后的工作中也将注意力转向了信息加工 [19]）。

众所周知，当面临威胁时，我们对自身感受的描述与身体反应并不完全一致，这是正常的。身体反应是无意识运作的生存回路的产物。工作记忆是对意识的自我报告的关键，在大脑中，工作记忆与能够控制这些身体反应的内隐系统没有直接的联系。[20] 工作记忆通过监测这些身体反应来获取关于该反应的间接信息。

因此，关于个体感受的口头报告并不仅仅是一种测量焦虑的方法。正如弗洛伊德所说，"焦虑"这种情绪的本质是"我们应该感受到的东西"（见第 1 章），意识状态最好通过口头报告来评估。正如我在这本书中所提到的，那些无法被口头报告的、导致焦虑的无意识因素，不应等同于焦虑的意识体验，它们是大脑应对机遇和挑战的一种手段，这种能力有着古老的生物学根基且不在大脑中制造有意识的恐惧或焦虑。

事实上，用非主观的术语重新定义恐惧和焦虑（例如，行为 / 生理反应或无意识中枢状态）反而使恐惧和焦虑到底是什么这一问题复杂化了。[21]"恐惧"和"焦虑"这两种心理状态的默认含义就是我们平时所理解的含义，指切实感受到了恐惧或焦虑的精神状态（这种精神状态是现象的、主观的、意识的）。当这些术语被当作无意识状态的标签或被用来描述科学研究中的反应时，便会显得过于简单，以至于人们会在不知不觉中用形容无意识恐惧和焦虑的术语来讨论有意识的感受。这会使科学家在讨论恐惧和焦虑的含义时陷入混乱，也会使科学家与非科学家的交流变得混乱。科学家必须警惕这种概念混淆，因为这种差异往往会被不经意间忽略掉。[22] 更重要的是，这会导致一些声称自己属于焦虑研究的研究，实际上是关于大脑控制的研究（例如防御反应）。科学家有义务以清晰且准确的方式描述他们的工作，虽然这一工作看起来并不诱人，但我们不是在销售商品，而是在试图理解和解释事物是如何运作的。

药物研发的研究逻辑

不从科学研究的角度来关注焦虑会引发一些问题。为了解释这些问题，我们将探究研究人员是如何通过动物研究寻求基于生物学的治疗方法的。正如我们将会看到的，这种方法的成功是有限的。我认为，造成这种局限的主要原因就是我们看待恐惧和焦虑的方式。

试图找出治疗恐惧和 / 或焦虑问题的新药品的研究惯常地测量了行为（包括先天反应，如呆立或迁徙，以及习得性反应，如逃跑和躲避）、身体（包括自主神经系统反应和内分泌反应）和大脑（大脑唤醒或更为具体的脑部活动）的生理变化。这种方法和朗提出的以反应为基础的焦虑概念非常契合，它们关注的是客观的行为和生理反应，而不是感受这一棘手的问题。但和朗将焦虑视为对反应测量的整理而非大脑中的一个实体不同（朗指出，焦虑并不能反映大脑中可以被操控的某一实体），药物研发工作经常把焦虑视为一种独特的、能够被药物所控制的中枢状态，并假定可以通过测量行为和生理反应来评估治疗效果。由于对许多人来说，这种状态是一种生理状态而非意识感觉，因此药物研发的主要工作是试图通过动物研究寻找能改变这种焦虑状态的药物，而不必与意识问题做斗争。杰弗里·格雷视焦虑为行为抑制的中枢状态，这一观点对药物研发的相关研究影响深远。

但这里存在着一个问题：在此类研究中，这种中枢状态并未被实际测量过，人们只是简单地假设它存在。鉴于此，有人提出了更进一步，甚至更为麻烦的假设：视焦虑为一种中枢心理状态虽然可以被看作一种可以用动物为被试且无须考虑意识问题的研究焦虑的方式，但实际上（或者说多数人这么认为），该中枢状态就是有意识的焦虑。因此，那些被认为是中枢状态的标志的、能够减少生理或行为反应的药物，应该能使大鼠甚至是人类变得不那么焦虑。事实上，研究人员通常将被注射了此类药物的动物描述得不那么焦虑。为了把基于动物药物研究的数据与人类的感受联系起来，关于这些药物效应在动物身上有什么意义的假设一个一个地被堆砌起来，关于人类的进一步的假设就在此基础上被建立了起来。将无意识地检测威胁并控制大脑反应和身体反应的内隐过程与产生有意识的感受的过程捆绑在一起，必然会导致令人失望的结果。尽管药物研发的研究花费了大量的资金、精力和时间，但上述问题还是实实在在地发生了。[23]

研究发现，抗焦虑药物能够（至少在某些程度上能）减轻和缓解人们的焦虑障碍症状。但事实上，无论是治疗师还是服用这些药物的患者，都认为目前的药物效果不太理想。我认为部分问题是药物研发研究的概念基础及其对药物治疗方法的影响。在谈及这些问题之前，让我们更深入地去探索抗焦虑药物的研发研究。

探寻抗焦虑药物

精神活性药物被认为可以通过调节大脑中的神经系统的化学结构和效应改变人们的行为、生理、思想和感觉。这种治疗方法始于 20 世纪 50 年代，彼时，人们发现了能帮助精神分裂症和抑郁症患者的药物。[24] 研究发现，这些药物会对单胺类神经递质（精神分裂症患者的多巴胺水平，抑郁症患者的去甲肾上腺素水平）产生影响。该发现推动了化学失衡假说的产生，该假说至今仍占主导地位。[25] 此观点认为，精神疾病是大脑中神经递质的失衡导致的，因此，恢复这种平衡就能使人们恢复精神健康。

我在《突触自我》这本书中总结了抗焦虑治疗的历史。斯科特·斯多塞尔（Scott Stossel）的《我的焦虑史》[26] 和艾略特·瓦伦斯坦（Elliot Valenstein）的《指责大脑》[27] 也对抗焦虑史有深刻的见解。在这里我只强调几个最相关的要点。

在抗焦虑药物被研发出来之前，酒精是人们最常用的抗焦虑药。在 20 世纪中期，巴比妥酸盐和溴酸盐是治疗焦虑障碍的首选处方药，但这些药物被发现具有很强的镇静功能，并且会令人上瘾。到了 20 世纪 60 年代，它们被苯二氮䓬类药物（包括安定、利眠宁、氯硝西泮制剂、阿普唑仑等新型药物）所替代。与治疗精神分裂症和抑郁症的药物相比，苯二氮䓬类药物对单胺类神经递质的传输没有影响，它们影响的是抑制性递质 GABA（γ-氨基丁酸）的传输。GABA 受体上有一个特殊的结合位点，当苯二氮䓬类药物占据该位点时，GABA 的抑制性增强，受到影响的回路处理信息的能力就会变弱。[28]

几十年来，苯二氮卓类药物一直是美国最为广泛使用的药物，且处方量仍在逐渐上升。[29]与许多其他精神病药物不同，苯二氮卓类药物在单次给药后会迅速起效，这使得缓解病情成为可能。焦虑障碍患者和想减轻自己的焦虑感的人都可以使用此类药物。但是苯二氮卓类药物也存在副作用，如肌肉松弛、记忆力减退、上瘾，并且停用时可能会产生戒断症状。

用药物治疗精神分裂症、抑郁症和焦虑障碍的成功使人们对与精神疾病相关的脑化学研究产生了极大的热情。现有的治疗方案对疾病的治疗是有帮助的，但效果并不理想，那么药物研发研究呢，它能找到灵丹妙药吗？这个想法变得流行起来。在 20 世纪 60 年代，联邦政府为针对精神疾病的神经递质基础的研究提供了资金，很多制药公司都建立了 CNS（中枢神经系统）部门来研发治疗精神疾病的新药。动物模型开始被用于筛查药物疗效，以期找到临床疗效更好、副作用更少的药物。[30]

在一项典型的研究中，大鼠或小鼠被要求进行一个或多个行为测试。在这些行为测试中，它们将面对一些有挑战性的，通常是威胁性的情况（见图 9-1），包括电击，处于开放的、无保护的区域，接触与捕食者有关的线索，遇到动机冲突或与一个陌生的同类单独在一起。能提高动物处理这种情况的能力的药物被视为有抗焦虑的特性。

在当今的文献中，有 100 多种用动物来模拟人类焦虑的行为测试，其中大多数测试都是用来探究 GAD 的。[31]不过，大多数新的治疗方法都是研究者在观察其他药物对人的作用时偶然发现的，而非在以动物为被试、旨在检验药物是否具有抗焦虑性的研究中发现的。[32]

举个例子，某些抗抑郁药物，如三环类抗抑郁药（如丙咪嗪）和单胺氧化酶抑制剂（如苯乙肼），就被发现有抗焦虑的效果，研究还测试了更新的、耐受性更好的抗抑郁药物——选择性 5- 羟色胺再摄取抑制剂（SSRIs）的抗焦虑效果。SSRIs 包括百忧解和舍曲林等药物，虽然它们对治疗焦虑障碍确实有用，但作为一种治疗方案，SSRIs 也存在一定的问题（起效慢、会引发肠道问题及其他身体疾病、容易产生耐受性、有戒断症状）。其他能影响 5- 羟色胺受体（尤其是

5HT1A受体，5-羟色胺受体的一个亚型）或改变去甲肾上腺素水平（如选择性去甲肾上腺素再摄取抑制剂，或5-羟色胺与去甲肾上腺素再摄取抑制剂）的抗抑郁药物对治疗人类的焦虑障碍也有一定效果。再次声明，以上并不是通过研究研发出的新药，我们只是发现了现有药物的新用途。

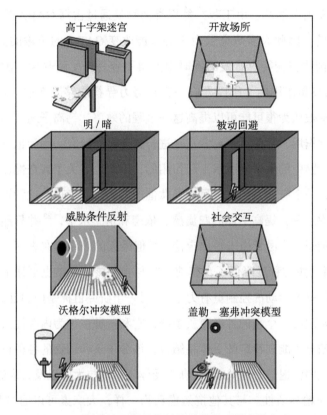

图9-1　常见的测试药物的抗焦虑作用的行为任务

　　理论上来说，抗焦虑药物能使动物更倾向于待在明亮、开放、无保护的区域（高十字架迷宫、开放场所、明/暗、被动回避），对能够预测震动的刺激（威胁条件反射）产生更少的木僵，与其他物种的成员更多地互动（社会交互测试），更愿意经受困难（电击）以获取奖励（沃格尔和盖勒－塞弗的冲突测试）。

资料来源：FROM GRIEBEL AND HOLMES（2013），ADAPTED WITH PERMISSION FROM MACMILLAN PUBLISHERS LTD: *NATURE REVIEWS DRUG DISCOVERY*（VOL. 12, PP. 667–87），© 2013.

　　现如今，要治疗焦虑症，首选心理治疗。如果进行药物治疗，最常用的依然是苯二氮卓类、SSRIs 和其他针对单胺（5- 羟色胺或去甲肾上腺素）系统的药物。尽管进行了多年的研究，但情况并没有发生太大改变，表 9-1 列出了不同情况下的推荐药物。

　　药物研发仍在继续。由于苯二氮卓类药物是通过占据 GABA 受体上的特殊位点起作用的，因此大多研究致力于寻找能改变 GABA 的传输的其他方法上。这可能会使药物在变得更有效的同时也变得更容易产生耐受性。因为 SSRIs 是通过 5- 羟色胺起作用的，所以人们一直在努力寻找能够改变这一过程的新药。去甲肾上腺素被认为很可能可以提高这一过程的效率，钙离子通道调节剂在某些条件下也能起作用，目前，研究者正在进行这方面的研究。因为也有抗焦虑药物是通过改变大脑中的激素或肽水平起作用的，因此也有关于兴奋性递质谷氨酸的研究。例如，一个有前景的研究目标是肽催产素，研究发现，这种神经肽能够降低个体的焦虑水平，提高个体的归属感、依恋和情感水平，[33] 并且能够促进威胁条件反射的消退。[34] 尽管尚未得出定论，[35] 但最近的一项研究表明，使用催产素的 GAD 患者的焦虑程度降低了，其前额叶与杏仁核的联结也更强了，这表明前额皮层对杏仁核的活动的控制更有力了。[36] 另一个研究目标是内源性大麻素系统，这是研究者发现的一个新的神经递质系统，它和一种被称为内源性大麻素的脂质分子有关，该分子能和特定的受体相结合，该分子还和动物的各种行为有关，尤其和威胁反应的消退显著相关。[37] 大麻素受体还可以与大麻以及大麻制品相结合，促进这些物质精神活性。与其他抗焦虑药物一样，大麻素可以通过与 GABA 结合达到抗焦虑的效果，内源性大麻素系统也与焦虑障碍密切相关。[38]

表 9-1　DSM-IV 焦虑障碍推荐治疗药物

药物分类	DSM-IV 焦虑障碍				
	广泛性焦虑障碍	惊恐障碍	季节性情绪失调	创伤后应激障碍	强迫症
5- 羟色胺再摄取抑制剂（SSRIs）	√	√	√	√	√
5- 羟色胺和去甲肾上腺素再吸收抑制剂（SNRIs）	√	√	√	√	

（续）

药物分类	DSM-Ⅳ 焦虑障碍				
	广泛性 焦虑障碍	惊恐障碍	季节性 情绪失调	创伤后 应激障碍	强迫症
三环类抗抑郁药物		√	√		√
钙离子通道调节剂	√		√		
单胺氧化酶抑制剂		√	√	√	√
可逆性单胺氧化酶抑制剂			√		
苯二氮卓类药物	√	√	√		
非典型抗精神病药	√			√	
三环类抗焦虑药物	√	√			
去甲肾上腺素和特异性 5- 羟色 胺抑制剂	√			√	√

对于每种药物，不同的药物可能有不同的应用，例如，不同的 SSRIs 类药物对不同的疾病有不同的效果。推荐的 SSRIs 视障碍种类而定。

资料来源：Based on Table III in Bandelow et al（2012）.

抗焦虑药物研究存在的问题

很多文章都写过抗焦虑药物研发的缺陷，下面我将对主要的问题进行总结。[39]

一个主要的问题是，研究焦虑行为的实验通常只测量了威胁或其他挑战激发的临时状态，这种与特定刺激相关的情境引发的是状态焦虑，而焦虑的人通常患的是特质焦虑，[40]一种他们想要摆脱的慢性疾病。研究者随机挑选出大鼠并让它们做能够诱发暂时的防御反应的测试，此类研究的结果在某种程度上对研究焦虑有所帮助，但也有局限性。在某些测试中，同一动物在一天之内可能会有不同的表现，如在本次测试中表现出强烈的反应，在下一次测试中则表现出微弱的反应。此外，这种反应的强度也会在测试进行期间出现变化。更复杂的问题是，由于大多数研究是随机选择样本的，因此一些表现出高度焦虑的动物可能会落选。特质焦虑患者会被刺激激发出强烈的状态焦虑。[41]除非大鼠也患有慢性的特质焦虑，否则对病理性的特质焦虑来说，这些测试结果没什么特别的参考价值。

　　为了克服上述问题，研究人员采用了几种策略。一种策略是，在测验之前就让动物暴露在压力源中，使其发展成为更加慢性的，甚至可能是病理性的焦虑状态。另一种策略是，选用那些大脑基因被改变过的动物，这样的动物可能会有病理性焦虑的某些特征。[42] 在焦虑测试中，动物也被选择性地塑造，它们在测试中的反应更强烈或更微弱。人们也可以简单地利用动物之间的个体差异。例如，在巴甫洛夫威胁条件反射实验中，我们发现随机选择的大鼠表现出广泛的条件性木僵反应。[43] 对那些在测试中表现出过强的防御反应的大鼠进行研究，可能是一种富有成效的方法。

　　另一个问题是，通常来说，研究中的测验任务也是被选择过的。以往的研究表明，抗焦虑药物（如最常见的苯二氮卓类药物）会削弱动物在测试中的行为反应的强度。这种行为任务经常被用来检测药物的抗焦虑性，但是大多数情况下，此类行为任务只能帮我们寻找更多的苯二氮卓类药物，因为对于苯二氮卓类药物敏感的任务对其他已知的抗焦虑药物不一定敏感。[44] 使用不同的研发方法获得的新型药物可能疗效更好，但这种行为任务未必能检测出其疗效。

　　还有一个问题是，在动物研究中，药物通常只能用一次，这对苯二氮卓类药物的研究没什么影响，因为这类药物在第一次给药后的一个小时内就能对人产生积极影响，但是其他的精神药物需要数周后才能起到治疗效果。这或许可以解释为什么在大多数使用单次 SSRI 治疗的动物研究中，这种药物并没有效果，甚至可能会增加防御和风险评估行为。例如，在研究 SSRIs 对威胁性条件反射的影响时，我们发现单次治疗会增强木僵休克效应——这在文献中通常被称为"致焦"。但是，当大鼠经过 21 天的 SSRIs 治疗后，木僵反应的强度会明显减弱。[45] 这与人们在接受焦虑治疗时经历的焦虑 / 激越 / 抑郁时期是一致的，在这之后再接受 2 ～ 3 周的治疗，焦虑治疗的效果就会显现出来。虽然在单次给药后就测试药物的疗效会使得药物筛选过程更容易，但这么做会影响最终的结果。

　　性别也是一个重要因素：相对于男性，女性患焦虑障碍的可能性更大，[46] 但是一般来说，构建动物模型大多用的是雄性动物。[47]（忽视性别因素一直被认为是有问题的，但关注性别会增加研究所需的动物数量，也会使研究设计更加复杂。要改变这种情况，必须有相应的资金。）

虽然所有这些研究的结果都没有达到预期的效果，但这不意味着它们是无意义的。研究是一个从错误中学习，再从错误开始的过程。若是不去做这项工作，就不会发现上述提到的问题。显然，一些简单的修正可以使将来的研究更加有用。例如在那些在任务中表现出过度焦虑行为的男性和女性被试身上，人们可以专注于研究慢性药物而非急性药物的疗效，也可以在几天内重复施测来评估研究结果的可靠性。在一些研究中可以用多个任务以获得可靠的反应指标，这被认为是测量这些行为的有效措施。

最后，还有一点。20世纪80年代，杰弗里·格雷提出，以动物为被试的焦虑研究应该使用那些对于多种抗焦虑药物都敏感的行为测试。[48]这一观点的假设基础是，能被多种抗焦虑药物影响的大脑系统就是焦虑系统（或焦虑系统的一部分）。在当时，可选择的药物并不多，现在不同了，我们有了更多的选择。重新审视格雷的建议，看看当前这些药物在解剖学、细胞、分子或遗传因素方面是否有重叠一定非常有趣。这可能是寻找治疗焦虑行为新药物的一种方法。

不过，即使上面提到的所有问题都被解决，药物研发研究也仍然会存在问题。正如本章后面所描述的，这是概念上的问题。

寻找焦虑的基因

除了药物研究外，焦虑研究还致力于寻找精神疾病的遗传学基础。如果可以找出有缺陷的基因，那么能够弥补基因缺陷的药物或许会有助于焦虑的治疗。对基因的探寻可以从两方面入手，首先是我前面提到的通过选择性塑造和基因靶繁育出有焦虑行为的动物；其次是寻找与人类的焦虑障碍症状相关的基因。如果能够找出人类身上的焦虑基因，那么我们就也可能找到动物的焦虑基因。从理论上说，这使得对引发病理性焦虑的基因进行病理研究成为可能。

我们并不需要科学证据来告诉我们有些人比其他人更容易焦虑，这显而易见。还有传闻说某些家族中传递着焦虑基因，这表明焦虑的个体差异可能是遗传因素造成的。有研究表明，早期的焦虑倾向往往会延续到成年期，仿佛焦虑是一种稳定的个人特质（因此焦虑可能是有遗传性的）。[49]

将基因与精神疾病联系起来的传统方法是比较具有相似和不同遗传背景的人的特征。最有说服力的研究就是双生子研究——将同卵双胞胎和异卵双胞胎放在一起抚养，以及将同卵双胞胎分开抚养。因为同卵双胞胎具有同样的基因，异卵双胞胎没有，所以这样的研究可以分别探究遗传因素和非遗传因素（尤其是环境）对某一特征的影响。例如，关于焦虑的双生子研究表明，在个体焦虑或患有焦虑障碍这一倾向上，遗传因素的作用占30%～50%。[50]一旦确定了某一遗传因素，相关的遗传研究便可以开始展开了。这是一个耗时长且复杂的过程。最近，人类基因组计划取得的研究成果大大加速和促进了这一进程。[51]

基因研究在神经系统疾病（例如亨廷顿氏病、家族性帕金森病以及其他的一些新型疾病）方面的成功给精神性疾病研究带来了希望。但与神经系统疾病不同，精神性疾病并不是按照孟德尔遗传学的简单定律遗传的，该定律指性状由单个基因控制，并且导致显性或隐性性状的基因组合是固定的。[52]精神疾病的遗传模式是由多种基因控制的复杂的遗传模式，它是这些基因与环境因素相互作用产生的结果。

分子遗传学的兴起使得探索目标基因可能存在的变异成为可能。人们对基因变异的研究已经深入到了5-羟色胺的传输的层面，以5-羟色胺为研究对象是因为5-羟色胺相关药物有抗抑郁和抗焦虑的性质。[53]然而，这些研究有一个假设基础，即治疗机制和引起紊乱的机制是同一机制。虽然这与之前的化学失衡假说一致，但仍然需要通过细致的测量才能得到此结论。对5-羟色胺的研究已经发现了有趣的结果。例如，有控制5-羟色胺传递蛋白基因的某一变体（多态性）的人对威胁性刺激的反应更强烈，这种高反应性与威胁期间杏仁核活动的增加有关。[54]此外，据报道，7%～9%的遗传性焦虑障碍是该基因的变异导致的。[55]

最近的研究集中于一种酶的基因的多态性，这种酶能够分解大麻素。大素是大脑中自然产生的物质，它能够与内源性大麻素受体相结合，缺乏这种受体的大鼠的条件性威胁反应不能消退。此外，动物和人的基因突变会导致有机体产生更少的酶，因此，有机体会产生更多的内源性大麻素，从而会表现出较少的焦虑行为，杏仁核与前额叶之间的功能连接也会增强。[56] 写作者用焦虑行为来描述结果，精神病学家理查德·弗里德曼（Richard Friedman）在《纽约时报》的《周日评论》栏目发表了一篇名为《让人感觉良好的基因》的文章，此文章是对上述研究的总结。[57] 这又是一个说明行为研究是如何被随意地概括为有意识的情感的例子，我认为这是不恰当的，原因如下。首先，这项研究的关键数据是行为数据，尽管在这项研究中，被试对焦虑的自我报告的数据有所改变，但这些差异非常小且在文章中没有被提及。其次，即使基因变异使人感到不那么焦虑，也不等同于基因变异能使人感觉良好。最后，相关关系并不等同于因果关系，也没有证据表明该基因的变异是焦虑略微减轻的原因。不过，多巴胺迷们无须担心，这篇文章依然将多巴胺描述为能引起"快感"的。

近年来，表观遗传机制的发展激起了人们极大的热情，[58] 该机制指的是基因的功能会受环境的影响。这并不意味着环境会改变我们的 DNA，受影响的是基因使蛋白质起作用的方式。表观遗传学为生物学开辟了新世界，也为焦虑的重要生物学过程提供了新的见解，如威胁、冒险、压力以及其他情况（如成瘾和饮食失调）。[59]

盘点药物研究和基因研究

阐明药物和基因在焦虑或其他精神疾病中的作用将是一个重大进展。这些药物和基因作用于大脑的方式可以用动物模型详细研究，以开发更好的治疗方法。能否得到好的研究结果取决于焦虑的基础概念是否清晰。

例如，如果在人类中发现了一些与失控的焦虑情绪相关的基因，且在大鼠身上也发现了这些基因，并且在焦虑测试任务中这些基因还影响了大鼠的行为，这肯定会成为头条新闻，就像焦虑的小龙虾的故事一样（见第 2 章）。这也可能引发一系列研究——尝试寻找能使行为恢复正常的药物，试图找出大脑中会被适应不良的基因影响的回路，以及这些脑回路是如何促成适应不良的行为的。如果我们找到了，我们会获得什么呢？

我们会知道基因在脑回路中的作用以及脑回路在行为中的作用，但我们不一定能找到产生焦虑情绪的关键。还有其他三点也需要注意。首先，该基因必须被证明和人类大脑中的焦虑情绪有因果关系，而不仅仅是相关关系。其次，这种因果关系必须被证明是直接的，而不是因为该基因使生存回路的活跃程度更高或诱发了强烈的防御动机状态，这两种情况都能够间接地导致焦虑情绪。最后，也许是最重要的一点，除非大鼠的大脑有产生自我觉知意识的能力，否则这些研究并不能告诉我们这些基因是如何导致不可控的恐惧的，这种恐惧会吞噬焦虑症患者的人脑。

诊断分类

当研究者试图了解 DSM 定义的精神障碍的药理作用、神经回路、细胞、分子和遗传学基础时，他们其实已经接受了这样的观点：正如 DSM 所定义的那样，这种精神障碍，是一种与特定的机制有关，并可以通过改变引起紊乱的机制的功能来治疗的生物实体。因此，研究人员收集了一组确诊的患者（如 PTSD 患者和惊恐障碍患者）的样本，然后试图将他们的症状的严重程度与大脑功能或基因联系起来，并评估药物治疗在改善其症状方面的作用。因为这种诊断被认为是有生物学意义的，所以我们只要找出引起紊乱的机制，就可以找到治疗的方法。

这一观点遭到了社会科学家艾伦·霍维茨和杰罗姆·维菲德的抨击。他们在 2012 年的《所有我们应该恐惧的：精神病学将自然焦虑转化为精神障碍》一书中提出，[60] 焦虑是大脑对生活中的典型挑战所产生的正常反应，而非病态的状态。怕高、怕蛇、怕被别人评判、怕提及过去的创伤反映了大脑中的恐惧系统的运作，这是受基因控制的一种过程，不是一种需要药物治疗的疾病。

一位领先的焦虑遗传学家肯·肯德勒（Ken Kendler）对该书做了评论。他首先赞扬了该书为重新界定精神疾病所做出的努力，同时他也认为该书的作者未能理解这样一个事实：有时我们的遗传禀赋与当前的环境并不同步。[61] 例如，他指出，在"麦当劳时代"，我们的脂肪存储系统以它的基因编码方式对环境做出反应，结果是 2 型糖尿病的流行。难道我们真的想争论 2 型糖尿病患者的新陈代谢系统一切正常，因而他们并不是患者，也没有资格获得保险吗？

DSM 分类法并不仅仅是社会科学家批评的目标，它也受到了生物导向的精神病学家的攻击。美国国家心理健康研究所（NIMH）主任、梵蒂冈生物精神病学家汤姆·英赛尔（Tom Insel）一直是一位直言不讳的评论家。他指出，在医学的其他领域，如果早期的描述性诊断不是基于对病理生物学的理解，研究就会时常陷入困境。[62] 一开始，疾病似乎是单一的，但随着人们对生物学的了解增多，人们可能会发现它们是很复杂的。他认为精神和行为问题就是如此。

基于临床共识的诊断分类与临床神经学和遗传学的发现并不一致，这些分类并不能预测治疗效果，而且最重要的是，这些基于症状和体征的分类可能无法揭示功能障碍的潜在机制。

让我们通过思考患者通常如何接受诊断来继续深入研究这个问题。根据个体对一系列问题的回答（口头自我报告）来确定他有多少种属于某一类别的症状。例如，为了确诊 DSM-IV 定义的 PTSD，个体必须要有 5 种经历再现（反复回想起某段记忆）症状、3 种回避 / 麻痹症状和 2 种过度反应症状。我的同事加拉泽·利维计算了一下，这意味着 DSM-IV 定义的 PTSD 有超过 70 000 种症状组合（在 DSM-5 种有超过 600 000 种排列，因为它列出了更多的潜在症状）。[63] 此外，因为 PTSD 的症状很多，并且其诊断标准对症状有多方面的硬性要求，所以一个有 6 种症状且这些症状的组合正确的人可能会被诊断患有 PTSD，一个有 18 种症状但其症状的组合不正确的人会被诊断为健康的。[64]

DSM 并不定义任何一种单一的疾病，它定义的是一系列可能依赖于不同的大脑系统（威胁处理、注意力、记忆、觉醒、回避等）的因素，这并不意味着没有能同时概括心理和行为问题的生物功能障碍，而是说 DSM 没有用生物学意义上的方法对这些功能障碍进行分类。

显然，在某种程度上，DSM 分类是有用的，[65] 它为临床医生和研究人员提供了通用的术语，这些术语可用于跨文化评估症状。DSM 还提供了一些有效的治疗指南。与此同时，患者并不总是只患 DSM 中的某一种疾病，很大一部分患者同时有多种心理疾病（例如，大多数患有重度抑郁的人也同时患有 GAD。）这表明，一种情况可能是另一种情况的风险因素，将本质上属于同一种情况的疾病分成两种情况的诊断或者说诊断分类，是错误的。

临床医生承认 DSM 并不完美，我前面提到的许多治疗师都认为 DSM 只是一种粗略的分类，它很少能够真正指出某个人的问题。此外，他们还提出，使用标签可能会导致治疗师、家庭成员或社会成员对患者的状况做出毫无根据的假设，或者一旦某个人被贴上某种精神疾病的标签，这个人就有可能按照这种标签来感受或行动。然而，为了让保险公司给报销，治疗师必须使用 DSM 提供的标签，退伍军人的福利也常常依赖于这些诊断标签。[66] 即使是拼尽全力，我们也很难理解人类的大脑，我们应该期待 DSM 的制定者去寻求以治疗为目的的诊断方法，而不是期待他（们）去特别关注或了解大脑，因为这可能会使其制定出能够准确反映大脑基本生物组织的分类方法。

研究领域的标准

2007 年，NIMH 的前所长史蒂夫·海曼（Steve Hyman）指出：尽管大脑在心理疾病中的核心作用毋庸置疑，但是确定不同精神疾病背后的、精确的神经异常依然是我们的研究工作需要解决的难题。[67]

海曼也提到，部分问题出现在 DSM 的早期，一个相当武断的决定是将症状细分以建立许多疾病类别，而不是将症状划分为更少类别的疾病。此外，他还质疑 DSM 将精神疾病定性为与幸福状态不同的状态这一观点，他认为将精神疾病和"正常"状态视为一个连续轴上的两个点更好。也因此，个体中一个或多个神经回路的功能变化可能导致的是整个个体偏离正常状态。

在海曼的领导下，NIMH 在 2010 年概述了精神疾病研究的新方法。其研究

领域标准（RDoC）项目建立在以下三个观点上：[68]

- 心理与行为的问题是大脑的问题。

- 神经科学的工具可以找出行为和精神问题背后的大脑功能障碍。

- 大脑功能障碍的生物学标志是可以被发现的且可以被用来诊断和治疗心理和行为问题。

　　这些标准背后的基本观点是，像焦虑或抑郁之类的问题并非源自大脑中的抑郁或焦虑的中央系统。相反地，精神或行为问题反映了不同水平的特定脑机制的变化，以及与基本心理行为功能相关的特定脑机制的变化。杰出的焦虑研究者布莱尔·辛普森（Blair Simpson）将 RDoC 法总结为一个区分了重要神经领域中各种心理结构的框架，[69]并且描述了这些心理结构的分析水平。这些和传统的诊断分类无关。如表 9-2 所示，心理结构被归为五大功能系统：负效价系统（如威胁加工）、正效价系统（如奖赏加工）、认知系统（如注意、知觉、记忆、工作记忆和执行功能）、唤醒和调节系统（如大脑唤醒、昼夜节律和动机）以及社会加工系统（如依恋和分离）。当前以及未来的研究将从不同的分析水平上（基因、分子、细胞、生理、系统、行为以及自我报告等）获取每一个维度的一系列客观测量的数据。这五个系统中的每一个系统都包含数个次级因子。这些因子也可以通过测量来得到，例如，负效价系统中的神经回路包括紧急威胁、未来威胁和持续威胁等次级因子。

表 9-2　研究领域标准 :RDoC 矩阵

分析水平

功能系统	基因	分子	细胞	回路	生理	行为	自我报告	范式
负效价系统（恐惧、焦虑、损失）								
正效价系统（奖赏、学习、习惯）								
认知系统（注意、知觉、记忆、工作记忆）								

（续）

功能系统	基因	分子	细胞	回路	生理	行为	自我报告	范式
唤醒和调节系统（唤醒、昼夜节律、动机）								
社会加工系统（依恋、交流、自我和他人感知）								

资料来源：Based no http://www.nimh.nih.gov/research-priorities/rdoc/research-domain-criteria-matrix.shtml.

　　NIMH 提倡的 RDoC 法非常适合指导基本机制的研究，其中许多研究适合在人类和动物身上进行。[70] 症状和体征的特殊类型（自我报告的恐惧和焦虑、过度反应、对威胁的注意增强、安全检测能力下降、过度回避和风险评估等）依赖于特定的神经回路，它们很容易受到特定易感因素的影响。针对不同的症状要针对其神经回路用不同的方法来治疗。因此，确定特定认知和行为加工的神经回路为理解和治疗焦虑以及其他心理和行为问题提供了一种新的方法。

　　RDoC 并不能立刻取代 DSM，我们还需要漫长的时间来收集足够的信息，为心理和行为问题提供新的分类方法。现有的数据也支持了这一点。例如，症状分组似乎是必要的，因为基于杏仁核的威胁加工回路与大多数焦虑障碍都有关，[71] 也与精神分裂症、抑郁症、边缘型人格障碍、自闭症谱系障碍以及其他精神疾病有关。[72] 鉴于现有的分类方法不可能很快被取代，我们可以根据研究数据对当前的分类进行改进：例如，单次和多次创伤事件会导致 PTSD 的不同过程（基于RDoC 分类）发生改变。[73]

　　回顾第 4 章中描述的焦虑障碍患者必经的六个过程。无论他们患的是什么类型的焦虑障碍，都会经历这六个过程：[74] ①对威胁的关注增强；②无法正确区分威胁与安全；③回避增强；④对不可预知的威胁的反应增强；⑤过高地估计威胁的重要性和发生的可能性；⑥适应不良的行为与认知控制。杏仁核、NAcc、BNST、外侧前额叶皮层、内侧前额叶皮层、眶额皮层、前扣带皮层、海马体、岛叶皮层以及唤醒系统的神经回路参与了这些过程。让人们十分感兴趣的是，不同焦虑障碍之间、焦虑障碍和以焦虑增加为特征的其他精神疾病（如抑郁症、精神分裂症和自闭症）之间，在这些过程以及与其有关的特殊回路和分子机制上的区别。

DSM 指导下的药物研发往往能够意外成功，RDoC 法则在大脑层面为如何理解、研究和解决一个既定的问题提供了建议。这就引出了一个关于焦虑的更为复杂的看法，它挑战了用灵丹妙药就可以解决焦虑问题的简单想法。虽然 RDoC 法增加了治疗的复杂性，但根据我在本书中所提出的观点，RDoC 法也有助于解释为什么目前的治疗方法均不太成功。

通过测试对防御反应（木僵及与之相伴的生理反应）和行为（逃避）的影响研发出的药物，本质上影响的是防御生存回路和防御动机状态，因此这样的药物只能间接地改变焦虑情绪。这可能就是为什么在药物治疗后，人们对于威胁可以感受到较少的生理唤醒，对于压力情境也较少回避，但仍能够感受到焦虑。研发出能够改变生存回路的加工方式，并能影响行为反应、生理反应和行为的药物已是不小的成就，但是，我们的终极目标是研发出那些能够直接改善人们焦虑情绪的药物，与有意识的感受相关的大脑系统必须成为我们的研究关注的目标。

苯二氮卓类药物是一个有趣的研究课题，它们能让个体在主观上感到不那么焦虑。在某些"焦虑"测试中，它们也会影响动物的行为。若想得出是该类药物降低了大鼠的焦虑行为，因而它们也能使人类感受到更少的焦虑情绪的结论，我们还需要进一步研究苯二氮卓类药物。这类药物不是在动物研究中发现的，而是在人类研究中发现的。它们的受体是 GABA 受体的组成部分，激活这些受体可以增强 GABA 的抑制作用，从而对大脑的神经活动产生深远的影响以及广泛的作用，如镇静作用。但是，让我们先忽略抑制作用变强产生的一般影响，只关注抑制作用对与焦虑相关的功能的影响。在终纹床核和海马体中，增强的抑制作用减少了个体在不确定情境中的风险评估行为。在海马体中，这种抑制作用影响了记忆，这可能会减少过往的危险情境的记忆对现状的影响，从而进一步降低个体的风险感知能力。苯二氮卓类受体也存在于前额叶皮层，在该区域内，苯二氮卓类受体功能的改变会影响焦虑障碍患者的工作记忆、注意和意识。[75] 因此，苯二氮卓类药物之所以能影响个体的防御行为和焦虑感，可能是因为其受体影响了工作记忆回路和风险评估回路。我们不能因为一种药物能对动物的焦虑行为产生影响，就简单地假定它也会对人的焦虑情绪产生影响。若要得到这一结论，需要像研究苯二氮卓类药物那样，确定这种药物会影响焦虑行为和焦虑情绪的神经基础。动物行为测试是探究药物对风险评估的影响的极好工具，但要确定药物对主观幸福感的影响需要人类被试。正如我们多次看到的，药物并不一定能同时影响焦虑行为和焦虑情绪。

我们要基于对治疗的现实预期评价治疗效果，而这又有赖于对用于进行疗效评估的任务背后的脑机制的理解。抗焦虑药物仅在某些程度上是成功的，或者甚至可以说是不成功的，因为其效果并不能使人们的焦虑感降低。考虑到我们的研究测量的是动物生存回路的活动而非人们的感受，所以这些抗焦虑药物的效果是达到了预期的。我并不是说抗焦虑药物毫无用处，而是说，如果我们意识到了影响大脑内隐和外显过程的治疗方法之间的区别，是否能取得更好的结果呢？

将意识体验置于焦虑科学的前沿和核心位置

正如我所说，焦虑的本质是一种不愉快的感觉——不安、恐惧、焦虑和担心，是当一个人在不确定的和有风险的情境下感到缺乏控制感的一种体验。它是我们的特殊能力——预见未来的自我，尤其是预见不愉快的甚至是灾难性情境（无论发生的可能性如何）的副产品。[76] 在本章开头，我引用了梅南对克尔凯郭尔的观点的重述：焦虑是人类为自由所付出的代价。我稍微修改一下这句话：焦虑是人类为自我觉知意识所付出的代价。

焦虑的意识体验是将焦虑的个体与引发问题的大脑功能联系起来的中介。这既是焦虑的个体去寻求帮助的原因，也是其在被诊断或治疗时报告的内容。临床医生花时间与来访者的意识思想（包括意识感觉）进行交流，才知道意识是至关重要的。一个人的烦恼可能源于内心深处，口头报告是评估这个人的想法和感受的主要工具。

一些科学家在概念化恐惧和焦虑时避开了意识，这使得科学研究与理解恐惧和焦虑之间存在差距。另一些人则在另一个方向上走得太远，他们认为动物的行为测试能直接揭示有意识的焦虑的机制，这种观点把恐惧和焦虑与错误的脑机制联系起来了，而且使理解此类研究的含义变得困难。还有一些人，虽然他们在概念化其研究时避开了意识，但他们在解释其动物研究数据时使用了有意识的感受。在解释研究的意义时，这种不统一的说法容易引起混淆。

正如前几章所讨论的，近年来，通过对人类被试的研究，人类意识科学已经取得了很大的成就。这些研究清楚地区分了意识加工和无意识加工过程，并关注了它们对于精神生活的不同贡献。需要明确的是，意识体验仍然是私人的。尽管有人宣称可以，但科学家并没有弄清楚如何通过脑成像工具去读取人们的思想。取得进展的是，我们已经确定了一些意识体验的加工过程——例如工作记忆、注意、监控、其他执行功能、长时语义记忆和情景记忆。

RDoC法为我们提供了一个框架，在该框架内，现象体验能在焦虑的科学研究中发挥更加突出的作用。该框架包括表征所有动机防御状态所需的必要功能（唤醒、威胁加工、风险评估和回避等）以及与这些活动相关的认知加工功能（感觉加工、长期外显记忆、注意、工作记忆、监控、自我评价和口头报告等）。不幸的是，RDoC法并没有强调现象体验的核心作用，它关注的是认知过程在信息加工过程中的作用，而忽略了这些过程在产生有构成意识的焦虑体验中的作用。它包括口头报告，但仅将其作为另一个水平的分析（见表9-2）。除口头报告外，其他RDoC测量法都提供了关于各种无意识成分是如何导致焦虑感的信息，但这些方法并不能直接测量焦虑。对焦虑的意识体验，也就是你感受它的方式并不是另一个水平的分析（方法），而是焦虑本身。

并非所有的意识状态都是一样的，许多认知过程和表现形式也可以产生意识状态。例如，焦虑的人担心可能会发生的负面事件，即使他们自己也知道这些事件发生的概率很低。[77] 对事件发生可能性的评估和对事件忧虑的评估是两个不同的认知范畴，两者都涉及对未来的有意识评估。[78] 知道事件发生的概率并不足以消除忧虑。你或许知道你在焦虑，但却不知缘由。重要的是区分那些负责解释、命名当前状态的认知（我感到焦虑或害怕）和那些解释为何自己有当前状态的认知（我的感觉是由于我所处的环境，或是由于我过去发生的事情）。尽管都是自主的状态，但它们并不相同。一种是感觉到的体验，另一种是关于该体验的性质和原因的推测，而这种推测将会产生焦虑情绪。

人们常常不知为何焦虑，这种不确定性又增强了焦虑。对于感觉和行为动机的错误归因使得焦虑更加严重，因为它无法合理解释当前的状态和结果，并会导致认知失调。[79] 人们被迫通过进一步的归因来减少这种状态的出现，[80] 而这又会造成更严重的错误归因和焦虑。对体验的归因（解释）是创造意识自我的心理连续性的一个关键因素，[81] 但它也能引发焦虑。

焦虑的四种方式

本章和前几章所讨论的观点试图将现象体验带入基于大脑的、对恐惧和焦虑的理解中，以下四种情境是对关键观点的概述（见表 9-3）。

表 9-3　焦虑的四种方式

1. 在当前存在的或即将发生的外部威胁面前，你会担忧这件事情以及它对你的身体健康和 / 或心理健康造成的影响
2. 当你注意到身体的感觉时，你会担心它们会对你的身体健康和 / 或心理健康造成什么样的影响
3. 思想和记忆可能会使你担心你的身体健康和 / 或心理健康
4. 思想和记忆可能会导致关于存在的恐惧，如担忧是否能过有意义的生活或终将死亡

情境 1：当威胁信号出现时，它意味着危险在空间和时间上是存在的或离你很近的，或者它即将会发生。大脑激活防御生存回路从而对威胁进行无意识加工，这导致大脑的信息加工过程发生了变化。部分信息加工过程是通过增加机体的唤醒度、行为和生理反应来控制的。这些信息反馈给大脑，大脑产生生理变化，最终大脑强化了这些信息并延长了它们存在的时间。总的来说，这些会使个体产生防御动机状态，当防御动机状态本身或其组成部分被注意到并进入工作记忆后，体验的表征就出现了。该表征包括防御性动机状态的信息（包括心跳加快

和行为回避等明显的反应)、外部刺激的信息(威胁和其他存在的刺激)、关于刺激的语义记忆和与该刺激有关的情景记忆。以上过程的结果是有意识的恐惧或焦虑的变体,具体结果取决于最初的威胁信号是不是清晰的,是当前的危险还是未来的危险的预兆。但即使是此刻就存在的威胁,恐惧感也会很快被焦虑所取代。这些有意识的感受不会简单地呈现出来,而是需要通过解释被组装起来。事实上,当代一个领先的理论认为,有意识的情绪感受是一个将当前工作记忆中的线索(大脑唤醒、身体反馈、记忆等)与其记忆中储存的图示相匹配以产生意识体验的心理结构。[82]

情境2:触发焦虑的刺激不一定是外部刺激,也可能是内部刺激。有些人对身体信号特别敏感,肠道的一丝丝刺痛或肌肉痉挛就足以使易患疑病症的人为自己的健康而焦虑。有惊恐发作表现的人对身体感觉特别敏感,这些感觉成为条件触发刺激,激活(类似外部刺激的作用方式)防御回路,并产生许多相同的后果。个体的认知偏差是基于过去的意识体验,这些意识体验以图示的形式储存在情景记忆和语义记忆中,当个体出现这些症状与他储存的图式相匹配时,个体就会因疾病或惊恐发作产生焦虑感。请注意,我并不是说焦虑感是引起惊恐发作的原因,而是说,这些感觉启动了导致焦虑、恐惧或担心惊恐即将发作的过程,并可能会间接地使大脑对恐慌更加敏感。(关于用现代学习理论治疗惊恐障碍的优秀综述,请参阅马克·布顿、苏珊·米娜卡和大卫·巴洛的文章,他们专攻心理学的不同领域。[83])

情境3:焦虑也可以由思想和记忆触发。我们甚至不需要外部或内部刺激就能感到焦虑。一段对过去的创伤或惊恐发作时的情景记忆足以激活防御回路并产生所有的典型结果,随后这些结果又与储存的图示匹配产生更强烈的焦虑。

情境4:思想和记忆也可能产生一种不同的焦虑——存在焦虑,例如沉思一个人的生活是否有意义、死亡的必然性或者做出道德决策的困难性。这些并不一定会激活防御系统,它们或多或少属于纯粹的认知焦虑。如果这样的思考变得具有危险性,它们就可以激活防御回路,使身体紧绷并提高生理唤醒水平。

简而言之,焦虑是一种有意识的感受。它可以以自下而上的方式出现,它可以由防御回路的活动所驱动，也可以由对不确定的未来或存在的担忧所驱动。焦虑和恐惧一样，依赖于感觉和记忆的皮层加工过程，这些过程使感觉信息、记忆和生存回路活动能在工作记忆中得到表征，最终被个体意识到。

关于焦虑（担忧、恐惧、忧虑、恐惧、担心）有一个有趣的说法：一切都是关于自我的。是的，我们会担心我们所爱的人，但那是因为他们是我们的一部分。我这里讲的不是"血浓于水""自私基因""母性本能"之类的生物解释，我所指的是一个将情境与自我相连接的纽带。这种连接使我们能思考自己要如何面对未来可能发生的坏事。我们不仅考虑自己，也考虑那些我们关心的人，无论他们与我们是否有血缘关系，无论他们是人还是宠物，无论他们是我们认识的人还是我们的英雄或偶像，这些都是延伸的自我的一部分。用威廉·詹姆斯的话来说，"一个人的自我是他的全部集合，不仅仅是他的身体和他的精神力量，还有他的衣服和房子，他的妻子和孩子，他的祖先和朋友，他的名声和工作，他的土地和马匹、游艇和银行账户。所有这些都能使他有同样的情绪体验。如果它们一切都好，他就会欢欣鼓舞；如果它们衰落和消失，他将会感到沮丧——或许人们并不总是这样，但大多时候人们都会如此。"[84]

第 10 章

改变焦虑的大脑

> 焦虑就像一把摇椅，它让你有事可做，却无法走得更远。
>
> ——朱迪·皮考特（Jodi Picoult）[1]

怎样减少一个人的恐惧和担忧？怎样才能不焦虑？或者至少可以控制它以减弱其杀伤力？

我们经常使用心理疗法或药物来治疗心理和行为问题，有时候将两者结合使用。在第 9 章，我讨论了使用药物来减轻恐惧和焦虑以及研发新药物存在的困难，事实上，对于许多涉及焦虑和恐惧的问题，心理疗法是一种可行的（实际上是最好的）选择。在本章和下一章中，我们将用心理疗法来改变焦虑的大脑。[2]虽然我既不是心理治疗师也不是医生，并且没有任何心理治疗的临床经验，但我知道当有机体受到威胁时大脑的反应，我将从这个角度讨论心理疗法。[3]

心理疗法

美国心理学会把心理疗法分为以下几类：精神分析和心理动力疗法、人本主义疗法、行为疗法、认知疗法以及结合了两种或两种以上方法的综合疗法[4]（见表10-1）。基于弗洛伊德精神分析法的传统心理动力学疗法用自由联想和内省的方式来寻找潜藏在无意识记忆中的心理问题和行为问题的根源，尤其是早期创伤和不为社会所接受的欲望。[5]新心理动力学疗法则强调当下的人际冲突。[6]人本主义疗法帮助人们做出合理的选择，使人们认识到他们关怀他人时所具有的潜能。[7]行为疗法把许多问题都归因于学习，该疗法用巴甫洛夫的经典条件反射理论和操作性条件反射理论来改变适应不良的行为。[8]暴露疗法在恐惧和焦虑行为的治疗中尤为重要，它受消除原理的启发，指让某人反复接触使其焦虑或恐惧的事物或情境。认知疗法基于这样一种假设——认知功能失调是导致病态的情绪状态（如焦虑）和行为（如逃避）的原因，[9]改变与认知失调有关的信念可以改变恐惧、焦虑和相关的行为。认知－行为疗法包括认知干预法，认知干预法是指通过将患者暴露于威胁之中以减少其恐惧和焦虑。接纳和承诺疗法是认知疗法的一种变体，当人们在避免让负面情绪控制自己的行为时（当人们与负面情绪做斗争的时候），接纳和承诺疗法试图教人们接受自己的情绪而不是去改变它，并且依据情绪的重要性做出决定。[10]各种各样的认知疗法是目前使用最普遍的心理治疗方法。

虽然所有案例中的替代疗法的效果都尚未得到评估，但是科学家对于运用替代疗法治疗焦虑的兴趣越来越浓厚。基于正念的方法运用放松、呼吸练习、冥想、瑜伽等使个体关注当下，减轻紧张和担忧。[11]以上每种方法都可以单独使用以减轻压力和焦虑，也可以与其他方法相结合。比如，行为和认知疗法通常包括放松训练，接纳与承诺疗法也会用到正念和冥想。[12]催眠，弗洛伊德最先使用后又摒弃的一种方法，正在逐渐流行起来。[13]另一种叫作眼动脱敏和再加工技术的方法，运用视觉刺

表 10-1　一些常见的心理疗法

精神分析和心理动力疗法
人本主义疗法
行为疗法
认知疗法
综合 / 折中疗法
替代 / 辅助疗法

资料来源：Based on http://www.apa.org/topics/therapy/psychotherapy-approaches.aspx.

激诱导眼动模式，帮助来访者再加工令其不安的事件、学会新的应对技巧。[14]

心理疗法和大脑

在《突触自我》这本书中，我画了一张图来表示谈话疗法和暴露疗法的大致区别（见图 10-1）。我过去认为这些方法具有本质区别，因为它们依赖不同的脑回路。谈话疗法需要有意识地提取记忆并思考它们的来源或含义，这个过程依赖外侧前额叶的工作记忆回路。暴露疗法则依赖内侧前额叶来进行消退，这是暴露疗法的模型。内侧前额叶和杏仁核相连，外侧前额叶则不和杏仁核相连，我认为这也许可以解释为什么用暴露疗法（行为疗法或认知－行为疗法）治疗恐惧、厌恶和焦虑要比基于谈话的精神分析和人本主义方法更快而且效果更好。

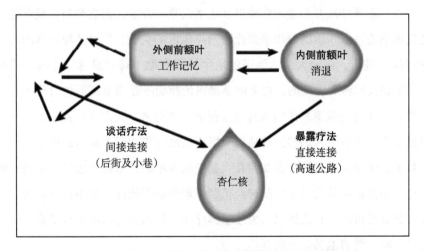

图 10-1　2002 年《突触自我》中描述的心理治疗和大脑

细想一下，这个神经假说一部分是对的，但在其他方面过于简单了。举个例子，工作记忆和它的执行功能，如注意和其他认知控制功能，需要外侧和内侧前额叶的共同参与。并且，当内侧（而不是外侧）前额叶与杏仁核的连接加强时，内侧和外侧前额区域也相互连接起来。[15] 在第 8 章讨论的关于情绪管理和重评的研究说明了这些区域影响杏仁核活动的复杂方式。更重要的是，我认为"谈话疗法依赖认知和意识，暴露疗法则不是这样"这一观点是非常幼稚的。任何形式的心理治疗都依赖来访者和治疗师之间的语言交流，都包含认知过程，[16]包括那些产生意识的过程。

比如，无论是行为治疗师还是认知行为治疗师，在使用暴露疗法时，都需要用语言和来访者讨论他们的问题，以使他们理解治疗计划，在暴露过程中执行语言指令以应对压力，学会新的应对技巧，并在治疗过程中以及治疗之后感到焦虑或害怕时使用这些技巧。一些行为主义者甚至认为，语言是改变恐惧和焦虑行为最有力的方式。[17]所有这些活动都涉及工作记忆。因此，就像传统的心理治疗一样，暴露疗法依赖谈话，并与工作记忆回路有关，[18]包括外侧和内侧前额叶回路，或许还有顶叶回路。

接下来，我将探讨暴露疗法的一些细节，以更加详细地说明它是如何发生的。显然，暴露疗法并不是治疗恐惧和焦虑的唯一方法，但它是当今最有效并被广泛使用的方法。[19]消退是用暴露疗法治疗焦虑的关键，[20]对其神经基础的研究已取得极大进步，揭示大脑内消退的发生机制有助于理解暴露疗法的原理和过程。[21]正如我们将要看到的，更多的是暴露治疗而不是重复刺激的过程引起了消退。并且，通过把消退的作用从其他过程中分离出来，我们可以发展出一种更为细致的方法，来研究人们遇到让他们恐惧或焦虑的事物时大脑内的变化。

如果你想知道心理治疗是如何在大脑中起作用的，暴露疗法是一个很好的开始。这并不是说我认为必须从脑神经机制来理解心理治疗，也不是说我认为其他治疗方法缺乏价值，我之所以只关注暴露疗法，是因为它与消退有联系，而且我们也已比较了解消退的神经机制。

开端

俗话说，如果你从马上摔下来，克服恐惧最好的办法就是回到马鞍上。饱受恐高之苦的德国诗人歌德也发现了这一点。[22]他强迫自己慢慢登上当地大教堂的顶端，什么也不抓，站在一个小平台上俯瞰整座城市，直至恐惧感渐渐消失。他不断重复这种练习，最终他能够自在地在山上游玩。

　　大家普遍接受的是（至少行为和认知治疗师是这样认为的），在各种情绪障碍中，暴露疗法对减少恐惧和焦虑是相当有效的。[23] 虽然暴露疗法通常被认为是治疗特定刺激或情境（动物、高处、细菌、考试、演讲、社交、创伤）引起的恐惧或焦虑的方法（的确如此，这一点我稍后解释），但它同样是治疗以过度担心为典型特征的广泛性焦虑的重要方法。[24]

　　弗洛伊德曾考虑让他的来访者面对他们害怕的事物或地点[25]（见图 10-2），但直到很久以后暴露疗法才正式成为治疗恐惧和焦虑的一种方法。20 世纪中叶，以经典条件反射和操作性条件反射为基础的行为主义原理开始颠覆弗洛伊德对于焦虑症及其治疗的主流观点。[26] 与试图揭示适应性问题根源的心理动力学疗法相比，行为疗法不重病因而重症状。[27]

图 10-2　如果弗洛伊德使用暴露疗法

在 20 世纪中叶著名的回避行为的双因素理论中，霍巴特·莫瑞尔和尼尔·米勒对焦虑症做出了阐述，暴露疗法应运而生。[28] 正如第 3 章所讨论的，莫瑞尔和米勒认为回避学习是巴甫洛夫学说和操作性条件反射理论的一种结合。首先，通过经典条件作用，中性刺激变得可以引发恐惧，然后通过操作性条件作用，个体习得反应以逃脱和避免引起恐惧的情境。但是，如果在未来刺激失去了对伤害的预测作用，那么一个人将永远无法消除他的恐惧，因为成功的回避能够防止伤害的发生。理论上说，要消除恐惧，一个人必须克服习惯性回避，并且重复暴露于能诱发恐惧的刺激中体验恐惧，继而经过消除作用认识到刺激并不能真正伤害他。莫瑞尔－米勒理论的逻辑为使用暴露疗法治疗恐惧和焦虑提供了理论依据。[29]

暴露疗法的基本思想是，面对恐惧刺激时产生恐惧反应，经过消退，对刺激的反应减弱。比如，你害怕电梯，治疗师会给你看电梯的照片，以这种方式减弱你的反应。或者，治疗师也可能让你想象自己在电梯里，并鼓励你将注意力集中在这一场景上，因为想别的事情将导致你在精神上逃离恐惧，这会削弱暴露治疗的效果。为了增加一些更真实的元素，治疗师可能会带你乘坐电梯，通过强迫你待在电梯里防止你逃避，这样消退就可以发挥作用了。暴露疗法获得了一些成功后，治疗师将会指导来访者独自进行暴露治疗，尤其是在日常生活中，目的是加强和维持暴露疗法的良好效果。

第一种明确以暴露疗法为基础的心理治疗方法是系统脱敏法，由约瑟夫·沃尔帕（Joseph Wolpe）在 20 世纪 50 年代末提出。[30] 这种方法要求来访者反复的、缓慢的暴露在其想象的威胁情境中，同时进行放松练习。在接下来的数年中，出现了大量暴露疗法的变体。[31] 分级训练包括缓慢暴露，但不是暴露于想象中的刺激，而是暴露在诱发焦虑的真实场景中。[32] 与缓慢暴露疗法不同，冲击疗法[33]（也称为内爆疗法）诱发恐惧并使之维持在较高的水平，同时阻止来访者产生回避行为，直至其恐惧水平逐渐下降。在某些形式的内爆疗法中，治疗师以这种方式引导来访者暴露于想象的场景中，来确保恐惧维持在一个较高的水平。延长暴露疗法是冲击疗法的一种变体，它试图维持来访者较高的恐惧唤醒水平，关键前提是，按照彼得·朗对三种反应系统（逃避行为、心理反应和言语行为）的定义，各方面的恐惧反应都必须减少暴露才有效。[34] 还有一种方法，它使来访者直面高度结构化的情境中的真实威胁，并用语言强化来激发个体继续这一过程，这种方法带有某种程度的强制性。[35] 还有一些其他方法，如用社会情境观察替代暴露。[36] 虚拟现实技术也被用于暴露疗法。[37]

总之，暴露疗法的效果相当不错，它帮助了大约 70% 的患者。[38] 即便如此，暴露疗法无疑也还有提升的空间，这一点我们将在下一章进行讨论。

暴露的认知转变

在行为疗法中，暴露疗法以消退加上肌肉放松训练、呼吸练习以及一些认知支持（如指导、言语强化和/或社会模型）的形式出现。随着认知心理学的发展，认知原理开始渗透到条件反射和消退理论[39] 以及受这些理论影响的行为疗法中，标准的心理治疗程序开始越来越侧重于认知，[40] 认知疗法诞生。[41]

认知疗法原本称为认知-行为疗法，它本质上属于行为疗法。[42]（现在认为认知-行为疗法和认知疗法本质上是一样的。）亚伦·贝克（Aaron Beck）创立了认知-行为疗法，他认为认知改变是持续的情绪和行为改变的先决条件。[43] 暴露被看作人们改变认知的助手，而不是单独使用的工具。认知治疗师选择把暴露当作认知改变策略的一部分，而不是完全舍弃它。

当今认知治疗师对于暴露疗法的使用，在某种程度上与早期的行为主义者是不同的。虽然两种方法都包括言语交流和指导，但认知（尤其是适应不良的）观念的改变在认知疗法中是起决定性作用的。对于认知治疗师来说，外显认知、工作记忆和执行控制过程与暴露疗法的消退过程至少是同等重要的。

唐纳德·莱维斯（Donald Levis）是行为心理学家和焦虑理论家，他从科学哲学的角度阐述了认知疗法和行为疗法的本质区别：行为疗法注重可观测的因素，避开了内在想法和感受。[44] 根据贝克的观点，这两者的关键区别在于认知治疗师试图改变与情绪困扰（感受）或与行为问题有关的心理内容（适应不良的想法或观念），行为治疗师则试图改变外部行为本身（如回避反应）。[45]

　　贝克认为，认知疗法的目标是改变基于核心信念（或图式）的一系列消极思维，这些信念催生对情境自动的（无意识的）、适应不良的认知评估，导致焦虑、认知和回避行为。为了消除消极情绪和回避行为，确保持续的治疗效果，贝克认为有必要识别并评估适应不良的信念（有一些是无意识的），以更真实的思维模式取而代之，使患者拥有更健康的思维、行为和感受。[46]

　　与贝克同一时期的艾伯特·埃利斯（Albert Ellis）提出了一种叫作理性情感疗法的认知疗法。[47] 在埃利斯的 ABC 模型中，A 代表刺激（噪声），B 代表信念（噪声意味着危险），C 代表结果（恐惧感和回避反应）。焦虑的人倾向于视无害的事件为危险的，治疗师的工作就是帮助他们弄清楚事情的前因后果，从而改变他们的这种想法。

　　大卫·克拉克（David Clark）是一位杰出的认知治疗师，他把适应不良的观念称为"灾难性误解"。[48] 说到贝克，克拉克指出，暴露疗法作为心理治疗过程的一部分是有用的，因为它能够更深入地激活威胁图式，并且提供了消除回避造成的灾难性误解的机会。[49] 在这个认知模型中，暴露疗法虽不是治疗的主要工具，却是理解错误信念继而消除它的一种方法。

　　安克·埃勒斯（Anke Ehlers）和克拉克的研究成果可以用来说明认知治疗师是如何看待 PTSD 及其治疗的。[50] 埃勒斯和克拉克认为，在一个人遭遇创伤之后，如果他将与创伤有关的刺激视为其当下及未来的境况的一种威胁，他就会患上 PTSD。在这种情况下，与创伤有关的刺激将作为触发因素，导致个体对威胁事件及其后果的记忆发生扭曲，这反过来也会引起过度觉醒，焦虑的想法侵入意识中，导致个体不断重复体验与过去的创伤有关的精神和心理症状。在这种情况下，经过个体评估的威胁也会激起认知和行为回避，问题依然存在且并没有减少。因此，治疗首先要确定消极评价、记忆、触发刺激和引起症状的认知与行为因素，然后治疗师帮助来访者改变过度的消极评价，详细阐述记忆，区分导致重复体验的诱因，并消除认知和行为回避。

　　有一种称被为接纳和承诺的认知疗法，它采用了一种稍微不同的方法，即重视对想法的接纳，通过正念训练（而不是改变来访者的信念和想法）来对抗认知回避策略。[51]一些人认为这是一种新的认知疗法，也有人认为它只是对众多治疗方法的一种补充。[52]

虽然不良信念会变成习惯性的并由无意识自动加工，但是在认知治疗中，信念改变的过程通常涉及内隐认知和工作记忆。通过使用一些自上而下的认知工具，[53]治疗师帮助来访者识别自动化思维，揭示它们所反映出来的潜在观念，通过再评价，来访者可以从不同角度看待这些信念。当涉及暴露时，治疗师会积极鼓励来访者去检视他们所回避的病理性观念和行为是否真的有害。放松和其他减压技巧、正念训练和思想接纳都依赖于自上而下的加工，因为它们是被有意识地启动，以控制身体机能（放松）和心理状态（正念）的。

如上所述，贝克认为，认知改变是持久的行为改变的先决条件。[54]虽然认知改变可能由外显认知（即工作记忆及其执行功能）引起，也可能是意识体验的一部分，但无意识认知（由无意识信念产生的自动化思维或图式）也需要被改变。在社会心理学领域，有足够的证据表明，我们通常称之为偏见的意识信念可以对我们的思想和行为产生深远的影响。[55]正如上一章所讨论的，焦虑的人更容易察觉到威胁并高估潜在威胁的严重性。这种偏见和评价，即使是无意识加工，也能控制我们的行为、影响我们的意识活动。因此，成功的治疗包括外显（有意识）和内隐（无意识）认知的改变。

认知暴露疗法改善了行为暴露疗法吗

把认知概念加入行为疗法中改变了暴露的目的，使它不再侧重于克服回避以使条件反应消退，而是更加关注改变认知。这有什么意义呢？

1987年，英国恐惧研究专家艾萨克·马克斯（Isaac Marks）回顾了一系列文献并总结道：简单暴露的各种辅助手段（包括放松、呼吸、改变对威胁的错误信念等）是多余的——光有暴露就足够了。[56]最近越来越多的研究结果证实了这一观点。[57]因此，人们可能会倾向于得出这样的结论：与认知疗法不同，认知过程在暴露疗法中没有任何作用，但这是一个错误的推论。

　　认知－行为治疗师斯特凡·霍夫曼提出，在暴露中加入认知疗法并不会使治疗效果更好，因为在这一过程中存在认知重叠。[58]换言之，认知不仅是认知疗法的基础，它也作用于暴露疗法，甚至影响消退。他认为对伤害来源的认知预期的变化是消退、暴露疗法和认知疗法的共同基础。

　　为了评价霍夫曼的假设，我们需要进一步检验认知在消退和暴露疗法中的作用。具体来说，我们必须考虑四个问题。第一，影响消退的认知功能的本质是什么？第二，这些认知功能在多大程度上与有助于暴露疗法的认知功能相重叠？第三，暴露疗法的治疗效果在多大程度上取决于消退（刺激重复），而不是同时使用的其他治疗程序（信念改变等）？第四，有认知参与的消退和暴露疗法过程与有认知参与的不包含暴露疗法的认知疗法的过程有多大程度的重叠？此外，每一个问题都必须考虑到内隐认知和外显认知之间的区别。内隐认知是无意识的，外显认知涉及工作记忆及其执行功能，是有意识的。这些问题的答案将构成心理治疗的神经机制的基础。这比我在《突触自我》中得出的神经机制更加复杂。

消退的认知过程

　　实验室环境中的消退有时被称为实验性消退，它与相对单纯的刺激重复有关，目的是进行科学研究而不是治疗焦虑症。当人作为消退研究的被试时，研究者会给人类被试一些指导，但消退过程本身主要基于刺激重复，在动物研究中，则完全基于刺激重复。

　　当大鼠或人在消退过程中被给予重复刺激时，大脑正在学习。学习（包括消退学习）是一个认知过程，因为它与为形成事件的内部表征所进行的信息加工有关。[59]因此，暴露和消退之间的区别并不只是一个包含认知，而另一个不包含认知。正如霍夫曼所说，它们都包含认知过程。同时，尽管消退和暴露疗法的认知过程可能存在重叠，[60]但这两种方法的其他方面明显不同。相对于实验室中被试单单经历消退过程这种典型情况，在使用暴露疗法的过程中，治疗师和来访者之间的互动涉及更多外显认知。

让我们说回条件反射，来讨论一下认知对消退的作用。消退最基本的观点是，当 CS 无法预测 US 时，在威胁的条件作用下获得的 CS-US 联结将被削弱。从纯粹行为主义者的观点来看，获得威胁的条件作用所必需的是 CS 与 US 同时出现，而消退所需要的是反复呈现 CS，同时 US 不出现。[61]

在最初的条件作用（CS-US 配对）中，有机体学会用 CS 预测 US；在消退期间，它反过来又学会了用 CS 预测 US 的缺失（CS- 无 US 联结形成）。[62] 实际上，经过消退训练，CS 可以预测安全性。例如，当你开灯时，如果你因为开关线路损坏而被电击，那么灯－电击的联结（一个 CS-US 联结）将使你避免接触灯。然后，如果把灯修好，你小心地打开它并且没有被电击，你就可以继续使用它。这时你已经形成了一个新的联结——灯－无电击联结（CS- 无 US 联结）——它覆盖了最初的联结。

随着认知观念渗透到学习和记忆的研究中，认知作为中介为刺激和反应的预测提供支持。具体来说，CS 的出现引发了 CS-US 联结的形成，因此 CS 的出现导致了有机体对 US 的"预期"，正是这种预期引起了有机体的反应。在消退过程中，旧的预期被新的预期所取代，它表明 CS 现在是安全的。

例如，罗伯特·雷斯科拉（Robert Rescorla）和阿兰·瓦格纳（Allan Wagner）的一个颇具影响力的条件作用的心理理论认为，在条件作用下，在某种声音后进行一次电击，这种"惊人"（意外）的结果使大脑去学习。实际上，这种学习发生在意外出现时，[63] 因为我们通常不会预期有任何坏的事件出现在某个看起来毫无意义的事件之后，比如某种声音。电击的出现与这种预测产生了冲突，使我们习得了声音－电击的联结。然后，在消退过程中，未出现的电击与已形成的预期产生冲突，这一预测误差触发了新的学习。预测误差已被证明是各种学习形式的一个重要因素，包括巴甫洛夫的威胁条件反射和消退，以及强化作用下动物和人的新的操作性反应。[64]

当预期控制行为时，人们通常将预测、信念和决策视为有意识认知的外部形式。但正如我们在前几章中所看到的，对动物和人类的研究表明，似乎基于有意识的信念和决定的行为通常可以用无意识信息加工来解释。马克·布顿可以说是动物消退研究领域的顶尖专家，也是认知消退观的有力支持者，他认为意识与动物的消退无关。[65] 如果他是对的，当然我认为他是对的，那我们为什么要假设意识与人类的消退有关呢？在消退过程中，当 CS 单独出现时，我们当然可以意识到 US 的缺失，这也许是你对 CS-US 联结的外显记忆产生变化的原因，但它不太可能解释在消退过程中抑制防御反应的内隐记忆的产生。同一情境下的外显和内隐记忆是分别形成和存储的。正如第 8 章所述，意识到 CS-US 联结并不是条件反射所必需的，也不一定是消退所必需的。

有足够的证据表明，内侧前额叶和杏仁核的相互作用构成了动物 [66] 和人类 [67] 威胁消退的基础。经过消退作用的大鼠更少受到 CS 的惊吓，因为其内侧前额叶和杏仁核的相互作用改变了 CS 的作用，使 LA-CeA 回路及其输出信息到达导水管周围灰质（PAG）。（条件反射的路径将会在下一章详细阐述。）大鼠的木僵反应减少并不是因为它有意识地想：噢，这个声音不能预测电击，所以我不用木僵了。个体通过检索回忆（基于过去的学习）评估刺激的威胁性，这些是作为联结（CS-US，CS-无 US）存储在杏仁核中的内隐记忆，并且不需要工作记忆及其执行控制功能或意识内容。同样地，一个被暴露疗法治愈蜘蛛恐惧症的人在看到杂志上的蜘蛛时不再害怕，其原因是：由于消退作用，关于蜘蛛的视觉刺激不再能通过激活杏仁核回路启动防御反应。这可能并不是治疗恐怖症所需要的全部（这个人对蜘蛛的一些看法可能还需要被处理，以便它们不会引起已消退的反应），但是作为防御回路的触发因素，威胁的内隐记忆的消退是对恐惧刺激的行为反应消失的原因。

有意识的决策及其所依赖的信念和价值观不足以解释我们的反应、行为和习惯，但这并不表示外显的、有意识的思维对行为没有影响，也不表示改变它对治疗毫无用处，这只能说明内隐过程也起着重要作用。只有排除了内隐认知，并且使外显认知直接参与其中，才能够用意识来解释所观测到的治疗效果。

认知在暴露疗法中的作用

需要特别强调的是，暴露与消退的一个重要区别是，在暴露疗法中，评估治疗效果最常用的方法是在面对威胁性刺激或情境时，来访者报告其恐惧感（或焦虑感）减弱。在一项典型的威胁消退研究中，研究者以行为或生理反应的减少来衡量重复刺激的治疗效果。虽然从事人和动物研究的研究者都普遍认为消退减少了恐惧感，但事实上，研究的目的通常是确定行为或生理反应是否受到了影响，而不是恐惧感。大鼠木僵反应的减少或者一些生理反应的变化，如人的皮肤电反应（测量汗腺），并不能说明恐惧感已经减弱——正如我已经指出的，对人的研究表明，从行为或生理角度测量的恐惧水平通常与自我报告的主观的恐惧感不一致。[68]

因为消退改变了威胁的条件刺激激活防御回路的倾向，所以它更可能改变内隐过程。暴露疗法为这一过程增加了一系列自上而下的认知加工，如重评，并根据自我报告评估治疗进展。以健康人为被试研究情绪调节的神经基础的实验揭示了这一点。比如，在上一章提到的，利兹·菲尔普斯及其同事利用消退或其他情绪调节训练技术内隐地改变生理反应的研究表明内侧前额叶很重要，[69]而詹姆斯·格罗斯、凯文·奥克斯纳及其同事使用自上而下的重评策略来改变自我报告的情绪，发现外侧前额叶发挥了更重要的作用。[70]

我将用一种被普遍使用的、名为延长暴露[71]的暴露疗法，来解释为什么消退和暴露的区别如此重要。这种方法基于艾德娜·福阿（Edna Foa）和迈克尔·科扎克（Michael Kozak）提出的情绪加工理论。[72]延长暴露疗法的基本思想是，在反复暴露过程中激发和维持恐惧情绪，直到恐惧减轻，从而使人们对他们恐惧的对象或情境的伤害能力的错误信念得以消除。如果恐惧不被完全激活，那么它也不会完全消退，问题将继续存在。

福阿和科扎克发展了彼得·朗的观点，即恐惧以恐惧结构或图式[73]的形式被大脑表征，这类似于亚伦·贝克自动化思维和信念以图式的形式被表征的观点。（回想一下，图式也是情绪的心理建构理论的一部分，我的理论在第8章也有描述。）这是彼得·朗的早期观点（即恐惧和焦虑可以用反应系统来解释）。恐惧结构被视为一种躲避危险的程序，并包含几种存储的命题：有关威胁的命题——当威胁信号（CS）出现，一件坏事（US）随之而来；有关生理变化的命题——当 CS 出现时，我会出汗并且心跳加速；有关行为的命题——如果我在 CS 出现时做出某种反应，那么 US 就可以被避免；有关刺激和反应的意义的命题——CS 让我感到恐惧，避免 CS 可以防止我感到恐惧。[74] 输入刺激与存储在结构中的刺激信息相匹配，激活恐惧程序，引发行为、生理和言语反应，这是彼得·朗最初提出的三种反应系统理论的核心。我们可以根据恐惧结构表征威胁信号的方式区分出健康的和病态的恐惧结构，或是患有不同形式的病理性恐惧和焦虑的人的恐惧结构。

根据情绪加工理论，经过治疗减少恐惧和焦虑需要两个关键因素，一个是利用能唤起恐惧的刺激完全激活恐惧结构，另一个是将新信息插入与病理信息不相容的恐惧结构中。它们都可以通过延长暴露来实现——通过强迫人们接近令人痛苦但是安全的事物或情境，诱发其恐惧情绪，使人们发现没有出现有害的结果，将矫正的信息添加到恐惧结构中，以减少人们的恐惧及回避反应。

与同时期的学习理论相一致，情绪加工理论认为，新信息并不会取代恐惧结构中的旧信息，它会使有机体产生能抑制旧记忆的新记忆。[75] 新记忆（新恐惧结构）不包含引起恐惧和维持回避反应、防止消退之间的病理性联结。因此，消极情绪（恐惧和焦虑）和回避反应得以减少。和学习理论相一致，情绪加工理论假设，当预期和实际发生的事情之间存在差异时，学习的结果会导致对未来的预期的改变。[76] 但是，与利用重复刺激程序直接改变内隐预期的消退过程不同，在内爆疗法及其他疗法中，预期改变是一个自上而下的过程。

正如我多次说过的那样，学习，无论是涉及经典条件反射或操作性条件反射还是高级认知形式的学习，都是一个突触改变的过程。突触变化是分子水平上的生理过程。我们无意识地参与这些活动。例如外显记忆，我们可以意识到记忆存储的内容，但不知道存储的过程。在内隐系统中，这些变化始终是无意识的。换句话说，我们可以解释防御行为和生理反应的变化，但不能假设是主观恐惧感的改变导致了行为的改变。事实上，正如我们所注意到的，对于恐惧的主观感受并不总是与威胁性刺激引起的生理和行为反应密切相关。[77] 情绪加工理论将这种情况归因于恐惧结构的不完全激活，因此暴露只部分地消除了恐惧结构对整体恐惧反应的控制，包括行为、生理和认知（言语反应）。

情绪加工理论假设行为、生理和语言反应都是大脑中单一系统（恐惧结构或程序）的产物。在本书中，我一直反对这种单一恐惧系统的观念。情绪加工理论虽然具有很大的影响力，但其某些观点也受到了质疑。[78]

彼得·朗说恐惧并不是大脑中的一个可以触摸到的硬块，"我们必须彻底改变恐惧结构"似乎让人相信大脑中有一个系统或模块致力于制造一切与恐惧有关的东西。我支持存在一个防御系统来检测和应对威胁的观点，但我不认为恐惧是这个系统的直接产物。防御系统的作用是内隐的，而恐惧则是通过响应一切能被有意识地觉知到的认知系统所产生的有意识的感受。因此，我认为内隐过程和外显过程必须对应不同的治疗策略。克里斯·布雷温（Chris Brewin）和蒂姆·达格利什（Tim Dalgleish）在他们的多重表征理论中也提出了类似的观点，他们认为，可以被口头报告的过程和自动的内隐过程都是恐惧和焦虑问题的基础，应该被分开看待。[79]

以内隐系统为目标的治疗程序最能改变内隐记忆，而参与外显过程和工作记忆的程序最适合于改变外显过程。暴露疗法依赖于消退或其他情绪调节功能的特性是由内侧前额叶 – 杏仁核连接和防御控制回路的相关成分所促成的，这对于改变一个刺激如何激活防御回路和控制防御行为、生理反应、回避行为是最好的选择。然而，暴露疗法的一些环节，如改变适应不良的信念、其他一些导致认知回避的认知以及储存新的外显记忆以对抗通过治疗进入意识层面的非理性的、病态的记忆，最好用谈话、指导、重评、语言强化等方式。与传统的暴露疗法相比，能够确定一个纯消退疗法（最低程度的语言交流或指导，强调刺激重复）的治疗效果将是有趣的，因为这使我们能够更有效地区分无意识消退和外显认知改变所造成的影响。同样令人非常感兴趣的研究是使用无意识（被掩蔽）刺激进行暴露治疗。

据我所知，还没有人对暴露疗法（通常所做的）和单纯刺激重复（在典型的消退研究中进行的）的优点进行实验性比较。也没有人在实验或临床环境下尝试过无意识的消退（用掩蔽或其他避开意识的技术来呈现将要进行消退的刺激）。一些研究报告了非常有趣的结果，这些研究对比了将恐怖症患者暴露于单一掩蔽恐惧刺激和暴露于延长的、可见的恐惧刺激的效果。[80] 这本身并不是消退，也不是一个消退的限制版本，因为只进行了一次实验，但效果是引人注目的。在一项研究中，单一的掩蔽（无意识）刺激减少了回避行为，可见刺激则没有。在第二项研究中，研究者比较掩蔽刺激和可见刺激对回避行为和主观痛苦的影响。掩蔽刺激减少了回避行为，但不影响主观痛苦。可见刺激产生了相反的效果——它没有减少回避行为，但确实减少了痛苦。这些结果说明了认识内隐系统和外显系统在控制行为反应和主观感受方面的不同作用的重要性。我将在下一章中再讨论这个问题，讨论那些证明借由记忆巩固，一次暴露就可以带来持久改变的研究。

在正常的观察条件和反复暴露于刺激中的情况下，人的防御行为和意识感觉的变化可能是由不同的原因引起的。对防御行为的影响是内隐回路被重复刺激的直接结果，对感觉的影响可以通过两种方式产生。

首先，感觉可能会在控制防御回路发生变化之后也发生变化。如果杏仁核中的 CS- 无 US 联结被消退所抑制，大脑和身体中由威胁引起的反应就会减少。在某种程度上，它们构成了无意识的防御动机状态，其成分通过各皮层区域形成恐惧感，消退可以减少恐惧或焦虑情绪。

其次，没有结果的刺激重复也能改变 CS-US 联结在外显记忆中的认知表征。人类认知的一大优点是可以随时随地做出决策，而不必依赖新的学习。当显性认知处于控制之中时，如果你察觉到某个曾经危险的东西不再危险，你就可以迅速对它进行重评，以不同的方式看待它，并采取不同的行动。这就是为什么克服回避有助于改变有意识的信念。随着有意识的预期的改变，个体可以从新的角度来看待先前的威胁性刺激：它们不再引起恐惧图式自上而下的激活，这些图式通常会使我们得出"我处于危险之中并感到恐惧"的结论，还会激活防御回路、引发生理反应，从而支持这种感觉的认知结构。如果同时改变防御回路和外部表征，就可能取得最好的治疗效果。虽然我的结论与延长暴露的支持者相似，但我是从不同的角度得出这个结论的。

总之，如果仅外显或仅内隐系统被"治疗"，那么未被"治疗"的系统可以重新激发恐惧。内隐系统可以占用注意，继而唤起过去关于危险刺激的记忆，引发新的恐惧感，并再次形成"刺激是危险的"的信念。外显系统可以引起忧虑情绪和回避行为，并在抽象的认知层面产生恐惧感，从而使个体释放压力荷尔蒙，恢复 CS- 无 US 联结，重现威胁敏感性、过度觉醒、行为回避以及基于杏仁核的威胁条件反射的其他结果。事实上，压力一直被视为一种强有力的触发因素，它能重新引发动物原本已消退的防御反应和人的恐惧情绪。[81]

　　焦虑研究者都知道，人们的恐惧和焦虑情绪往往是非理性的，并且不是仅仅靠逻辑推理就可以改变的。[82]害怕坐电梯或乘飞机的人都知道，客观来说，在电梯或飞机上受伤的可能性很低，但这种外显认知并不能抗衡对行为的内隐控制以及由此产生的恐惧和焦虑情绪。

　　福阿、科扎克、朗和其他认为是不完全消退导致治疗失败的人可能是正确的，但这并不是因为单一的恐惧结构必须完全激活才能得到完全的消退。我认为，这是由于我们通常进行的暴露程序并没有试着将内隐和外显过程分开处理，导致了不完全的消退和 / 或不完全的思维改变以及对认知资源的竞争，如后面所述。接下来，让我们谈谈忧虑。

利用暴露疗法治疗忧虑

　　病理性焦虑的主要特征是慢性忧虑。[83]例如，广泛性焦虑症患者并不会因蜘蛛、电梯或社交环境特别忧虑，他们只是感到忧虑。当一个人忧心忡忡时，其工作记忆会被占用，从而影响其工作效率。[84]考虑到没有具体的目标或情境可以消除，你可能想知道如何使用暴露疗法来治疗广泛性焦虑。在我们更详细地了解忧虑的性质后，这点会更清晰。

　　专门研究忧虑的托马斯·博尔科韦茨（Thomas Borkovec）指出，[85]忧虑通常以内部言语的形式（即言语形式的思维）存在。自言自语使威胁变得更加抽象，能使个体在不接触威胁时就感到忧虑。这有助于避免更深层、更具体的加工，这种加工能更有效地引发情绪唤醒，并使个体不再怀疑威胁的实际危险程度。忧虑是行为回避的认知等价物。正如博尔科韦茨所指出的："尽管会产生限制个人生

活和 / 或造成其他困扰的情况，但个体可以通过躲开其来源来减少一些令人痛苦的经历。"[86] 博尔科韦茨解释说，忧虑的人用抽象的语言思考未来以逃避可怕的意象（如果担心的事情成真，可怕的事情可能会发生）。

我们知道焦虑的人对威胁高度敏感，如果他们感知到威胁，无论是真实的还是想象的，与威胁有关的语义和情景记忆都将以思维和图像的形式重现。这会导致个体对消极情景的灾难性思考，并产生认知应对策略，预测消极结果并试图防止其发生。因为忧虑的人总是担心很多事情，最坏的情况却很少发生，并且他们认为忧虑可以避免最坏的结果，所以这种忧虑会延续（负强化）。在所有焦虑症中，忧虑的发生率具有显著水平（见表 10-2）。

表 10-2　DSM-III 焦虑症中的忧虑

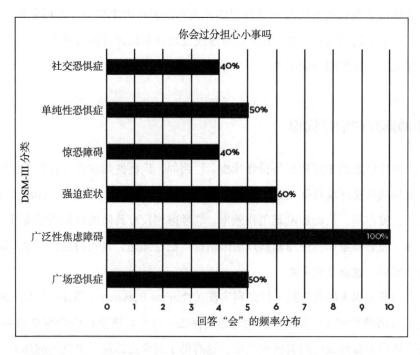

资料来源：Based on Figure 4.3 in Sanderson and Barlow（1990）.

迈克尔・艾森克关于焦虑的注意控制理论将焦虑的认知基础概念化。[87] 他区分了两种注意系统：一种是目标导向的，另一种是刺激驱动的。他认为焦虑和忧虑破坏了目标导向的系统，使刺激驱动的系统占据主导地位。忧虑引起的思维活动会占用工作记忆执行功能的注意资源，导致用于处理工作、个人和社会事务的资源减少。执行功能也被占用，以避免个体去考虑威胁及其后果。一个人之所以变得更容易分心，是因为他必须和忧虑竞争注意资源，这使注意更难集中在任务上。当工作记忆专注于威胁时，刺激驱动的注意使威胁性刺激更容易捕获注意。此外，如前所述，焦虑的人们认为非威胁性刺激是危险的，因为他们区分威胁和安全的能力被削弱，所以他们会高估弱威胁的危险性。威胁性刺激在他们的生活中有比正常情况下更大的作用。

在这种背景下，让我们思考一下如何用暴露疗法治疗广泛性焦虑症。[88] 方法是将焦虑思维作为暴露的实体，然后实施治疗策略。在最初的访谈中，来访者谈论他们的困扰，学习应对策略，以应对他们的焦虑情绪。这些策略包括放松训练（呼吸、肌肉放松、冥想）、自我控制脱敏（当焦虑的想法或意象引起焦虑时，进行高频放松训练）、认知重构（识别高频自动思维和信念、发展多种替代观点、对预测进行行为测试、重新评估和不要小题大做）。然后鼓励他们关注焦虑情绪水平的变化，注意它们是否与令人不安的想法、想象中的威胁或未来的危险后果、生理反应、行为回避以及可能与这些症状相关的任何外部因素一起发生。通过意识到焦虑的诱因，来访者可以及早使用应对策略，防止焦虑升级。

从动物实验室到治疗师办公室：以内隐过程为目标

现如今，医生经常会谈到整体治疗的必要性，无论患者的问题是心脏病、癌症、焦虑还是抑郁。显然，对治疗师来说，了解患者的特殊问题及特殊问题与他整个生活的关系是很重要的。从这方面来说，基于显性认知的言语交流是必不可少的。虽然治疗师应该把人作为一个整体来考虑，但最好的方法可能不是进行一次性的整体治疗。具体来说，我建议将由内隐过程控制的行为和生理反应尽可能地与由外显过程和自上而下的认知控制的思想和行为分开治疗。

针对特定过程进行治疗的想法并不新奇。朗的三种反应理论就曾提出对恐惧结构的各个成分进行治疗。认知治疗师也使用一类方法来有针对性地治疗与特定病症相关的特定症状。[89] 巴洛的统一认知疗法使用先行重评、回避预防策略和情绪驱动行为修正来治疗不同的功能失调的情绪调节过程。[90] 前面提到的布雷温和达格利什的多重表征理论也提出了这种方法。我的观点是对这些观点的补充。

动物研究之所以能如此成功地将行为和认知功能与大脑机制联系起来，很大程度上是因为特定的过程可以在相对独立的情况下得到处理。你不必要求大鼠去思考它们的过去或者担忧未来，你只需要先给它们声音和电击，然后只给声音而不给电击，它们就能以自己的方式"思考"正在发生的事情，但这并不能改变其大脑（结构）。

在治疗中，思维通常被视为是整个过程的一部分。我想说的是，如果这个过程更接近实验室消退的过程，那么也许能更有效地实现暴露疗法的治疗目标，因为实验室中的消退可以去除一些暴露疗法中的认知过程。上述研究分离了恐怖刺激的掩蔽（无意识）暴露和可见（意识）暴露，表明这也许是可行的。

现在，你可能会问自己，如果内隐和外显过程是独立的，为什么还需要做这些呢？即使意识正参与别的过程，消退难道不应该是自动进行的吗？事实是，尽管我们可以在实验中分离内隐过程，特别是在动物研究中，但正如我们所看到的，在现实生活中，这些系统是相互作用的。内隐感觉加工有助于外显知觉，内隐记忆有助于外显记忆，内隐认知加工有助于工作记忆和意识。反之，外显过程可以启动内隐过程执行任务。例如，当人们被告知要重新评估某种刺激时，任务是通过言语指导和自发控制来启动的，但这些过程随后引发了其他内隐过程，这些内隐过程与杏仁核相互作用以改变人们的活动。

这意味着，尽管某些大脑活动最终可能依赖外显或内隐系统，但在现实生活中，这些系统可以协同工作，并很好地利用共同资源。如果你试图在消退的同时改变信念，就等于要求大脑以一种可能并不理想的方式来学习和存储记忆。心理学家米歇尔·克拉斯克（Michelle Craske）同样认为，消退和认知干预应该分开。[91]

举个例子，让我们回顾一下重新评估。经过重评，自上而下的认知引起信念变化，并因此影响了外侧前额叶，它也间接地影响了杏仁核，其中一种方式是通过内侧前额叶和杏仁核之间的相互作用，[92] 这两个区域同样参与了消退。[93] 然而，我们无法确切地知道参与重评和消退的是不是前额叶和杏仁核中相同的回路、细胞和突触。但是，即使只有部分重叠，在消退过程中进行认知重评也可能会与试图通过消退改变对威胁的行为和生理反应的过程相竞争，反之亦然。

此外，正如艾森克提出的模型所示，对焦虑的个体而言，工作记忆可能会被与任务无关的威胁信息所干扰。因此，如果一个人在受到威胁时还要说话和处理指令，他的大脑就必须在进行消退学习的同时改变信念，那么用于改变信念的认知系统就可能会被干扰。换句话说，暴露疗法，就像我们通常所做的那样，几乎都涉及有外侧和内侧前额叶参与的自上而下的认知加工，这可能意味着改变认知和改变内隐行为都没有那么有效。

无意识暴露疗法无论是作为对传统暴露的一种补充，还是一种替代，也许是一种有用的选择。尚未有人探究无意识消退是否可行，但利兹·菲尔普斯和我目前正在进行相关实验。数据可能不会很快出现在这本书中，你可以访问我的实验室网站，网站中还有经常更新的我已出版图书的清单（www.cns.nyu.edu/ledoux）。

认识到外显和内隐过程之间的区别，有助于我们理解为什么对动物的研究可以提供有用的结论，改善人们的生活。显性过程很重要，动物研究，比如我所做的工作，则有助于我们理解内隐过程。在最后一章中，我将回顾动物研究的一些发现，这些发现有助于我们制定新的治疗策略，或者有助于开发新的心理治疗方法。

第 11 章

治疗：来自实验室的启发

无瑕之人多么幸福！

遗忘世界，世界偿你以遗忘。

无瑕心灵之永恒阳光！⊖

我心之祈祷已实现，我心再无所愿。

——亚历山大·蒲柏（Alexander Pope）[1]

改变我们的记忆，改变伴随我们记忆的情感色彩，改变我们痛苦的回忆，减轻我们的罪恶感，这些多少能够改变我们，至少能够改变我们对自己的看法。为了让自己成为"看上去"更好的人，我们会改变自己的记忆，可我们仍未知这种"升华"过的自我是不是真正的自我。

——美国总统生物伦理委员会（President's Council on Bioethics）[2]

2000 年的秋天，我开始收到请我帮忙消除记忆的电话和邮件。卡里姆·纳德、格伦·沙夫（Glenn Schafe）还有我那时候在《自然》杂志上发表了一篇技术性比较强的文章，题目为《成功提取后的恐惧记忆的巩固需依靠旁侧杏仁核

⊖ 此诗中"无瑕心灵之永恒阳光"大意指没有痛苦记忆的心灵如永远洒满阳光一般平静安乐。——译者注

中的蛋白合成》。[3] 在这个实验中，我们通过声音配合电刺激使大鼠建立恐惧条件反射，然后我们给大鼠注射药物，阻止其外侧杏仁核（LA，形成声音 – 电刺激联结的重要区域）中关键蛋白质合成过程的发生，之后我们给大鼠单独呈现声音刺激。实验第二天及以后的随机时间里，我们测试大鼠对条件声音刺激的反应，发现大鼠仿佛从未习得这个恐惧条件反射。注射药物及其引发的反应似乎消除了大鼠关于声音和危险的记忆。依据这个实验，我们提出了一个假设——使用类似的技术（并非将药物直接注射至杏仁核）或许可以减轻 PTSD 患者的创伤性记忆。

《纽约时报》报道了我们的这个研究，[4] 读者来信接踵而至。有些读者觉得这个研究很棒，有些则表示受到了惊吓，觉得很快就能使用科学技术把一个人的记忆删除了。一个创伤治疗师给我们写信，说我们这是在玩火，因为创伤经历是一个人自我的一部分，需要被记住。"这个研究背后的思想也许对那些逃避和拒绝痛苦经历的观点有用，然而尽管创伤经历给人造成了痛苦，但它们也代表着个人的、社会的以及政治上的现实……我们忘了痛苦的经历真的有好处吗？如果二战的幸存者忘了战争，世界会变得更好吗？作为一个文化共同体，如果我们不记得过去发生的事，那么我们是否会不停地重蹈覆辙？这会是一个无穷的噩梦。"[5] 乔治·W. 布什（George W. Bush）总统的科学顾问委员会对我们的研究也有类似的看法，他们特别强调个人记忆是神圣不可侵犯的，即便科学家的出发点是为了人类的福祉，也不应把记忆当作玩弄的对象（见本章开头引言）。

那些遭受痛苦记忆和恐怖经历折磨的人却渴望这种治疗。他们无谓这种治疗方式是否符合人伦道德，无谓这种治疗是否会改变他们的一部分自我（这实际上正是他们真正想要的）。这些人想要他们有意识的记忆被消除，可惜我们实验里真正实现的只是减弱了由防御神经系统控制的内隐记忆。

我们继续这个领域的研究并发表了文章。每发表一篇新的文章，对我们的研究工作的报道就越多，我们收到的电话和邮件数量也就越多。这些研究的细节我留到后面讲，现在我想简单地讨论一下在以治疗为前提的情况下，记忆是否能作为改变的对象这个问题。

　　事实上，任意两个人间的交流都会涉及记忆的提取和储存。没有记忆，社会关系便不可能存在。当你和人交流时，你提取关于对方的记忆——你们共同的兴趣爱好以及冲突，还有你想传达的信息。从治疗角度来看，任何一种心理治疗都在某种程度上改变着记忆。心理分析强调释放被压抑的记忆，让意识下的记忆进入意识层面并被重新解释。认知疗法则侧重于改变信念（信念是一种记忆）以及让个体学习新的应对技能。在暴露疗法中，条件反射的消退过程是在创造新的内隐记忆，并使新的内隐记忆与旧的内隐记忆竞争，以此终止旧的内隐记忆引起的问题。我们对于大鼠的研究与这些心理治疗没有本质区别，只是形式不同——都是为了防止那些会带来麻烦的记忆继续产生影响。

　　现在有许多新方法被用来治疗恐惧和焦虑障碍，其中很多都包括改变记忆，不过大部分方法还是通过行为学习的方式而非药物的方式来改变大脑的。有些情况下药物会被短期使用以提高行为疗法的效果，但药物并不会被用作长期治疗。一旦预期的改变达成，药物将不再被使用（短期使用药物来提高行为疗法与应对技能，要好过长期使用药物治疗）。

　　接下来我要描述的方法主要针对内隐记忆。很多内容都集中于加强条件反射的消退的方法，这些方法有助于使暴露疗法效果更好。我也会介绍除了消退之外的方法，尤其是那些可以从根本上消除威胁性记忆的方法（条件反射的消退并不能消除威胁性记忆，只是压抑了它们）。要强调的是，所有我即将提到的疗法都不是万能的。没有一种疗法能凭一己之力治愈恐惧与焦虑障碍。要想获得好的、长久的疗效，需从有意识和无意识层面改变带来问题的记忆。[6] 所以，即使本章的重点是内隐学习的神经机制，也不代表我认为外显的方法（如交谈、洞察、同情以及人际交往）没有作用。我认为我们应针对外显和内隐记忆的特点各个突破。

条件反射消退的神经机制

　　此前我已讨论了消退的本质以及它在暴露疗法中的地位。由于作为一种治疗工具，消退的使用方法是受限制的，因此很多研究者致力于在有限的范围内使消退和暴露疗法更加有效。在讨论消退法的缺点之前，我想先详细介绍一下消退的神经基础。了解神经基础有助于我们了解消退在神经层面的局限性，从而使我们能够了解如何改进消退法来克服这些局限性。

要想消退巴甫洛夫条件刺激引起防御行为这一作用，必须改变杏仁核的活动。这里发挥关键作用的是腹中部前额皮层（PFC_{VM}），它的一个功能是管理杏仁核中负责储存 CS-US 联结记忆的神经回路，这个神经回路的激活会引发防御行为。20 世纪 90 年代初，我实验室的玛丽亚·摩根（Maria Morgan）开始对 PFC_{VM} 与消退的关系进行研究。[7] 在那之前，我们的研究发现，接受大量消退训练的动物在视觉皮层受损后无法终止条件性防御反射（木僵）。[8] 我们不认为视皮层是消退的神经基础，相反地，我们推断，视皮层之所以与消退有关联，是因为视觉条件刺激的信息无法被视皮层输送到消退的神经回路，导致条件反射记忆无法被抹除。

为了进一步了解这种无法被抹除的杏仁核记忆，我们想到了一系列著名的研究，即前额皮层受损的人或动物一旦习得某种行为便难以终止该行为（perseverate，重复行为），哪怕该行为已不再有益，甚至有害。[9] 或许大鼠前额皮层的损伤会导致对于条件反射性木僵的"情绪化的保持"？摩根后面的实验支持了这个想法，PFC_{VM} 受损的大鼠确实无法终止条件反射性木僵。似乎切除 PFC_{VM} 的结果之一是不受控制的杏仁核，这个杏仁核会对客观上已不再具威胁性的刺激做出防御反应。我们立刻想到恐惧与焦虑障碍的患者可能也存在前额－杏仁核这条神经通路的机能失衡。打个比方，如果说杏仁核是防御行为的油门，那么前额皮层就是刹车（见图 11-1）。刹车失灵会让防御行为失控。这个想法从那之后得到了多个动物与人类研究的支持，成为目前被广为接受的主流观点。[10]

摩根进行的这些研究引起了当时我实验室的另一个成员格雷格·夸克（Greg Quirk）的极大兴趣，他后来成了前额皮层与消退方面的领军人物。[11] 他的研究将对 PFC_{VM} 管理杏仁核这一方向的研究推上了一个新高度，并激发了许多后续的研究。

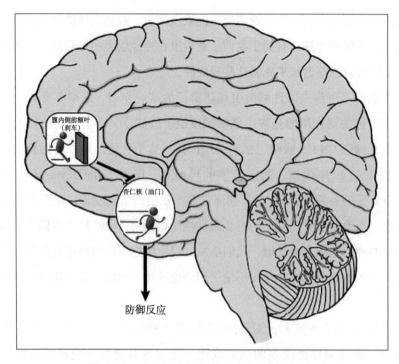

图 11-1　防御反应神经基础中的油门和刹车

　　杏仁核是大脑和身体中防御反应以及支持性生理反应的驱动力（油门）。腹内侧前额叶（PFC$_{VM}$）管理杏仁核的活动（刹车），能根据环境变化对防御反应的产生和强度进行调节。对于遭受恐惧和焦虑问题困扰的人来说，这个机制往往是失调的（需注意的是，杏仁核本身并不产生恐惧和焦虑感，恐惧和焦虑感是与杏仁核有关的一整套大脑和身体的反应的集合）。

　　图 11-2 是一个简化的消退神经回路。三个主要成员分别是杏仁核（储存 CS-US 联结）、PFC$_{VM}$（管理杏仁核）、海马体（编码 CS-US 联结的形成与消退时的环境信息）。杏仁核中，CS-US 联结储存在 LA 中，CS-US 联结激活 CeA 从而激活防御行为。只要改变 CS 激活上述神经通路的能力，就能改变该 CS 引发的防御行为及后续的生理反应。摩根对大鼠的研究显示，PFC$_{VM}$ 中的两个区域对杏仁核有着不同的管理功能。[12] 前边缘（prelimbic）区域控制单一 CS 对杏仁核的激活。下边缘区域（infralimbic）负责多个 CS 对杏仁核的激活，当新的条件刺激出现时，下边缘区域使新的 CS-US 联结在 LA 区域中覆盖旧的 CS-US 联结，导

致新的条件刺激再次出现时，新的反应得到延续，旧的反应不再出现。换言之，前边缘区域管理的是每一次出现的 CS 导致的产生于 CeA 的防御行为，但它不负责管理长期的改变。下边缘区域负责管理的是，在习得消退时 CS-US 联结产生的长期的改变。另外，海马体负责将条件反射[13]与消退[14]时的环境信息进行编码。下面我们会谈到消退对环境有很强的依赖，这一点导致患者无法轻易将在治疗期间形成的消退泛化到生活中去。

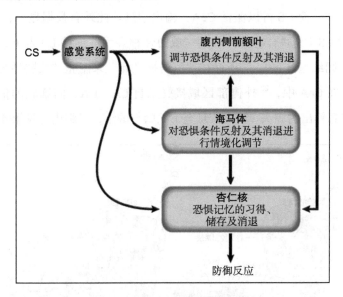

图 11-2 与消退有关的主要脑区

杏仁核是恐惧记忆的形成、储存、表达以及消退的关键脑区。腹内侧前额叶（PFC_{VM}）对以上各过程中的杏仁核的活动进行管理。海马体负责加工学习发生时的环境与情境信息，调节与环境有关的恐惧记忆的表达和消退。

所以消退背后的这种新的学习（CS- 无 US 联结）是如何覆盖旧的 CS-US 联结、终止旧的防御行为的呢？要理解这个问题的答案，我们需要更加深入地理解杏仁核的 CS-US 习得神经回路[15]以及消退神经回路[16]的细胞与分子机制。接下来我会着重解释杏仁核和 PFC_{VM} 是如何引发 CS-US 学习以及后续的消退的（见图 11-3）。

与 CS-US 无关的刺激不会激活 LA 中的细胞，因此也不会激活防御神经回路，这一点背后是一个强大的 GABA 神经网络（GABA 即 γ- 氨基丁酸，重要的抑制性神经递质）。[17]CS 与 US 的信息在 LA 中汇聚，形成 CS-US 联结，CS 开始具有威胁性意义。之后 CS 关闭 GABA 抑制系统，CeA 才能输出信号，引发防御行为和后续的生理反应。[18] 如图 11-3 所示，LA 与 CeA 在杏仁核内的连接方式有以下几种：①LA 直接到 CeA；②LA→BA→CeA；③LA，BA→间细胞群（一族 GABA 抑制性神经细胞）→CeA。[19] 在这几条不同的路径间传递的信息受这其中的兴奋性与抑制性细胞的控制。[20] 这些杏仁核内的兴奋性与抑制性细胞协同工作，使 CS 得以激活 CeA、输出信息。此外有数据显示，在 BA 里，不仅存在对 CS-US 联合有选择性的"威胁性神经元"连接 LA 与 CeA（直接连接或者通过间细胞连接），[21] 还存在"消退神经元"来阻止"威胁性神经元"激活 CeA。[22] 在 CeA 中，[23] 外侧部区域接受来自 LA、BA、间细胞的信息，内侧区域则是信息输出的源头（输出信息至下丘脑与脑干，详细内容见第 4 章）。

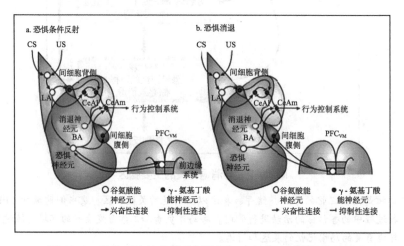

图 11-3　防御反应的条件化与消退：杏仁核和前额神经回路

　　恐惧条件反射的一个主要成分是 CS 和 US 在 LA 汇聚。LA 与间细胞（ITC）、中央杏仁核外侧（CeAl）以及 BA 相连。BA 中与恐惧条件反射有关的神经元与间细胞和中央杏仁核内侧（CeAm）有连接。中央杏仁核外侧中，不同的神经元接受来自 LA 和 ITC 的信息，但这两簇神经元彼此间也有连接。前额叶的前边缘区域（PFC_{PL}）连接并调节 BA 中的恐惧相关神经元，CeAl 下行连接至 CeAm，CeAm 又与行为控制系统相连。恐惧条件反射消退的神经通路与上述通路类似，区别是连接并调节的是 BA 中的消退相关神经元。BA 中的消退神经元又对 CeAm 进行调节。

　　　　资料来源：BASED ON LEE ET AL（2013）.

源于 CeA 的防御性行为一旦被习得，便受前边缘区域管理。前边缘区域与 BA 有神经连接，而 BA 与 CeA 有直接的和间接（通过间细胞）的连接。[24] 消退回路与此回路相似，但它们有一个重要区别——参与管理的前额皮层区域是下边缘皮层，而非前边缘皮层。[25] 除此之外，尽管图 11-3 中没有显示，但是海马体到 BA 的连接对于区别不同的环境信息，以及这些环境信息和威胁性非条件刺激之间的关系具有重要作用。[26] 所有这些参与产生防御行为和消退的神经交互都受神经调质（例如去甲肾上腺素和多巴胺）与神经肽（例如内源性大麻素、脑啡肽、P 物质、催产素和脑源性神经生长因子）[27] 的控制。

在这个神经回路中，至少有三种方法能够防止消退发生后旧的 CS-US 联结有残留作用。[28] 一个是消退形成的 CS- 无 US 联结促进对 LA 活动的抑制，即减弱 CS 激活 CS-US 联结。一个是下边缘皮层抑制 BA 与间细胞，进一步压制 CS 对 LA、CeA 的激活。还有一个是消退干扰在 CeA 外侧部与内侧部间建立起的平衡，这样内侧区域便无法发送信号激活防御行为和后续的生理反应回路。

如同所有的习得过程，[29] 消退需要学习和储存新信息的神经元中合成蛋白质。蛋白质的合成主要发生在下边缘皮层 [30] 和杏仁核，[31] 这使得消退能够持续并形成长时记忆。在绝大部分有机体中，绝大部分记忆储存背后的蛋白质合成过程，本质上来说受相关记忆细胞内的特定基因激发，其中一个非常关键的基因转录因子是环磷腺苷效应元件结合蛋白（CREB）。[32] 消退依赖 CREB 引发的蛋白合成。[33] CREB 的活动受神经调质控制，例如去甲肾上腺素和多巴胺，而这些神经调质的释放又与 CeA 的信息输出有关。此外还有许多其他的分子参与和 CREB 相关的蛋白合成。[34] 其结果是在习得消退的过程中，发生蛋白合成的神经元中最近激活的神经突触得到强化，神经网络中复杂的、新的突触联结形成，从而形成记忆。这些突触活动的再现使消退记忆被提取，进而抑制旧的 CS-US 联结。

这些神经网络和工作原理被发现的过程有助于我们理解消退的基础、改进消退、提高暴露疗法效果的方法。不过在那之前，还是让我们先来了解消退的局限性。

暴露疗法的局限性：来自消退的实验室研究结果

暴露疗法及其相关的治疗方法被广泛地运用在实际中，不过这些方法也有局限性，其中有许多是消退的局限性，表11-1和图11-4列出了一些。

消退对其发生时的环境有很强的依赖性。[35] 假设大鼠在一个测试箱 A 里习得了声音 – 电刺激条件反射，然后在一个新的测试箱 B 里习得了原条件反射的消退，那么在 B 中，大鼠听到声音刺激将不再出现木僵反应，可是在 A 或者其他未经测试的测试箱中，大鼠对声音刺激的条件反射依然会出现。[36] 环境信息对消退的影响产生自海马体。[37] 这种环境特异性导致在治疗室完成的消退无法被患者带入自己的生活中，这也促发了一个新的观点，即消退的习得应该在尽可能多的、不同的环境条件下进行，[38] 尤其是在现实日常生活中，因为真正的威胁性刺激就存在于此。[39] 所以在认知行为疗法中，有时候治疗师会教患者一些暴露疗法的基本程序，并让他们在实际生活中遇到威胁性刺激时使用。[40]

表 11-1 消退的局限性

1. 情境依存性：在某个情境中习得的消退难以泛化到其他情境中去
2. 自发性恢复：消退往往会随着时间减弱，条件刺激则之渐渐又具有威胁性
3. 复现：当回到最初形成恐惧条件反射的环境中时，消退会被逆转，条件刺激再次带上威胁性色彩
4. 复建：非条件刺激再次出现会逆转消退
5. 压力引发的逆转：具有压力性的事件，哪怕是与最初的恐惧条件反射毫无关联的压力事件，也会逆转消退

消退的另一个局限性是它的效果是可逆转的，一旦逆转，旧有的 CS-US 联结就会被重启，并覆盖消退所形成的 CS- 无 US 联结。巴甫洛夫在他的一系列实验中发现了这样的现象。[41] 实验中狗习得铃声 – 食物的联合并分泌唾液，而唾液分泌的反应可以通过反复呈现有铃声 – 无食物这一联结消退。此后的几天狗不接受任何实验刺激，而后再对它进行铃声测试，狗又出现了最初的唾液分泌反应。巴甫洛夫将这个现象称为自发性恢复（spontaneous recovery）——随着时间的流逝消退出现了逆转。后续的研究表明自发性恢复是消退的一个基本特点，存在于

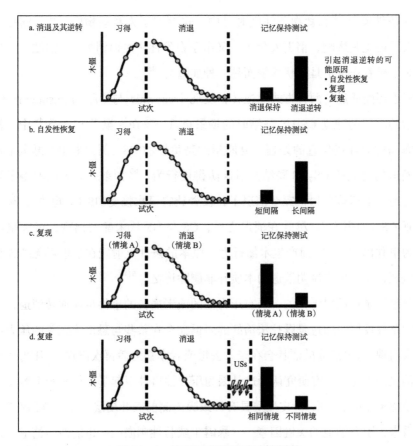

图11-4 恢复已消退的威胁性刺激

a. 经过消退，习得的威胁控制防御反应的能力减弱了。成功的消退导致低水平的防御反应，例如木僵，但是原始的威胁性记忆依然能恢复，这说明消退是一种抑制性的学习过程，它压抑了原始的威胁性记忆。原始威胁性记忆的恢复可以随着时间流逝自然发生（自发性恢复），可以暴露在最初形成记忆的情境中而被触发（复现），也可以为再次出现的非条件刺激所触发（复建）。b. 当条件反射习得和消退之间有一个较长的时间间隔时，自发性恢复便发生了。c. 复现发生在原始情境而非新情境中。d. 复建由消退后再次出现的US引起。如果后续的测试在同一情境下发生，木僵行为会再次出现。

资料来源：FROM QUIRK AND MUELLER（2008），ADAPTED WITH PERMISSION FROM MACMILLAN PUBLISHERS LTD.: NEUROPSYCHOPHARMACOLOGY（VOL. 33, PP. 56–72, © 2008, AND MYERS AND DAVIS（2007），ADAPTED WITH PERMISSION FROM MACMILLAN PUBLISHERS LTD.: MOLECULAR PSYCHIATRY（VOL. 12, PP. 120–50）），© 2007.

威胁性条件反射[42]和食物条件反射[43]中，也存在于人和动物中。[44]暴露疗法的治疗效果也受其影响，消退发生了，又由于自发性恢复而消失了（需注意，这种反复对于患者来说不是症状缓解而是一种加重）。[45]

消退还能通过另两种方式被逆转，复现（renewal）与复原（reinstatement）。[46]复现指的是当初建立 CS-US 联结时的场景重现。[47]在大鼠[48]和人类[49]中，复现依赖海马体对环境信息的处理。复原指的是负性的 US（例如电击）再次出现能够引发最初建立的 CS-US 联结并引起防御性行为。[50]如果一只大鼠习得了恐惧条件反射，而后该反射被完全消退了，接着让它再次接受 US（如电击），最后单独呈现 CS（如声音）。尽管在消退之后，CS 与 US 从未配对出现，可大鼠还是会因为单独出现的 CS 而产生木僵行为。原本的条件反射能在消退后无须强化而再次出现，这一事实说明消退的本质并非删除记忆。[51]

与最初条件反射无关的、具有压力性的或者痛苦的事件也能逆转消退，复原最初的条件反射。通过暴露疗法治好的恐惧症会在某些与恐惧症无关的压力事件下再次出现[52]（恐高症的症状会在亲人去世或者车祸之后再次出现）。压力也可以防止消退的发生。[53]有研究认为这是因为压力性事件引起了垂体－肾上腺系统释放皮质醇（详见第 3 章）。皮质醇具有导致腹内侧前额叶皮层功能失调的性质。[54]照此看来，引发消退的关键因素——暴露于威胁性刺激——也能逆转消退。这是否说明我们在治疗中不该使用过量的以及与原条件反射过于相关的刺激来引发高水平"恐惧"？可是压力状态下释放的激素对消退的影响并不简单，有时甚至还会影响整体的学习（习得、记忆的巩固和提取、消退以及记忆的再巩固）。[55]相对较高的压力水平可以促进也可以减弱正在发生的学习过程。

还有些人认为消退和暴露疗法的一个局限性，是它们只能被用于治疗某些通过学习而建立起来的行为：没有 CS-US 联结谈何消退？这些人认为，有些来访者无法明确指出他们心理问题的源头因素是什么（条件刺激不明），[56]然而无法明确指出不等于不存在条件反射。[57]事实上，压力越大的事情个体越不容易记住，因为皮质醇能够影响海马体，使其对引发皮质醇释放的压力性事件造成类似于失忆的结果，最终结果是个体在意识层面没有记忆或是记忆受损。[58]另外，皮质醇会强化无意识的威胁条件反射在杏仁核中的表达。[59]焦虑障碍方面的专家戴维·巴洛认为，引发焦虑反应（无论是对外界刺激还是对自身的想法与感觉）需要激发"战斗－逃跑"系统（fight or flight，即本书所讨论的防御行为系统）。因此，有可能与 CS 紧密联合的不仅仅是 US，更多的是个体内在的生理系统的反应状态。[60]更重要的是，CS 的过程不需要在意识层面发生。虽然有证据显示无意识的条件反射产生的影响弱于有意识的条件反射，[61]但这并不意味着无意识的条件反射不重要。使用掩蔽（一种控制刺激强度的呈现方式，前面章节对此有所讨论）或其他方法减弱刺激强度会严重影响信息加工的深度。在实际生活中，许多事情尽管就发生在人的眼皮底下，却常常以无意识的方式影响人的认知和行为。[62]

　　并非所有人所面对的威胁都要通过某种方式的学习才具有威胁性意义，有些威胁具有先天的威胁性。例如在第 3 章中我们曾说过进化出来的威胁。不是所有人都对蛇、蜘蛛、高度或者社交有病态性的恐惧。从物种角度来看，这些是通过遗传保留下来的、对于我们人类而言需要敏感对待的东西。可能有些人对于这些东西更加敏感，也许所有人在特定条件下都会对它们敏感。

　　从技术角度来看，因为消退的本质是新的学习取代旧的学习，所以对于非习得性行为而言，消退没什么作用。但是消退所采用的重复呈现刺激这个过程还有别的用处。不断重复呈现刺激是一种专门的方法——习惯化。[63]它依赖刺激对于动物的先天意义或者已存在的意义而起作用，是一种非联合学习（nonassociative learning）。举个例子，一声巨响会立刻引起惊跳反射，但持续的巨响会减弱惊跳反射。消退是一种联合学习，刺激的作用通过重复得到了加强而非减弱。[64]习惯化与消退相似，能被压力性事件逆转（例如电击可以解除习惯化）。[65]习惯化是延长暴露疗法的关键。在延长暴露疗法的一个疗程中，威胁性刺激会不断出现，直到来访者的行为反应减弱。[66]它与消退共同造成重复威胁性刺激法对行为的影响。[67]

　　尽管消退和习惯化能被逆转的特性对治疗而言是个不小的限制，但是从大脑的角度来看，这是一个非常自然而且有用的特点。大脑必须适应外在和内在的改变。自发性恢复体现的是条件反射与时间的关系。复现使个体在重新回到一个曾经有过危险经历的环境中时能提高警惕性。复原则保证防御行为模型能够全力运行，并激活曾经习得的痛苦或具有危险性的经历。从这个角度来看，消退的局限性也是它的一个优点。

能否改进消退以提高治疗的效果

尽管暴露疗法非常有用，但容易被逆转是它的硬伤之一。因此，研究者开始寻找改进暴露疗法的方法和其他替代疗法。在这一节里，我们会先讨论几种行为层面的改进方法，而后我们将讨论神经生物层面的改进法。心理学家米歇尔·克拉斯克和她的同事是这方面的顶尖团队，他们一直致力于通过提高消退的效果来改进暴露疗法。[68] 他们基于动物的消退研究结果，就如何减少逆转发生提出了几点建议。

1. 进行消退疗程时，增加预期违反（expectancy violation）的次数

在第 10 章中我们曾提到，消退的习得过程取决于预测误差（prediction error），即预期与现实经历之间的不匹配。[69] 在疗程中增加一些引起预测误差的不匹配的情况应该能够提高治疗效果。克拉斯克和同事认为，单靠改变患者对于威胁的信念，希望以此减少患者对某些刺激的过度敏感的症状，这种治疗观念会降低不匹配出现的机会、减弱消退的强度。从逻辑上来看，认知干预应该出现在暴露疗法之后，否则它会较容易干扰暴露疗法的效果。这一点不仅对外显记忆成立，对于内隐记忆也成立（第 10 章中我曾提到，在治疗中应尽量把内隐和外显的部分分开，这样才能使每个部分都获得各自能取得的最好的疗效）。

2. 进行消退疗程时，避免过多使用强化

在消退疗程中，CS 通常单独出现。不过也存在"偶尔强化"，即在消退过程中，有时在 CS 呈现后出现 US。[70] 这种方法旨在增加预期违反，提高消退的强度，增强 US 的中性意义，刺激新的学习（CS- 无 US）出现。另外，这种强化可以让患者习惯恐惧减少 – 恐惧增加这样的循环，这样即使患者回到日常生活中再

次面对循环的恐惧情境，也多少能有应对经验。

3. 深化消退过程

"深化消退"疗法中，如果存在多个有威胁性的 CS，那么它们将先被分开，单独作用，一个一个消退条件反射，重要的是，之后这些 CS 会被放到一起进行消退。[71] 这个疗法能减少动物 [72] 和人类 [73] 的自发性恢复。

4. 不使用安全讯号和安全行为

安全讯号和行为（详见第 3 章）是一种能够短暂减少患者在疗程中的不适感的方法，但是它会干扰消退过程，最终会影响疗效。避免使用它们也许会有更好的结果。

5. 使用多种暴露环境

前面我们说到消退对于环境线索的依赖性，正因如此，在多种环境下使用暴露疗法可以有效地减少复现。总的来说，可以在不同的环境、不同的地点（家里、治疗室等安全的地点或者真实的日常生活场景）、不同的时间、有无治疗师的情况下，使用想象的或真实的刺激实施暴露疗法。

6. 还有……

克拉斯克等人的建议很好地结合了关于消退的实证研究方法与实际治疗方法，并且注意到将认知与行为两个层面分开对待。不过在他们的建议之外，我还想提一些建议。我的建议也许在目前看来还不能运用到实际的治疗中去，但我认为它们对改进暴露疗法还是有指导意义的。

第一，内隐学习和外显学习会彼此影响，因此一个疗程应持续使用同一种学习方式（详见前面的内容）。如果用内隐学习（比如消退），那么治疗师与患者的对话、指导以及其他治疗内容也许会干扰内隐学习的效果，因此应尽量避免过多使用强化（克拉斯克提到过这一点）。这种使用单一学习方式的方法会使疗程进展缓慢，但是从长远来看，也许会使治疗效果更好。

第二，不要试图解决所有的问题。举个例子，一次创伤性经历包含许多线索，患者总是回忆起来的只是其中最关键的几点。因此要将整个的创伤经历分成不同的部分，找到这些关键点，然后各个突破。

第三，试着在意识以下的层面进行暴露疗法（例如掩蔽）。这种方法难度高，但在内隐的方法中，可能属它的效果最好。

第四，在一个疗程中，学习应该分次进行。集中训练的记忆效果要差于分次训练，[74] 消退内隐记忆也是如此。[75] 这一现象的分子水平机制与 CREB 有关。转录因子 CREB 激活使短时记忆变为长时记忆的基因表达和蛋白合成。[76] 集中训练会在短时间内过多使用 CREB，致使 CREB 的数量迅速减少。一旦 CREB 库存不够，至少需要 60 分钟左右的时间恢复。因此大量集中训练只会干扰 CREB 的恢复过程，不会增强记忆。[77] PFC_{VM}[78] 与杏仁核[79] 里依赖 CREB 的蛋白合成是长期保持消退效果的必要条件。所以如果要进行 25 次暴露治疗，那么一个比较好的方式是将 25 次分成 5 个组分别进行。不同组之间的时间间隔可以使消退与暴露疗法的效果更持久。

第五，在一次学习之后，应该尽量避免会干扰记忆巩固的事情发生。内隐记忆和外显记忆的巩固过程也有赖于基因的表达和蛋白的合成。[80] 这个过程至少需要 4～6 个小时，这期间发生的事会在分子和行为水平上干扰巩固过程，导致记忆消退。[81] 每次治疗后都将患者进行隔离似乎不现实，不过应该考虑这种做法会带来的有益于患者的效果。提供住院服务的临床机构似乎可以实现，[82] 因为睡眠是记忆巩固发生的一个非常好的时机。[83] 如果无法做到治疗完成后立即进入夜晚睡眠，小睡几个小时也是好的。最近的研究发现，治疗后小睡一下也能提高治疗效果。[84] 不过其他研究也发现，治疗结束后立刻睡觉似乎有反效果，记忆的巩固反而降低了。[85] 尽管证据不是非常统一，我们还是应该考虑治疗后的睡眠可能具有的正面效果。如果治疗后患者需要回到日常生活中去，那么制订一个活动计划可能会减少不必要的干扰，治疗师应当考虑如何制订这样的计划。

要将以上这些建议运用到实际中并不容易，因为我的建议中有几条无法在标准的 55 分钟疗程中做完。不过如果轻轻松松就能治好疾病的话，那么心脏病患者就不用受安装心脏起搏器的苦，阿兹海默症患者也不用安装深层脑电极或接受基因疗法了。我不是建议心理治疗遵循医疗程序，我只是认为如果要取得更好的疗效，当下的心理治疗标准也许需要修改。

最后我还有一个重要建议，这个建议很容易实现，它与第一次消退和后续消退之间的关系有关。我想将这个建议留到稍微后面一点，等讨论完记忆的巩固过程后再对它进行详细阐述。

使用神经生物方法提高消退疗法的效果

到目前为止，我一直在从心理治疗的流程方面讨论提高消退疗法效果的方法。除此之外，另一个方法将标准流程与大脑生理层面的操作进行结合，例如使用药物。要强调的是，这不是药物治疗。患者无须长期服药，药物或者生理层面的操作只是短期使用，目的是增强消退的效果。

使用药物加强消退的效果

20 世纪 90 年代，一系列大鼠的神经生理学研究发现，杏仁核习得 CS-US 联合的突触可塑性与一种名为 N- 甲基 -D- 天冬氨酸（N-methyl-D-aspartate，NMDA）受体的谷氨酸受体有关。[86] 关于 NMDA 受体的特性可以参考《突触自我》一书，我们在这里不再讨论这些特性。需要提及的是，当 LA 中的 NMDA 受体被阻断后，恐惧条件反射便会受到干扰。这一点使迈克尔·戴维斯认为，如果提高 NMDA 的功能，那么学习也会得到提高。这一点后来被证实是正确的。当给大鼠注射 NMDA 受体提高剂 D- 环丝氨酸（D-cycloserine，DCS）后，条件反射造成的记忆增强了。

消退实际上是一种学习，所以戴维斯假设加强 NMDA 受体的功能能加强消退效果。受这一点启发，戴维斯开始和精神科的同事合作，例如巴巴拉·罗特鲍姆（Barbara Rothbaum）和凯瑞·雷斯勒（Kerry Ressler），他们的研究是检测 DCS 是否能提高暴露疗法的疗效。[87] 最初的结果支持了戴维斯的假设，不过后续几个研究的结果并不十分明朗。[88] 总体来看，动物与人类的研究倾向于支持

DCS 在某些情况下可以提高消退和暴露的效果的结果。[89]

受这些研究的启发，研究者开始探寻是否存在其他物质有类似的效果，最后发现肾上腺皮质激素皮质醇（及其合成物）能够提高大鼠的消退学习。[90]研究者在恐惧症患者中尝试了暴露疗法和将其与皮质醇结合的治疗方法，[91]结果发现有皮质醇参与的疗法效果更好：患者接受暴露疗法时报告的焦虑和生理反应减少了，疗效的持续时间变长了。这些研究结果表明皮质醇能够影响外显和内隐学习系统，从生理层面来说这一发现并不奇怪，因为在心脑皮层和皮层下与生存相关的神经系统里，普遍存在皮质醇受体。[92]

我实验室的罗布·西尔斯（Rob Sears）发现阻断 orexin（苯基二氢喹唑啉，直译为阿立新，本意为“食欲”，饥饿状态下下丘饥饿中枢分泌 orexin，使个体产生食欲）也会干扰恐惧条件反射。[93]蓝斑处的去甲肾上腺素神经细胞和下丘脑的饥饿系统共同参与这一过程。下丘脑的神经细胞将 orexin 释放至蓝斑，蓝斑释放去甲肾上腺素到 LA，从而干扰条件反射。一些近期的研究发现，在杏仁核阻断 orexin 的某些种类受体会增强消退的效果，不过在腹内侧前额叶皮层或者海马体并未观察到此结果。[94]orexin 因此也被认为与人类的焦虑障碍，尤其是惊恐障碍相关。[95]从这些研究可以看出，orexin 是潜在的一种提高暴露疗法疗效的药物。

最新的关于脑中的酸敏受体（acid-sensing receptors）[96]的研究也有鼓舞人心的发现，尽管这些发现并不与消退有直接关系。这些受体能探测脑脊液的酸碱值。酸碱值越低酸度越高。二氧化碳（CO_2）从血液弥散至脑脊液中，再在脑中被分解，造成酸性环境。脑脊液中 CO_2 的浓度上升会使脑脊液的酸度升高。脑干中与呼吸有关的神经细胞有酸敏受体，能够探测脑脊液的酸度以及 CO_2 浓度的变化，这些呼吸细胞会将神经信号传递至膈肌，提高呼吸频率来吸进更多氧气，降低 CO_2 浓度。最近，对啮齿类动物做的研究在其 LA、BA 和 BNST 中也发现了酸敏受体。[97]酸度提高激活这些受体，使得这些区域对威胁性刺激反应更加敏感。[98]因此，大脑对酸度的过度敏感被认为是惊恐障碍的遗传机制之一，[99]这一假设和克莱因对于惊恐的窒息警报理论相符合（见第 3 章）。[100]基于以上发现，也许酸敏受体与许多恐惧和焦虑的情境有关。最近陆续有一些新的药被发明出来以改变人体内的酸度，这些也许可以被用作治疗恐惧障碍和焦虑障碍的新方法。[101]

最后，不少有力的研究认为内源性大麻素也可以增强消退的效果。[102] 此外，γ-氨基丁酸，5-羟色胺、多巴胺、乙酰胆碱等神经递质和催产素等激素也被测试是否能够改变消退的效果。[103] 还有研究提出迷幻剂能够改善临终焦虑。[104] 至于这些物质如何与生存回路、新脑皮层回路交互，如何影响工作记忆、注意及其他认知功能，如何影响意识，都是亟待解决的问题。

使用脑刺激增强消退的效果

一系列脑刺激和外周神经系统刺激法可被用于治疗，包括深脑刺激、经颅电/磁刺激以及迷走神经刺激。[105]

深脑刺激（deep brain stimulation，DBS）是一种侵入式方法，它通过在脑内植入电极释放电流刺激脑。这种技术已被成功用于缓解帕金森症、妥瑞氏综合征、抑郁症、厌食症以及焦虑障碍症状。[106] 基于大鼠的研究也发现深脑刺激能够提高消退的效果。[107] 将深脑刺激用于研究人类暴露疗法的研究还不多，不过已有的证据是支持性的。[108] 可是其对治疗的影响的根本机制还不清楚。

一种侵入程度弱一点的方法是经颅电刺激，即在头皮表面使用弱电流对脑实施刺激。电流经过头骨和大脑表层，从而改变所经区域神经元的活动。该方法被应用在认知实验和临床的抑郁症治疗中，不过还没被用来干预焦虑障碍。[109] 另一种类似的方法是采用磁场而非电流的经颅磁刺激。有一项研究发现，经颅磁刺激可以提高暴露疗法对 PTSD 患者的疗效。[110]

最后是迷走神经刺激。下行迷走神经是脑控制副交感神经的中间通路，所以它与交感神经存在竞争的关系（它们共同组成抵抗或逃跑系统）。上行迷走神经则将身体的状况信息传送给脑，此外，它还参与控制脑干的唤醒系统。刺激迷走神经也许对治疗焦虑障碍和抑郁症有用。引出这个观点的是一个基于癫痫患者的研究，该研究发现，接受迷走神经刺激的癫痫患者的心境有所改善。[111] 患有焦虑障碍的人也从这种刺激方法中受益。[112] 在大鼠实验中，刺激迷走神经也能增强消退的效果。[113] 史蒂芬·波吉斯（Stephen Porges）认为下行迷走神经有两个组成部分：一个较古老的部分负责激活木僵和假死行为；一个相对新的部分则负责维持平静以及促进社会交往。[114] 从这方面来看，也许刺激迷走神经也有助于提高暴露疗法的效果。

这几类刺激方法还是有一定风险性的。除了经颅刺激之外，另两种均是侵入式方法，它们更加昂贵，风险和不确定性更高。此外，关于侵入式刺激法最适合哪些患者，目前还没有统一的标准。特别是在神经科学技术日新月异的今天，还有不同层面的伦理问题有待解决。[115] 这意味着下一个我们要讨论的治疗法——基因疗法——也无法幸免。

消退与基因治疗

目前来看，基因疗法可能是最彻底的疗法。该疗法在治疗帕金森症方面已经取得了一定程度的成功。帕金森症主要的病因是多巴胺神经元的减少。[116] 控制运动的脑区依赖于多巴胺，降低多巴胺水平会导致肌肉震颤。在针对帕金森症的基因疗法中，携带关键基因片段的病毒被注射到基底神经节里的运动控制区域，随着该区域被病毒感染，关键基因在此区域的神经细胞内得到了表达。这些基因会将非多巴胺神经细胞改变为多巴胺神经细胞，让它们释放多巴胺。尽管此方法只在很小的样本范围内得到了测试，但成功的结果让研究人员和患者看到了一丝曙光。

用基因疗法来改变脑功能依靠的是对病理学及其相关神经网络的深度理解。我们已经对防御生存行为的神经基础十分了解，我们大致清楚干预哪个脑区会导致什么样的行为结果。例如罗伯特·萨波斯基（Robert Sapolsky）的实验室发现LA 和 BA 都有大量的皮质醇受体。[117] 这些受体能被皮质醇激活，提高神经细胞的兴奋性，这一机制与防御行为的学习有关。研究者将一种嵌合基因（包括雌激素编码基因和皮质醇编码基因，有皮质醇受体的神经元也具有雌激素受体，雌激素受体是抑制性的）注射到大鼠的杏仁核内，而后给大鼠进行声音 – 电刺激条件反射，结果发现大鼠对于声音刺激的记忆效果下降了，它们听到声音后出现的木僵行为显著减少。

尽管这些结果很好，不过目前还是无法将基因直接注射到人脑里，哪怕目的是治疗焦虑障碍。即便我们了解每个患者的每个症状背后的关键神经通路，能改变神经通路的基因方法也不会直接改善患者的症状。这种侵入式方法的代价十分高昂，有感染的风险，还会有某些副作用。比如杏仁核的功能不仅仅是恐惧条件反射，还参与产生食欲，[118]基因疗法有可能会附带改变靶区域的其他功能。为了减少焦虑障碍状而失去一个重要的强化过程，这未免有些得不偿失。

近年来纳米机器人的发展迅速，也许在将来，纳米机器人可以让药物传递和基因治疗技术变得容易实现。[119]这些纳米量级的分子机器人也许可以将药物带至靶区域，甚至是靶神经元。研究者正在试着将纳米机器人用于癌症治疗。和其他尖端技术相似，纳米机器人技术在应用方面也有风险程度不明、[120]成本高、实现技术要求高等限制。还有就是用于中枢神经系统的药往往和毒品只有一墙之隔。毒品之所以让人欲罢不能，正是因为它们能在突触的海洋里畅通无阻。

不是压抑，而是消除记忆？

消退产生的新记忆压抑了原来的恐惧性记忆。[121]这种方法很有效，却不是最优解，因为旧的恐惧性记忆还会卷土重来。本章开头提到的卡里姆·纳德的研究探讨了另一种可能的方法[122]——是否可能控制原来的记忆，或者说，在原来的记忆被提取后消除它？这方面已经有了很多研究。

阻断记忆再巩固

在米歇尔·冈瑞（Michel Gondry）的电影《美丽心灵的永恒阳光》中，克莱门蒂娜最终离开了乔尔。为了摆脱悲伤、孤独和不断重现的关于克莱门蒂娜的记忆，乔尔找到忘情诊所（一家声称能帮人删除记忆的公司），想要删除自己所有关于克莱门蒂娜的记忆。删除的程序是：当乔尔关于克莱门蒂娜的记忆被激活时就把该记忆删除。这听起来挺科幻的（其实片中的某些情节确实挺科幻，删除记忆的机器能够识别并监控某些记忆，然后删除它，现实中这个现在还无法实现），但实际上还好。这部电影在纳德的文章发表四年之后上映，纳德的文章说的正是在 CS-US 联结记忆被提取之前，往大鼠杏仁核中注射药物可以解除 CS 原本具有的激活杏仁核里存在的记忆、引发木僵行为的能力。

纳德为何要做这项研究呢？在 20 世纪 60 年代，一系列时间跨度很长的研究表明，紧接着学习发生之后注射某些药物（尤其是蛋白合成抑制剂）可以干扰记忆巩固（将短时记忆储存到长时记忆系统的过程）。[123] 这些研究背后的观点是，在蛋白合成导致的巩固过程发生之前，记忆是脆弱的、易被损坏的。这段时间大约是从记忆形成之后开始的 4 ~ 6 个小时内，在那之后记忆将变成稳固而长久的存在。此后关于记忆的基本认识是，一个记忆被一次性储存成功，之后每次和该记忆有关的刺激出现时，这个记忆就会被激活和提取。

但是有研究发现记忆被提取之后也会变得脆弱，[124] 就好像提取这个步骤又重新激活了巩固过程，为了让记忆在被提取之后还能长久储存，这个记忆得被重新储存和重新巩固。记忆巩固（consolidation）和再巩固（reconsolidation）在概念层面和过程方面的区别如图 11-5 所示。由于这个所谓的记忆再巩固观点和被广为接受的基本认识相左，因此它被当时领域里的主流学者拒绝了，[125] 被科学界冷落在一旁，直到 20 世纪 90 年代才再次被人拾起。苏珊·萨拉（Susan Sara）当时做了不少关于记忆再巩固的研究，[126] 但并没有掀起太大的波澜。

不管你是口服、表皮注射还是静脉注射药物，药都会通过血液到达大脑。这意味着药物会被血液带至全身，当然还有整个大脑。一些早期的记忆巩固和再巩固实验就是通过这种方式做的。我们实验室对于这个领域的一个贡献就是把药物定向送至特定的脑区而不影响其他脑区。格伦·沙夫的工作显示，在恐惧条件反射形成后立即阻断 LA 里的蛋白合成并没有使大鼠的木僵反应消失，但是第二天再对同一只大鼠进行测试，大鼠接受 CS 之后却没有出现本该出现的木僵反应。换言之，阻断蛋白合成的药物没有阻断短时记忆，它阻断的是长时记忆的巩固过程。[127] 从这个研究出发，纳德经过后续研究发现，阻断记忆提取阶段 LA 内的蛋

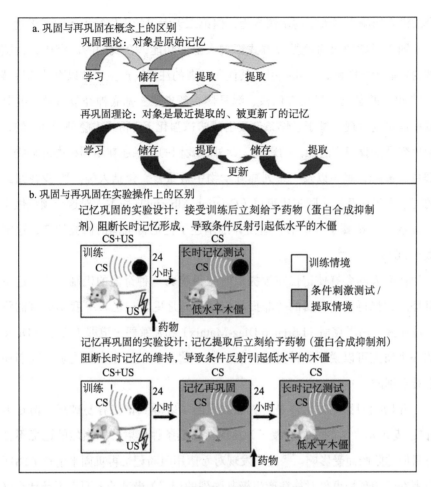

图11-5 记忆的巩固 vs. 再巩固

a. 巩固与再巩固在概念上的区别。根据记忆的巩固理论，每次记忆被提取时，被提取的是最原始的记忆。再巩固理论则认为每次记忆被提取时，记忆的内容会发生变化（被更新了），因此被再次存储的是经过更改的记忆而非原始的记忆。b. 巩固与再巩固在实验操作上的区别。在记忆巩固实验中，动物通常在接受训练后立刻被给予蛋白合成抑制剂（阻止记忆巩固的药物），随后接受短时记忆测试，第二天再接受长时记忆测试。一般发现短时记忆不受影响（记忆形成了），但是长时记忆受到了影响（短时记忆未通过巩固过程转化为长时记忆）。在记忆再巩固实验中，动物在经过记忆巩固过程之后才被给予药物，然后再依序接受短时记忆和长时记忆测试。一般结果是经过再提取的短时记忆不受影响（记忆进入了提取过程）而长时记忆受影响。结论是在提取记忆的过程中，记忆的稳态被打破，必须经过新的蛋白合成过程才能再次得到巩固。

白合成没有影响当时大鼠的木僵行为，但第二天大鼠的木僵行为受到了干扰。[128]

不同于早期通过血液循环方式影响大脑的功能，在我们的研究中，大脑靶区域的功能十分明确，因此吸引了其他研究者的注意，产生了数以百计的后续研究。[129] 我们的研究结果在杏仁核、海马体、新皮层、基底神经节以及一些其他区域中被重复发现。基于恐惧条件反射或嗜欲强化（食物或成瘾型药物）的记忆类型也容易受我们实验操作的影响。此外，我们的结果还在不同种类的动物，例如蠕虫、蜜蜂、蜗牛以及一系列哺乳动物中被重复，包括人类。[130] 我在纽约大学的同事克里斯蒂娜·阿尔比里尼（Cristina Alberini）（她本人对这个领域做出了重要贡献[131]）编纂了一本书，里面详细阐述了记忆再巩固的研究细节，这本书出版于 2013 年。[132]

为什么大脑会有使记忆在被提取时变得脆弱这种奇怪的机制？其实这不怎么奇怪。记忆再巩固的目的并非损坏记忆，而是更新记忆。[133] 我实验室的洛伦佐·迪亚兹·马塔克斯（Lorenzo Diaz-Mataix）和瓦莱丽·道耶（Valérie Doyère）做的一个研究可以说明这种更新功能。[134] 不过，在说这项研究之前，我们还需要来看点别的。

一开始我们都觉得也许是再巩固被阻断了才导致记忆容易破损。但是纳德（现在已麦吉尔大学的一位教授了）发现，恐惧条件反射特别强烈的记忆不会由于再巩固的阻断而受影响。[135] 这个发现对希望用阻断记忆再巩固来治疗 PTSD（该症患者在经历恐怖事件时往往产生极其强烈的记忆）患者的人而言不是什么好消息。但是迪亚兹·马塔克斯和道耶发现，强烈的记忆会出现再巩固——仅当新记忆被重新注入旧记忆，即记忆被更新时。他们的研究首先让大鼠习得 CS- 强 US 恐惧条件反射，然后通过呈现 CS 和 US 激活记忆。在一组大鼠中，学习和提取时 US 都是紧接着 CS 出现的。所以 CS-US 联结没有发生任何改变，换言之，没有关于这个联合的新信息。在另一组中，提取阶段 CS-US 之间的时间间隔与学习阶段不同。两组大鼠在提取阶段被注射了蛋白合成阻断剂，并在实验第二天都接受了第二次测试。实验结果发现，CS-US 有变化组的大鼠关于新信息的记忆再巩固被药物阻断了（第二天测试时木僵行为减少），而 CS-US 无变化组的大鼠的记忆再巩固不受药物阻断（与纳德的发现一致）。这个例子说明预期违反（预测错误，prediction error）如何导致新学习产生。

总之，干扰记忆是科学家常用的研究手段，但它不是自然进化的目的：记忆再巩固的最终目的是记忆更新。[136] 记忆更新使记忆能始终处于适应新信息的状态，对我们来说这是一个优点，也是一个缺点。试想一个人目击了一次惨烈的案件，然后在现场报警，可到法庭作证时却又给出了与在目击现场不同的证词。从目击案件时到去法庭作证，其间这个目击证人可能从社交媒体上获得了更多关于这个案件的信息。这些信息遇到了被激活的记忆并被纳入其中，成为原本记忆的一部分。在法庭作证时，证言实际上包含了案发当时的记忆以及新的、未被当事人实际经历过的信息的复杂记忆。

记忆到底是正确的还是有瑕疵的是很难区分的。利兹·菲尔普斯、比尔·赫斯特（Bill Hirst）等研究者做了一系列关于"9·11"恐怖袭击的记忆的研究。[137] 他们发现那些被试对于"9·11"事件发生那天的记忆非常生动而且牢固。由于"9·11"事件的很多细节都被详细记录在册，供研究者作为标准，因此研究者发现很多被试自认为正确的记忆其实是错误的。

伊丽莎白·洛夫特斯（Elizabeth Loftus）[138] 和丹尼尔·沙克特（Daniel Schacter）[139] 曾说过，记忆的不可靠性来自很多方面。一般情况下记忆是具有准确性的，但它并非录像、录音设备，不是过去发生的事的客观拷贝。法庭常常使用目击者证言作为关键证据，可是证言存在瑕疵。我认为除非有确凿的证据，否则不论一个目击者对他自己多有信心，他的证词绝对不该被认为是不可辩驳的证据。

20世纪90年代末，有患者声称他们曾经失去了的关于被性侵的回忆恢复了，[140] 这引起了学术界的大讨论。有些人回忆起自己曾被家人性侵，有些人回忆起自己被邪教囚禁和侵犯。不单论某个案例，只说记忆再巩固的研究，我们可以看到这些案例里存在虚假记忆的可能性。例如被人暗示小时候是否有曾被性侵的可能时，一个人的记忆也许会受到影响。如果被暗示中包含与家庭成员或者邪教有关的内容，这些也会被纳入虚假记忆的再巩固中。不幸的是，许多强奸以及儿童性侵犯是真实存在的，要将真实与虚假分开是一件非常困难的事情。

如我在本章开头所说，有不少人反对利用阻断记忆再巩固的方法来减轻PTSD 患者所受的创伤性记忆的折磨，他们认为创伤性记忆是很重要的，应当被人记住。我们认为这些批判应该被认真对待。我们做了很多尝试来看一段复杂经历的记忆（相较于对于简单刺激的记忆，例如记住声音）能否因为记忆再巩固的阻断而被消除。在这一系列实验中，我们使用了多种 CS 和 US，试图将多种元素带入大鼠的条件反射中。然后我们激活这个复杂记忆中的某个部分（使用一个CS 或者 US）。杰切克·德比克、洛伦佐·迪亚克斯·马塔克斯、瓦莱丽·道耶、卡里姆·纳德等人进行的一系列研究发现，只有那些被激活的记忆内容才会受到记忆再巩固的影响。[141] 这些结果说明，在治疗中，患者和治疗师可以在不消除记忆的情况下，就某一个特殊的记忆线索进行治疗和改进。当然，由于患者是否觉得病情得到改善的评判标准依赖于患者的外显认知，因此这种方法也许无益于消退和内隐记忆。

阻断记忆再巩固这一方法对于其他心理障碍的治疗方法也有很好的启发。例如巴里·埃弗里特、特雷弗·罗宾斯和简·泰勒发现阻断记忆再巩固能够预防药物成瘾大鼠的成瘾复发。[142] 焦虑障碍的临床研究也有一些新的发现，[143] 然而这些发现并不如动物实验的结果令人震惊，还有待进一步的研究证明这些发现在临床试验里的有效性。[144] 很多可以阻断动物记忆再巩固的药物对人类来说是不安全的，希望随着时间的推移我们能够发现适用于人类的药物。

尽管阻断记忆再巩固是临床治疗所追求的，但是杰克·德比克（Jacek Debiec）发现记忆再巩固不仅可以被阻断，还可以被加强。他在研究中使用了促进蛋白合成的药物。[145] 既然记忆能被此种方式加强，那么是否可以把焦虑或抑郁症状的记忆改变成愉快的记忆呢？这种方法可以被当作一种生物层面的工具引入认知重评、视角转变、认知重构等正面积极的心理过程。[146]

鉴于记忆再巩固在动物实验里表现出的力量，它在临床试验中也许可以起到重要的作用。作为一个基本的神经过程，记忆再巩固应该对所有涉及记忆提取和改变的治疗方法有用。换言之，提取使记忆处于能够被改变的状态，再巩固总是伴随着记忆提取而且很有可能无时无刻不在改变着记忆。

区分记忆再巩固和消退

消退与记忆再巩固有着复杂的关系。消退的第一个试次实际上是一个记忆再巩固过程——原先关于 CS-US 联结的记忆被提取，而后被修改。与消退有关的分子机制也参与了记忆再巩固（蛋白合成、CREB、谷氨酸受体、激酶）。[147] 该如何区分消退和再巩固呢？[148]

回想一下，消退和再巩固都依靠与长时记忆形成有关的蛋白合成。基于此，亚丁·杜达伊（Yadin Dudai）和同事用不同组的动物做条件反射实验，实验第二天给动物 CS 以激活其记忆。[149] 第三天再对动物进行记忆测试。第一组动物在第二天接受了条件反射的消退，另一组则没有。此外，两组动物都在第二天被注射了蛋白合成阻断剂。第三天，第一组动物出现了很强的条件反射（蛋白合成阻断干扰了消退的巩固，因此第一天的条件反射又出现了）；而第二组动物没有出现条件反射（蛋白合成阻断干扰的是对第一天形成的条件反射的再巩固）。因此蛋白合成阻断干扰的是消退巩固还是原记忆的再巩固，取决于提取记忆时提取的是消退还是原记忆。[150] 这就是杜达伊关于记忆的痕迹理论。[151]

从治疗的角度来看，消退和再巩固之间的紧密联系会使治疗变得更加复杂，尤其是它们的蛋白合成过程也受治疗所用药物的影响。[152] 在治疗时也许需要将给药时间和暴露的时间联系起来，这样才能正确干预治疗师需要针对的记忆内容，达到治疗效果。

无须药物干预的记忆再巩固

科学史上很多重要的发现都有一定的偶然性，玛丽·蒙菲尔斯（Marie Monfils）在我们实验室做的研究也是如此[153]（见图 11-6）。出于实验目的以外的原因，她在第一个和第二个消退试次之间插入了一个短暂的间歇。当她后来测试消退的自主恢复以及复现时，她惊讶地发现这些本应发生的现象没有发生。实验室成员对她的这个结果讨论了很久，最终他们认为，这个在第一个和第二个消退试次之间的间歇可能给大脑留下了充足的时间，使它把第一个试次进行再巩固。[154] 换言之，恐惧性记忆在形成后的 4 ～ 6 小时内处在脆弱的状态，这时候如果对恐惧条件反射进行消退，那么消退形成的新记忆会将原本危险的 CS 修改为无害的。后续的研究发现，如果在第一次和第二次消退之间留 10 分钟到 4 小时的间隔，那么恐惧性回忆便不会再回来，如果时间不足 10 分钟或者超过 4 小时，那么恐惧性回忆就会卷土重来。看来记忆再巩固的分子机制很快会发生，并会持续几个小时。蒙菲尔斯最初的实验主要用的是一簇谷氨酸受体。之后约翰霍普金斯大学理查德·胡加尼尔实验室的罗杰·克莱姆（Roger Clem）采用先进的分子基因技术发现了谷氨酸受体促发记忆改变和稳固新记忆的作用。[155]

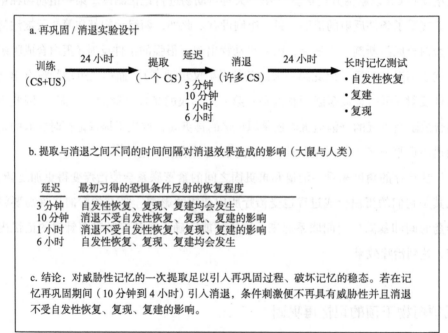

图 11-6　结合消退和再巩固能够在大鼠和人类中提高消退的效果

资料来源：BASED ON FINDINGS REPORTED BY MONFILS ET AL [2009] AND SCHILLER ET AL [2010].

我们随后和利兹·菲尔普斯的实验室合作，由丹妮拉·席勒（Deniela Schiller）主导了一系列研究。这些研究以大学生为被试，让他们接受条件反射实验，而后在第一次提取条件反射记忆后接受消退操作，不同组被试第二次消退发生的时间分别是第一次提取条件反射记忆后的 10 分钟、1 小时、6 小时或更久。10 分钟和 1 小时组的被试即使在一年之后都没有再出现当初形成的条件反射，而长时间组被试的条件反射没有消退。[156] 席勒和其他人的研究发现 PFC_{VM}（与消退和内隐认知重评有关的脑区）能将威胁性刺激改写为安全的而非危险的。[157]

基于蒙菲尔斯和席勒的研究，在记忆再巩固发生时间窗内进行消退成为一系列对抗 PTSD 的新方法的实证基础。[158] 成瘾方面的研究者也将蒙菲尔斯和席勒的结果用于测试其是否能改善大鼠和人的成瘾复发症状。[159] 在大鼠和人中，蒙菲尔斯和席勒的实验流程产生了长期有效的成瘾复发阻断效果。如此简单的操作却能带来非常有力的结果，不得不说令人印象深刻。

需要强调的是，在所有这些研究里唯一的变量是第一次消退与第二次消退之间的时间间隔。没有使用药物，只是根据记忆在被提取之后的 10 分钟到 4 小时内极易被改变这一点，在操作程序上做了一个小改变，就能得到如此有力地提高治疗效果。尽管这种操作的效果不能百分之百得到保证，[160] 但是采用不同物种以及不同实验任务的研究都提供了支持性结果。未来的研究需要更进一步地说明究竟在哪些条件下蒙菲尔斯和席勒的方法适用，在哪些条件下不适用。未来的临床应用一定要严格遵从实验室研究的操作，包括将外显记忆的比重减到最低。这会让动物研究的结果更好地适用于人类，或许还能更有效地减少其他神经活动的干扰。

Zipping 记忆

有研究显示，一种被称为 PKMzeta 的酶也有消除记忆的功效。纽约州立大学南部医学中心的托德·萨克特（Todd Sacktor）发现，这种酶能够提升海马体里的突触可塑性，而一种被称为 ZIP 的生物肽（zeta inhibitory peptide，与 PKMzeta 功能相反的物质）能够干扰可塑性。[161] 这一发现使他和安德·芬顿（Andre Fenton）（现在在纽约大学）开始共同研究 PKMzeta 与基于海马体的记忆的关系。[162] 他们发现在学习发生之后的足够长的时间内，给予 ZIP 会删除条件反射形成的记忆。其他研究在杏仁核、新皮层还有其他区域验证了这个结果，[163]

这说明 ZIP 可以成为改变记忆的一种工具。不过，不同于针对特定的、被激活的记忆进行药物干扰的方法（例如在 LA 注射蛋白合成抑制剂会干扰当时被提取的记忆，而不会干扰 LA 内储存的其他记忆），ZIP 会干扰其所影响区域所储存的所有记忆。因此，如果要在治疗中使用 ZIP，必须得想办法使其具有记忆特异性。

主动回避胜于消退

　　"9·11"事件之后，纽约以及许多其他地方的人都在和这个空前的灾难所带来的结果抗争，他们足不出户，不愿进行日常活动，例如工作、上学、社交。[164] 他们看起来对电视产生了病态性的依赖，不断重复地寻找并观看飞机撞向双子塔的画面。

　　回避通常被关注心理健康的组织看作一种负面反应。我十分认同精神病学家杰克·戈尔曼的观点，并和他一同写了一篇社论发表在美国精神病学期刊上。我们认为某些形式的回避是一种适应性的、十分有效的策略，是主动的、试图掌握主动权来控制焦虑及其成因的方法。[165] 这篇社论是基于我们在实验室里给大鼠用的逃避威胁程序（见第 3 章和第 4 章）完成的。[166] 简而言之，我们用通常的方法是使大鼠建立声音 – 电刺激条件反射，然后将它们放到一个新环境里，再给予它们声音刺激，只要它们在新环境里一动，声音就会消失。这个动作将会被"逃离有威胁性的声音"这一事实强化。只需几个试次，大鼠就能习得一进入新测试笼就迅速奔逃至墙边的行为，自此，威胁性声音再未出现过。大鼠学会了如何通过做出反应来控制环境中的威胁性刺激。

　　这个研究的重点在于设立了一组大鼠作为共轭控制组。[167] 控制组大鼠接受的实验条件与实验组大鼠一样，只有一点不同：在新环境中，它们的动作不会导致声音消失。最后两组大鼠都没有在新环境中出现木僵。第一组是因为习得了逃避，第二组是因为声音一直单独出现，导致条件反射消退了。我们又测试了这些大鼠的自发性恢复和复原情况，发现条件反射消退了的大鼠又出现了木僵，而习得逃避的大鼠没有。由此可见，自发地采取行动并控制环境要比消退有用。

　　在第 4 章里我们曾说过，自发地控制行为可能是通过以下两条路径实现的：

①阻止条件刺激启动 LA-CeA 通路；②激活 LA-BA-NAcc 这条通路。通过这些神经连接，条件刺激会拥有一个负强化物的功能，它强化了能够消除负性刺激的行为（见第 3 章、第 4 章）。

在这篇社论中，戈尔曼和我主张，当人们回忆起"9·11"事件或者其他创伤性事件时，他们每一次去工作或者去社交都代表着他们不再故步自封、被动地逃避生活，而是朝着主动应对迈出了一步。我们关于主动应对的观点和创伤治疗师贝塞尔·范德·科尔克（Bessel van der kolk）不谋而合，科尔克发现有创伤经历的人们在经过主动应对训练后，能够克服过激的木僵－战斗－逃跑这一反应模式。[168]

逃避这种策略也许能解释为什么有良好的心理弹性的人能在经历创伤事件之后快速恢复。乔治·博纳诺（George Bonanno）认为，有良好心理弹性的人倾向于有更多的主动应对策略，他们能够根据实际情况选择不同的策略并善于从环境中获得反馈以及时更改策略。[169] 对有创伤经历的人进行主动应对训练可以帮助他们学习那些有良好心理弹性的人表现出的行为，从而改善他们自己的情况。

在我们的研究中，大鼠会回避声音以及声音所预警的电击。当回避涉及的行为和想法直接关系到是否能改变带来压力和痛苦的事件以及是否能够使自己掌握主动权时，这些回避的形式就是主动应对（active coping）。[170] 我曾以焦虑为题给《纽约时报》写过一系列文章，最后一篇的主题就是主动应对。[171] 在这篇文章中，我用了积极回避（proactive avoidance）这个术语来描述通过学习获得的、目的在于改变焦虑情绪的行为以及重获主动权的行为和想法。（在治疗中与此含义类似的一个术语是"agency"。）这种策略是指让自己主动暴露于焦虑情境中并努力尝试掌控局面，让激发焦虑等负面情绪的刺激失效。迈克尔·罗根（Michael Rogan）[172] 是我实验室的一个前成员，现在是治疗社交焦虑障碍的一个治疗师，他建议采用过于迅猛的策略（例如去参加一个聚会以达到减轻焦虑的目的）不如采用焦虑控制策略更有效，例如放松和主动应对（去上个卫生间或者去打个电话）。焦虑控制策略可以使个体在将自己暴露在焦虑情境之前建立较为平稳的情绪状态，这样后续的暴露才能产生有效的操作性强化——强化针对过度防御行为的控制（见图 11-7）。这个与我本节开头提到的"9·11"事件之后人们不愿立刻出门上班、上学、社交是一个道理。需要注意的是，这个策略避开了一个问题，那就是人们是否真正意识到焦虑等负面情绪真正的导火索，因为此策略的目的只是通过主动控制来减少防御行为，而不是了解防御行为真正的成因。

图 11-7 主动应对

资料来源：BASED ON IDEAS DEVELOPED BY LEDOUX AND GORMAN [2001] AND LEDOUX [2013].

大部分情况下，动物通过试误学习回避行为。类似地，人类通过操作性强化学习（内隐学习），我们也能利用观察和指导以外显的方式学习回避。[173] 这些外显的方法或个体的想象都能在个体意识中建立起回避的概念和模型，一旦遇到威胁，我们便依靠这些已有的概念和模型做出行动。接下来当我们再遇到威胁时，威胁性刺激便会触发回避模型和相关行动。由于焦虑的人对威胁非常敏感，因此他们习得的回避有可能带来病态性的行为反应，这时候积极回避策略可以作为一种替代策略被使用。取得病态性回避和适应性回避（积极回避）之间的平衡是关键。要做到这一点很难，我们首先需要了解这两者之间的差别。

一声叹息，让焦虑随风而去

一般而言，你不用担心呼吸这件事，你的大脑负责管理它。[174] 跑步的时候，你会呼吸加速以使你获得更多氧气，血氧水平上升，维持产生运动所需能量的新陈代谢过程。延髓的呼吸系统和后脑的脑桥控制肺部的肌肉，进而控制自主呼吸。[175] 这些区域里的神经元对 CO_2 和酸度具有敏感性（见本章前面的内容），这一点在它们对收缩肌和舒张肌的控制中极为重要，而对肌肉的控制又直接关系到体内的 CO_2 和氧气的浓度平衡。除了自主呼吸，我们也可以有意识地控制呼吸的量和频率。唱歌就需要主动地控制呼吸，吹奏长笛、萨克斯风、口琴也是。对呼吸的有意控制是通过新皮层的执行控制能力和延髓 – 脊髓系统之间的交互实现的。[176]

当一个人处在压力状态下时，他通常得到的建议是"深呼吸"。这个方法确有科学依据。压力状态下交感神经系统起主导作用，抑制副交感神经系统，这会使心率升高，心率的可变性降低，呼吸变急促。[177] 当一个人减慢呼吸时（冥想、瑜伽、放松训练都提供呼吸训练），迷走神经（控制副交感神经系统）变得兴奋，促进交感与副交感神经系统之间的平衡的重建。结果就是心率可变性增加，只要心率开始降低，心率就可能会自动下降，血压降低，其他交感反应的强度也可能会自动下降。[178]

"深呼吸"是一种便捷又强大的方法，能够有效地控制住焦虑情绪。所有人都应该学习这种方法。我认为呼吸控制应该是早期教育的一部分，儿童需要被训练如何正确控制呼吸，这样当他们遇到紧张的情境时，呼吸控制将是一种自动的、习惯化的反应。越早学会这个简单的技巧，儿童在童年时遇到的重大问题带来的负面后果就越少。[179]

让工作记忆去自我化

20世纪60年代，冥想常常被认为是嬉皮士的爱好，人们认为它只不过是让某些西方人着迷的东方神秘文化的一小部分，但现在冥想已经成为一种主流现象。冥想（又称正念）的放松、重评、暴露以及应对策略等内容被不少认知疗法专家使用。在接受与实现疗法（acceptance and commitment therapy，ACT）中，[180]治疗师鼓励患者进行正念训练，接受自己的想法和经历，而不是做出反应、评判以及改变它们。

人在冥想时他的大脑里在发生什么？《禅与脑》的作者詹姆斯·奥斯丁（James Austin）将冥想描述为"一个放松的注意状态"，认为冥想可以"使我们从无处不在的自我之中解脱出来"。[181]冥想训练往往会提及释放"自我"，例如"无意"或者"无我"。[182]然而这并不意味着人需要头脑一片空白。[183]当意识中"延续不断的声音"消失时，剩下的就是"当下"。[184]

奥斯丁的观点还有待商榷。最近几年关于冥想的研究数量在不断上升，使冥想有了现代神经科学和认知心理学的研究基础。这一领域的领军人物是理查德·戴维森（Richard Davidson）和安托万·卢茨（Antoine Lutz），他们认为冥想是"一组复杂的情绪和注意管理策略……被用来取得情感和幸福的平衡"。[185]有一种冥想方法被称为聚焦注意（focused attention），它要求人们持续将注意集中在某些物体或想法上，另一种被称为开放监控（open monitoring）的方法则要求人们持续监控自己的体验，但不要让想法重复出现。这两种方法都被用于对患者的训练中。

值得注意的是，冥想训练的初始步骤往往是呼吸训练。我们已经知道控制呼吸可以在表面控制住焦虑，[186]它有助于将思想调整到适合进行冥想训练的状态（从紧张状态调整到"当下"状态）。在《禅修》一书中，凯特苏奇·斯奇达（Katsuki Sekida）说屏住呼吸能使人更容易集中注意力，因为参与呼吸过程的肌肉紧张能够保持注意。我们当然无法长时间屏住呼吸，但斯奇达认为，听从禅修大师的建议修习此呼吸法能使呼吸的节律被很好地控制住，从而使持续注意变为可能。他还提出呼吸能够影响大脑中的网状结构（也就是我们现在所说的唤醒系统）。在其他章中我们提到过，唤醒系统通过释放神经调节素来调节管理注意和警觉的脑区。有意思的是，对呼吸加以控制也能通过上行迷走神经影响唤醒系统，达成双重影响。

我们对冥想的讨论已多次提及注意，来看看使用 fMRI 研究正在进行冥想的人的研究发现了什么。这其实对研究者很有挑战性，因为 fMRI 扫描仪运行时会产生巨大的噪声，与冥想时要求的安静的环境截然相反。有研究对不同冥想水平的人进行扫描（从有经验的僧侣到冥想新手），它们发现了 CCNs 的一些参与注意和工作记忆的脑区，包括大量额区（外侧、内侧、眶额、扣带回、脑岛）以及顶区的活动。[187] 此外，这些研究还观察到了脑的默认网络（default network，人处于平静无事时的脑激活）的活动。[188] 这个领域里的一个专家彼得·马林诺夫斯基（Peter Malinowski）提出了一个关于脑和冥想的模型，该模型包括五个认知过程：定向、警觉、唤醒度、执行以及默认状态。[189] 每个过程都基于不同的神经回路。这个模型也许对将来的研究有用。

现在让我们来认真地审视一下冥想：通过控制呼吸可以调节唤醒系统，从而使工作记忆系统持续工作并最终做到持续注意。因为呼吸控制可以通过训练达到习惯化的水平，不再需要额外心理资源，所以执行功能就能被解放出来形成对工作记忆内容的注意控制。我们已经讨论过注意是如何筛选进入工作记忆的信息的，筛选也包括将信息筛出工作记忆。已有研究发现，人可以通过训练实现忽略某些特别的刺激或者记忆。[190] 将工作记忆与外界刺激和对自我的回忆（情景记忆和自我觉知意识）隔离开来，加上通过呼吸控制被提升的唤醒系统，将注意持续维持在未经选择的意识流上也许并非不可能。这可能就是所谓的"去自我化"的工作记忆（见图 11-8）。

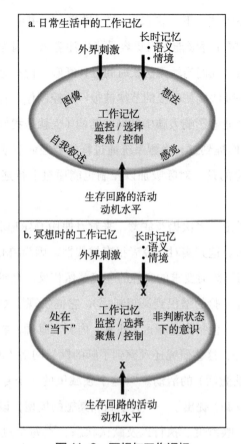

图 11-8 冥想与工作记忆

　　图中描述的假设基于工作记忆在认知系统里的功能（监控、选择、聚焦、控制）。这些过程决定了哪些内容占有工作记忆，产生即时的意识体验（图像、想法、感觉），以及驱使个体进行自我叙述。在冥想过程中，工作记忆使用同样的功能阻止信息进入工作记忆，从而使思想处于一个非判断状态的"当下"，使个体不再进行自我叙述。

　　去自我化的工作记忆如何能缓解恐惧和焦虑情绪？恐惧和焦虑情绪属于自我觉知意识，它们与自我有关。如果产生恐惧和焦虑情绪的工作记忆能够为冥想控制，那么这个"去自我化"的思想就不会让人感觉到恐惧或者担心。一个人也许能通过大量训练做到一旦觉察到危险或感到担忧就进入这种去自我化状态，让认知过程绕开恐惧和焦虑。这种思想训练或许可以让我们更加"警觉""不带主观臆断""处于当下"，从而从冥想中获益并提升个人幸福感。[191]

佛教一直致力于宣扬无我的态度。当人感到恐惧或焦虑时，他会对自我和自我的幸福感到担忧，从而产生许多关于健康、家庭、朋友、财富、生命、死亡等事情的自我觉知意识。根据佛系心理分析师马克·爱普斯坦的观点，我们意识里的自我会不择手段地维持自己的独立、权利、控制、成功，哪怕这会让他人、其他文化或者整个世界受伤。[192]爱普斯坦认为积极的应对方法是释放我们建立起来的"绝对的自我"，去寻求一个更加广阔的角色。

学习冥想是个不小的挑战，但是我们人类有学习它的能力。那些天生乐观平静的人可能擅长使自己不受外界或内在的忧虑的影响。也许首先发现冥想方法的人就是天生乐观平静的人，他们受益于这些方法，并想通过训练将这些方法教给别人。不是每个人都能做到长年累月坚持训练，不过学习冥想常用的简单的放松和呼吸控制法并不难，也无须花大量时间，是有百益而无一害的事。

日常生活里的焦虑

自我觉知意识是我们最好的朋友，也是我们最可恨的敌人。它让我们书写关于自己的故事，让我们每天活在现实里，也让我们可以看到未来的自己。我们如何看待未来的自己是我们对生命的看法的重要组成。恐惧、焦虑的人看到的是无尽的麻烦和水深火热的生活，而且他们会在这种负面的想法里越陷越深。他们往往认为未雨绸缪是一种非常好的态度，认为这能够让他们制订计划以阻止糟糕的事情发生。我们的大脑能够经过学习变得焦虑，也能经过学习变得不再焦虑。尽管有些人天生就比其他人焦虑，但他们也不是命中注定要焦虑一生的。改变本来就是极其困难的，不幸的是对于有些人而言这要更为困难。但是我们大脑的适应性极强，因此，能否成功改变不过是看你愿不愿意让改变这件事发生。这就是我们为何要对恐惧和焦虑进行科学研究。经过长途跋涉，但仍前路漫漫。希望在已有的实证研究基础上，新的科学方法与新的思想能够让我们的下一代不再活在一个焦虑的时代里。

注　释

第 1 章

1. Montaigne（1993）。

2. Dickinson（1993）。

3. Kagan（1994）；Eysenck（1995）。

4. Kagan（1994）。

5. LeDoux（2002）。

6. 在这一节中，几位作者在我总结焦虑的历史的过程中给了我很大帮助。尤其重要的是 Zeidner 和 Matthews（2011）以及 Freeman 和 Freeman（2012）的著作。这些作者在写书时向我请教，我也从他们的文章中获益。Menand（2014）、Smith（2012）和 Stossel（2013）的文章和书也非常有用，详见 http://blogs.hbr.org/2014/01/the-relationship-between-anxiety-and-performance/（检索于 2014 年 11 月 20 日）。在撰写本书的后期，我在《纽约客》（*The New Yorker*）上看到了 Stossel 的优秀著作《我的焦虑时代》（*My Age of Anxiety*）以及 Menand 对这本书精练而详实的评论。对于我正在使用的其他资源没有涉及的一些信息，这些都成了有用的资源。

7. 这个词源的历史依据是：Lewis（1970）、Rachman（1998）、Zeidner 和 Matthews（2011）、Freeman 和 Freeman（2012），以及在线词源词典（http://www.etymonline.com）。Stossel（2013）涵盖了词源的其他方面。

8. 纽约大学（NYU）古典主义学者 Peter Meineck 向我指出，angh 的音译是 ankho，意为"窒息"。我的儿子 Milo LeDoux 在牛津大学（University of Oxford）学习古典文学，他也提供了帮助。

9. Freeman and Freeman（2012）。

10. 拉奥孔是特洛伊城阿波罗的一位牧师，他曾警告特洛伊人，希腊的木马礼物是一个阴谋，因此被希腊神明雅典娜和波塞冬惩罚。Boardman（1993）；Laocoön, cat. 1059, Pio Clementino Museum, Octagonal Court. Retrieved Sept. 21, 2014, from mv.vatican.va。

11. Retrieved Sept. 19, 2014, from http://www.theoi.com/Daimon/Deimos.html。

12. St. Thomas Aquinas, *The Summa Theologica*。

13. Makari（2012）。

14. Kierkegaard（1980）。

15. 弗洛伊德的思想被许多作家翻译成英文，最终名为《西格蒙德·弗洛伊德全集》（*The Complete Psychological Works of Sigmund Freud*）（标准版）的译本，是由 James Strachey 翻译的。

16. Klein（2002）。

17. Zeidner and Matthews（2011）；Freeman and Freeman（2012）。

18. Breuer and Freud（1893−1895）。

19. Freud（1917），p. 393。

20. Spielberger（1966），Chapter 1, p. 9。

21. Freud（1917）. Quoted by Zeidner and Matthews（2011）。

22. Freud（1959）。

23. Heidegger（1927）。

24. Sartre（1943）。

25. Freeman and Freeman（2012）。

26. Kierkegaard（1980）。

27. "Existentialism," *Stanford Encyclopedia of Anxiety*, http://plato.stanford.edu/entries/existentialism/#AnxNotAbs。

28. Tauber（2010）。

29. Kierkegaard（1980），p. 156。

30. Epstein（1972），p. 313。

31. Yerkes and Dodson（1908）；McGaugh（2003）。

32. David Barlow, quoted by Scott Stossel. Retrieved Nov. 20, 2014, from http://blogs.hbr.

org/2014/01/the-relationship-between-anxiety-and-performance/。

33. Kandel（1999）。

34. 然而，在分析学界，有些人试图在神经科学和精神分析之间建立联系（见 http://neuropsa.org.uk/）。分析师 Mark Solms 和神经学家 Jaak Panksepp 一直是这一观点的积极支持者（Solms 2014；Panksepp & Solms，2012）。

35. Freeman and Freeman（2012）；Menand（2014）；Stossel（2014）。

36. Auden（1947）。

37. From the Introduction in Auden（2011）。

38. http://www.laphil.com/philpedia/music/symphony-no-2-age-of-anxiety-leonardbernstein。

39. Smith（2012）。

40. 我记得这是 Paul Mazursky 1977 年的电影《单身女人》（A Single Woman）中的一个场景，但多亏 Robin Marantz Henig 在《纽约时报》（New York Times）上发表的一篇评论文章，我才弄明白，原来这是 Pakula 的《重新开始》（Starting Over）中的场景。它们都是 Jill Clayburgh 主演的，这可能是我困惑的原因之一。http://www.nytimes.com/2012/09/30/sunday-review/valium-and-the-new-normal.html。

41. May（1950）；Menand（2014）。

42. Quoted in Smith（2012）。

43. 虽然恐惧和焦虑是可以区分的两种状态，但有时"恐惧"和"焦虑"这两个词也可以互换使用，有时又不一致。例如，弗洛伊德的专著的译者 Strachey 将 Angst 解释为焦虑，而在德语中，Angst 既可以指一种有特定对象（恐惧）的状态，也可以指一种更普遍的担忧和恐惧状态（焦虑）。Strachey 很清楚这一点，但他觉得焦虑是弗洛伊德在使用 Angst 时通常想到的状态（Freeman & Freeman，2012）。Strachey 承认，在弗洛伊德的一些著作中，Angst 和 Furcht 两个词可能存在混淆。在英语中，我们很容易用 fear 来指代焦虑或担心的情况（例如，"I fear I will let you down"或"I'm afraid to tell him the truth"）。这些术语的可替代性还体现在弗洛伊德和克尔凯郭尔都把焦虑看作一种恐惧上（弗洛伊德认为焦虑是自由浮动的恐惧，克尔凯郭尔认为焦虑是虚无的恐惧）。弗洛伊德也说恐惧是一种焦虑（主要焦虑）。恐惧和焦虑的进一步合并可以在弗洛伊德使用的其他表达中找到，他谈到了期待的恐惧（expectant fear）和焦虑的期待（anxious expectation），这两个词在强调"期待"时似乎是一样的，指的是对不可预测的未来事件的担心、恐惧和忧虑。弗洛伊德所说的"自由浮动的恐惧"（free-floating fear）在今天被称为"自由浮动的焦虑"（free-floating anxiety）。

44. Marks（1987）。

45. See Smith（2012）。

46. Wenger 等人（1956）提出了这种方法。文中列出的状态是我对这个标准下的低、中、高程度的解释。

47. Hofmann et al（2012）；Barlow（2002）。

48. Barlow（2002）；Rachman（1998，2004）；Zeidner and Matthews（2011）；Stein et al（2009）；Beck and Clark（1997）；Anxiety Disorders Association of America（ADAA）：http://www.adaa.org/understanding-anxiety；National Institute of Mental Health:http://www.nimh.nih.gov/health/topics/anxiety-disorders/index.shtml；http://www.psychiatry.org/dsm5。

49. http://en.wikipedia.org/wiki/Diagnostic_and_Statistical_Manual_of_Mental_Disorders。

50. http://apps.who.int/classifications/icd10/browse/2010/en#/V。

51. 波士顿大学（Boston University）的认知行为治疗师兼研究员 Stefan Hofmann 非常慷慨地帮助我了解了焦虑障碍的历史。如果出现了错误，那可能是因为我对他的观点的理解出现了偏差。

52. 这段历史是 Stefan Hofmann 总结给我的，他让我参考 Richard McNally 对惊恐发作史的优秀总结（McNally，1994）。参见 Klein（1964，1981，1993，2002），Klein 和 Fink（1962），Barlow（1988），Marks（1987）。

53. Meuret and Hofmann（2005）。

54. 与呼吸窘迫（呼吸短促）的关系表明，换气过度可能是惊恐的根源，它会使人缺氧；然而，Donald Klein 认为，血液中二氧化碳的增加会触发大脑中的警报系统，错误地让人相信自己即将窒息（Klein，1993；Roth，2005）。造成恐慌的原因仍未被找到（Ley，1994；Stein，2008）。

55. "怀乡病"（nostalgia）一词最初指士兵的思乡之情，它被认为是一种干扰，而不是对美好往昔的渴望。

56. 也可以把强迫症包括进来，但我选择不这么做。

57. Anxiety Disorders Association of America（ADAA）：http://www.adaa.org/understanding-anxiety；National Institute of Mental Health：http://www.nimh.nih.gov/health/topics/anxiety-disorders/index.shtml。

58. Anxiety Disorders Association of America（ADAA）：http://www.adaa.org/understanding-anxiety；National Institute of Mental Health：http://www.nimh.nih.gov/health/topics/anxiety-disorders/index.shtml。

59. Lim et al（2000）。

60. Galea et al（2005）；Kessler et al（1995）。

61. Barlow（2002）。This summary from Barlow is based on Meuret and Hofmann（2005）。

62. Hettema et al（2001a，2001b，2008）；Kendler（1996）；Kendler et al（2008，2011）。

63. Horwitz and Wakefield（2012）。

64. Wakefield（1998）。

65. Epstein（1972），p. 313。

66. Grupe and Nitschke（2013）；Meuret and Hofmann（2005）；Hofmann（2011）；Dillon et al（2014）；Bar-Hamin et al（2007）。第 4 章将详细讨论 Grupe 和 Nitschke 提出的模型。

67. 在第 9 章中，我描述了美国国家心理健康研究所（National Institute of Mental Health）是如何朝着这个方向发展的，即不再强调将 DSM 分类作为大脑研究的指南来研究精神和行为问题的原因和治疗。

68. LeDoux（1984，1987，1996，2002，2008，2012，2014，2015）。

69. LeDoux（2012，2014，2015）。

70. This summary is based on Winkielman et al（2005）。

71. James（1884，1890）。

72. Freud（1915），p. 109。

73. Barrett（2006a，2006b，2009）；Barrett and Russell（2015）；Russell（2003）；Russell and Barrett（1999）；Lindquist et al（2006）；Barrett et al（2007）；Lindquist and Barrett（2008）；Clore and Ortony（2013）。

74. Clore（1994）。

75. Watson（1913，1919，1925，1938）；Skinner（1938，1950，1953，1974）。

76. Tolman（1932，1935）；Hull（1943，1952）。

77. Morgan（1943）；Hebb（1955）；Stellar（1954）；Bindra（1969，1974）；Rescorla and Solomon（1967）；Bolles and Fanselow（1980）；McAllister and McAllister（1971）；Masterson and Crawford（1982）；Gray（1982，1987）；Gray and McNaughton（2000）；Bouton（2005）。

78. Scherer（1984，2000，2012）。

79. Tomkins（1962）；Ekman（1972，1977，1984，1992a，1992b，1993，1999）；Izard（1971，1992，2007）；Panksepp（1982，1998，2000，2005）；Panksepp et al（1991）；Vandekerckhove and Panksepp（2009，2011）；Damasio（1994，1996，1999，2010）；Damasio and Carvalho（2013）；Damasio et al（2000）；Prinz（2004）；Scarantino（2009）。

80. LeDoux（1984，1987，1996，2002，2008，2012，2014，2015）。

81. Schachter and Singer（1962）；Arnold（1960）；Smith and Ellsworth（1985）；Scherer（1984，2000，2012）；Lazarus（1991a，1991b）；Ortony and Clore（1989）；Ortony et al（1988）；Clore（1994）；Clore and Ketalaar（1997）；Clore and Ortony（2013）；Johnson- Laird（1988）；Johnson-Laird and Oatley（1989，1992）；Levenson, Soto, and Pole（2007）。

82. Barrett（2006a，2006b，2009）；Barrett and Russell（2015）；Russell（2003）；Russell and Barrett（1999）；Lindquist et al（2006）；Barrett et al（2007）；Lindquist and Barrett（2008）；Clore and Ortony（2013）。

第 2 章

1. Kagan（2003）。

2. LeDoux（2012，2014）。

3. MacLean（1949，1952，1970）。

4. 边缘系统理论是基于 Ludwig Edinger（1908）和他的追随者（Arien Kappers et al，1936；Herrick，1933，1948；Papez，1929）的研究被提出的。他们提出的进化的理论受到了众多学者的批判（Nauta & Karten，1970；Butler & Hodos，2005；Northcutt，2001；Reiner，1990；Jarvis et al.，2005；Striedter，2005）。边缘系统理论本身也受到了很多批判（Brodal，1982；Swanson，1983；Reiner，1990；Kotter & Meyer，1992；LeDoux，1991，1996，2012b）。

5. Gazzaniga and LeDoux（1978）。

6. Gazzaniga（1970）。

7. Watson（1925）；Skinner（1938）。

8. Neisser（1967）；Gardner（1987）。

9. Hirst et al（1984）；LeDoux et al（1983）；Volpe et al（1979）。

10. Gazzaniga and LeDoux（1978）。

11. 神经科学学会（The Society for Neuroscience）成立于 1969 年，该组织的第一次会议于 1971 年在华盛顿特区举行。

12. Kandel and Spencer（1968）；Kandel（1976）；Kandel and Schwartz（1982）；Hawkins et al（2006）；Kandel（2001，2006）。

13. Pavlov（1927）。

14. Thorndike（1913）。

15. Skinner（1938）。

16. Skinner（1953）。

17. Carew et al（1972，1981）；Pinsker et al（1973）；Walters et al（1979）；Kandel et al（1983）；Hawkins et al（1983）。

18. Cohen（1975，1984）；Schneiderman et al（1974）；Berger et al（1976）；Thompson et al（1983）；Woody（1982）；Ryugo and Weinberger（1978）；Berthier and Moore（1980）。

19. Blanchard and Blanchard（1969）；Bolles and Fanselow（1980）；Bouton and Bolles（1980）；Brown and Farber（1951）；McAllister and McAllister（1971）；Brady and Hunt（1955）。

20. Blanchard and Blanchard（1969）；Bolles and Fanselow（1980）；Bouton and Bolles（1980）。

21. Blanchard and Blanchard（1969）；Bolles and Fanselow（1980）；Bouton and Bolles（1979）；Gray（1987）；Edmunds（1974）；Brain et al（1990）。

22. Schneiderman et al（1974）；Kapp et al（1979）；Smith et al（1980）；Cohen（1984）；Gray et al（1989）；LeDoux et al（1982）；Sakaguchi et al（1983）。

23. 关于这些问题的讨论见 Lorenz（1950）、Tinbergen（1951）、Beach（1955）、Lehrman（1961）、Elman 等人（1997）、Blumberg（2013）。

24. Blanchards 夫妇在 20 世纪 70 年代早期对杏仁核条件恐惧的损伤进行了研究（Blanchard and Blanchard, 1972）。虽然在我刚开始研究时，Bruce Kapp 正要发表一篇关于杏仁核在恐惧条件反射中的作用的文章（Kapp et al., 1979），但是直到我的工作进入佳境，我才知道 Kapp 所做的工作。

25. Weiskrantz（1956）；Goddard（1964）；Sarter and Markowitsch（1985）。

26. 我在恐惧条件反射方面的工作总结，见 LeDoux（1987，1992，1996，2000，2002，2007，2008，2012a，2014）；Quirk et al（1996）；LeDoux and Phelps（2008）；Johansen et al（2011）；Rodrigues et al（2004）。

27. Kandel（1997；2012）；Byrne et al（1991）；Glanzman（2010）。

28. See list in preface.

29. Kapp et al（1984，1992）；Davis（1992）。

30. Fanselow and Lester（1988）。

31. Kim et al（1993）；Maren and Fanselow（1996）。

32. 来自不同实验室的学员代表。*Kapp laboratory*：Paul Whalen, Michaela Gallagher；*Davis laboratory*：David Walker, Jeff Rosen, Serge Campeau, Katherine Myers, Shenna

Josslyn；*Fanselow laboratory*：Jeansok Kim，Fred Helmstetter，Steve Maren。

33. Other researchers who have made significant contributions include Denis Paré，Andreas Luthi，Chris Pape，Pankaj Sah，and Vadim Bolshakov. Many others have entered the field in the last several years. While they are too numerous to mention，a number of them are cited in various places in the book。

34. LeDoux（1987，1992，1996，2002，2007）；Rodrigues et al（2004）；Johansen et al （2011）；Fanselow and Poulos（2005）；Davis（1992）；Paré et al（2004）；Pape and Paré（2010）；Sah et al（2008）。

35. LeDoux（1996），p. 128。

36. James（1884，1890）。

37. Darwin（1872）。

38. Panksepp（1998）。

39. Mowrer（1939，1940，1947）；Mowrer and Lamoreaux（1946）。

40. Miller（1941，1948，1951）；Brady and Hunt（1955）；Rescorla and Solomon（1967）；McAllister and McAllister（1971）；Masterson and Crawford（1982）；Bolles and Fanselow（1980）。

41. 这些研究者通常认为，恐惧的状态并不是主观的感受；然而，他们经常以一种无法证明这一点的方式写作，例如，经常提到大鼠"在恐惧中木僵"。该领域的智力领袖 O. Herbert Mowrer（1960）明确宣称，恐惧的有意识感受是促使大鼠避免电击的原因。大多数理论家认为恐惧是一种非主观的动机状态。

42. McAllister and McAllister（1971）；Masterson and Crawford（1982）；Bolles and Fanselow（1980）。

43. 从20世纪40年代开始，人们就提出了这样的中枢动机状态（Beach，1942；Hull，1943；Mowrer & Lamoreaux，1946；Morgan，1943，1957；Stellar，1954；Hebb，1955；Bindra，1969，1974）。当时人们对大脑的功能知之甚少，有人提出，这些状态应该作为概念神经系统的组成部分来讨论，而不是中枢神经系统（Hebb，1955）。

44. Tolman（1932）；Hull（1943）；MacCorquodale and Meehl（1948）；Marx（1951）。

45. 恐惧回路的早期支持者是 Michael Davis、Peter Lang 和 Michael Fanselow（Davis，1992；Lang，1995；Fanselow，1989；Fanselow and Lester，1988）。其他研究人员也采纳了这一观点（例如 Rosen & Schulkin，1998；Adolphs，2013）。

46. 可通过电子邮件和我交流。

47. Bolles（1967）。

48. 可通过电子邮件和我交流。

49. Gazzaniga 和 LeDoux（1978）的总结。

50. Gazzaniga and LeDoux（1978）。

51. Gazzaniga（1998）。

52. LeDoux（1984）。

53. LeDoux（1996），p. 267。

54. Olsson and Phelps（2004）；Bornemann et al（2012）；Mineka and Ohman（2002）；Vuilleumier et al（2002）；Knight et al（2005）；Whalen et al（1998）；Liddell et al（2005）；Luo et al（2010）；Morris et al（1998）；Pourtois et al（2013）。

55. Bornemann et al（2012）。

56. Kahneman（2011）。

57. Fletcher（1995）；Churchland（1988）。

58. Bacon（1620），p. 68；Arturo Rosenblueth and Norbert Wiener，quoted in Lewontin（2001），p. 1264。

59. Panksepp（1998, 2000）；Ekman（1992a, 1992b, 1999）；Tomkins（1962）；Izard（1992, 2007）。对情绪的自然派观点的批判见 Barrett（2006a, 2006b, 2013）、Barrett 等人（2007）、LeDoux（2012）。

60. Panksepp（1998, 2000, 2005, 2011）；Adolphs（2013）；Anderson and Adolphs（2014）。

61. Ekman（1992a, 1992b, 1999）；Tomkins（1962）；Izard（1992, 2007）；Scarantino（2009）；Prinz（2004）；Panksepp（1998）；Damasio（1994）。

62. Feinstein et al（2013）。

63. Gray and McNaughton（2000）。

64. Fossat et al（2014）。

65. Headline from the website PsychCentral，http://psychcentral.com/news/2014/06/17/fear-center-in-brain-larger-among-anxiouskids/ 71325.html. Retrieved Jul. 20, 2014。

66. Qin et al（2014）。

67. Ekman（1992a, 1992b, 1999）；Tomkins（1962）；Izard（1992, 2007）；Panksepp（1998）；Damasio（1994）。

68. Kelley（1992）；Fletcher（1995）；Mandler and Kessen（1964）。

69. Fletcher（1995）。

70. Mandler and Kessen（1964）。

71. Kelley（1992）。

72. Mandler and Kessen（1964）。

73. Churchland, P.M.（1984, 1988）；Churchland, P.S.（1986, 1988）；Graziano（2013）；Graziano（2014）。

74. Fletcher（1995）。

75. 中枢防御系统的概念最初是 Morgan、Konorski、Hebb 和 Bindra 的中枢状态理论（Morgan, 1943；Bindra 1969；Hebb, 1955；Konorski, 1967）的一个分支。虽然中枢防御系统最初被认为是防御动机，但术语"防御系统"（defense system）和"恐惧系统"（fear system）经常互换使用。关于防御性动机系统的一些观点在这些不同出版物中有所阐述：Konorski（1967）；Masterson and Crawford（1982）；Bolles and Fanselow（1980）；McAllister and McAllister（1971）；Fanselow and Lester（1988）；Cardinal et al（2002）；Blanchard and Blanchard（1988）；Davis（1992）；Rosen and Schulkin（1998）；Adolphs（2013）；Bouton（2007）；Lang et al（1998）；Mineka（1979）。

76. Gazzaniga and LeDoux（1978）；Gazzaniga（1998, 2008, 2012）。

77. Ekman（1992a, 1992b, 1999）；Tomkins（1962）；Izard（1992, 2007）；Scarantino（2009）；Prinz（2004）；Panksepp（1998）；Damasio（1994）。

78. LeDoux（2012, 2014）。

79. LeDoux（2012, 2014）。

80. LeDoux（2012）；Sternson（2013）；Giske et al（2013）。

81. Wang et al（2011）；Lebetsky et al（2009）；Dickson（2008）；McGrath et al（2009）；Pirri and Alkema（2012）；Garrity et al（2010）；Bendesky et al（2011）；Kupfermann（1974, 1994）；Kupfermann et al（1992）。

82. Macnab and Koshland（1972）；Hennessey et al（1979）；Fernando et al（2009）；Berg（1975, 2000）；Harshey（1994）；Eriksson et al（2002）；Helmstetter et al（1968）；Rothfield et al（1999）。

83. Emes and Grant（2012）。

84. LeDoux（2012）。

85. LeDoux（2012, 2014）。

86. LeDoux（2012）；Giske et al（2013）。

87. Beach（1942）；Morgan（1943, 1957）；Stellar（1954）；Hebb（1955）；Bindra（1969, 1974）。

88. Bargmann（2006, 2012）；Galliot（2012）；Lebetsky et al（2009）；Bendesky et al（2011）；Dickson（2008）；Pirri and Alkema（2012）；Garrity et al（2010）；Kupfermann

（1974，1994）；Kupfermann et al（1992）。

89. Sara and Bouret（2012）；Bouret and Sara（2005）；Foote et al（1983）；Aston-Jones and Cohen（2005）；Saper et al（2005）；Nadim and Bucher（2014）；Luchicchi et al（2014）。

90. Konorski（1967）；Masterson and Crawford（1982）；Bolles and Fanselow（1980）；McAllister and McAllister（1971）；Fanselow and Lester（1988）；Cardinal et al（2002）；Blanchard and Blanchard（1988）；Davis（1992）；Rosen and Schulkin（1998）；Adolphs（2013）；Bouton（2007）；Lang et al（1998）；Mineka（1979）。

91. Barrett（2006，2009，2012）；Barrett et al（2007）；Lindquist and Barrett（2008）；Wilson-Mendenhall et al（2011）；Russell（2003，2009）；Russell and Barrett（1999）；Wilson-Mendenhall et al（2013）。

92. Russell（1991，1994，2003，2009；2012，2014）；Russell and Barrctt（1999）；Barrett（2006a，2006b）；Barrett and Russell（2014）；Lindquist and Barrett，L.F.（2008）；Clore and Ortony（2013）；Levenson，Soto，and Pole（2007）。

93. Lashley（1950）。

94. Kihlstrom（1987）。

95. Dickinson（2008）；LeDoux（2008，2012a）；Winkielman and Berridge（2004）。

96. Balleine and Dickinson（1998）；Dickinson（2008）；Heyes（2008）。

97. Chamberlain（1890）。

98. Heyes（2008）；Rosenthal（1990）。

99. Hatkoff（2009）。

100. Goodall's Introduction in Hatkoff（2009）。

101. Goodall，quoted in "Should Apes Have Legal Rights?" *The Week*，August 3，2013。http://theweek.com/article/index/247763/should-apes-have-legal-rights. Retrieved Nov. 5，2014。

102. 动物合法权益的争论往往基于道德而非科学依据。See "Should Apes Have Legal Rights?" The Week，August 3，2013。http://theweek.com/article/index/247763/should-apes-have-legal-rights. Retrieved Nov. 5，2014。

103. Caporael and Heyes（1997）。

104. Frans de Waal，interviewed by Edwin Rutsch at the Center for Building a Culture of Empathy。http://cultureofempathy.com/references/Experts/Frans-de-Waal.htm. Retrieved Nov. 6，2014。

105. Frans de Waal，interview for Wonderlance.com. http://www.wonderlance.com/

february2011_scientech_fransdewaal.html. Retrieved Nov. 6, 2014。

106. Barbey et al（2012）。

107. Semendeferi et al（2011）。

108. Preuss（1995, 2001）；Wise（2008）。

109. Dennett（1991）；Jackendoff（2007）；Weiskrantz（1997）；Frith et al（1999）；Naccache and Dehaene（2007）；Dehaene et al（2003）；Dehaene and Changeux（2004）；Koch and Tsuchiya（2007）；Sergent and Rees（2007）；Alanen（2003）。

110. Weiskrantz（1997）；Heyes（2008）。

111. Mitchell et al（1996）；Kennedy（1992）。

112. Decety（2002）。

113. Fletcher（1995）；Churchland（1988）。

114. Heider and Simmel（1944）；Heberlein and Adolphs（2004）；Greene and Cohen（2004）。

115. Greene and Cohen（2004）。

第3章

1. Emerson（1870）。

2. Moyer（1976）。

3. LeDoux（2012）。

4. Gallistel（1980）；Godsil and Fansleow（2013）；LeDoux（2012）。

5. Cannon（1929）。

6. Darwin（1872）。

7. Miller（1948）；Hunt and Brady（1951）；Blanchard and Blanchard（1969）；Bouton and Bolles（1980）；Bolles and Fanselow（1980）。

8. Suarez and Gallup（1981）。

9. Edmunds（1974）；Blanchard and Blanchard（1969）；Bracha et al（2004）；Ratner（1967, 1975）。

10. This paragraph is based on Edmunds（1974）；Ratner（1967, 1975）；Langerhans（2007）；Pinel and Treit（1978）。

11. Edmunds（1974）。

12. Rosen（2004）；Takahashi et al（2005）；Gross and Canteras（2012）；Dielenberg et al（2001）；Hubbard et al（2004）。

13. Breviglieri et al（2013）；Zanette et al（2011）。

14. Litvin et al（2007）。

15. Vermeij（1987）；Dawkins and Krebs（1979）；Mougi（2010）；Edmunds（1974）。

16. Edmund（1974）；Dawkins and Krebs（1979）。

17. Langerhans（2007）。

18. This paragraph is based on：Benison and Barger（1978）；Fleming（1973）；Brown and Fee（2002）。

19. Bernard（1865/1957）；Langley（1903）；Cannon（1929）。

20. Blessing（1997）；Porges（2001）。

21. 第 2 章讨论了"先天"（innate）一词的价值。

22. Lang（1968, 1978, 1979）。

23. Selye（1956）。

24. Rodrigues et al（2009）。

25. McEwen and Lasley（2002）；Sapolsky（1998）；McGaugh（2000）；de Quervain et al（2009）。

26. Klein（1993）；Preter and Klein（2008）；Roth（2005）。

27. Freire et al（2010）；Johnson et al（2014）；Wemmie（2011）。

28. Ley（1994）；Vickers and McNally（2005）。

29. See Blanchard and Blanchard（1988）；Gray（1982）；Bolles and Fanselow（1980）；Fanselow and Lester（1988）；Fanselow（1989）。

30. Edmunds（1974）；Ratner（1967, 1975）。

31. Tolman（1932）；Blanchard et al（1976）；Blanchard and Blanchard（1988）；Bolles and Fanselow（1980）；Adams（1979）。

32. Bolles and Collier（1976）；Bolles and Fanselow（1980）；Blanchard et al（1976）；Blanchard and Blanchard（1988）。

33. Fanselow and Lester（1988）。

34. Fanselow 将此称为相遇后阶段（postencounter stage），但有一个更简单的术语"相遇阶段"（encounter stage），它更为直接。

35. Bolles（1970）；Bolles and Fanselow（1980）；Fanselow（1989）；Fanselow（1986）；Fanselow and Lester（1988）。

36. 参见第 1 章中这些作者的引文。

37. Brain et al（1990），p. 420。

38. Rosen（2004）；Takahashi et al（2005）。

39. Rosen（2004）。

40. Hebb（1949）；Magee and Johnston（1997）；Bliss and Collingridge（1993）；Martin et al（2000）；Johansen et al（2010）；Kelso et al（1986）。

41. Pavlov（1927）；Myers and Davis（2002）；Milad and Quirk（2012）；Bouton（2002）；Sotres-Bayon et al（2004，2006）。

42. Jacobs and Nadel（1985）；Bouton（1993，2002，2004）；Bouton et al（2006）。

43. Wolpe（1969）；Rachman（1967）；Eysenck（1987）；Kazdin and Wilson（1978）；Hofmann et al（2013）；Beck（1991）；Foa（2011）；Marks and Tobena（1990）；Barlow（1990）；Barlow（2002）。

44. Williams（2001）；Beck et al（2011）；Genud-Gabai et al（2013）。

45. See Grupe and Nitschke（2013）。

46. Rogan et al（1997）；Rogan et al（2005）；Etkin et al（2004）；Walasek et al（1995）。

47. Demertzis and Kraske（2005）。

48. Ohman（1988，2002，2005，2007，2009）；Phelps（2006）；Phelps and LeDoux（2005）；Dolan and Vuilleumier（2003）；Buchel and Dolan（2000）；Armony and Dolan（2002）；Dunsmoor et al（2014）；Schiller et al（2008）；Pine et al（2001）；Olsson et al（2007）；Delgado et al（2008）；Lau et al（2011）；Grillon（2008）。

49. Bandura（1977）；Rachman（1990）。

50. Mineka and Cook（1993）；Berger（1962）；Hygge and Öhman（1978）；Olsson and Phelps（2004）；Olsson et al（2007）；Olsson and Phelps（2007）。

51. Litvin et al（2007）；Jones et al（2014）；Masuda et al（2013）；Kim et al（2010）；Chivers et al（1996）；Gibson and Pickett（1983）；Flower et al（2014）。

52. Olsson and Phelps（2004）；Raes et al（2014）；Dymond et al（2012）。

53. Mineka and Cook（1993）；Berger（1962）；Hygge and Öhman（1978）；Olsson and Phelps（2004）；Olsson et al（2007）；Olsson and Phelps（2007）。

54. Miller（1948）；McAllister and McAllister（1971）；Mineka（1979）；Moscarello and LeDoux（2013）；Choi et al（2010）；Cain and LeDoux（2007）；LeDoux et al（2009）；Cain et al（2010）；Cain and LeDoux（2008）。

55. Balleine and Dickinson（1998）；Cardinal et al（2002）。

56. Miller（1948）；Choi et al（2010）。

57. Robert Bolles 是 20 世纪 60 年代和 70 年代这一领域中的一位重要人物，他对回避的工具性进行了强烈的批判（Bolles，1970，1972；Bolles & Fanselow，1980）。他认为，回避反应只是反映了物种特异性的反应，而不是它们学会的反应。他直言不讳的否定态度阻碍了人们对这个问题的研究。

58. LeDoux（2014）。

59. McAllister and McAllister（1971）；Miller（1941，1948，1951）；Mowrer and Lamoreaux（1946）；Miller（1948）；Amorapanth et al（2000）；Coover et al（1978）；Daly（1968）；Dinsmoor（1962）；Esmoris-Arranz et al（2003）；Goldstein（1960）；Kalish（1954）；McAllister and McAllister（1991）；Desiderato（1964）；Kent et al（1960）；McAllister et al（1972，1980）。

60. McAllister and McAllister（1971）；Mineka（1979）；Levis（1989）；Cain and LeDoux（2007）；LeDoux et al（2009）；Cain et al（2010）；Cain and LeDoux（2008）。

61. Cain and LeDoux（2007）。

62. Skinner（1938，1950，1953）；Kanazawa, S.（2010）. Common Misconceptions About Science VI："Negative Reinforcement." *Psychology Today*. Retrieved Oct. 29, 2014, from http://www.psychologytoday.com/blog/the-scientificfundamentalist/ 201001/ common-misconceptions-about-science-vi-negative-reinforcem。

63. Mowrer and Lamoreaux（1946）；Miller（1948）；McAllister and McAllister（1971）；Masterson and Crawford（1982）；Levis（1989）；Gray（1987）。

64. Mowrer and Lamoreaux（1946）；Miller（1941，1948，1951）；Miller（1948）；McAllister and McAllister（1971）；Levis（1989）；Masterson and Crawford（1982）。

65. Thorndike（1898，1913）；Olds（1956，1958，1977）；Olds and Milner（1954）；Panksepp（1998）。

66. Rescorla and Solomon（1967）；Bolles（1975）；Bolles and Fanselow（1980）；Masterson and Crawford（1982）。

67. Ricard and Lauterbach（2007）；Hofmann（2008）；Dymond and Roche（2009）。

68. Schultz（2013）；Tully and Bolshakov（2010）。

69. Grupe and Nitschke（2013）。

70. Borkovec et al（1999）。

71. See Thorndike（1913）；Cardinal et al（2002）；Balleine and Dickinson（1998）；Balleine and O'Doherty（2010）。

72. Church et al（1966）；Solomon（1980）。

73. LeDoux（2013）。

74. Barlow（2002）。

75. Dymond and Roche（2009）。

76. 有关决策研究的摘要见 Glimcher（2003）；Bechara et al（1997）；Levy and Glimcher（2012）；Sugrue et al（2005）；Rorie and Newsome（2005）；Shadlen and Kiani（2013）；Rangel et al（2008）；Dolan and Dayan（2013）；Balleine and Dickinson（1998）；Cardinal et al（2002）；Balleine（2011）；Delgado et al（2008）；Delgado and Dickerson（2012）；Hartley and Phelps（2012）；Dayan and Daw（2008）；Rolls（2014）。

77. Corbit and Balleine（2005）；Holmes et al（2010）；Holland（2004）；Rescorla（1994）。这些价值转移效应的基础是两个动机过程。CS 触发一个普遍的动机过程，以一种非特定的方式激励行为。CS 还可以触发另一种动机过程，这种动机过程与巴甫洛夫 US 的价值有关。这种 US 特有的动机形式是更强的 CS 促进作用的基础，CS 的动机与工具性反应的结果（食物或足底电击）相匹配。除具体效果外，还要考虑总体激励效果。

78. Campese et al（2013）。

79. Holmes et al（2010）；Volkow et al（2008）；Robinson and Berridge（2008）。

80. Grupe and Nitschke（2013）；Beck and Emery（1985）；Barlow（2002）。

81. Bindra（1968）；Cofer（1972）。

82. Gray and McNaughton（2000）；Grupe and Nitschke（2013）。

83. Kendler et al（2003）；Bell（2009）；Bevilacqua and Goldman（2013）；Gorwood et al（2012）；Pavlov et al（2012）；Nemoda et al（2011）；Mitchell（2011）；Congdon and Canli（2008）；Casey et al（2011）。

84. Blanchard and Blanchard（1988）。

85. Gray and McNaughton（2000）；Grupe and Nitschke（2013）。

86. File et al（2004）；Campos et al（2013）；Sudakov et al（2013）；Davis et al（1997）；Davis et al（2010）；Belzung and Griebel（2001）；Clément et al（2002）；Crawley and Paylor（1997）；Griebel and Holmes（2013）；Kumar et al（2013）；Millan（2003）；File（1993，1995，2001）；File and Seth（2003）。

87. Erlich et al（2012）。

88. Waddell et al（2006）；Walker and Davis（1997，2002，2008）。

89. Millan and Brocco（2003）。

90. Gray（1982，1987）；Gray and McNaughton（2000）；McNaughton and Corr（2004）；McNaughton（1989）。

91. Blanchard and Blanchard（1988）；Gray and McNaughton（2000）。

92. Loewenstein et al（2001）。基于广泛的心理学和行为经济学研究，作者提出了"风险即感觉"（risk-as-feelings）假说，强调情绪对明显不太理想的决策的影响。我不太赞同他们使用"情绪"（emotion）和"认知"（cognition）这两个词的方式。与之相反，我认为他们所说的情绪系统是生存回路，他们所说的认知包括认知和情绪（感受）过程。然而，我同意他们所提出的"不同的大脑系统处理风险的方式不同"这一观点。

93. 这一表达引自 Michael Gazzaniga 的同名著作。

94. Evans（2008）；Kahneman（2011）；Newell and Shanks（2014）。

95. Kahneman（2011）；Tversky and Kahneman（1974）；Kahneman et al（1982）。

96. Tversky and Kahneman（1974）；Kahneman et al（1982）；Kahneman（2011）。

97. Park et al（2014）；Redelmeier（2005）；Minué et al（2014）；but see Marewski and Gigerenzer（2012）。

98. Evans（2010）；Evans（2014）。

99. Nisbett and Wilson（1977）；Wilson（2002）；Wilson et al（1993）；Bargh（1997）；Kihlstrom（1987）。

100. Gazzaniga and LeDoux（1978）；Gazzaniga（2012）；Wilson（2002）；Evans（2014）。

101. Wegner（2002）；Velmans（2000）；Bargh and Ferguson（2000）；Evans（2010）；Greene and Cohen（2004）；Gazzaniga（2012）。

102. 这个问题在 Newell and Shanks（2014）中被广泛讨论。虽然他们尽量降低了无意识因素的重要程度，但其他人对他们的观点提出了强烈批评，并对无意识因素在决策中的作用提供了有力的支持。参见 Evans 等人、Coppin 等人、Ingram 和 Prochownik、Ogilvie 和 Carruthers、Finkbeiner 和 Coltheart 在文末的注释。

103. Gazzaniga（2012）；Jones（2004）；Zeki and Goodenough（2004）。

第 4 章

1. Tolkien（1955）。

2. Barres（2008）。

3. Behrmann and Plaut（2013）。

4. 新皮层（neocortex）之所以被如此命名，是因为它被认为是在哺乳动物的进化过程中新增的物质（Edinger, 1908；Ariëns Kappers et al., 1936），这一观点自此受到挑战（Nauta & Karten, 1970；Butler & Hodos, 2005；Northcutt, 2001；Reiner, 1990；Jarvis et al, 2005；Striedter, 2005）。一些人现在更喜欢使用中性术语"同形皮层"（isocortex）来避免这种进化性的暗示。但是"新皮层"这个词被广泛使用，所以我在这里采用了它。

5. 一些有五层的内侧皮层区域被认为是新皮层和旧皮层之间的过渡区（Mesulam & Mufson，1982；Allman et al.，2001）。简单起见，我把旧皮层和过渡区都称为内侧皮层。

6. 部分新皮层卷曲到内侧，但大多数新皮层组织位于外侧。

7. 长期以来，我一直是情绪边缘系统理论的批判者。它基于 Edinger 的大脑进化理论（Edinger，1908；Ariëns Kappers et al.，1936），而这一理论一直饱受质疑（Nauta & Karten，1970；Butler & Hodos，2005；Northcutt，2001；Reiner，1990；Jarvis et al.，2005；Striedter，2005）。对于边缘系统理论的其他评论见 Brodal（1982）、Swanson（1983）、Kotter 和 Meyer（1992）、Reiner（1990）。

8. Goltz（1892）。

9. Cannon（1929）；Cannon and Britton（1925）；Bard（1928）。

10. Karplus and Kreidl（1909）。

11. Cannon（1929，1936）。

12. Bard（1928）；Bard and Rioch（1937）。

13. Ranson and Magoun（1939）；Eliasson et al（1951）；Uvnas（1960）；Eliasson et al（1951）；Grant et al（1958）。

14. Hess and Brugger（1943）；Hess（1949）；Hunsperger（1956）；Fernandez de Molina and Hunsperger（1959）；Hoebel（1979）；Vaughan and Fisher（1962）。

15. Abrahams et al（1960）。

16. Hilton and Zbrozyna（1963）；Hilton（1979）；Fernandez de Molina and Hunsperger（1962）。

17. Kluver and Bucy（1937）；Weiskrantz（1956）；MacLean（1949，1952）。

18. 见第 2 章对"先天"的讨论。

19. Hilton（1982）。

20. Lindsley（1951）。

21. Moruzzi and Magoun（1949）。

22. Lindsley（1951）。

23. Saper（1987）。

24. Flynn（1967）；Siegel and Edinger（1981）；Panksepp（1971）；Zanchetti et al（1972）。

25. Sternson（2013）；Wise（1969）；Valenstein（1970）。

26. Bandler and Carrive（1988）。

27. Deisseroth（2012）；Boyden et al（2005）；Sternson（2013）；Lin et al（2011）。

28. Lin et al（2011）。

29. Sternson（2013）。

30. 关于与捕食者相关的先天气味如何诱发啮齿动物的防御行为已经有了很多研究（Gross & Canteras，2012；Rosen，2004；Blanchard et al.，1989），故我不会详细介绍这部分内容。

31. Hebb（1949）。

32. Johansen et al（2011）；Maren（2005）。

33. Hebb（1949）；Brown et al（1990）；Magee and Johnston（1997）；Bliss and Collingridge（1993）；Martin et al（2000）；Johansen et al（2010）。

34. For review see Quirk et al（1996）；LeDoux（2002）；Maren（2005）；Johansen et al（2011）；Rogan et al（2001）；Paré and Collins（2000）；Paré et al（2004）。

35. Rodrigues et al（2004）；Johansen et al（2011）；Maren（2005）；Tully and Bolshakov（2010）；Sah et al（2008）；Rogan et al（2001）；Nguyen（2001）；Josselyn（2010）；Fanselow and Poulos（2005）；Schafe and LeDoux（2008）。

36. Pitkanen et al（1997）；Pitkanen（2000）；Amaral et al（1992）。

37. Quirk et al（1995，1997）；Repa et al（2001）。

38. Paré and Smith（1993，1994）；Royer and Paré（2002）。

39. Haubensak et al（2010）；Ciocchi et al（2010）。

40. Price and Amaral（1981）；Hopkins and Holstege（1978）；da Costa Gomez and Behbehani（1995）。

41. LeDoux et al（1988）；Amorapanth et al（1999）；Fanselow et al（1995）；Kim et al（1993）；De Oca et al（1998）。

42. Gross and Canteras（2012）。

43. LeDoux（1992，1996）；Davis（1992）。

44. LeDoux et al（1988）；Amorapanth et al（1999）。

45. LeDoux et al（1988）。

46. Morrison and Reis（1991）；Cravo et al（1991）；Saha（2005）；Macefield et al（2013）；Reis and LeDoux（1987）。

47. 这与上述结果相反，上述结果表明，电刺激 PAG 引起自主反应。然而，电刺激是一种很粗糙的方法，容易产生假阳性结果：对大脑的人工刺激可以引起反应，并不意味着在更自然的条件下，大脑会以这种方式运作。

48. Kapp et al（1979，1984）；Schwaber et al（1982）；Danielsen et al（1989）；Pitkanen et

al（1997）；Pitkanen（2000）；Liubashina et al（2002）；Veening et al（1984）；van der Kooy et al（1984）；Takeuchi et al（1983）；Higgins and Schwaber（1983）。

49. Gray and Bingaman（1996）；Gray et al（1989，1993）；Rodrigues et al（2009）；Sullivan et al（2004）。

50. Sara and Bouret（2012）；Bouret and Sara（2005）；Foote et al（1983）；Aston-Jones and Cohen（2005）；Saper et al（2005）；Nadim and Bucher（2014）；Luchicchi et al（2014）；Holland and Gallagher（1999）；Whalen（1998）；Weinberger（1982，1995）；Lindsley（1951）；Aston-Jones et al（1991）；Sears et al（2013）；Davis and Whalen（2001）。

51. Kapp et al（1992）；Weinberger（1995）；Sears et al（2013）；Davis and Whalen（2001）；Holland and Gallagher（1999）；Gallagher and Holland（1994）；Lee et al（2010）；Wallace et al（1989）；Van Bockstaele et al（1996）；Luppi et al（1995）；Bouret et al（2003）；Spannuth et al（2011）；Samuels and Szabadi（2008）。

52. Holland and Gallagher（1999）；Whalen（1998）；Weinberger（1982，1995）；Lindsley（1951）；Aston-Jones et al（1991）；Sears et al（2013）；Davis and Whalen（2001）。

53. Weinberger（1995，2003，2007）；Armony et al（1998）；Apergis-Schoute et al（2014）；Morris et al（1998，2001）。

54. Maren et al（2001）；Goosens and Maren（2002）；Herry et al（2008）；Li and Rainnie（2014）；Wolff et al（2014）。

55. Pascoe and Kapp（1985）；Wilensky et al（1999，2000，2006）；Paré et al（2004）；Duvarci et al（2011）；Haubensak et al（2010）；Ciocchi et al（2010）；Li et al（2013）；Duvarchi and Paré（2014）；Pape and Paré（2010）；Penzo et al（2014）。

56. Quirk et al（1996）；Maren et al（2001）。

57. Morgan et al（1993）；Morgan and LeDoux（1995）；Quirk and Mueller（2008）；Quirk et al（2006）；Milad and Quirk（2012）；Sotres-Bayon et al（2004，2006）；Likhtik et al（2005）；Duvarci and Paré（2014）。

58. Sotres-Bayon et al（2004）；LeDoux（1996，2002）；Morgan et al（1993）；Morgan and LeDoux（1995）；Quirk and Mueller（2008）；Quirk et al（2006）；Milad and Quirk（2012）；Sotres-Bayon et al（2004，2006）；Likhtik et al（2005）；Duvarci and Paré（2014）。

59. LeDoux（1996，2002）；Quirk and Mueller（2008）；Quirk et al（2006）；Milad and Quirk（2012）；Sotres-Bayon et al（2004，2006）；Likhtik et al（2005）；Duvarci and Paré（2014）；Paré and Duvarci（2012）；VanElzakker et al（2014）；Gilmartin et al

（2014）；Gorman et al（1989）；Davidson（2002）；Bishop（2007）；Shin and Liberzon（2010）；Mathew et al（2008）。

60. LeDoux（2013）。

61. Phillips and LeDoux（1992，1994）；Kim and Fanselow（1992）；Ji and Maren（2007）；Maren（2005）；Maren and Fanselow（1997）；Sanders et al（2003）。

62. Frankland et al（1998）。

63. LaBar et al（1995）；Bechara et al（1995）。

64. LaBar et al（1998）；Buchel et al（1998）。

65. Morris et al（1998，1999）。

66. LaBar and Phelps（2005）；Lonsdorf et al（2014）；Marschner et al（2008）；Chun and Phelps（1999）；Huff et al（2011）。

67. Schiller et al（2008）；Phelps et al（2004）；Hartley et al（2011）；Kim et al（2011）；Quirk and Beer（2006）；Milad et al（2007）；Delgado et al（2004，2006，2008）；Schiller and Delgado（2010）。

68. Olsson and Phelps（2004）。

69. Ostroff et al（2010）。

70. Structural plasticity：Lamprecht and LeDoux（2004）；Ostroff et al（2010）；Bourne and Harris（2012）；Bailey and Kandel（2008）；Martin（2004）。

71. Kandel（1999，2006）。

72. LeDoux（1996，2002）；Cain et al（2010）；Choi et al（2010）。

73. 回避条件反射是否能决定一个反应是不是工具性（目标导向）的一直受到质疑（Bolles，1970，1972）。我们目前正在进行实验，以解决这个长期存在的争议。

74. 在这项研究中，我强调了基于我们已经获得的巴甫洛夫条件反射结果的啮齿类动物主动回避的研究结果，还研究了其他任务。特别值得注意的是 Michael Gabriel 的研究，他积累了大量关于大脑回避学习机制的信息。但 Gabriel 更关心的是作为学习窗口的回避，而不是作为情绪调节反应的回避。此外，由于程序上的差异和对不同大脑功能的强调，他的发现很难与我们所做的工作相比较。Gabriel 的工作摘要见 Gabriel（1990），Gabriel 和 Orona（1982），Hart 等（1997）。

75. LeDoux（2002）。

76. Amorapanth et al（2000）。

77. Cain et al（2010）；Cain and LeDoux（2007，2008）；Choi et al（2010）；Moscarello and LeDoux（2012）；Campese et al（2013，2014）；Lázaro-Muñoz et al（2010）；LeDoux et

al（2010）；McCue et al（2014）；Martinez et al（2013）；Galatzer-Levy et al（2014）。

78. Choi et al（2010）；Moscarello and LeDoux（2013）。

79. LeDoux and Gorman（2001）。

80. Choi et al（2010）；Moscarello and LeDoux（2013）。

81. Choi et al（2010）；Moscarello and LeDoux（2013）。

82. Moscarello and LeDoux（2013）。

83. Wendler et al（2014）；Lichtenberg et al（2014）；Ramirez et al（2015）。

84. Delgado et al（2009）；Aupperle and Paulus（2010）；Schiller and Delgado（2010）；Schlund et al（2010，2011，2013）；Schlund and Cataldo（2010）。

85. Cain and LeDoux（2007）。

86. Amorapanth et al（2000）；Campese，Cain and LeDoux（unpublished data）。

87. Everitt and Robbins（2005）；Everitt et al（1989）；Cardinal et al（2002）。

88. Grace et al 2007；Grace and Sesack（2010）；Gato and Grace（2008）。

89. Berridge（2009）；Berridge and Kringelbach（2013）；Pecina et al（2006）；Castro and Berridge（2014）。

90. Lázaro-Muñoz et al（2010）。

91. Fernando et al（2013）；Morrison and Salzman（2010）；Savage and Ramos（2009）；Balleine and Killcross（2006）；Rolls（2005）；Holland and Gallagher（2004）；Petrovich and Gallagher（2003）；Cardinal et al（2002）；Everitt et al（1999）。

92. Everitt and Robbins（2005，2013）；Everitt et al（2008）；Smith and Graybiel（2014）；Devan et al（2011）；Balleine and O'Doherty（2010）；Packard（2009）；Balleine（2005）；Wickens et al（2007）。

93. Wendler et al（2014）。

94. Barlow（2002）；Borkovec et al（2004）；Foa and Kozak（1986）。

95. See LeDoux and Gorman（2001）and LeDoux（2013）。

96. Corbit and Balleine（2005）；Holmes et al（2010）；Holland（2004）；Rescorla（1994）。

97. For a summary，see Holmes et al（2010）。

98. Talmi et al（2008）；Bray et al（2008）；Prevost et al（2012）；Lewis et al（2013）；Nadler et al（2011）；Talmi et al（2008）。

99. Campese et al（2013，2014）；McCue et al（2014）。

100. Morrison and Salzman（2010）。

101. Levy and Glimcher（2012）；Rolls（2014）。

102. Glimcher（2009）；Paulus and Yu（2012）；Kishida et al（2010）；Rangel et al（2008）；Bach and Dolan（2012）；Bach et al（2011）；Toelch et al（2013）；Yoshida et al（2013）；Clark et al（2008）。

103. Alheid and Heimer（1988）。

104. Davis et al（1997）；Tye et al（2011）；Adhikari（2014）；Waddell et al（2006）。

105. Somerville et al（2010, 2013）；Grupe et al（2013）。

106. Sink et al（2011, 2013）；Davis et al（2010）；Walker and Davis（2008）；Liu and Liang（2009）；Liu et al（2009）；Liang et al（2001）；Graeff（1994）；Waddell et al（2006）；Sajdyk（2008）。

107. Davis et al（1997, 2010）；Davis（2006）；Walker and Davis（2008）。

108. For summaries, see Whalen（1998）；McDonald（1998）；Cullinan et al（1993）；Alheid et al（1998）；Alheid and Heimer（1988）；Davis et al（2010）；Stamatakis et al（2014）；Dong and Swanson（2004a, 2004b, 2006a, 2006b）；Dong et al（2001）。

109. Poulos et al（2010）。

110. Whalen（1998）；McDonald（1998）；Cullinan et al（1993）；Alheid et al（1998）；Alheid and Heimer（1988）；Davis et al（2010）；Stamatakis et al（2014）；Dong and Swanson（2004a, 2004b, 2006a, 2006b）；Dong et al（2001）；Pitkanen et al（1997）；Pitkanen（2000）。

111. O'Keefe and Nadel（1978）；Moser et al（2014）；Moser and Moser（2008）；Kubie and Muller（1991）；Muller et al（1987）；Hartley et al（2014）；Burgess and O'Keefe（2011）；O'Keefe et al（1998）；McNaughton et al（1996）；Terrazas et al（2005）。

112. Gray（1982）；Gray and McNaughton（1996, 2000）。

113. Anthony et al（2014）。

114. Sparks and LeDoux（2000）；Treit et al（1990）。

115. Johansen（2013）。

116. Jennings et al（2013）；Kim, S.Y. et al（2013）。

117. Risold and Swanson（1996）；Swanson（1987）；Groenewegen et al（1996, 1997, 1999）；Grace et al（2007）；Alheid and Heimer（1998）；Amaral et al（1992）；Pitaken et al（1997）；Swanson（1983）。

118. Mathew et al（2008）；Charney（2003）；Patel et al（2012）；Vermetten and Bremner（2002）；Southwick et al（2007）；Yehuda and LeDoux（2007）；Shin and Liberzon（2010）；Rauch et al（2003, 2006）；Dillon et al（2014）；Tuescher et al（2011）；

Protopopescu et al（2005）；Grupe and Nitschke（2013）；Pitman et al（2001，2012）；Shin et al（2006）。

119. Grupe and Nitschke（2013）。

120. Nesse and Klaas（1994）。

121. Grupe and Nitschke（2013）。

122. Beck and Emery（1985）；Barlow（2002）。

123. Butler and Mathews（1983）；Foa et al（1996）；Mathews et al（1989）；Bar-Haim et al（2007，2010）；Bishop（2007）；Beck and Clark（1997）；Eysenck et al（2007）；Fox（1994）；McTeague et al（2011）；Bradley et al（1999）；Buckley et al（2002）；Öhman et al（2001）；Mogg and Bradley（1998）；Mineka et al（2012）。

124. Rosen and Schulkin（1998）；Sakai et al（2005）；Semple et al（2000）；Chung et al（2006）；Furmark et al（2002）；Atkin and Wager（2007）；Nitschke et al（2009）；Lorberbaum et al（2004）；Guyer et al（2008）。

125. Weinberger（1995）；Kapp et al（1992）；Davis and Whalen（2001）。

126. Kalisch and Gerlicher（2014）；Berggren and Derakshan（2013）；Cisler and Koster（2010）；Etkin et al（2011）；Erk et al（2006）；Vuilleumier（2002）。

127. Etkin et al（2004）；Schiller et al（2008）；Hartley and Phelps（2010）；Milad and Quirk（2012）。

128. Lissek et al（2005，2009）；Woody and Rachman（1994）；Grillon et al（2008，2009）；Jovanovic et al（2010，2012）；Waters et al（2009）；Jovanovic and Norrholm（2011）；Corcoran and Quirk，2007；Maren et al（2013）。

129. Gorman et al（2000）。

130. Morgan et al（1993）；LeDoux（1996，2002）；Morgan et al（1993）；Sotres-Bayon et al（2004）；Hartley and Phelps（2010）；Quirk and Mueller（2008）；Kolb（1990）；Rolls（1992）；Frysztak and Neafsey（1991）；Markowska and Lukaszewska（1980）；Goldin et al（2008）；Delgado et al（2008）；Hermann et al（2014）；Grace and Rosenkranz（2002）；Salomons et al（2014）。

131. Jacobsen（1936）；Mark and Ervin（1970）；Teuber（1964）；Nauta（1971）；Myers（1972）；Stuss and Benson（1986）；Damasio et al（1990）；Fuster（1989）；Morgan et al（1993）；LeDoux（1996，2002）；Milad and Quirk（2012）；Sehlmeyer et al（2011）；Rauch et al（2006）；Likhtik et al（2005）；Gilboa et al（2004）；Barad（2005）；Urry et al（2006）；Milad et al（2014）；Graham and Milad（2011）。

132. Beck and Emery（1985）；Barlow（2002）；Borkovec et al（2004）；Foa and Kozak（1986）；Lovibond et al（2009）。

133. The examples above are from Grupe and Nitschke（2013）。

134. Aupperle and Paulus（2010）；Shackman et al（2011）。

135. Straube et al（2006）；Hauner et al（2012）；de Carvalho et al（2010）；Schienle et al（2007）；Klumpp et al（2013，2014）。

136. Yook et al（2010）；Dupuy and Ladouceur（2008）；Carleton（2012）；Reuther et al（2013）；Whiting et al（2014）；McEvoy and Mahoney（2012）；Mahoney and McEvoy（2012）。

137. Somerville et al（2010）；Bechtholt et al（2008）；Grillon et al（2006）；Baas et al（2002）；Straube et al（2007）；Alvarez et al（2011）；Adhikari（2014）。

138. Butler and Mathews（1983，1987）；Foa et al（1996）；Gilboa-Schechtman et al（2000）；Borkovec et al（1999）；Stöber（1997）；Mitte（2007）；Volz et al（2003）；Knutson et al（2005）；Preuschoff et al（2008）；Padoa-Schioppa and Assad（2006）；Peters and Büchel（2010）；Plassmann et al（2010）；Rangel and Hare（2010）；Schoenbaum et al（2011）；Wallis（2012）；Gottlich et al（2014）。

139. Shackman et al（2011）。

140. Summarized by Grupe and Nitschke（2013）。

第 5 章

1. Tinbergen（1951），pp. 4-5。

2. Darwin（1872）。

3. Darwin（1859）。

4. Duchenne（1862）。

5. 根据 Schott（2013）的研究，Duchenne 发现古代雕刻家在看待面部肌肉在情绪表达中的作用时存在细微的错误。

6. Plutchick（1980），p. 3。

7. Keller（1973），p. 49。

8. Oliver Sacks（2014）在《纽约书评》（New York Review of Books）上发表了一篇文章，其中引用了 Darwin（1881）关于蔬菜霉菌和蠕虫习性的书的内容。

9. Darwin, quoted in Knoll（1997），p. 15。

10. Romanes（1883）。

11. Romanes（1882）。Quoted in Keller（1973），p. 49。

12. Keller（1973），p. 49。

13. See Kennedy（1992）；Mitchell et al（1996）。

14. Knoll（1997）。

15. Heyes（1994，1995，2008）。

16. Morgan（1890–1891）。

17. Paraphrased from Keller（1973），p. 51。

18. Keller（1973），p. 40。

19. Keller（1973），p. 51。

20. This paragraph is based on Boring（1950）。

21. Wundt（1874）。

22. James（1890）。

23. James（1884）。

24. Thorndike（1898）。

25. Donahoe, J.W.（1999）。

26. Summarized in Keller（1973）。

27. Watson（1913，1919，1925）。

28. Skinner（1938）。

29. Watson（1925）。

30. Skinner（1938，1974）。

31. Tolman（1932，1935）；Hull（1943）。

32. Mowrer（1939，1940，1960）；Mowrer and Lamoreaux（1942，1946）；Miller（1948）；Dollard and Miller（1950）。

33. McAllister and McAllister（1971）；Masterson and Crawford（1982）；Bolles and Fanselow（1980）。

34. Skinner（1938）。

35. Hess（1962），p. 57。

36. Sheffield and Roby（1950）；Cofer（1972）。

37. Berridge（1996）；Berridge and Winkielman（2003）；Castro and Berridge（2014）；Winkielman et al（2005）。

38. Morgan（1943）；Stellar（1954）；Konorski（1948，1967）；Hebb（1955）；Bindra（1969）；Rescorla and Solomon（1967）。

39. LeDoux（2012, 2014）。

40. LeDoux（2012, 2014）。

41. 关于"先天"的讨论见第 3 章。

42. Tomkins（1962, 1963）。

43. Izard（1971, 1992, 2007）。

44. Ekman（1977, 1984, 1999）；Ekman and Friesen（1975）。

45. Panksepp（1980, 1998）；Johnson-Laird and Oatley（1992）。

46. Ekman（1980, 1984, 1992a, 1992b, 1993）。

47. Aoki et al（2014）；Sabatinelli et al（2011）。

48. http://www.nytimes.com/2009/02/15/weekinreview/15marsh.html? partner=rss&emc=rss& pagewanted=all&_r=0。

49. http://www.fastcompany.com/1800709/human-lie-detector-paul-ekman-decodes-facesdepression-terrorism-and-joy。

50. *Lie to Me*, on Fox. http://www.imdb.com/title/tt1235099/ ； http://www.theguardian.com/ lifeandstyle/2009/may/12/psychology-lyingmicroexpressions- paul-ekman。

51. 关于心理学定义的基本情绪的回顾见 Tracy 和 Randles（2011）。

52. Scarantino（2009）and Prinz（2004）survey the philosophy of basic emotions。

53. Ortony and Turner（1990）；Barrett（2006）；Barrett et al（2007）；LeDoux（2012）。

54. Leys（2012）。

55. Russell（1994）。

56. Scherer and Ellgring（2007）。

57. Rachel Adelson，"Detecting Deception,"http://www.apa.org/monitor/julaug04/detecting. aspx. Retrieved Nov. 21, 2014。

58. Barrett et al（2006, 2007）。

59. Barrett et al（2006, 2007）；Russell（2009）。

60. Mandler and Kessen（1959）。

61. Discussed in LeDoux（2012）。

62. Ekman（2003）。

63. Panksepp（1998, 2005, 2012）。

64. Damasio and Carvalho（2013）。

65. Mineka and Ohman（2002）；Ohman and Mineka（2001）。

66. Cosmides and Tooby（1999, 2013）；Tooby and Cosmides（2008）。

67. One exception is Robert Levenson。

68. Panksepp（1998, 2005, 2012）；Panksepp and Panksepp（2013）；Vandekerckhove and Panksepp（2009, 2011）。

69. Panksepp（1998）, p. 234。

70. 除了 Panksepp 的论文，他的观点也出现在他的同事 Douglass Watt 的著作（Watt, 2005）和一个 Panksepp 促成的、在剑桥大学 2012 年的一次会议上的、由许多参与者签署的关于动物意识的"声明"中（Low et al., 2012）。Low 等人（2012）的文章最初出现在这个链接：http://fcmconferenceorg/。剑桥大学丘吉尔学院。2014 年 12 月 24 日的一次搜索显示，它出现在：http://fcmconference.org/img/cambridgeationonconsciousness.pdf。

71. Panksepp（1998）。

72. Panksepp（1998）, p. 122。

73. Panksepp（1998）, p. 26。

74. Panksepp（1998）, p. 208。

75. Panksepp（1998）, p. 213。

76. Panksepp 用大写字母表示情绪控制系统的名称（例如，FEAR- 恐惧）。简单起见，我使用了小写字母。

77. Sternson（2013）；Lin et al（2011）。

78. Panksepp（1998, 2011）；Panksepp and Panksepp（2013）。

79. Heath（1954, 1963, 1972）；Heath and Mickle（1960）。

80. Panksepp（1998）, p. 213。

81. Vandekerckhove and Panksepp（2009, 2011）。

82. Panksepp（1998）。

83. Panksepp（1998）, p. 214。

84. Heath（1954, 1963, 1972）；Heath and Mickle（1960）。

85. Crichton（1972）。

86. Percy（1971）。

87. 有关争议的摘要参见 Baumeister（2000, 2006）。他指出，因为该项目的主要目的是进行研究，而不是治疗患者，所以关键问题在于患者是否同意参与。尽管近年来知情同意的标准已大幅提高，但 Baumeister 的结论是，即使是按照当时较低的标准，该项目也未能取得患者的同意。

88. See, for example, Gloor et al（1982）；Halgren（1981）；Halgren et al（1978）；Lanteaume et al（2007）；Nashold et al（1969）；Sem-Jacobson（1968）。

89. Baumeister（2006）。

90. Berridge and Kringelbach（2008，2011）。

91. Panksepp（1998），p. 214。

92. Halgren（1981）；Halgren et al（1978）。

93. Halgren（1981）；Halgren et al（1978）。

94. Berrios and Markova（2013）。

95. Lindsley（1951）；Aston-Jones et al（1986，1991，2000）；Saper（1987）。

96. Festinger（1957）；Schachter and Singer（1962）。

97. Festinger（1957）；Schachter and Singer（1962）；Nisbett and Wilson（1977）；Wilson（2002）；Kelley（1967）。

98. Schachter and Singer（1962）。

99. Hooper and Teresi（1991），pp. 152−61。

100. LeDoux et al（1977）；Gazzaniga and LeDoux（1978）。

101. Heath（1964），p. 78。

102. James（1884，1890）。

103. Cannon（1927，1929，1931）。

104. 情绪这一领域中身体反馈的特殊性研究的历史和现状综述见 Friedman（2010）、Critchley 等人（2001，2004）、Nicotra 等人（2006）。虽然这项研究显示出了身体反馈的一些特殊性，但对于情感反馈的必要性，它未能提供令人信服的证据。

105. Tomkins（1962，1963）；Izard（1971，1992，2007）。

106. Whissell（1985）；Buck（1980）。

107. Damasio（1994）。

108. Damasio（1994，1999）；Damasio et al（2013）；Damasio and Carvalho（2013）。

109. Damasio（1994）；Damasio and Carvalho（2013）。

110. Damasio（1996）。

111. Damasio（1999）；Damasio and Carvalho（2013）；Craig（2002，2003，2009）。

112. McEwen and Lasley（2002）；Sapolsky（1996）。

113. McGaugh（2003）。

114. Damasio（1994）。

115. Damasio et al（2000）。

116. Damasio et al（2013）；Damasio and Carvalho（2013）；Philippi et al（2012）。

117. Craig（2002，2003）。

118. Craig（2009）。

119. Gu et al（2013）；Morris（2002）；Critchley（2005，2009）；Jones et al（2010）；
　　Medford and Critchley（2010）；Singer et al（2004）；Singer（2006）；Singer（2007）。

120. Damasio et al（2013）；Damasio and Carvalho（2013）。

121. Philippi et al（2012）。

122. Laureys and Schiff（2012）。

123. Damasio et al（2000）。

124. Mobbs et al（2007）。

125. Damasio and Carvalho（2013）。

126. Damasio and Carvalho（2013）。

127. Damasio and Carvalho（2013）。

128. Dickinson（2008）。

129. Balleine and Dickinson（1991）；Balleine et al（1995）；Balleine（2005）；Balleine and
　　Dickinson（1998）。

130. Gould and Lewontin（1979）。

131. Dickinson（2008）。

132. Summarized in Keller（1973）。

133. Panksepp（1998），p. 38。

134. Everitt and Robbins（2005）；Dickinson（2008）；Castro and Berridge（2014）；
　　Winkielman and Berridge（2004）。

135. Huber et al（2011）；Baxter and Byrne（2006）；Brembs（2003）。

136. Johansen et al（2014）。

137. Whitten et al（2011）。

138. Berridge（1996）；Berridge and Winkielman（2003）；Castro and Berridge（2014）。

139. Winkielman et al（2005）。

140. Berridge and Winkielman（2003）；Cabanac（1996）。

141. Schultz（1997，2002）；Baudonnat et al（2013）；Schultz（2013）；Doll et al（2012）；
　　Berridge（2007）；Dalley and Everitt（2009）。

142. "奖赏激光"（reward lasers）。见 http://theconnecto.me/2012/03/reward lasers/（于 2014
　　年 10 月 30 日重新检索）。"北卡罗来纳大学教堂山医学院的 Garret D. Stuber 领导的
　　研究小组通过将大鼠和很细的光纤电缆相连，直接向它们的大脑发射激光。能够分
　　离出导致大鼠感到愉悦或焦虑的特定神经化学变化，并且在这两种神经化学变化之

间随意切换。"

143. http://www.dailymail.co.uk/sciencetech/article-2347921/Why-love-chocolate-Thesweet-treat-releases-feel-good-chemical-dopamine-brains-causing-pupils-dilate.html ; http://www.news-medical.net/health/Dopamine-Functions.aspx. Retrieved Dec. 23, 2014。

144. Everitt and Robbins（2005）；Castro and Berridge（2014）；Winkielman and Berridge（2004）。

145. Huber et al（2011）; Baxter and Byrne（2006）; Brembs（2003）; Bendesky et al（2011）; Bendesky and Bargmann（2011）; Lebetsky et al（2009）; Bargmann（2006, 2012）; Hawkins et al（2006）; Kandel（2011）; Byrne et al（1993）; Glanzman（2010）; Martin（2002, 2004）。

146. 诚然，这比多巴胺使动物产生快感的可能性更小，它们同样难以被证明。

147. Berridge（2007）。

148. van Zessen et al（2012）。

149. "Reward Lasers." *The Connectome*. http://theconnecto.me/2012/03/reward-lasers/. Retrieved October 30, 2014。

150. McCarthy et al（2010）；Baker et al（2004a, 2004b）；Wiers and Stacy（2006）。

151. Lamb et al（1991）。

152. Fischman（1989）；Fischman and Foltin（1992）。

153. Koob（2013）。

154. McCarthy et al（2010）；Baker et al（2004a, 2004b）；Wiers and Stacy（2006）。

155. Summary of the positive effects of hypnosis on pain by the American Psychological Association. http://www.apa.org/research/action/hypnosis.aspx. Retrieved Nov. 17, 2014；Spiegel（2007）；Butler et al（2005）。

156. Hoeft et al（2012）。

157. Fernandez and Turk（1992）；Price and Harkins（1992）；Rainville et al（1992）。

158. 愉悦和痛苦依赖于专门的感觉处理系统，这使得这些状态不同于情绪，比如恐惧、愤怒、快乐、爱、同理心等。这两类情绪都可以在有意识的大脑中被有意识地感受到，但这并不意味着愉悦和痛苦与传统的情绪是一样的。

159. Barrett（2006）；Barrett et al（2007）；Russell（2009）。

160. LeDoux（2012, 2014）。

第 6 章

1. Maugham（1949）。

2. 关于生物与精神状态意识的讨论见 Piccinini（2007）和 Rosenthal（2002）。

3. 这就是我所说的 "生物意识"（creature consciousness）和 "精神状态意识"（mental state consciousness），其他使用这些术语的人可能不会以完全相同的方式定义它们。

4. 关于动物意识的各种观点，见 Panksepp（1998, 2005, 2011）；Dixon（2001）；Edelman and Seth（2009）；Bekoff（2007）；Griffin（1985）；Heyes（2008）；Shea and Heyes（2010）；Weiskrantz（1995）；Masson and McCarthy（1996）；Dickinson（2008）；Grandin（2005）；Singer（2005）；Jane Goodall's Introduction in Hatkoff（2009），p. 13；LeDoux（2008, 2012, 2014, 2015）。

5. Gross（2013）；Gallup（1991）；Hampton（2001）；Griffin（1985）；Burghardt（1985, 2004）；Jane Goodall's Introduction in Hatkoff（2009），p. 13；Interview with primatologist Frans de Waal, http://www.wonderlance.com/february2011_scientech_fransdewaal.html, retrieved Nov. 5, 2014；Goodall（2013），" Should Apes Have Legal Rights? " *The Week*, http://theweek.com/article/index/247763/should-apes-have-legal-rights, retrieved Nov. 5, 2014。

6. Panksepp（1998）。

7. Clayton and Dickinson（1998）。

8. Panksepp（1998, 2011）；Damasio（1994, 1999, 2010），Vandekerckhove and Panksepp（2009, 2011）。

9. Edelman and Seth（2009）。

10. http://www.plantconsciousness.com/. retrieved Nov. 5, 2014；http://forums.philosophyforums.com/threads/are-cells-conscious-52606.html, retrieved Nov. 5, 2014。

11. Tononi（2005）；Chalmers（2013）。

12. Dennett（1991）；Churchland PM（1984, 1988a, 1988b）；Churchland PS（1986, 2013）；Graziano（2013）；Lamme（2006）。

13. Descartes（1637, 1644）。

14. Descartes（1637）；Shugg（1968）；Rosenfield（1941）；Haldane and Ross（1911）。

15. Boring（1950）。

16. Watson（1913, 1919, 1925）。

17. Strachey（1966–74）。

18. Gardner（1987）。

19. Neisser（1967）。

20. Lashley（1950）。

21. Bargh（1997）；Bargh and Ferguson（2000）；Bargh and Morsella（2008）；Wilson（2002）；Wilson and Dunn（2004）；Jacoby（1991）；Kihlstrom（1987）；Ohman（1988，2002）；Ohman and Soares（1991）；Ohman and Mineka（2001）；Ohman et al（2000）；Mineka and Ohman（2002）；Phelps（2006）。

22. Freud（1915）。

23. Dehaene et al（2006）。

24. Frith et al（1999）；Naccache and Dehaene（2007）；Weiskrantz（1997）；Dehaene et al（2003）；Dehaene and Changeux（2004）；Sergent and Reis（2007）；Koch and Tsuchiya（2007）。

25. Descartes（1637）；Shugg（1968）。

26. Dennett（1991）。

27. Dennett（1991）；Jackendoff（2007）；Wittgenstein（1958）；Alanen（2003）。

28. Lazarus and McCleary（1951）。

29. Shimojo（2014）；Kouider and Dehaene（2007）；Macknik（2006）。

30. 在各种研究中出现的一个问题是，被试在多大程度上否认了意识（因为掩蔽或脑损伤）或意识退化，而不是没有意识到刺激。当人们声称不知情时，他们有多不知情。这个问题已经有人提出了解决方法。例如，在一种方法中，被试被要求评估他们对自己判断的信心，判断他们是否看到了刺激，这些刺激的呈现方式会因实验者的不同而系统地变化。虽然对刺激被看到有一定的信心可以表明有少量的意识参与，但这并不等同于完全的有意识体验。关于意识退化会影响选择的论点并不十分令人信服，因为它导致了一个循环过程：如果它影响了选择，那么被试一定已经意识到了。关于刺激的无意识注入实际上是弱意识知觉的争论（Szczepanowski & Pessoa，2007；Mitchell & Greening 2012）。支持无意识注入的论据见 Merikle 等人（2001）、Kouider 和 Dehaene（2007）的研究。当然，意识是有层次的，而不是一个"全有或全无"的存在状态，退化的意识（例如，"我认为可能有一些水果出现在了屏幕上"）与成熟的意识体验（例如，"我看到一个红苹果茎和虫洞"）不同。个体感受到的性质也是完全不同的。

31. 一种方法是使用双稳态的图像。在这种方法中，当每只眼睛看到不同的图像时，被试每次只能有意识地意识到一个。这也可以被用来评估"不可见"图像的效果（Maier et al.，2012）。另一种方法涉及连续闪光抑制（Yang et al.，2014；Sterzer et al.，2014）。

到目前为止，在大多数研究方法中，意识被认为是一种全有或全无的现象。最近，一些研究者提出了一个问题：我们是否应该把意识看作是一个连续体。在这种观点下，我们不应该问被试是"看到"还是"没有看到"刺激，而是应该问这个人对看到或没有看到刺激有多自信（Sahraie et al.，1998；Tunney，2005）。这仍然是一个口头报告，因此是一个主观的衡量。另一些人则认为，通过对看到的东西下注，可以更直接地估计意识的程度（Persaud et al.，2007；Seth et al.，2008），但是这种方法也存在一些问题（Overgaard et al.，2010）。

32. Romanes（1882，1883）；Jane Goodall's Introduction in Hatkoff（2009），p. 13。　要理解为什么复杂的行为不是意识的证明，请参阅 Smith 等人（2012）、Fleming 等人（2012）、Wynne（2004）、Harley（1999）。

33. 这种方法的危险性可以用我在前几章中考虑的结果来说明。当人们在经历巴甫洛夫威胁条件反射时，他们常常会意识到 CS 和 US 以及它们之间的关系，但是这种能力并不是 CS 诱发条件反应的基础（见第 8 章）。

34. Amsterdam（1972）。

35. Povinelli et al（1997）；Reiss and Marino（2001）；Uchino and Watanabe（2014）；Plotnik et al（2006）；Gallup（1991）；Keenan et al（2003）。

36. Heyes（1994，1995，2008）。

37. Heyes（2008）强调了两种研究的区别，一种研究使用替代假设的测试来区分有意识的状态和无意识的状态（Hampton，2001），另一种研究从动物有意识的假设开始，试图确定这种能力是如何受到某种操纵的影响的（Cowey & Stoerig，1995；pold & Logothetis，1996）。Smith 等人（2012）也讨论了这些问题。

38. Weiskrantz（1977）；Weiskrantz（1997），p. 75。

39. Cowey and Stoerig（1992），pp. 11-37。

40. Weiskrantz（1997），p. 75。

41. Smith et al（2012）；Hampton（2009）；Shea and Heyes（2010）；Smith（2009）。

42. Metcalfe and Shimamura（1994）；Flavell（1979）；Kornell（2009）；Terrace and Metcalfe（2004）。

43. Sahraie et al（1998）；Tunney（2005）。

44. Persaud et al（2007）。

45. Persaud et al（2007）。

46. Seth（2008）；Overgaard et al（2010）。

47. Smith et al（2012）。

48. Crystal（2014）；Heyes（2008）；Fleming et al（2012）；Wynne（2004）；Harley（1999）。

49. Smith et al（2012）。

50. Tulving（2001，2005）。

51. Tulving（2005）。

52. Tononi and Koch（2015）。

53. Frith et al（1999）。

54. Dennett（1991）。

55. Edelman（1989）；Jackendoff（2007）；Wittgenstein（1958）；Alanen（2003）；Carruthers（1996，2002）；Macphail（1998，2000）；Bridgeman（1992）；Chafe（1996）；Fireman et al（2003）；Lecours（1998）；Ricciardelli（1993）；Searle（2002）；Sekhar（1948）；Stamenov（1997）；Subitzky（2003）；Clark（1998）；Bloom（2000）；Rosenthal（1990b）。

56. Rolls（2008）。

57. Preuss（1995，2001）；Wise（2008）。

58. Semendeferi et al（2011）；Barbey et al（2012）；Gazzaniga（2008）；Preuss（2001）；Wise（2008）；Bendarik（2011）；Falk（1990）。

59. Gazzaniga and LeDoux（1978）；Gazzaniga（2008）。

60. 但他们被剥夺了在社交场合使用语言学习的能力，并可能会因此而遭受痛苦。Oliver Sacks（1989）描述了其中的一些后果。

61. LeDoux（2008）。其他人也有相同的观点，见 Jackendoff（1987，2007）、Dennett（1991）。

62. Wittgenstein（1958），p. 223。

63. http://www.theconsciousnesscollective.com/. Retrieved Nov. 6，2014。

64. http://www.nytimes.com/2012/12/10/nyregion/jamming-about-the-mind-at-qualiafest. html?_r=0. Retrieved Nov. 6，2014。

65. Nagel（1974）。

66. Chalmers（1996）。写这本书时，Chalmers 正在加州大学圣克鲁斯分校（University of California at Santa Cruz）工作。

67. Chalmers（1996）；Block（2007）。

68. Chalmers 在 2015 年 2 月 19 日的一封邮件中对我说过。

69. Edelman（2004）；Block（2007）；Papineau（2002）；Dennett（1991）；Rosenthal（1990a，1993，2005）；Humphrey（2006）。

70. 更多广泛回顾意识的理论和讨论见 Seth 等人（2008）、Searle（2000）、Seth（2009）、Flanagan（2003）、Hobson（2009）、Edelman（2001，2004）、Hameroff 和 Penrose（2014）、Tononi（2012）、Metzinger（2008）、Hurley（2008）、O'Regan 和 Noë（2001）、Papineau（2008）、Humphrey（2006）、Noe（2012）、Greenfield（1995）。

71. Johnson-Laird（1988，1993）；Dennett（1991）；Norman and Shallice（1980）；Shallice（1988）；Baddeley（2000，2001）；Gardiner（2001）；Schacter（1989，1998）；Schacter et al（1998）；Frith et al（1999）；Frith and Dolan（1996）；Frith（1992，2008）；Courtney et al（1998）。

72. Hassin et al（2009）；Kintsch et al（1999）；Cowan（1999）；O'Reilly et al（1999）；Ellis（2005）；Ercetin and Alptekin（2013）。

73. Rosenthal（2005；2012）；Armstrong（1979）；Carruthers（1996，2002，2009，2014）；Lycan（1986，1995）。

74. Rosenthal（2005，2012）。

75. Rosenthal（2005，2012）。

76. Sekida（1985），p. 110。

77. Heyes（2008）。

78. Cleeremans（2008，2011）。

79. Dennett（1991）。

80. Gazzaniga（1988，1998，2008，2012）。

81. Weiskrantz（1997）；Dehaene and Changeux（2004）。

82. Weiskrantz（1997），p. 167。

83. Baars（1988，2005）；Baars et al（2013）；Baars and Franklin（2007）；Cho et al（1997）。

84. Dehaene and Changeux（2004，2011）；Dehaene et al（1998，2003）；Dehaene and Naccache（2001）。

85. Murray Shanahan and Bernard Baars；comment in Block（2007）。

86. Brentano（1874/1924）；Metzinger（2003）；Burge（2006）；Block（2007）。

87. Block（2007），p. 485。

88. Block（1990，1992，1995a，1995b，2002，2007）。

89. Block（1990，1992）；此后，他提出将现象意识简单地称为现象学。

90. Block（2007）。

91. 虽然最近的研究表明，注意前感觉记忆可以被表述出来，这种表述受影响的方式与意识知觉体验受影响的方式相似（Vandenbroucke et al.，2012），但这并不表明注意前感觉加工或记忆是有意识的。

92. Naccache and Dehaene（2007）。

93. Desimone（1996）；Miller and Desimone（1996）；Miller et al（1996）。

94. Zeman（2009）。

95. Putnam（1960）。

96. Fodor（1975）。

97. Crick and Koch（1990，1995，2003）；Koch（2004）。

98. Livingston（2008）；Purves and Lotto（2003）。

99. Critchley（1953）。

100. Humphrey（1970，1974）；Cowey and Stoerig（1995）；Stoerig and Cowey（2007）。

101. Weiskrantz（1997）。

102. Milner and Goodale（2006）。

103. Weizkrantz（1997）。

104. Ungerleider and Mishkin（1982）；Milner, D.A. and Goodale, M.（2006）。

105. Frith et al（1999）；Rees and Frith（2007）；Lau and Passingham（2006）；Dehaene and Naccache（2001）；Dehaene et al（2003）。

106. Meyer（2011）。

107. Persaud et al（2011）；Lau and Passingham（2006）。

108. Vuilleumier et al（2008）；Del Cul et al（2009）；Pascual-Leone and Walsh（2001）。

109. Weiskrantz（1997）；Wheeler et al（1997）；Courtney et al（1998）；Knight and Grabowecky（2000）；Maia and Cleeremans（2005）；Bor and Seth（2007）；Mazoyer et al（2001）。

110. Edelman（1987）。

111. Geschwind（1965a，1965b）；Jones and Powell（1970）；Mesulam et al（1977）；Damasio（1989）。

112. Fuster（1985，1991，2006）；Fuster and Bressler（2012）；Goldman-Rakic（1995，1996）；Levy and Goldman-Rakic（2000）。

113. Crick and Koch（1990，1995，2003）；Koch（2004）。

114. Koch 最近的研究表明，视觉感知过程中视觉前额叶网络的功能连接的变化支持了意识中远程连接的重要性（Imamoglu et al.，2012）。

115. Meyer（2011）。

116. 然而，Koch 确实提出，如果前额叶皮层受损，那么视觉皮层可能在没有认知通路的情况下创造出一种简单的现象意识（Christof Koch & Naotsugu Tsuchiya, 2007）。他现在也强调要分离注意和意识。

117. Edelman（1987，1989，1993）。

118. Gaillard et al（2009）。

119. Lamme（2006）；van Gaal and Lamme（2012）。

120. Tononi（2005，2012）。

121. Rosenthal（2012）。

122. Dehaene et al（2006）。

123. Block（2005）。

124. See Block（2007）。

125. Block（2007）。

126. Rees et al（2000，2002）；Driver and Vuilleumier（2001）。

127. Berger and Posner（2000）；Mesulam（1999）；Critchley（1953）。

128. 他们还指出，某些丘脑区域和屏状核也可能起作用。

129. See responses to Block（2007）。

130. Lau and Brown. http://consciousnessonline.com/2012/02/17/empty-thoughts-anexplanatory-problem-for-higher-order-theories-of-consciousness/. Retrieved Jan. 20, 2015。

131. Davies, M., http://www.mkdavies.net/Martin_Davies/Mind_files/Ischia1.pdf. Retrieved Jan. 20, 2015。

132. 另一位牛津大学的哲学家 Nicholas Shea 持更为积极的观点（Shea, 2012）。他试图证明现象意识是一种自然的意识，并提出了检验这一观点的方法。

133. Zeman（2009）。

134. Papineau（2008）。

135. Merker（2007）。

136. Dickinson（2008）。

137. Merker（2007）。

138. Renier et al（2014）；Sadato（2006）；Neville and Bavelier（2002）；Sur et al（1999）。

139. Lennenberg（1967）；Basser（1962）；Vanlancker-Sidtis（2004）。

140. Vandekerckhove and Panksepp（2009）。

141. Vandekerckhove and Panksepp（2011）。

142. Dickinson（2008）；Smith et al（2012）；Fleming et al（2012）；Wynne（2004）；Harley（1999）；Weiskrantz（1997）。

143. Bor and Seth（2012）；Prinz（2012）；Baars（1988，2005）；Johnson-Laird（1988，1993）；Frith et al（1999）；Frith and Dolan（1996）；Frith（1992，2008）；Schacter（1989，1998）；Schacter et al（1998）；Dehaene et al（2003）；Dehaene and Changeux（2004）；Naccache and Dehaene（2007）。

144. Carretie（2014）；Han and Marois（2014）；Ansorge et al（2011）；Jonides and Yantis（1988）；Abrams and Christ（2003）；Ohman and Mineka（2001）；Vuilleumier and Driver（2007）。

145. Prinz（2012）；Bor and Seth（2012）。

146. Cohen et al（2012）。

147. van Boxtel et al（2010）；Cohen et al（2012）；Hassin et al（2009）；Soto et al（2011）。

148. Tsuchiya and Koch（2009）；Ansorge et al（2011）；Kiefer（2012）。

149. van Gaal and Lamme（2012）；Thakral（2011）。

150. Behrmann and Plaut（2013）。

151. Goldman-Rakic（1987，1995，1999）；Fuster（1989，2000，2003）；Curtis（2006）；Miller and Cohen（2001）；Bor and Seth（2012）。

152. Faw（2003）；Goel and Vartanian（2005）；Barde and Thompson-Schill（2002）；Muller et al（2002）；D'Esposito et al（1999）；Duncan and Owen（2000）。

153. Rolls et al（2003）；Rolls（2005）；Kringelbach（2008）；Damasio（1994，1999）；Faw（2003）；Damasio（1994，1999）；Medford and Critchley（2010）；Posner and Rothbart（1998）；Mayr（2004）；Vogt et al（1992）；Devinsky et al（1995）；Shenhav et al（2013）；Carter et al（1999）；Oakley（1999）；Reinders et al（2003）；Ochsner et al（2004）；Medford and Critchley（2010）；Hasson et al（2007）；Crick and Koch（2005）；Craig（2002，2003，2009，2010）；Bechara et al（2000）；Clark et al（2008）；Damasio et al（2013）；Philippi et al（2012）；Damasio and Carvalho（2013）；Hinson et al（2002）；Critchley et al（2004）；Critchley（2005）；Smith and Alloway（2010）；Thomson（2014）；Stevens（2005）。

154. For example, see Phillipi et al（2012）。

155. Cotterill（2001）；O'Keefe（1985）；Gray（2004）；Kandel（2006）。

156. van Gaal and Lamme（2012）。

157. Demertzi et al（2013）。

158. Demertzi et al（2011）。

159. Crick and Koch（2003）。

第 7 章

1. Butler（1917）。

2. 这句话是 Aldous Huxley 说的，但来源无法证实。Aldous Huxley Quotes. Quotes.net. Retrieved February 17, 2014, from http://www.quotes.net/quote/52460 。

3. Tulving（1972, 1983, 2002, 2005）。

4. Schacter（1985）；Squire（1987, 1992）。

5. Tulving（1989）；Schacter（1985）；Squire（1987, 1992）。

6. Tulving（2002, 2005）；Suddendorf and Corbalis（2010）。

7. Tulving（2002, 2005）；Suddendorf and Corbalis（2010）。

8. LeDoux（2002）。

9. Tulving（1983）；Greenberg and Verfaellie（2010）；Simons et al（2002）。

10. Scoville and Milner（1957）；Milner（1962, 1965, 1967）。

11. Suzuki and Amaral（2004）。

12. 研究表明，虽然海马体对有意识记忆是必要的，但海马体也参与了外显记忆的无意识加工（Hannula & Greene, 2012）。

13. Wheeler et al（1997）；Buckner and Koutstaal（1998）；Garcia-Lazaro et al（2012）；Lee et al（2000）；Rugg et al（2002）；Mayes and Montaldi（2001）；Fletcher and Henson（2001）；Yancey and Phelps（2001）；Buckner et al（2000）；Cabeza and Nyberg（2000）。

14. Cabeza et al（2012）；Schoo et al（2011）；Hutchinson et al（2009）。

15. Barrouillet et al（2004, 2007）。

16. Vredeveldt et al（2011）。

17. 活动记忆和非活动记忆的区别引自 Lewis 的文章，Lewis 在不同情境中使用了这种记忆分类（Lewis, 1979）。

18. Barbas（1992, 2000）；Fuster（2008）。

19. Vargha-Khadem et al（2001）；de Haan et al（2006）；Dickerson and Eichenbaum（2010）；Mayes and Montaldi（2001）。

20. Moscovitch et al（2005）。

21. Strenziok et al（2013）。

22. Bechara et al（1995）；LaBar et al（1995）。

23. Shimamura（1986）；Wiggs and Martin（1998）；Farah（1989）；Hamann and Squire（1997）。

24. Marcel（1983）；Dehaene et al（1998，2006）；Naccache et al（2002）；Greenwald et al（1996）。对无意识启动的极限的讨论见 Abrams 和 Greenwald（2000）及 Merikle 等（1995）。

25. Hamann and Squire（1997）；Schacter（1997）；Schacter and Buckner（1998）。

26. Dell'Acqua and Grainger（1999）。

27. Scoville and Milner（1957）；Milner（1965）；Corkin（1968）；Squire（1987）；Squire and Cohen（1984）；Cohen and Squire（1980）。

28. Squire（1987）；Squire and Kandel（1999）；LeDoux（1996）。

29. Tulving（1972，1983，2002，2005）；Reber et al（1980）；Seger（1994）。

30. Marr（1971）；Mizumori et al（1989）；O'Reilly and McClelland（1994）；Recce and Harris（1996）；Willshaw and Buckingham（1990）；Rolls（1996）。

31. Liddell and Scott's Lexicon. http://www.perseus.tufts.edu/hopper/text? doc=Perseus%3At ext%3A1999.04.0058%3Aentry%3Dnoe%2Fw. Retrieved Nov. 7, 2014。

32. Tulving（2001，2002，2005）；Gardiner（2001）；Klein（2013）；Metcalfe and Son（2012）。

33. Conway（2005）；Marsh and Roediger（2013）。

34. Frith and Frith（2007）。

35. Lewis（2013）。

36. Gazzaniga（1988，1998，2008，2012）。

37. 为了更清楚地区分"anoetic"和"autonoetic"，我把前者写为"a-noetic"。

38. Tulving（1985）；Ebbinghaus（1885/1964）。

39. 我联系了 Tulving，想要弄明白他将无意识状态视为有意识状态还是无意识状态这一模棱两可的问题。从我们 2013 年 7 月 24 日的电子邮件通信中可以看出，Tulving 使用"a-noetic consciousness"这个词时，似乎并不是指精神状态（现象）意识。相反，他指的是一种状态，在这种状态下，意识是缺乏的，但有机体是活的，能够处理信息和行为（类似于生物意识）。Tulving 承认，他所说的"纯粹理性意识"（a-noetic consciousness）会被其他大多数科学家称为"无意识状态"（nonconscious states）。

40. Vandekerckhove and Panksepp（2009，2011）。

41. Marcel（1983）；Dehaene et al（1998，2006）；Naccache et al（2002）；Greenwald et al（1996）。对无意识启动的极限的讨论见 Abrams 和 Greenwald（2000）及 Merikle 等（1995）。

42. Shimamura（1986）；Hamann and Squire（1997）。

43. Taylor and Gray（2009）; Gallistel（1989）; Dickinson（2012）; Clayton（2007）; Premack（2007）; Wasserman（1997）; Mackintosh（1994）; Clayton and Dickinson（1998）。

44. Pahl et al（2013）; Chittka and Jensen（2011）; Srinivasan（2010）; Webb（2012）; Skorupski and Chittka（2006）; Menzel and Giurfa（1999）; Gould（1990）; Giurfa（2013）。

45. Tulving（2005）。

46. Clayton and Dickinson（1998）。

47. Menzel（2005）。

48. Eichenbaum and Fortin（2005）; Fortin et al（2004）; Allen and Fortin（2013）。

49. Clayton and Dickinson（1998）。

50. Menzel（2009）。

51. Clayton et al（2003）; Suddendorf and Busby（2003）; Suddendorf and Corbalis（2010）。

52. Dickerson and Eichenbaum（2010）。

53. McKenzie et al（2014）。

54. Allen and Fortin（2013）。

55. Eichenbaum（1992, 1994, 2002）; Kesner（1995）; Olton et al（1979）; McNaughton（1998）; Wilson and McNaughton（1994）; McGaugh（2000）。

56. Kesner and Churchwell（2011）; Sullivan and Brake（2003）; Thuault et al（2013）。

57. Preuss（1995）; Wise（2008）。

58. Semendeferi et al（2011）; Gazzaniga（2008）。

59. Dere et al（2006）; Menzel（2005）; Belzung and Philippot（2007）; Suddendorf and Butler（2013）; Plotnik et al（2010）; Salwiczek et al（2010）; Suddendorf and Corbalis（2007, 2010）; Suddendorf et al（2009）。

60. Frith et al（1999）; Naccache and Dehaene（2007）; Weiskrantz（1997）; Dehaene et al（2003）; Dehaene and Changeux（2004）; Claire Sergent and Geraint Rees, comment in Block（2007）; Christof Koch and Naotsugu Tsuchiya, comment in Block（2007）。

61. Panagiotaropoulos et al（2014, 2013）; Safavi et al（2014）。

62. Preuss（1995）; Wise（2008）; Semendeferi et al（2011）; Gazzaniga（2008）。

63. Morgan（1890–1891）。

64. Boring（1950）; Keller（1973）; LeDoux（2014）。

第 8 章

1. Fowles（1965）。

2. Seligman（1971）；Ohman and Mineka（2001）。这里指的是，由于进化的原故，某些刺激比其他刺激更容易引发反应。

3. Ohman and Mineka（2001）；Ohman（2009）；Whalen et al（1998）；Whalen and Phelps（2009）；Olsson and Phelps（2004）；Esteves et al（1994）。

4. For example, see：Lazarus and McCleary（1951）；Ohman and Mineka（2001）；Olsson and Phelps（2004）；Lissek et al（2008）；Alvarez et al（2008）；Morris et al（1998, 1999）；Critchley et al（2002, 2005）；Williams et al（2006）；Hamm et al（2003）；Phelps（2005）；Morris et al（1998, 1999）；Whalen et al（1998）；Etkin et al（2004）；de Gelder et al（2005）；Hariri et al（2002）；Das et al（2005）；Williams et al（2006）；Luo et al（2009）；Mitchell et al（2008）；Vuilleumier（2005）。

5. Lazarus and McCleary（1951）；Ohman and Mineka（2001）；Olsson and Phelps（2004）；Lissek et al（2008）；Alvarez et al（2008）；Morris et al（1998, 1999）；Critchley et al（2002, 2005）；Williams et al（2006）。

6. 正如第 3 章所讨论的，我们很难从实验上区分我们在做决定时是真正有意识的，还是事后有意识地将决定合理化，但我们的一些决定似乎是我们有意识做出的。

7. Morris et al（1998, 1999）；Whalen et al（1998）；Etkin et al（2004）；de Gelder et al（2005）；Hariri et al（2002）；Das et al（2005）；Williams et al（2006）；Luo et al（2009）；Mitchell et al（2008）。

8. Vuilleumier and Schwartz（2001）；Vuilleumier and Driver（2007）；Anderson and Phelps（2001）；Vuilleumier（2005）；Hadj-Bouziane et al（2012）。

9. Maratos, E.J. Dolan, R.J. et al, *Neuropsychologia*（2001）39：910–20。

10. Ohman（2009）；Ohman and Mineka（2001）；Buchel and Dolan（2000）；Dolan and Vuilleumier（2003）；LaBar et al（1998）；Anderson and Phelps（2001）；Olsson and Phelps（2004）；Raio et al（2008）；Phelps（2006）；Vuilleumier（2005）；Morris et al（1998）；Pasley et al（2004）；Whalen et al（1998）；Liddell et al（2005）；Öhman（2002）；Brooks et al（2012）；Liddell et al（2005）；Williams et al（2006）；Zald（2003）；Luo et al（2009）；Mitchell et al（2008）。

11. Morris et al（2001）；Tamietto and de Gelder（2010）；Vuilleumier and Schwartz（2001）；Vuilleumier et al（2002）；Van den Stock et al（2011）；Ward et al（2005）；de Gelder et

al（1999）。

12. LaBar et al（1995）；Bechara et al（1995）。

13. Bechara et al（1995）。

14. Shanks and Dickinson（1990）；Shanks and Lovibond（2002）；Lovibond et al（2011）；Mitchell et al（2009）。

15. Schultz and Helmstetter（2010）；Asli and Falaten（2012）。

16. Knight et al（2009）。

17. Knight et al（2009）。

18. Bechara et al（1995）。

19. Anderson and Phelps（2001）；Vuilleumier（2005）；Hadj-Bouziane et al（2012）。

20. Gross and Canteras（2012）。

21. Everitt and Robbins（1999）；Cardinal et al（2002）；Holland and Gallagher（1999, 2004）；Balleine and Killcross（2006）；Balleine et al（2003）；Robbins et al（2008）。

22. Jones and Mishkin（1972）；Mishkin and Aggleton（1981）；Van Hoesen and Pandya（1975）。

23. LeDoux et al（1984）；Romanski and LeDoux（1992）；LeDoux（1996）。

24. LeDoux（1996）。

25. den Hulk et al（2003）；Heerebout and Phaf（2010）。

26. Morris et al（1999）；Luo et al（2010）。

27. Morris et al（2001）；Morris et al（2001）；Tamietto and de Gelder（2010）；Vuilleumier and Schwartz（2001）；Vuilleumier et al（2002）；Van den Stock et al（2011）；Ward et al（2005）；de Gelder et al（1999）。

28. Pourtois et al（2010）；Pourtois et al（2013）。

29. LeDoux（2008）；Vuilleumier（2005）；Pourtois et al（2013）；Pessoa and Adolphs（2010）。

30. Pessoa and Ungerleider（2004）；Pessoa et al（2002）。

31. Pessoa（2008, 2013）；Pessoa and Adolphs（2010）；Pessoa et al（2002）。

32. See Mitchell and Greening（2012）；Pessoa（2008, 2013）；Pessoa and Adolphs（2010）；Pessoa et al（2002）；Pessoa and Ungerleider（2004）。

33. Pessoa（2013）；Pessoa and Adolphs（2010）。

34. Repa et al（2001）。

35. Luo et al（2010）；Pourtois et al（2010）。

36. Repa et al（2001）；Josselyn（2010）；Han et al（2007，2009）；Reijmers et al（2007）；Garner et al（2012）。

37. 有关视觉皮层处理的注意放大的讨论，请参见第 6 章对 Koch 和 Crick 的意识的全局工作空间理论的讨论。

38. Mitchell and Greening（2012）。

39. Mitchell and Greening（2012）。

40. LeDoux（2008）；Vuilleumier（2005）；Pourtois et al（2013）；Pessoa and Adolphs（2010）。

41. Van den Bussche et al（2009a，2009b）；Kinoshita et al（2008）；Kouider and Dehaene（2007）；Abrams and Grinspan（2007）；Gaillard et al（2006）；Abrams et al（2002）；Lin and He（2009）；Yang et al（2014）；Kang et al（2011）。

42. See Mitchell and Greening（2012）。

43. Raio et al（2012）。

44. Bargh（1997）；Bargh and Chartrand（1999）；Bargh and Morsella（2009）；Wilson（2002）；Wilson and Dunn（2004）；Greenwald and Banaji（1995）；Phelps et al（2000）；Devos and Banaji（2003）；Debner and Jacoby（1994）；Kihlstrom（1984，1987，1990）；Kihlstrom et al（1992）。

45. Bargh（1997）。

46. Kubota et al（2012）；Phelps et al（2000）；Olsson et al（2005）；Stanley et al（2011）。

47. LeDoux（1996，2002）。

48. Bebko et al（2014）；Silvers et al（2014）；Gruber et al（2014）；Blechert et al（2012）；Ochsner et al（2002）；Shurick et al（2012）。

49. Bebko et al（2014）。

50. Amaral et al（1992）；Barbas（1992，2002）。

51. Buhle et al（2013）。

52. Delgado et al（2008）。

53. Simon（1967）。

54. Armony et al（1995，1997a，1997b）。

55. Armony et al（1997）。

56. Eysenck et al（2007）。

57. Anderson and Phelps（2001）；Mitchell and Greening（2012）；Williams et al（2006）；Vuilleumier（2005）；Hadj-Bouziane et al（2012）；Ohman et al（2001a，2001b）；

Anderson and Phelps（2001）；Schmidt et al（2014）；Kappenman et al（2014）；Lin et al（2009）；Ohman（2005）；Mohanty and Sussman（2013）；Vuilleumier and Driver（2007）；Mineka and Ohman（2002）；Ohman and Mineka（2001）；Fox et al（2000）；Vuilleumier and Schwartz（2001）；Raymond et al（1992）；Fox（2002）。

58. Kapp et al（1992）；Lang and Davis（2006）；Davis and Whalen（2001）；Holland and Gallagher（1999）；Mohanty and Sussman（2013）；Vuilleumier and Driver（2007）；Mineka and Ohman（2002）；Ohman and Mineka（2001）；Fox et al（2000）；Anderson and Phelps（2001）；Bar et al（2006）。

59. Raymond et al（1992）。

60. Anderson and Phelps（2001）。

61. Anderson and Phelps（2001）。

62. Price et al（1987）。

63. Amaral et al（1992，2003）。

64. Phelps et al（2006）。

65. Mitchell and Greening（2012）；Williams et al（2006）。

66. Mitchell and Greening（2012）。

67. Kapp et al（1992）；Lang and Davis（2006）；Morris et al（1997，1998b）；Hurlemann et al（2007）；Aston-Jones et al（1991）；Woodward et al（1991）；Davis and Whalen（2001）；Sara（1989，2009）；Sara et al（1994）；Foote et al（1980，1983）。

68. Lindsley（1951）。

69. Saper（1987）。

70. McCormick（1989）；McCormick and Bal（1994）；Woodward et al（1991）；Edeline（2012）；Aston-Jones et al（1991）；Aton（2013）；Levy and Farrow（2001）；Gordon et al（1988）；Singer（1986）；Morrison et al（1982）；Arnsten（2011）；Ramos and Arnsten（2007）；Dalmaz et al（1993）；Johansen et al（2014）；Tully and Bolshakov（2010）；Bijak（1996）；Harley（1991）；Coull（1998）；Kapp et al（1992）；Lang and Davis（2006）；Hurlemann et al（2007）；Davis and Whalen（2001）。

71. Bentley et al（2003）。

72. Foote et al（1983）；Waterhouse and Woodward（1980）；Hasselmo et al（1997）。

73. Kapp et al（1992）；Lang and Davis（2006）；Davis and Whalen（2001）；Weinberger（1995）；Sears et al（2013）。

74. Holland and Gallagher（1999）；Gallagher and Holland（1994）；Lee et al（2010）。

75. Sears et al（2013）。

76. Grupe and Nitschke（2013）；Hayes et al（2012）；Barlow（2002）；Matthews and Wells（2000）；Mathews et al（1989）；McNally（1995）；MacLeod and Hagen（1992）；Lang et al（1990）。

77. Miller and Cohen（2001）；Botvinick et al（2001）；Golkar et al（2012）；Beer et al（2006）；Shallice and Burgess（1996）；Amstadter（2008）；Gross（2002）。

78. Vallesi et al（2009）。

79. Gangestad and Snyder（2000）；Riggio and Friedman（1982）；Gyurak et al（2011）。

80. Goleman（2005）。

81. Wood et al（2013）；Berridge and Arnsten（2013）；Hart et al（2012）。

82. Schachter and Singer（1962）。

83. Posner et al（2005）；Russell and Barrett（1999）；Russell（2003）；Kuppens et al（2013）。

84. Schachter and Singer（1962）；Wilson and Dunn（2004）。

85. Forsyth and Eifert（1996）。

86. Lewis（2013）。

87. Forsyth and Eifert（1996）。

88. Piaget（1971）。

89. Posner et al（2005）；Russell（2003, 2009）；Izard（2007）。

90. Barrett（2006, 2009a, 2012）；Barrett et al（2007）；Lindquist and Barrett（2008）；Wilson-Mendenhall et al（2011, 2013）；Russell（2003, 2009）；Russell and Barrett（1999）；Barrett and Russell（2015）。

91. Kron et al（2010）。

92. 虽然我有一段时间写过关于成分的感觉（LeDoux, 1996），但我第一次使用汤的类比是在2014年（LeDoux, 2014）。Lisa Barrett还提出了一个烹饪类比（Barrett, 2009b）。

93. Levi-Strauss（1962）。

94. Prendergast and Forrest（1998），p. 169。

95. LeDoux（1996, 2002, 2008, 2012, 2014, 2015a, 2015b）。

96. Barrett（2006, 2009a, 2012）；Barrett et al（2007）；Lindquist and Barrett（2008）；Wilson-Mendenhall et al（2011, 2013）；Russell（2003, 2009）；Russell and Barrett（1999）；Barrett and Russell（2015）。

97. Barrett（2006, 2009a, 2012）；Barrett et al（2007）；Lindquist and Barrett（2008）；Wilson-Mendenhall et al（2011, 2013）；Russell（2003, 2009）；Russell and Barrett

（1999）；Barrett and Russell（2015）。

98. Noe（2012）。

99. LeDoux（1996，2002，2008，2012，2014，2015a，2015b）。

100. Lewis（2013）。

101. Marks（1987）。

102. Whorf（1956）；Sapir（1921）。

103. Prinz（2013）；Zhu et al（2007）；Hedden et al（2008）；Bowerman and Levinson
（2001）；Gentner and Goldin-Meadow（2003）；Kitayama and Markus（1994）；
Wierzbicka（1994）；Russell（1991）。

104. Adams et al（2010）；Chiao et al（2008）。

105. Forsyth and Eifert（1996）；Staats and Eifert（1990）。

106. LeDoux（1996），p. 302；LeDoux（2002）。

107. Epstein（2013）。

108. LeDoux（1996，2002，2008，2012，2014，2015a，2015b）。

第 9 章

1. Hitchens（2010），p. 367。

2. Menand（2014），p. 64。

3. Kierkegaard（1980）。

4. Gazzaniga（2012）；Wegner（2003）；Wilson（2002）。

5. Horwitz and Wakefield（2012）。

6. McNally（2009），p. 42。

7. "An Interview with Peter Lang." Retrieved Dec. 31, 2014, from：https：//www.sprweb.
org/student/interviews/interviewlang.htm。

8. Lang（1968，1978，1979）；Lang et al（1990）；Lang and McTeague（2009）。

9. 这在《言语行为》（*Verbal Behavior*）一书中得到了解释（Skinner，1957）。语言学家
Noam Chomsky 对 Skinner 的语言观进行了强烈批判，这也是促使心理学从行为主义向
认知主义转变的因素之一。

10. Forsyth and Eifert（1996）。

11. See Kozak and Miller（1982）；Zinbarg（1998）。

12. Lang（1968）；see also Kozak and Miller（1982）；Kozak et al（1988）；Zinbarg（1998）。

13. Rachman（2004）。

14. Summarized in Rachman（2004）。

15. Rachman（2004）。

16. Frith et al（1999）；Naccache and Dehaene（2007）；Weiskrantz（1997）；Dehaene et al（2003）；Dehaene and Changeux（2004）；Claire Sergent and Geraint Rees，comment in Block（2007）；Christof Koch and Naotsugu Tsuchiya，comment in Block（2007）。

17. Zinbarg（1998）。

18. Wilhelm and Roth（2001）；Clark（1999）；Beck（1970）。

19. Lang（1977，1979）；Lang et al（1990，2009）。

20. 顺便提一句，Lang 所说的"显性行为"（如回避）与生理反应之间的不协调，要多于"先天行为"（如木僵）与生理反应之间的不协调。这是因为先天行为有内在的生理反应模式，后天行为（如回避）则没有。这与人们讨论的话题不一致有关，因为人类的研究几乎总是关注习得行为，而不是先天行为。

21. LeDoux（2012，2014）。

22. Mandler and Kessen（1959）。

23. See Griebel and Holmes（2013）；Belzung and Lemoine（2011）。

24. Valenstein（1999）。

25. Valenstein（1999）。

26. Stossel（2013）。

27. Valenstein（1999）。

28. Skolnick（2012）。

29. John Ericson，"U.S. Doctors Prescribing More Xanax, Valium, and Other Sedatives than Ever Before." *Medical Daily*，Mar 9，2014. http://www.medicaldaily.com/usdoctors-prescribing-more-xanax-valium-and-other-sedatives-ever-270844. Retrieved Nov. 12，2014。

30. Carson et al（2004）。

31. See Griebel and Holmes（2013）；Kumar et al（2013）；Belzung and Griebel（2001）。

32. This paragraph is based on Griebel and Holmes（2013）。

33. Young et al（1998）；Insel（2010）；Striepens et al（2011）；Neumann and Landgraf（2012）；Dębiec（2005）；Cochran et al（2013）。

34. Eckstein et al（2014）。

35. MacDonald and Feifel（2014）。

36. Dodhia et al（2014）。

37. Lafenetre et al（2007）；Lutz（2007）；Riebe et al（2012）。

38. Neumeister（2013）；Vinod and Hungund（2005）。

39. 除下面第一点外，这一讨论基于 Belzung 和 Griebel（2001）、Griebel 和 Holmes（2013）、Belzung 和 Lemoine（2011）。

40. Spielberger（1966）。

41. Horikawa and Yagi（2012）。

42. Griebel and Holmes（2013）。

43. Bush et al（2007）；Cowansage et al（2013）。

44. Griebel and Holmes（2013）。

45. Burghardt et al（2004，2007，2013）。

46. McLean et al（2011）。

47. 这是因为雌性发情周期的循环激素增加了研究设计的可变性。

48. Gray（1982）。

49. Kagan（1994）；Kagan and Snidman（1999）；Rothbart et al（2000）。

50. See Kendler et al（1992a，1992b，1994，1995）；Hettema et al（2001）；Eysenck and Eysenck（1985）；Eley et al（2003）。

51. Stephens et al（1990）；Little（1990）；Watson（1990）。

52. Cowan et al（2000，2002）。

53. Hyman（2007）。

54. Fisher and Hariri（2013）；Hariri and Holmes（2006）；Hariri and Weinberger（2003）；Hariri et al（2006）。

55. Lesch et al（1996）。

56. Dincheva et al。

57. Friedman（2015）。

58. Reik（2007）；Miller（2010）；Mehler（2008）。

59. Hartley et al（2012）；Bishop et al（2006）；Hariri et al（2006）；Fisher and Hariri（2013）；Hartley and Casey（2013）；Casey et al（2011）；Frielingsdorf et al（2010）；Kaminsky et al（2008）；Nestler（2012）；McGowan et al（2009）；Szyf et al（2008）。

60. Horwitz and Wakefield（2012）。

61. Kendler（2013）。

62. Insel et al（2010）。

63. Galatzer-Levy（2013）。

64. Galatzer-Levy（2014）。

65. This paragraph is based on Hyman（2007）；Insel et al（2010）；Dillon et al（2014）。

66. 然而，DSM-5 更倾向于这个方向。

67. Hyman（2007）。

68. Insel et al（2010）；Morris and Cuthbert（2012）。

69. Simpson（2012）。

70. 有些回路，如涉及工作记忆、注意和其他执行功能的回路，在人类和非人类灵长类动物中得到了更好的探究，但其他许多过程，尤其是涉及皮层下回路的过程，在啮齿动物中更容易研究。此外，分子机制在许多情况下被高度保留，甚至可以在无脊椎动物中进行研究。

71. Rauch et al（2006）；Bremner（2006）；Bishop（2007）；Liberzon and Sripada（2008）；Koenigs and Grafman（2009）；Shin and Liberzon（2010）；Hughes and Shin（2011）；Olmos-Serrano and Corbin（2011）；Holzschneider and Mulert（2011）；Blackford and Pine（2012）；Fredrikson and Faria（2013）；Fisher and Hariri（2013）；Ipser et al（2013）；Schulz et al（2013）；Bruhl et al（2014）。

72. Etkin et al（2013）；Zalla and Sperduti（2013）；Dillon et al（2014）；Apkarian et al（2013）；Stone（2013）；Chiapponi et al（2013）；Mazefsky et al（2013）；Kennedy and Adolphs（2012）；Townsend and Altshuler（2012）；Mihov and Hurlemann（2012）；Hamilton et al（2012）；Kile et al（2009）；Jellinger（2008）；Horinek et al（2007）；Olmos- Serrano and Corbin（2011）；Amaral et al（2008）。

73. 来自 Tom Insel 于 2014 年 7 月 8 日发的一封电子邮件。

74. Grupe and Nitschke（2013）。

75. Tiihonen et al（1997）；Brandt et al（1998）。

76. Clark and Beck（2010）；Clark et al（1997）。

77. Grupe and Nitschke（2013）。

78. 这与第 3 章中讨论的 Loewenstein 等人（2001）的双重风险评估模型有一定的相似性。

79. Rachman（2004）；Barlow（2002）；Clark（1997）；Salkoviskis（1996）。

80. Festinger（1957）；Schachter and Singer（1962）；Heider（1958）；Abelson（1983）。

81. Gazzaniga and LeDoux（1978）；Gazzaniga（2008, 2012）。

82. Barrett（2013）；Barrett and Russell（2014）；Russell（2003）；Clore and Ortony（2013）。

83. Bouton et al（2001）。

84. James（1980），vol. 1, pp. 291–92。

第 10 章

1. Picoult（2011）。

2. 感谢波士顿大学的 Stephan Hofmann 指导了我对认知疗法的研究。

3. 请注意，我没有资格向个人提供治疗建议。如果你需要帮助，并发现这些想法很有趣且可能有用处，请与专业人士交谈，以帮助你决定这些想法是否对你的情况有价值。

4. http://www.apa.org/topics/therapy/psychotherapy-approaches.aspx。

5. Freud（1917）；Etchegoyen（2005）。

6. Shedler（2010）；McKay（2011）；Sundberg（2001）。

7. Greening（2006）；Kramer et al（2009）。

8. Wolpe（1969）；Eysenck（1960）；O'Leary and Wilson（1975）；Yates（1970）；Marks（1987）；O'Donohue et al（2003）；Lindsley et al（1953）；O'Donohue（2001）；Stampfl and Levis（1967）；Bandura（1969）；Ferster and Skinner（1957）。

9. Beck（1970，1976）；Ellis（1957，1980）；Ellis and MacLaren（2005）；Clark and Beck（2010）；Beck（2014）；Hofmann and Smits（2008）；Leahy（2004）。

10. Eifert and Forsyth（2005）；Hayes et al（2006）。

11. Khoury et al（2013）；Evans et al（2008）；Chiesa and Serretti（2011）；Yook et al（2008）；Goyal et al（2014）；Chugh-Gupta et al（2013）；Epstein（1995，2008，2013）。

12. Hayes et al（2006）。

13. Hammond（2010）；Armfield and Heaton（2013）；Golden（2012）。

14. Shapiro（1999）；McGuire et al（2014）；Rathschlag and Memmert（2014）；Nazari et al（2011）；Lu（2010）。

15. Faw（2003）；Osaka（2007）；Rolls et al（2003）；Rolls（2005）；Kringelbach（2008）；Damasio（1994，1999）；Medford and Critchley（2010）；Posner and Rothbart（1998）；Mayr（2004）；Vogt et al（1992）；Devinsky et al（1995）；Shenhav et al（2013）；Carter et al（1999）；Oakley（1999）；Reinders et al（2003）；Ochsner et al（2004）；Hasson et al（2007）；Crick and Koch（2005）；Craig（2002，2003，2009，2010）；Bechara et al（2000）；Clark et al（2008）；Damasio et al（2013）；Philippi et al（2012）；Damasio and Carvalho（2013）；Hinson et al（2002）；Critchley et al（2004）；Critchley（2005）；Smith and Alloway（2010）；Thomson（2014）；Stevens（2005）；Miller and Cohen（2001）；Posner（1992，1994）；Posner and Dehaene（1994）；Badgaiyan and Posner（1998）；Bush et al（2000）。

16. Hofmann（2008）。

17. Forsyth and Eifert（1996）。

18. Eysenck et al（2007）；Borkovec et al（1998）。

19. Hofmann（2008）；Ramnero（2012）；Powers et al（2010）；Feske and Chambless（1995）；Foa et al（1999）；Ost et al（2001）。

20. Craske et al（2008）；Bouton et al（2001）；Mineka（1985）；Eelen and Vervliet（2006）；Foa（2011）。

21. Hofmann（2008）；Craske et al（2014）。

22. Cited in Marks（1987），p. 458。

23. Foa et al（1999）；Hofmann（2008）；Ramnero（2012）；Powers et al（2010）；Feske and Chambless（1995）；Abramowitz（1997）；Ost et al（2001）；Mitte（2005）；Rubin et al（2009）；Hoyer and Beesdo-Baum（2012）。

24. Craske et al（1992）；Van der Heiden and ten Broecke（2009）；Borkovec et al（1998）；Neudeck and Wittchen（2012）。

25. Ramnero（2012）。

26. Mowrer（1947）；Dollard and Miller（1950）。

27. Wolpe（1958, 1969）；Lindsley et al（1953）；O'Donohue（2001）；Stampfl and Levis（1967）；Bandura（1969）；Ferster and Skinner（1957）。

28. Mowrer（1947）；Dollard and Miller（1950）；Miller（1948）；Mowrer（1950, 1951）。

29. Ricard and Lauterbach（2007）；Hofmann（2008）；Dymond and Roche（2009）。

30. Wolpe（1958）。

31. Abramowitz et al（2010）；Foa et al（2007）。

32. Meyer and Gelder（1963）；Ramnero（2012）。

33. Polin（1959）；Stampfl and Levis（1967）；Boulougouris and Marks（1969）。

34. Foa and Kozak（1985）。

35. Agras et al（1968）；Barlow（2002）。

36. Bandura（1977）；Rachman（1977）。

37. Rothbaum et al（2006）；Gerardi et al（2008）。

38. Hofmann（2008）；Marks（1987）。

39. Spence（1950）；Rescorla and Wagner（1972）；Bolles（1972）；O'Keefe and Nadel（1974）；Mackintosh（1994）；Dickinson（1981）。

40. Agras et al（1968）。

41. 早期的认知方法包括理性情绪疗法（Ellis, 1957, 1980）、认知重构（Goldfried et al., 1974）和认知 – 行为疗法（Beck, 1970）。

42. Levis（1999）。

43. Beck（1970, 1976）。

44. Levis（1999）。

45. Beck（1970, 1976）。

46. Beck（1970, 1976）；Beck et al（2005）；Beck and Haight（2014）。

47. Ellis（1957, 1980）；Ellis and MacLaren（2005）。

48. Clark（1986）。

49. Clark and Beck（2010）。

50. Ehlers and Clark（2000）；Ehlers et al（2005）。

51. Hayes et al（1999）；Eifert and Forsyth（2005）；Hayes（2004）。

52. Hofmann and Asmundson（2008）。

53. Hofmann and Asmundson（2008）。

54. Beck（1970, 1976）；Beck et al（2005）；Beck and Haight（2014）。

55. Kubota et al（2012）；Olsson et al（2005）；Phelps et al（2000）；Phelps（2001）。

56. Marks（1987）。

57. See Hofmann（2008）；Feske and Chambless（1995）。

58. Hofmann（2008）。

59. Hofmann（2008）；Craske（2008, 2014）；Seligman and Johnston（1973）；Bolles（1978）；Rescorla and Wagner（1972）；Rescorla（1988）；Dykman（1965）；Bouton et al（2001）；Kirsch et al（2004）；Dickinson（1981, 2012）；Gallistel（1989）；Bouton（1993, 2000, 2002）；Holland and Bouton（1999）；Pearce and Bouton（2001）；Pickens and Holland（2004）；Holland（1993, 2008）；Balsam and Gallistel（2009）；Gallistel and Gibbon（2000）。

60. Hofmann（2008）；Craske（2008, 2014）。

61. Myers and Davis（2007）；Bouton（1993, 2014）。

62. Rescorla and Wagner（1972）；Holland（1993, 2008）；Pickens and Holland（2004）；Bouton（1993, 2000, 2002）；Holland and Bouton（1999）；Pearce and Bouton（2001）。

63. Rescorla and Wagner（1972）。

64. Dickinson（2012）；Roesch et al（2012）；Goosens（2011）；van der Meer and Redish（2010）；Delgado et al（2008a）；Schultz and Dickinson（2000）；Schultz et al（1997）。

65. Bouton（2005）。

66. Morgan and LeDoux（1995, 1999）；Morgan et al（1993, 2003）；Quirk and Gehlert（2003）；Milad et al（2006）；Quirk and Beer（2006）；Quirk et al（2006）；Quirk and Mueller（2008）；Milad and Quirk（2012）；Myers and Davis（2002, 2007）；Sotres-Bayon et al（2004, 2006）；Sotres-Bayon and Quirk（2010）；Walker and Davis（2002）。

67. Phelps et al（2004）；Delgado et al（2006, 2008）；Rauch et al（2006）；Hartley and Phelps（2010）；Schiller et al（2013）；Milad and Quirk（2012）；Milad et al（2007）；Linnman et al（2012）。

68. Lang（1971）；Rachman and Hodgson（1974）。

69. Phelps et al（2004）；Delgado et al（2008b）；Schiller et al（2008, 2013）；Hartley and Phelps（2010）。

70. Ochsner and Gross（2005）；Ochsner et al（2002）。两项研究都发现了内侧和外侧 PFC 的参与，但有证据表明自上而下控制的效果同外侧 PFC 与语义处理区域的连接有关，内隐调节的效果同内侧 PFC 与杏仁核的直接连接有关。

71. Foa and Kozak（1986）；Salkovskis et al（2006）；Foa and McNally（1996）。

72. Foa and Kozak（1986）；Foa（2011）。

73. Lang（1977, 1979）。

74. This summary of prolonged exposure is based on Foa（2011）。

75. Myers and Davis（2007）；Bouton（1993, 2014）。

76. Rescorla and Wagner（1972）。

77. Lang（1971）；Rachman and Hodgson（1974）。

78. McNally（2007）；Dalgleish（2004）；Brewin（2001）。

79. Brewin（2001）；Dalgleish（2004）。

80. Siegel and Warren（2013）；Siegel and Weinberger（2012）。

81. Jacobs and Nadel（1985）。

82. Barlow（2002）；Durand and Barlow（2006）；Hofmann（2011）。

83. Borkovec et al（1998）；Barlow（2002）。

84. Eysenck et al（2007）。

85. Borkovec et al（1998）。

86. Borkovec et al（1998）。

87. Eysenck et al（2007）。

88. Newman and Borkovec（1995）。

89. Hofmann et al（2013）。

90. Barlow et al（2004）。

91. Craske et al（2008，2014）。

92. Delgado et al（2008）。

93. Schiller et al（2008，2013）；Schiller and Delgado（2010）；Delgado et al（2008）；Phelps et al（2004）；Milad et al（2005）；Milad et al（2007）；Linnman et al（2012）。

第 11 章

1. Pope（1803）。

2. The President's Council on Bioethics. *Beyond Therapy*：*Biotechnology and the Pursuit of Happiness*. Washington, D.C., October 2003。

3. Nader et al（2000）。

4. Blakeslee, Sandra（2000）。"Brain Updating May Explain False Memories." *New York Times*, Sept. 19, 2000. http://www.nytimes.com/2000/09/19/health/brain-updatingmachinery- may-explain-false-memories.html? module=Search&mabReward=relbias%3As%2C{%221%22%3A%22RI%3A6%22}。Retrieved Nov. 14, 2014。

5. Cloitre, Marylene（2000）。"Power to Erase False Memories." *New York Times*, Sept. 26, 2000. http://www.nytimes.com/2000/09/26/science/l-power-to-erase-memories- 343382.html? module=Search&mabReward=relbias%3Aw%2C{%221%22%3A%22RI%3A9%22}. Retrieved Nov. 14, 2014。

6. 这一观点与上一章中描述的 Peter Lang、Edna Foa 和 Michael Kozak 提出的情绪加工理论相似。

7. Morgan et al（1993）；Morgan and LeDoux（1995）。

8. LeDoux et al（1989）。

9. Milner（1963）；Teuber（1972）；Nauta（1971）；Goldberg and Bilder（1987）。

10. LeDoux（1996，2002）；Quirk and Mueller（2008）；Quirk et al（2006）；Milad and Quirk（2012）；Sotres-Bayon et al（2004，2006）；Lithtik et al（2005）；Duvarci and Paré（2014）；Paré and Duvarci（2012）；VanElzakker et al（2014）；Gilmartin et al（2014）；Gorman et al（1989）；Davidson（2002）；Bishop（2007）；Shin and Liberzon（2010）；Mathew et al（2008）；Charney（2003）；Casey et al（2011）；Patel et al（2012）；Vermetten and Bremner（2002）；Southwick et al（2007）；Yehuda and LeDoux（2007）。

11. Milad and Quirk（2012）；Quirk and Mueller（2008）；Quirk et al（2006）；Quirk and

Gehlert（2003）。

12. Morgan and LeDoux（1995）；Sotres-Bayon and Quirk GJ（2010）；Vidal-Gonzalez et al（2006）。

13. Phillips and LeDoux（1992，1994）；Kim and Fanselow（1992）；Frankland et al（1998）。

14. Maren（2005）；Ji and Maren（2007）；Maren and Fanselow（1997）；Sanders et al（2003）。

15. LeDoux（2002）；Johansen et al（2011）；Paré et al（2004）；Fanselow and Poulos（2005）；Sah et al（2003，2008）；Marek et al（2013）；Ehrlich et al（2009）；Maren（2005）；Maren and Quirk（2004）；Pape and Paré（2010）；Stork and Pape（2002）；Duvarci and Paré（2014）；Paré（2002）。

16. The extinction circuitry is based on work summarized in Morgan et al（1993）；Morgan and LeDoux（1995）；Riebe et al（2012）；Quirk et al（2010）；Herry et al（2010）；Ehrlich et al（2009）；Paré et al（2004）；Pape and Paré（2010）；Paré and Duvarci（2012）；Duvarci and Paré（2014）；Maren et al（2013）；Orsini and Maren（2012）；Bouton et al（2006）；Goode and Maren（2014）；Rosenkranz et al（2003）；Grace and Rosenkranz（2002）；Ochsner et al（2004）；Milad et al（2014）；Graham and Milad（2011）；Milad and Rauch（2007）。

17. Macdonald（1985）；Li et al（1996）；Woodson et al（2000）。

18. LeDoux（2002）；Johansen et al（2011）；*Bissière* et al（2003）；Paré et al（2003）；Ehrlich et al（2009）；Tully et al（2007）。

19. Pitkanen et al（1997）；Paré and Smith（1993，1993）；Paré et al（1995）；LeDoux（2002）。

20. Paré and Duvarci（2012）。

21. 将 BA 与 CeA 连接起来的确切途径是有争议的（有关讨论参见 Amano et al.，2011）。一个回路涉及 BA 与闰细胞之间的连接，然后连接到 CeA 的外侧，而另一个通路涉及 BA（尤其是副基底杏仁核，也被称为基底杏仁核）之间的连接，然后连接到 CeA 的内侧。这两条通路都可能导致消退。

22. BA 中的威胁神经元和消退神经元的区别是由 Herry 等人（2010）提出的，尽管他们将威胁神经元称为恐惧神经元。

23. Ciocchi et al（2010）；Ehrlich et al（2009）；Haubensak et al（2010）。

24. Morgan et al（1995）；Sotres-Bayon and Quirk（2010）。

25. Quirk et al（2008，2010）；Paré et al（2004）；Paré and Duvarci（2012）；Rosenkranz et

al（2003，2006）；Grace and Rosenkranz（2002）。

26. Maren et al（2013）。

27. Papini et al（2014）；Fitzgerald et al（2014）；Myskiw et al（2014）；Rabinak and Pham
（2014）；Andero et al（2012）；Bowers et al（2012）；Lafenetre et al（2007）；Dincheva
et al（2014）。

28. Thanks to Christopher Cain for this summary。

29. Bailey et al（1996）；Dudai（1996）。

30. Santini et al（2004）；Lin et al（2003）。

31. Tronson et al（2012）。

32. Stevens（1994）；Abel and Kandel（1998）；Lee et al（2008）；Alberini and Chen（2012）；
Josselyn et al（2004）；Silva et al（1998）；Yin and Tully（1996）；Tully et al（2003）；
Josselyn（2010）；Frankland et al（2004）。

33. Lin et al（2003）；Tronson et al（2012）。

34. Johansen et al（2011，2014）。

35. Bouton and King（1983）；Bouton and Nelson（1994）；Carew and Rudy（1991）；
Bouton（2000）。

36. Bouton（1988，2000，2005）。

37. Bouton et al（2006）；Holland and Bouton（1999）；Maren et al（2013）；Ji and Maren
（2007）；Lonsdorf et al（2014）；Huff et al（2011）；LaBar and Phelps（2005）。

38. Goldstein and Kanfer（1979）。

39. Craske et al（2014）。

40. Hofmann et al（2013）。

41. Pavlov（1927）。

42. Baum（1988）。

43. Brooks and Bouton（1993）；Bouton et al（1993）。

44. Silverstein（1967）；James et al（1974）。

45. Jacobs and Nadel（1985）；Vervliet et al（2013）；Rowe and Craske（1998）；Bouton
（1988）。

46. Bouton（1993，2002，2004）。

47. Bouton（1993，2002，2004）。

48. Bouton et al（2006）；Holland and Bouton（1999）。

49. LaBar and Phelps（2005）。

50. Rescorla and Heth（1975）。

51. Myers and Davis（2007）；Bouton（1993，2014）。

52. Jacobs and Nadel（1985）。

53. Baker et al（2014）；Holmes and Wellman（2009）；Akirav and Maroun（2007）；Miracle et al（2006）；Izquierdo et al（2006）；Deschaux et al（2013）；Knox et al（2012）；Raio et al（2014）。

54. Radley et al（2006）；Diorio et al（1993）；Bhatnagar et al（1996）；McEwen（2005）。

55. Rodrigues et al（2009）。

56. Clark（1988）；McNally（1999）；Rachman（1977）。

57. Ost and Hugdahl（1983）；Rimm et al（1977）；Merckelbach et al（1989）；Forsyth and Eifert（1996）；Barlow（1988）。

58. McEwen and Lasley（2002）；Sapolsky（1998）；McGaugh（2003）；Rodrigues et al（2009）；Cahill and McGaugh（1996）；Roozendaal and McGaugh（2011）；Roozendaal et al（2009）；McEwen and Sapolsky（1995）；Kim et al（2006）；Zoladz and Diamond（2008）；Shors（2006）。

59. Reviewed in LeDoux（1996，2002）；McEwen and Lasley（2002）；Rodrigues et al（2009）；Roozendaal et al（2009）。

60. Barlow（2002）。

61. Raio et al（2012）。

62. Bargh（1997）；Bargh and Chartrand（1999）；Bargh and Morsella（2008）；Wilson（2002）；Wilson and Dunn（2004）；Greenwald and Banaji（1995）；Phelps et al（2000）；Devos and Banaji（2003）；Debner and Jacoby（1994）；Kihlstrom（1984，1987，1990）；Kihlstrom et al（1992）。

63. Groves and Thompson（1970）；Kandel（1976）。

64. Groves and Thompson（1970）；Kandel（1976，2001）；Kandel and Schwartz（1982）。

65. Hawkins et al（2006）。

66. Foa and Kozak（1985，1986）；Foa（2011）。

67. For a different view，see Craske（2014）and Vervliet et al（2013）。

68. Craske et al（2008，2014）。

69. Rescorla and Wagner（1972）。

70. Bouton et al（2004）。

71. Rescorla（2000）。

72. Rescorla（2006）。

73. Craske et al（2014）。

74. Yin et al（1994）；Kramar et al（2012）；Bello-Medina et al（2013）；Sutton et al（2002）；Rowe and Craske（1998）；Chen et al（2012）；Long and Fanselow（2012）；Cain et al（2003）；Martasian and Smith（1993）；Martasian et al（1992）。

75. 大多数研究发现，间隔大的消退是有好处的（Li & Westbrook，2008；Urcelay et al.，2009；Long & Fanselow，2012），一项研究指出，最初的大规模试验和随后的间隔试验增强了消退（Cain et al，2003）。

76. Stevens（1994）；Abel and Kandel（1998）；Lee et al（2008）；Alberini and Chen（2012）；Josselyn et al（2004）；Silva et al（1998）；Yin and Tully（1996）；Tully et al（2003）；Josselyn（2010）。

77. 这是基于 Kogan 等人（1997）的一项研究。Shenna Josselyn 是 CREB 和记忆方面的专家（Josselyn，2010），她证实，各阶段之间需要大约 60 分钟的时间间隔才能让额外的学习进入 CREB（基于 2014 年 8 月 23 日的电子邮件通信）。

78. Santini et al（2004）；Lin et al（2003）。

79. Tronson et al（2012）。

80. Kandel（1997，2001，2012）。

81. Bailey et al（1996）；Dudai（1996）。

82. Tim Tully 是发现 CREB 在记忆中的作用的关键研究者，他曾告诉我，他正在考虑建立这样一个诊所。

83. Buzsaki（1991，2011）。

84. Kleim et al（2014）。

85. Dardennes et al（2015）。

86. Weisskopf and LeDoux（1999）；Weisskopf et al（1999）；Rodrigues et al（2001）；Goosens and Maren（2003，2004）；Walker and Davis（2000，2002）。

87. Walker et al（2002）；Ressler et al（2004）；Davis et al（2006）。

88. Hofmann et al（2012，2014）。

89. Fitzgerald et al（2014）。

90. Barrett and Gonzalez-Lima（2004）；Cai et al（2006）；Yang et al（2006）。

91. Soravia et al（2006）；de Quervain et al（2011）；Bentz et al（2010）。

92. McEwen（2005）；McEwen and Lasley（2002）；Roozendaal et al（2009）。

93. Sears et al（2013）。

94. Flores et al（2014）。

95. Johnson et al（2012）；Mathew et al（2008）。

96. Spyer and Gourine（2009）；Urfy and Suarez（2014）；Alheid and McCrimmon（2008）；Wemmie（2011）。

97. Wemmie（2011）；Wemmie et al（2013）。

98. Pidoplichko et al（2014）；Shekhar et al（2003）；Sajdyk and Shekhar（2000）。

99. Esquivel et al（2010）。

100. Wemmie（2011）；Wemmie et al（2006）。

101. Wemmie et al（2006）；Sluka et al（2009）。

102. Hofmann et al（2012）；Neumeister（2013）；Vinod and Hungund（2005）；Riebe et al（2012）；Lafenetre et al（2007）；Papini et al（2014）。

103. Cochran et al（2013）；MacDonald and Feifel（2014）；Kormos and Gaszner（2013）；Kendrick et al（2014）；Dodhia et al（2004）；Insel（2010）；Neumann and Landgraf（2012）；Striepens et al（2011）。

104. Benedict Carey. " LSD reconsidered for Therapy." *New York Times*, March 3, 2015. http://www.nytimes.com/2014/03/04/health/lsd-reconsidered-for-therapy.html?_r=0, retrieved on Feb. 21, 2014. Michael Pollan, " The Trip Treatment." *The New Yorker*, Feb. 9, 2015. Retrieved Feb. 21, 2015. Gasser, P., Kirchner, K., and Passie, T. " LSDassisted psychotherapy for anxiety associated with a life-threatening disease : a qualitative study of acute and sustained subjective effects." *Journal of Psychopharmacol*. Jan. 29, 2015, （1）: 57–68。

105. Marin et al（2014）。

106. Ressler and Mayberg（2007）；Couto et al（2014）；Lipsman et al（2013a, 2013b）；Voon et al（2013）；Heeramun-Aubeeluck and Lu（2013）。

107. Rodriguez-Romaguera et al（2012）；Whittle et al（2013）；Do-Monte et al（2013）。

108. Mantione et al（2014）；Marin et al（2014）。

109. Marin et al（2014）。

110. Isserles et al（2013）。

111. Pena et al（2012）。

112. George et al（2008）；Porges（2001）。

113. Pena et al（2012）。

114. Porges（2001）。

115. Farah（2012）；Farah et al（2004）；Hariz et al（2013）；Ragan et al（2013）。

116. Ambasudhan et al（2014）；Allen and Feigin（2014）。

117. Mitra and Sapolsky（2010）。

118. Cardinal et al（2002）；Balleine and Killcross（2006）。

119. Nehoff et al（2014）；Toumey（2013）；Jacob et al（2011）。

120. Florczyk and Saha（2007）。

121. Myers and Davis（2007）；Bouton（1993，2014）。

122. Nader et al（2000）。

123. Davis and Squire（1984）；Martinez et al（1981）；Agranoff et al（1966）；Flexner and Flexner（1966）；Barondes and Cohen（1967）；Barondes（1970）；Quartermain et al（1970）；Dudai（2004）。

124. Misanin et al（1968）；Lewis（1979）。

125. McGaugh（2004）。

126. Sara（2000）；Przybyslawski and Sara（1997）。

127. Schafe et al（1999）；Schafe and LeDoux（2000）。

128. 其中一个想法是，这种药物只是让消退更快更好地进行，但它对再巩固并不像对消退那样奏效。记忆似乎无法通过自发的恢复、复现和复建来恢复，它似乎比消退更持久。

129. 关于这个主题的许多观点见 Nader 和 Einarsson（2010）、Wang 等（2009）、Nader 和 Hardt（2009）、Milton 和 Everitt（2010）、Reichelt 和 Lee（2013）、Tronson 和 Taylor（2007，2013）、Besnard 等（2012）、Dudai（2006，2012）、Alberini 和 LeDoux（2013）、Alberini（2013）。

130. Kindt et al（2009，2014）；Bos et al（2014）；Schwabe et al（2014）；Chan and LaPaglia（2013）；Lonergan et al（2013）；Agren et al（2012）；Hupbach et al（2007）；Stickgold and Walker（2005）。

131. Alberini（2005）。

132. Alberini（2013）。

133. Diaz-Mataix et al（2013）。

134. Diaz-Mataix et al（2013）。

135. Wang et al（2009）。

136. Schiller et al（2010，2013）；Monfils et al（2009）；Haubrich et al（2014）；De Oliveira Alvares et al（2013）；Diaz-Mataix et al（2013）；Lee（2010）；Hupbach et al（2008）。

137. Hirst et al（2009）。

138. Loftus（1996）；Bonham and Gonzalez-Vallejo（2009）。

139. Schacter（Dębiec 2001, 2012）。

140. Johnson et al（2012）；Kopelman（2010）；Whitfield（2000）；Loftus and Davis（2006）；Laney and Loftus（2005）；Loftus and Polage（1999）；Stocks（1998）。

141. Diaz-Mataix（2011）；Dębiec et al（2010）；Dębiec et al（2006）。

142. Tronson and Taylor（2013）；Milton and Everitt（2010）。

143. Brunet et al（2011）；Poundja et al（2012）；Lonergan et al（2013）；Brunet et al（2008）；Kindt et al（2009）。

144. Kindt（2014）；Schiller and Phelps（2011）；Lane et al（2014）；Pitman et al（2015）。

145. Dębiec and LeDoux（2006）；Dębiec et al（2011）。在这些研究中，Dębiec 促进或抑制外侧杏仁核的受体与去甲肾上腺素（NE）结合。因为 NE 受体通过 cAMP 调节 CREB 依赖的蛋白质的合成，阻止这一过程就能间接抑制蛋白质的合成，促进这些合成过程就能促进蛋白质的合成。

146. Taubenfeld et al（2009）；Pitman et at（2011）。

147. Miller and Sweatt（2006）；Alberini（2005）；Alberini and LeDoux（2013）。

148. Lattal 和 Wood（2013）认为，在消退过程中可能会发生某些分子变化，这些变化在物种的行为上无法被观察到，但在其大脑中会持续存在，这使得我们很难将再巩固与无声消退区分开来。

149. Eisenberg et al（2003）。

150. Sangha et al（2003）；Pedreira and Maldonado（2003）；Suzuki et al（2004）。

151. Dudai and Eisenberg（2004）。

152. Quirk and Mueller（2008）。

153. Monfils et al（2009）。

154. 在像我的实验室一样的实验室里，研究人员会一起讨论已有的发现，这导致我很难确定关键想法是从谁那里冒出来的。似乎在与 Marie Monfils、Daniela Schiller、Chris Cain 等人的谈话中，Monfils 项目背后的想法出现了。

155. Clem and Huganir（2010）。

156. Schiller et al（2010）。

157. Steinfurth et al（2014）；Schiller et al（2013）。

158. Kip et al（2014）。

159. Xue et al（2012）。

160. Baker et al（2013）; Kindt and Soeter（2013）。

161. Serrano et al（2005）。

162. Pastalkova et al（2006）。

163. Serrano et al（2008）; Shema et al（2009）; Shema et al（2007）; von Kraus et al（2010）。

164. Parts of this section are based on an Opinionator piece I contributed to the *New York Times* website on April 7, 2013. "For the Anxious, Avoidance Can Have an Upside." http://opinionator.blogs.nytimes.com/2013/04/07/for-the-anxious-avoidance-can-have-an-upside/?_php=true&_type=blogs&_r=0。

165. LeDoux and Gorman（2001）。

166. Amorapanth et al（2000）。

167. 尽管这个过程受到了批评（Church, 1964），但它仍然是评估学习和刺激暴露效果的最佳方法。

168. van der Kolk（1994, 2006, 2014）。

169. Bonanno and Burton（2013）。

170. MacArthur Research Network description of coping strategies. http://www.macses.ucsf.edu/research/psychosocial/coping.php. Retrieved Jan. 26, 2015。

171. 我在《纽约时报》上发表了三篇关于焦虑的论文，最后一篇的题目是"For the Anxious, Avoidance Can Have an Upside"。The New York Times, April 7, 2013. See LeDoux（2013）。

172. http://michaelroganphd.com/neuroscience-research/。

173. Dymond et al（2012）; Dymond and Roche（2009）。

174. Guz（1997）; Haouzi et al（2006）。

175. Spyer and Gourine（2009）; Urfy and Suarez（2014）; Alheid and McCrimmon（2008）。

176. Urfy and Suarez（2014）; Haouzi et al（2006）; Mitchell and Berger（1975）。

177. Porges（2001）。

178. Porges（2001）; Streeter et al（2012）。

179. McGowan et al（2009）; Johnson and Casey（2014）; Casey et al（2010, 2011）; Tottenham（2014）; Perry and Sullivan（2014）; Rincón-Cortés and Sullivan（2014）; Sullivan and Holman（2010）。

180. Eifert and Forsyth（2005）; Hayes et al（2006）。

181. Austin（1998）。

182. Epstein（2013）。

183. Austin（1998）。

184. Austin（1998）。

185. Davidson and Lutz（2008）；Lutz et al（2007）。

186. Davidson and Lutz（2008）；Lutz et al（2007）；Fox et al（2014）；Zeidan et al（2014）；Dickenson et al（2013）；Davanger et al（2010）；Jang et al（2011）；Manna et al（2010）。

187. Marchand（2014）；Malinowski（2013）；Chiesa et al（2013）；Farb et al（2012）；Rubia（2009）；Lutz et al（2008）；Deshmukh（2006）。

188. Raichle and Snyder（2007）；Gusnard et al（2001）；Andrews-Hanna et al（2014）；Barkhof et al（2014）；Buckner（2013）。

189. Malinowski（2013）。

190. Anderson and Hanslmayr（2014）；DePrince et al（2012）；Anderson and Huddleston（2012）；Whitmer and Gotlib（2013）。

191. Malinowski（2013）。

192. Epstein（1995）；"Freud and Buddha" by Mark Epstein：http://spiritualprogressives.org/newsite/?p=651. Retrieved Feb. 8, 2015。

参 考 文 献

请在网站 course.cmpreading.com 上下载完整版参考文献。具体步骤：

1. 登录网站；2. 在搜索框内输入书名，点击"查看详情"；3. 在详情页点击
"配书资源"。

Abel, T., and E. Kandel. "Positive and Negative Regulatory Mechanisms That Mediate Long-Term Memory Storage." *Brain Research. Brain Research Reviews* (Amsterdam) (1998) 26:360–78.

Abelson, R.P. "Whatever Became of Consistency Theory?" *Personality and Social Psychology Bulletin* (1983) 9:37–64.

Abrahams, V.C., S.M. Hilton, and A. Zbrozyna. "Active Muscle Vasodilatation Produced by Stimulation of the Brain Stem: Its Significance in the Defence Reaction." *Journal of Physiology* (1960) 154:491–513.

Abramowitz, J.S. "Effectiveness of Psychological and Pharmacological Treatments for Obsessive-Compulsive Disorder: "A Quantitative Review." *Journal of Consulting and Clinical Psychology* (1997) 65:44–52.

Abramowitz, J.S., B.J. Deacon, and S.P.H. Whiteside. *Exposure Therapy for Anxiety: Principles and Practice* (New York: Guilford Press, 2010).

Abrams, R.A., and S.E. Christ. "Motion Onset Captures Attention." *Psychological Science* (2003) 14:427–32.

Abrams, R.L., and A.G. Greenwald. "Parts Outweigh the Whole (Word) in Unconscious Analysis of Meaning." *Psychological Science* (2000) 11:118–24.

Abrams, R.L., and J. Grinspan. "Unconscious Semantic Priming in the Absence of Partial Awareness." *Consciousness and Cognition* (2007) 16:942–53; discussion 954–58.

Abrams, R.L., M.R. Klinger, and A.G. Greenwald. "Subliminal Words Activate Semantic Categories (Not Automated Motor Responses)." *Psychonomic Bulletin & Review* (2002) 9:100–6.

Adams, D.B. "Brain Mechanisms for Offense, Defense, and Submission." *Behavioral and Brain Sciences* (1979) 2:201–42.

Adams, R.B. Jr., et al. "Culture, Gaze and the Neural Processing of Fear Expressions."

抑郁 & 焦虑

《拥抱你的抑郁情绪：自我疗愈的九大正念技巧（原书第2版）》

作者：[美] 柯克·D.斯特罗萨尔 帕特里夏·J.罗宾逊 译者：徐守森 宗焱 祝卓宏 等

美国行为和认知疗法协会推荐图书
两位作者均为拥有近30年抑郁康复工作经验的国际知名专家

《走出抑郁症：一个抑郁症患者的成功自救》

作者：王宇

本书从曾经的患者及现在的心理咨询师两个身份与角度撰写，希望能够给绝望中的你一点希望，给无助的你一点力量，能做到这一点是我最大的欣慰。

《抑郁症（原书第2版）》

作者：[美] 阿伦·贝克 布拉德 A.奥尔福德 译者：杨芳 等

40多年前，阿伦·贝克这本开创性的《抑郁症》第一版问世，首次从临床、心理学、理论和实证研究、治疗等各个角度，全面而深刻地总结了抑郁症。时隔40多年后本书首度更新再版，除了保留第一版中仍然适用的各种理论，更增强了关于认知障碍和认知治疗的内容。

《重塑大脑回路：如何借助神经科学走出抑郁症》

作者：[美] 亚历克斯·科布 译者：周涛

神经科学家亚历克斯·科布在本书中通俗易懂地讲解了大脑如何导致抑郁症，并提供了大量简单有效的生活实用方法，帮助受到抑郁困扰的读者改善情绪，重新找回生活的美好和活力。本书基于新近的神经科学研究，提供了许多简单的技巧，你可以每天"重新连接"自己的大脑，创建一种更快乐、更健康的良性循环。

《重新认识焦虑：从新情绪科学到焦虑治疗新方法》

作者：[美] 约瑟夫·勒杜 译者：张晶 刘睿哲

焦虑到底从何而来？是否有更好的心理疗法来缓解焦虑？世界知名脑科学家约瑟夫·勒杜带我们重新认识焦虑情绪。诺贝尔奖得主坎德尔推荐，荣获美国心理学会威廉·詹姆斯图书奖。

更多>>>

《焦虑的智慧：担忧和侵入式思维如何帮助我们疗愈》 作者：[美] 谢丽尔·保罗
《丘吉尔的黑狗：抑郁症以及人类深层心理现象的分析》 作者：[英] 安东尼·斯托尔
《抑郁是因为我想太多吗：元认知疗法自助手册》 作者：[丹] 皮亚·卡列森